普通高等教育土木工程学科精品规划教材（专业核心课适用）

MIDAS Gen 软件基础与实例教程

MIDAS Gen SOFTWARE FOUNDATION AND EXAMPLE TUTORIAL

主　编　刘红波

副主编　周　婷　熊清清　刘占省

内 容 提 要

本书共分 12 章。第 1 章介绍了 MIDAS Gen 的基本情况；第 2~5 章介绍了 MIDAS Gen 的操作基础；第 6~12 章结合算例，介绍了利用 MIDAS Gen 进行钢筋混凝土结构、钢框架结构、空间网格结构、张弦桁架结构等常见结构形式的分析与设计、施工过程分析与地震时程分析的操作方法。通过本书中的算例，读者可快速掌握 MIDAS Gen 的操作方法，进行常见建筑结构的分析与设计。

本书可作为高等院校土木工程专业的本科教材，也可供该专业的专科学生、研究生及工程技术人员参考。

图书在版编目（CIP）数据

MIDAS Gen软件基础与实例教程 / 刘红波主编. —天津：天津大学出版社，2020.7（2023.7重印）
普通高等教育土木工程学科精品规划教材. 专业核心课适用
ISBN 978-7-5618-6717-4

Ⅰ.①M…　Ⅱ.①刘…　Ⅲ.①建筑设计－计算机辅助设计－应用软件－高等学校－教材　Ⅳ.①TU201.4

中国版本图书馆CIP数据核字（2020）第122036号

MIDAS Gen RUANJIAN JICHU YU SHILI JIAOCHENG

出版发行　天津大学出版社
地　　址　天津市卫津路92号天津大学内（邮编：300072）
电　　话　发行部：022-27403647
网　　址　www.tjupress.com.cn
印　　刷　天津泰宇印务有限公司
经　　销　全国各地新华书店
开　　本　185 mm×260 mm
印　　张　16.75
字　　数　418千
版　　次　2020年7月第1版
印　　次　2023年7月第3次
定　　价　58.00元

普通高等教育土木工程学科精品规划教材

编写委员会

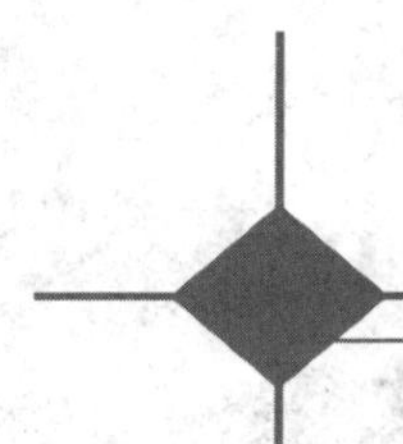

总序

随着我国高等教育的发展,全国土木工程教育状况有了很大的发展和变化,教学规模不断扩大,对适合培养适应社会的多样化人才的教学方式的需求越来越迫切。因此,必须按照新的形势在教育思想、教学观念、教学内容、教学计划、教学方法及教学手段等方面进行一系列的改革,按照改革的要求编写新的教材就显得十分必要。

高等学校土木工程学科专业指导委员会编制了《高等学校土木工程本科指导性专业规范》(以下简称《规范》。《规范》对规范性、多样性、拓宽专业口径与核心知识等提出了明确的要求。本丛书编写委员会根据当前土木工程教育的形势和《规范》的要求,结合天津大学土木工程学科已有的办学经验和特色,对土木工程本科生教材建设进行了研讨,并组织编写了"普通高等教育土木工程学科精品规划教材"。为保证教材的编写质量,我们组织成立了教材编审委员会,聘请一批学术造诣高的专家做教材主审,同时成立了教材编写委员会,组建了系列教材编写团队,由长期给本科生授课的具有丰富教学经验和工程实践经验的教师完成教材的编写工作。在此基础上,统一编写思路,力求做到内容连续、完整、新颖,避免内容的重复交叉和真空缺失。

"普通高等教育土木工程学科精品规划教材"将陆续出版。我们相信,本套系列教材的出版将对我国土木工程学科本科生教育的发展与教学质量的提高,以及土木工程人才的培养产生积极的作用,为我国的教育事业和经济建设做出贡献。

丛书编写委员会

土木工程学科本科生教育课程体系

通识教育

↓

专业教育

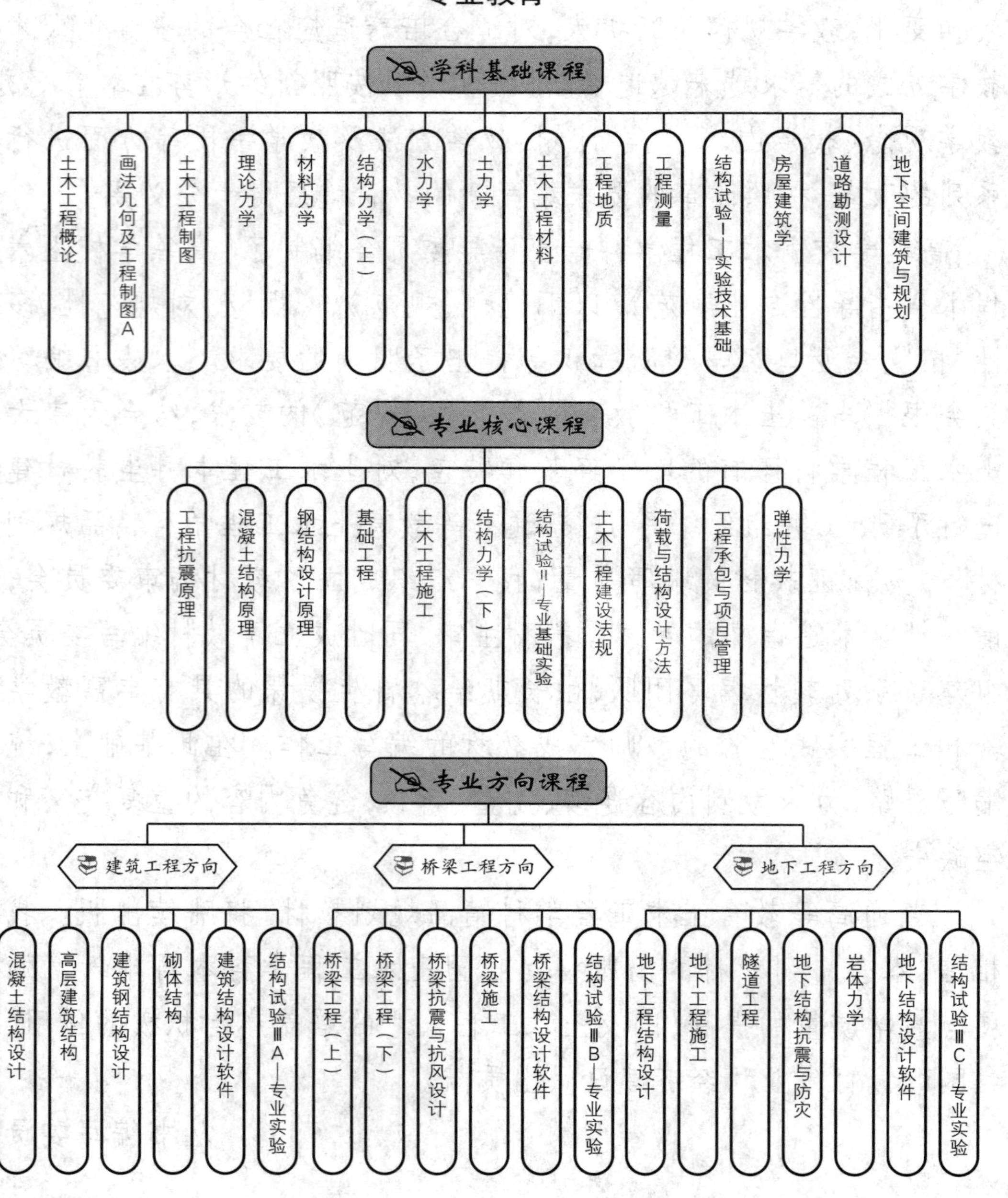

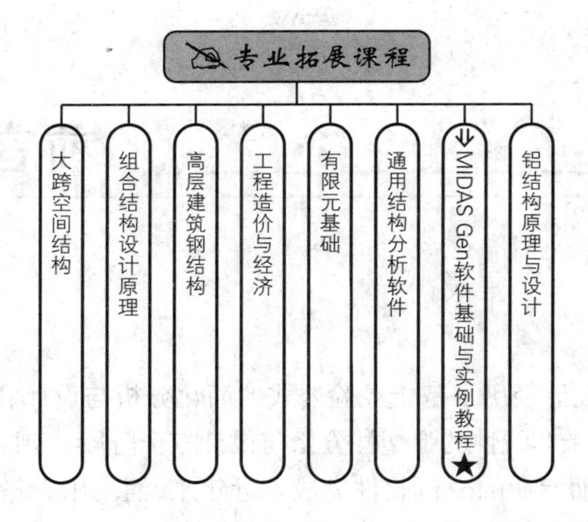
专业拓展课程
大跨空间结构
组合结构设计原理
高层建筑钢结构
工程造价与经济
有限元基础
通用结构分析软件
MIDAS Gen软件基础与实例教程★
铝结构原理与设计

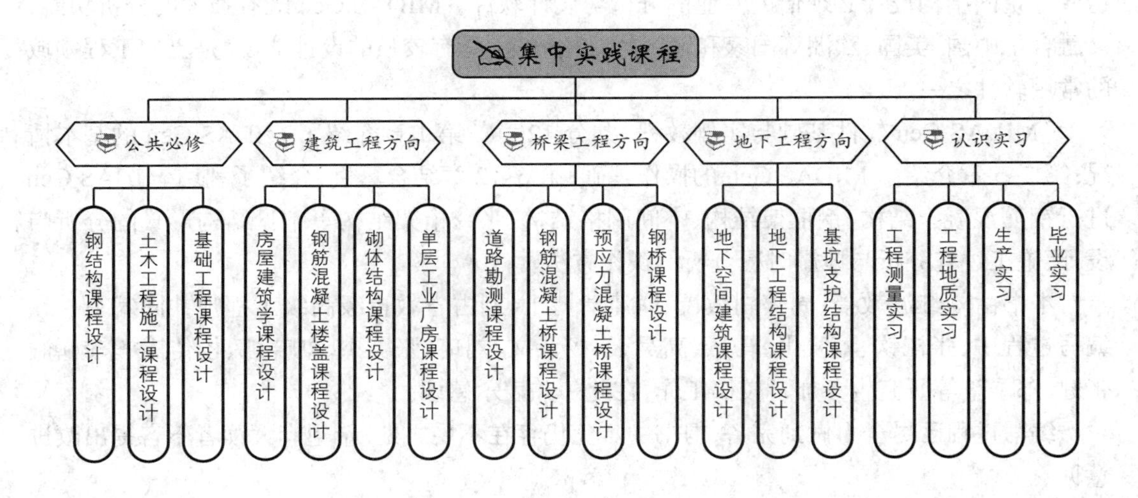
集中实践课程
公共必修
建筑工程方向
桥梁工程方向
地下工程方向
认识实习
钢结构课程设计
土木工程施工课程设计
基础工程课程设计
房屋建筑学课程设计
钢筋混凝土楼盖课程设计
砌体结构课程设计
单层工业厂房课程设计
道路勘测课程设计
钢筋混凝土桥课程设计
预应力混凝土桥课程设计
钢桥课程设计
地下空间建筑课程设计
地下工程结构课程设计
基坑支护结构课程设计
工程测量实习
工程地质实习
生产实习
毕业实习

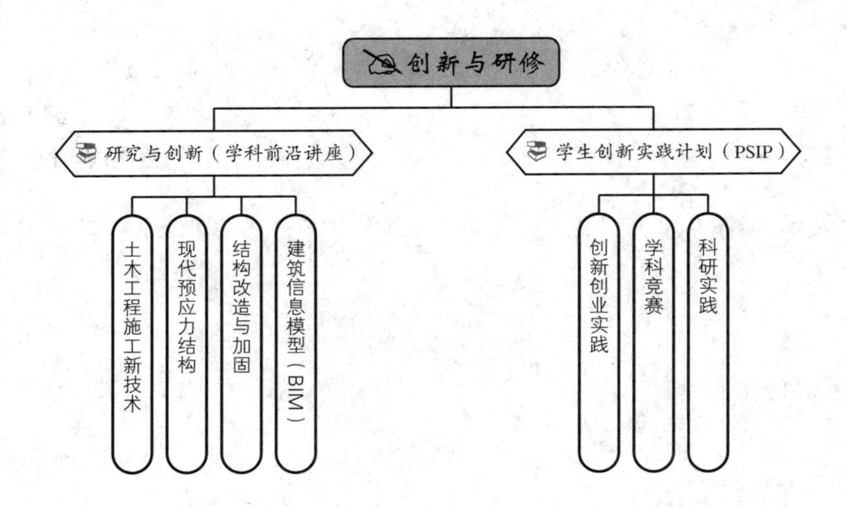
创新与研修
研究与创新（学科前沿讲座）
学生创新实践计划（PSIP）
土木工程施工新技术
现代预应力结构
结构改造与加固
建筑信息模型（BIM）
创新创业实践
学科竞赛
科研实践

前言

建筑结构分析与设计经历了基于经验公式的简化分析与设计、基于线性假定的弹性分析与设计，以及考虑复杂非线性的弹塑性分析与设计三个阶段，其中后两个阶段的建筑结构分析与设计多需要借助专业的分析软件完成。近年来，涌现出大量诸如央视大楼（复杂结构）、天津高银大厦（超高层建筑）、天津理工大学体育馆（索穹顶结构）等复杂结构建筑。这些建筑的结构设计必须借助专业的分析与设计软件。MIDAS Gen 既有强大的分析功能，又融合了中国、美国、欧洲等国家和地区的常用规范，具有较强的设计能力，是土木工程领域的常用软件之一。

《MIDAS Gen 软件基础与实例教程》共分 12 章。第 1 章介绍了 MIDAS Gen 的基本情况；第 2~5 章介绍了 MIDAS Gen 的操作基础；第 6~12 章结合算例，介绍了利用 MIDAS Gen 进行钢筋混凝土结构、钢框架结构、空间网格结构、张弦桁架结构等常见结构形式的分析与设计、施工过程分析与地震时程分析的操作方法。

本书由刘红波教授、周婷副教授、熊清清博士、刘占省教授级高级工程师共同编写。在编写过程中，张桂钦、董晓彤、马景、高昊天、杨诗文、刘琦、张英杰、刘晓娜、杨传嵩、李勃瀚、张健、郑子晗等研究生参加了校稿工作，在此一并表示感谢。

编写过程已尽全力做到完备，但书中难免仍存在不妥之处，希望广大读者不吝提出改进意见。

编　者

2020 年 1 月于北洋园

目　录

第 1 章　MIDAS Gen 软件

1.1　MIDAS Gen 软件简介

工程领域常用的软件有两类：分析软件与设计软件。常用的分析软件有 ANSYS、ABAQUS、NASTRAN 等；常用的设计软件有 MIDAS Gen、PKPM、盈建科、SPA2000、ETABS、3D3S、MSTCAD 等，其中 MIDAS Gen、PKPM 软件的通用性较强，已在结构设计中得到广泛应用。

MIDAS Gen 是一款通用有限元分析和设计软件，适用于民用、工业、电力、工程施工等领域，诸如特种结构等多种结构的分析和设计，其可按照中国、日本、韩国、美国、欧洲等国家和地区的规范进行混凝土构件、钢构件、铝合金构件、钢管混凝土及型钢混凝土组合构件的设计。

1.1.1　软件特点

1）全面、实用的单元库，满足工程中不同类型构件的建模要求

MIDAS Gen 拥有丰富的单元库，包括梁单元、变截面梁单元、桁架单元、索单元、板单元、墙单元、实体单元、只受压单元、只受拉单元、平面应力单元、平面应变单元、间隙单元、钩单元、索单元、轴对称单元等，可满足工程中不同类型构件的建模要求。

2）强大的分析功能，满足不同深度的分析要求

MIDAS Gen 可进行特征值分析、反应谱分析、P-Delta（P-Δ）分析、屈曲分析、静力弹塑性分析（Pushover 分析）、动力弹塑性分析、施工阶段分析、大位移非线性分析、材料非线性分析、隔震 / 减震及支座沉降分析、组合结构整体建模分析等，可满足不同深度的分析要求。

3）紧密结合规范进行荷载自动组合及结构设计

MIDAS Gen 按规范自动生成荷载组合及包络组合，可满足各种设计要求。

4）方便、快速的建模功能

MIDAS Gen 具有全中文化的操作界面，提供菜单、图形按钮、快捷键、快捷命令、命令流、表格批量编辑等多种建模方式，操作简单。项目信息功能用于保存甲方和乙方信息、校对人和审核人信息等，有利于工程管理。使用记忆功能，设计人员在几年后查看模型仍然可以了解当初的建模过程。该软件具有多样化的建模方式，可以采用文本方式或直接建模方式，建模数据和结果数据可以与 Microsoft Excel 互通。此外，该软件还具有与国内外多种软件连接的接口（可以导入 ANSYS、SAP2000、PKPM、CAD 等软件生成的模型）。

5）软件适用范围广

MIDAS Gen 能满足钢筋混凝土结构、钢结构、铝合金结构、预应力结构、钢骨混凝土结构的分析和设计的要求，可用于各种特种结构的分析与设计。

1.1.2 操作界面介绍

MIDAS Gen 的菜单系统的构成是为了使用户可以方便地使用输入、输出及分析过程中所需的所有功能，最少地移动鼠标而获得最佳的操作效果，其操作界面如图 1.1-1 所示。

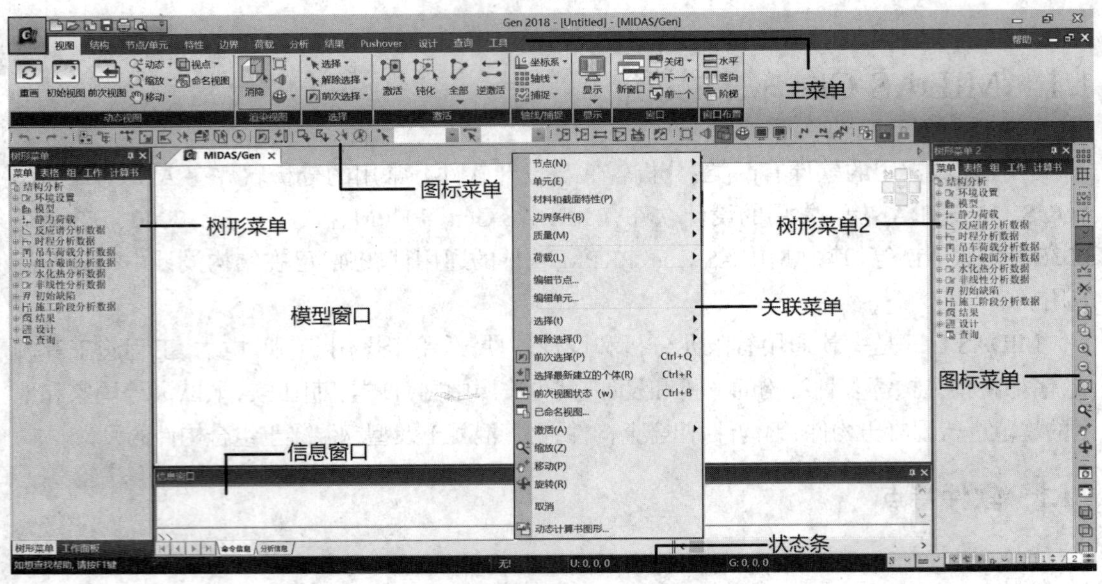

图 1.1-1 MIDAS Gen 的操作界面

1)主菜单

主菜单包含 MIDAS Gen 所有功能的指示命令和快捷键。各菜单功能介绍如下。

视图:结构的消隐、激活、钝化功能及调节字体和颜色等显示功能。

结构:结构类型设置、基本结构建模助手、层数据设置和重复单元检查功能。

节点 / 单元:节点与单元的建立、移动、复制、分割和合并等功能。

特性:材料特性和截面特性设置功能。

边界:一般支承、弹性支承、弹性连接和梁端约束的编辑功能。

荷载:静力荷载、动力荷载、温度荷载，以及施工阶段分析、移动荷载分析、水化热分析和几何非线性分析所需数据的输入等功能。

分析:分析过程中所需的各种控制数据的输入和分析运行等功能。

结果:荷载组合条件的输入、分析结果的图形处理、查询和分析等功能。

Pushover:非线性静力分析，在特定前提下可以近似分析结构在地震作用下的性能变化情况。

设计:指定设计参数，进行结构的设计及验算功能。

查询:节点或单元的输入状态及属性的查询功能。

工具:单位系的设定、截面特性计算器及用户自定义功能。

2)图标菜单

功能包括:对结构杆件进行单选、窗口选择、多边形选择、交叉线选择、平面选择和立体框选择、全选；输入节点号、单元号的选择；激活、钝化、消隐的显示；前处理模式与后处理模式的切换。

3)树形菜单

对模型建立、结果分析、各种表格及群状态的设定等按照树形结构进行系统的整理，无论熟练的用户还是初次使用的用户，都可以就所需内容得到指示或通过打开相关的对话窗口进行有效且准确的操作。另外，在工作树中可以一目了然地对目前的模型数据输入状况进行确认。树形菜单还提供了可以对模型进行修改的拖放式建模功能。

4)关联菜单

为了使用户尽可能少地移动鼠标，软件提供了关联菜单功能，用户可通过在操作窗口中点击鼠标的右键来显示与操作内容相关的各项功能或经常使用的功能的菜单系统。

5)模型窗口

MIDAS Gen 中的模型窗口是使用图形用户界面(Graphical User Interface，GUI)功能进行建模、结果分析的操作窗口。

模型窗口可以将几个窗口同时展现在一个画面中，由于各窗口的运行都是各自独立的，因此在各窗口中可以使用不同的坐标系来建模。另外，因各窗口使用的都是相同的数据库，所以在任何一个窗口中的操作都可以同时在其他窗口中得到反映。在模型窗口中，不仅可以展示一般形态的模型，还可以对模型和分析结果使用去除隐藏线、调整明暗、照明、颜色分离处理等功能，以展示渲染画面。另外，使用动态查看功能能够展示各种动态的视觉效果，如“边走边看”或进入模型内部查看模型的输入状态、各种分析结果。

6)表格窗口

表格窗口提供了各种数据的输入、追加输入、编辑、按属性整理、查询等功能。此外，表格窗口还提供了与 Excel 或其他数据库软件进行数据交换的功能，如图 1.1-2 所示。

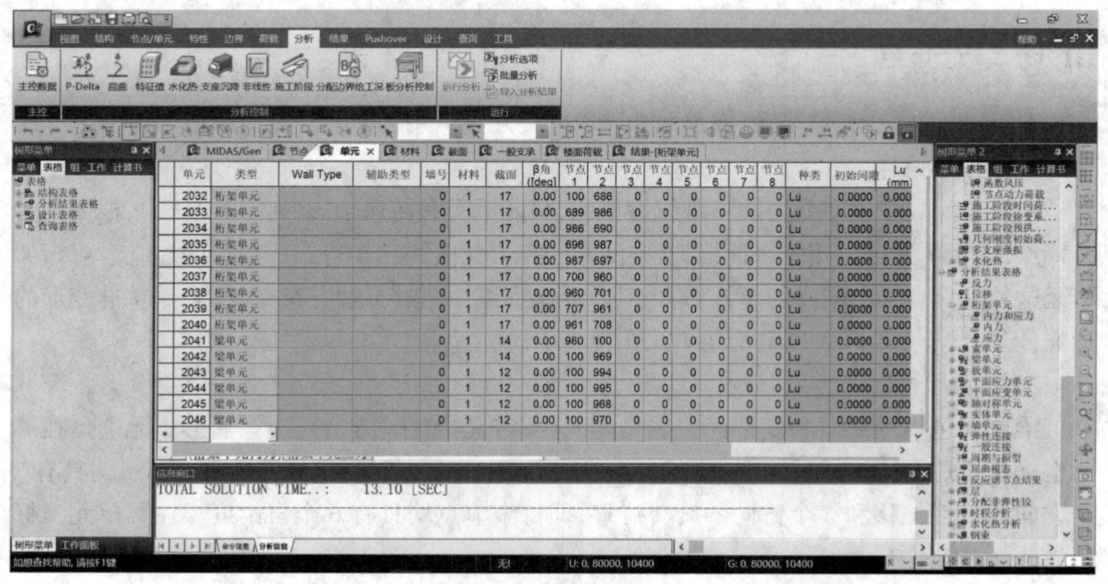

图 1.1-2　表格窗口

7)信息窗口

信息窗口用于显示在建模过程中所需的各种提示、警告或错误信息。

8)状态条

为提高效率，MIDAS Gen 在状态条中提供了各种坐标系状况、单位变更、过滤选择、快速查询、单元捕捉状态的调整等功能。

9)快捷图标

为了使用户快速地导入经常使用的功能，MIDAS Gen 提供了将各项功能形象化的图标。各图标从属于各种类似功能图标群的工具条,如图 1.1-3 所示。

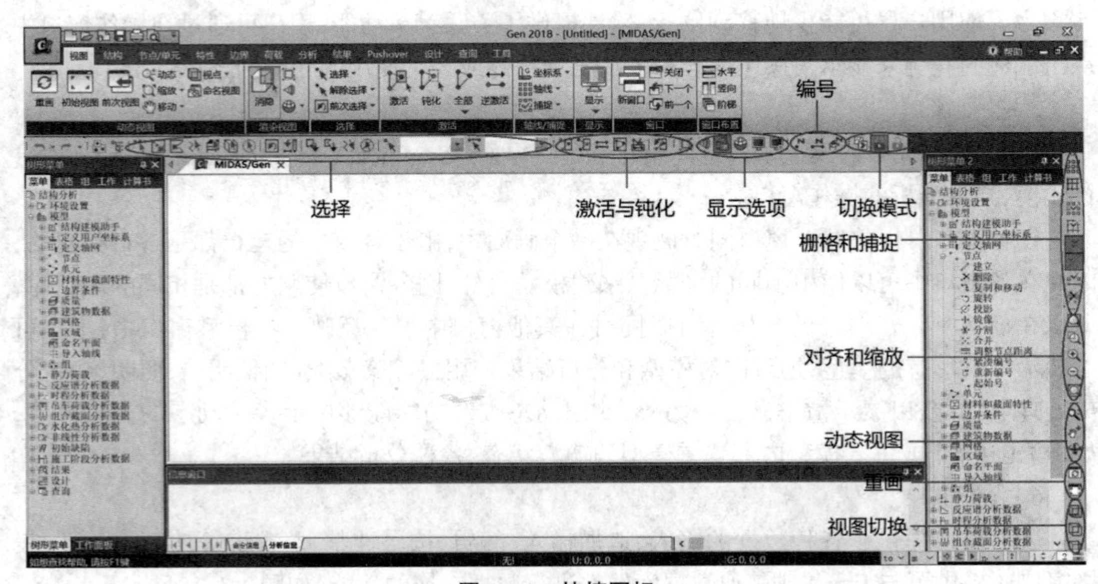

图 1.1-3 快捷图标

1.1.3 单元介绍

本节对桁架单元、梁单元、板单元和墙单元等几种常用的单元进行介绍。

1)桁架单元

桁架单元属于单向受力的三维线性单元,只能承受和传递轴向的拉力或压力,根据其受力特点,桁架单元可以用于平面桁架、空间桁架和交叉支撑结构等结构模型的建立。对桁架单元这种只具有轴向刚度的单元而言,其单元坐标系中只有 x 轴有意义，x 轴是基准变形的标准,但利用 y、z 轴可以确定桁架单元在视窗中的位置。

2)梁单元

梁单元包括等截面和变截面三维梁单元,可定义拉、压、弯、剪、扭等变形。无论是在单元坐标系还是整体坐标系(Global Coordinate System，GCS)中,梁单元的每个节点均具有 3 个方向的线性位移和 3 个方向的旋转位移,即每个节点均具有 6 个自由度。在梁单元坐标系中,x、y、z 轴均有意义。

3)板单元

板单元是由同一平面上的 3 个或 4 个节点组成的平面单元。利用板单元可以解决平面张拉、平面压缩、平面剪切，以及板单元的弯曲、剪切等结构分析问题。

在 MIDAS Gen 中，根据平面外刚度的不同，板单元被分为薄板单元和厚板单元。平面外刚度小的为薄板单元；平面外刚度大的为厚板单元。

板单元的自由度以单元坐标系为基准，每个节点均具有 x、y、z 轴 3 个方向的线性位移自由度和绕 x、y 轴的旋转位移自由度。

4)墙单元

墙单元用于建立剪力墙模型，其形状可为长方形或正方形。

墙单元的刚度以单元的平面为基准，分别有竖直方向的面内抗拉和抗压刚度，水平方向的面内抗剪刚度和面外抗弯刚度，以及面外竖直方向的抗扭刚度。

1.2　MIDAS Gen 结构分析流程示例

1.2.1　问题描述

如图 1.2-1 所示的平面刚架，采用 Q235 钢，l=100 cm，荷载如图所示，请设计该结构。

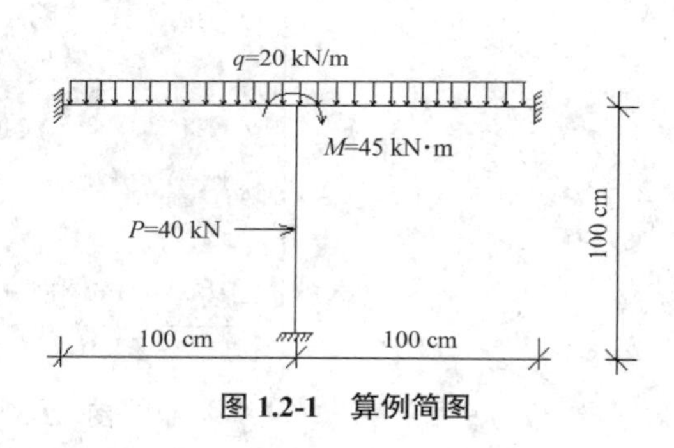

图 1.2-1　算例简图

1.2.2　操作流程

1)运行 MIDAS Gen

双击操作系统桌面上或相应目录内的 MIDAS Gen 软件图标，出现如图 1.2-2 所示的 MIDAS Gen 软件的开始界面。

图 1.2-2　MIDAS Gen 开始界面

2)新建项目并保存

新建项目:选择主菜单中的【文件→新项目】、点击工具条中的图标或使用快捷键“Ctrl+N”,新建一个文件。

保存项目:选择主菜单中的【文件→保存】、点击工具条中的图标或使用快捷键“Ctrl+S”,保存当前文件。

3)设定单位体系和结构类型

选择【工具→单位体系】,在对话框中设定长度和力的单位体系,如图 1.2-3 所示。

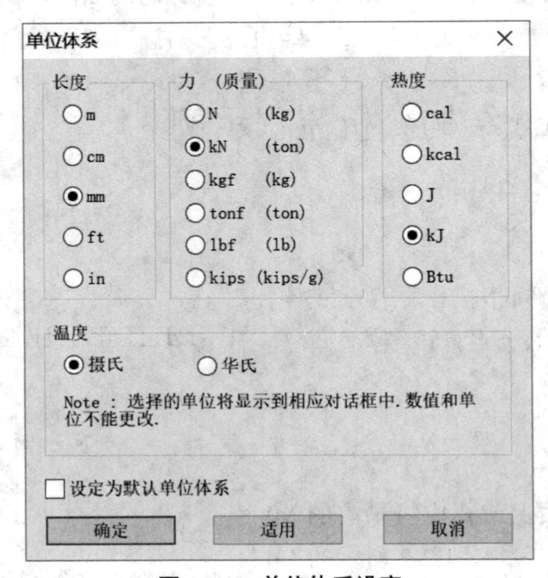

图 1.2-3 单位体系设定

在主菜单中选择【结构→结构类型】,在对话框中选择“*x-z* 平面”。

4)定义材料和截面

选择【特性→材料特性值】,选择【添加】,在“材料数据”对话框中将材料号、名称、设计类型、规范和数据库依次设定为“1”“Q235B”“钢材”“GB12(S)”和“Q235”,其他参数保持系统默认设置,如图 1.2-4 所示。

选择【特性→截面特性值】,选择【添加】,在“截面数据”对话框中选择“数据库/用户”选项卡,将截面号、名称、截面形状、数据库和截面分别设定为“1”“刚架截面”“工字形截面”“GB-YB05”和“I 10”,如图 1.2-5 所示。

5)建立模型

选择【节点/单元→建立节点】,分次输入坐标(0,0,1000)、(1000,0,0)、(1000,0,1000)和(2000,0,1000),每次输入坐标后点击“适用”。

选择【节点/单元→建立单元】,设置单元类型为“一般梁/变截面梁”,材料号为“1”,截面号为“1”,点击“节点连接”,用鼠标依次点击模型窗口中的点(0,0,1000)和(1000,0,1000)建立单元 1,连接(1000, 0, 1000)和(2000, 0, 1000)建立单元 2,连接(1000, 0, 1000)和(1000,0,0)建立单元 3,如图 1.2-6 所示。

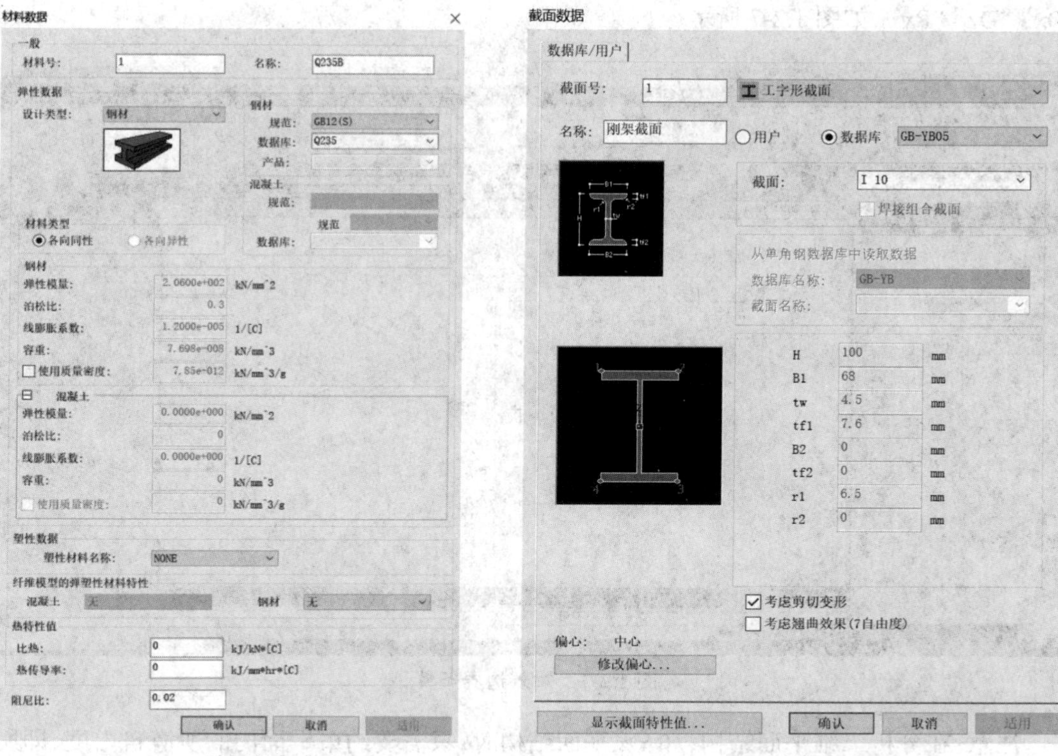

图 1.2-4 材料数据定义　　图 1.2-5 截面数据定义

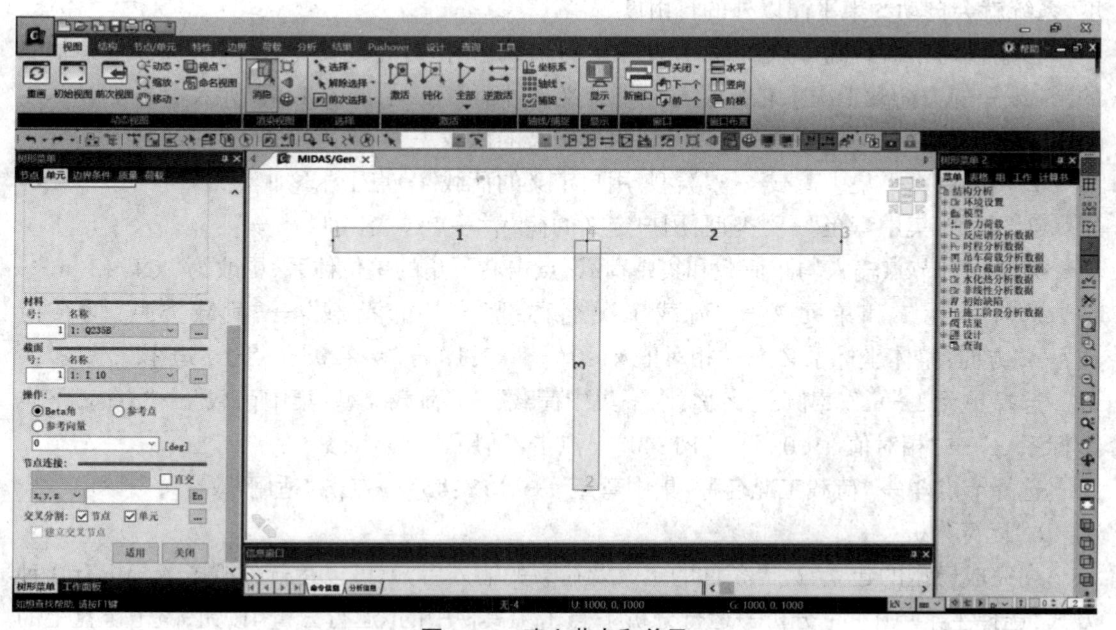

图 1.2-6 建立节点和单元

完成节点和单元的建立后，输入两个柱的下端部的边界条件。根据题意，这里定义成固定支承条件。选择【边界→一般支承】，单选节点 1、2、3，选择【添加】，支承条件类型勾选

“Dx”“Dz”“Ry”,如图 1.2-7 所示。

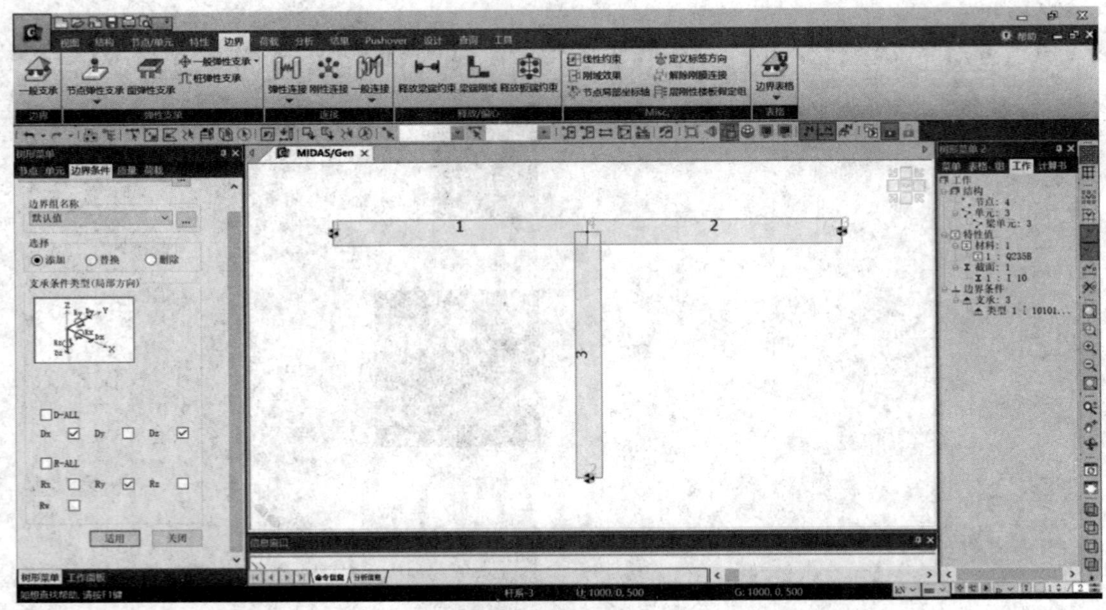

图 1.2-7 输入边界条件

注意:在分析二维平面结构,如 *x-z* 平面结构时,只需要约束平面内的所有自由度,即所有节点的“Ry”(绕 *y* 轴转动)、“Dx”(沿 *x* 轴方向移位)和“Dz”(沿 *z* 轴方向移位)3 个自由度,系统就会自动约束平面以外的自由度。

为输入均布荷载和节点荷载,并便于进行荷载组合,首先定义荷载工况,选择主菜单中的【荷载→静力荷载工况】,依据题意分别定义 3 种荷载工况,如图 1.2-8 所示。

①“名称:竖直均布荷载”→“类型:用户定义的荷载”→点击“添加”;

②“名称:水平集中荷载”→“类型:用户定义的荷载”→点击“添加”;

③“名称:集中弯矩”→“类型:用户定义的荷载”→点击“添加”。

为单元和节点输入均布荷载和集中荷载,点击右下角的单位体系,更改为“kN”和“m”。

选择单元 1 和单元 2→“荷载工况名称:竖直均布荷载”→“荷载类型:均布荷载”→“方向:整体坐标系 Z”→“相对值 x1:0”→“x2:1”→“w:-20”→点击“适用”;

选择单元 3→“荷载工况名称:水平集中荷载”→“荷载类型:集中荷载”→“方向:整体坐标系 X”→“相对值 x1:0.5”→“P1:40”→点击“适用”;

选择节点 4→“荷载工况名称:集中弯矩”→“MY:45”→点击“适用”。

6)运行分析

在完成模型的建立、边界条件的定义及荷载的输入后,就可以运行分析了。分析有 3 种方式:选择主菜单中的【分析→运行分析】;点击工具栏中的【运行分析】按钮;敲击键盘上的“F5”键。随后,程序进入后处理阶段,此时可调取查看结构分析的结果。

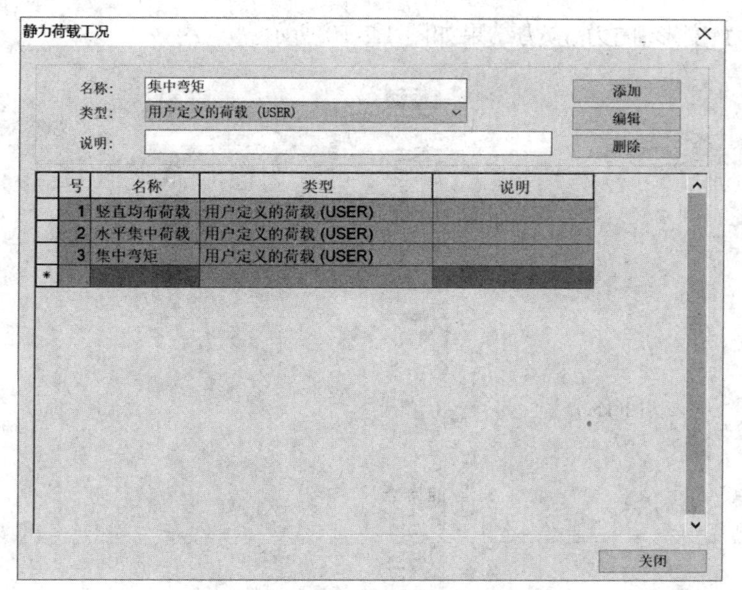

图 1.2-8　定义荷载工况

7）查看分析结果

待程序进入后处理阶段之后，通过调取计算结果可以查看结构的反力、变形、内力及应力等。通过主菜单中的【结果→反力】【结果→变形】【结果→内力】【结果→应力】即可调取结果。

首先，点击主菜单中的【结果→荷载组合】建立荷载组合。在“一般”选项卡中，名称、激活、类型分别选择“荷载组合”“激活”和“相加”；在右侧，荷载工况选择“竖直均布荷载（ST）”“水平集中荷载（ST）”和“集中弯矩（ST）”，系数均为“1.000”，如图 1.2-9 所示。

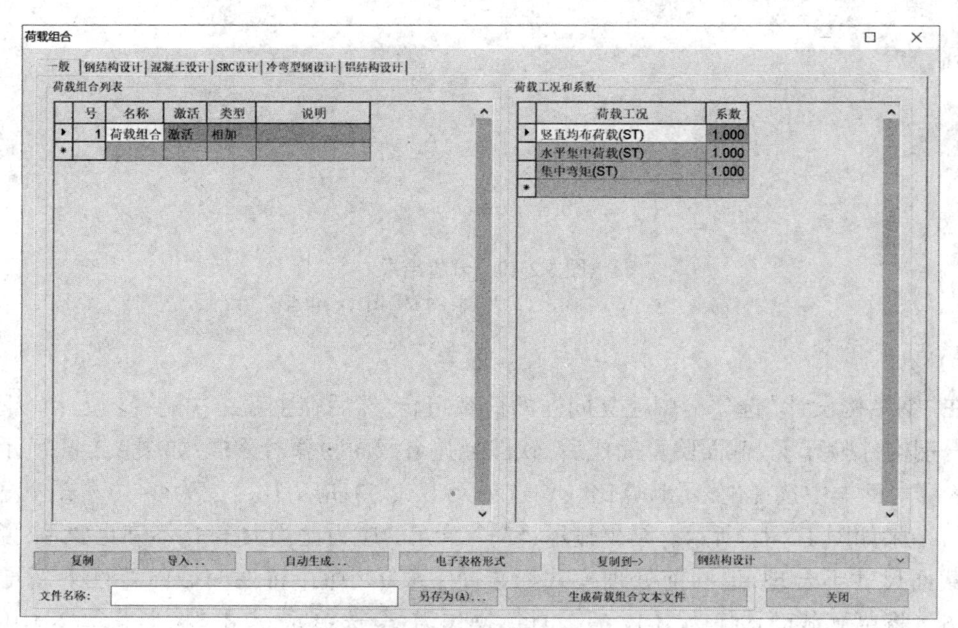

图 1.2-9　建立荷载组合

结构的反力、变形、内力、应力结果如图 1.2-10 所示。

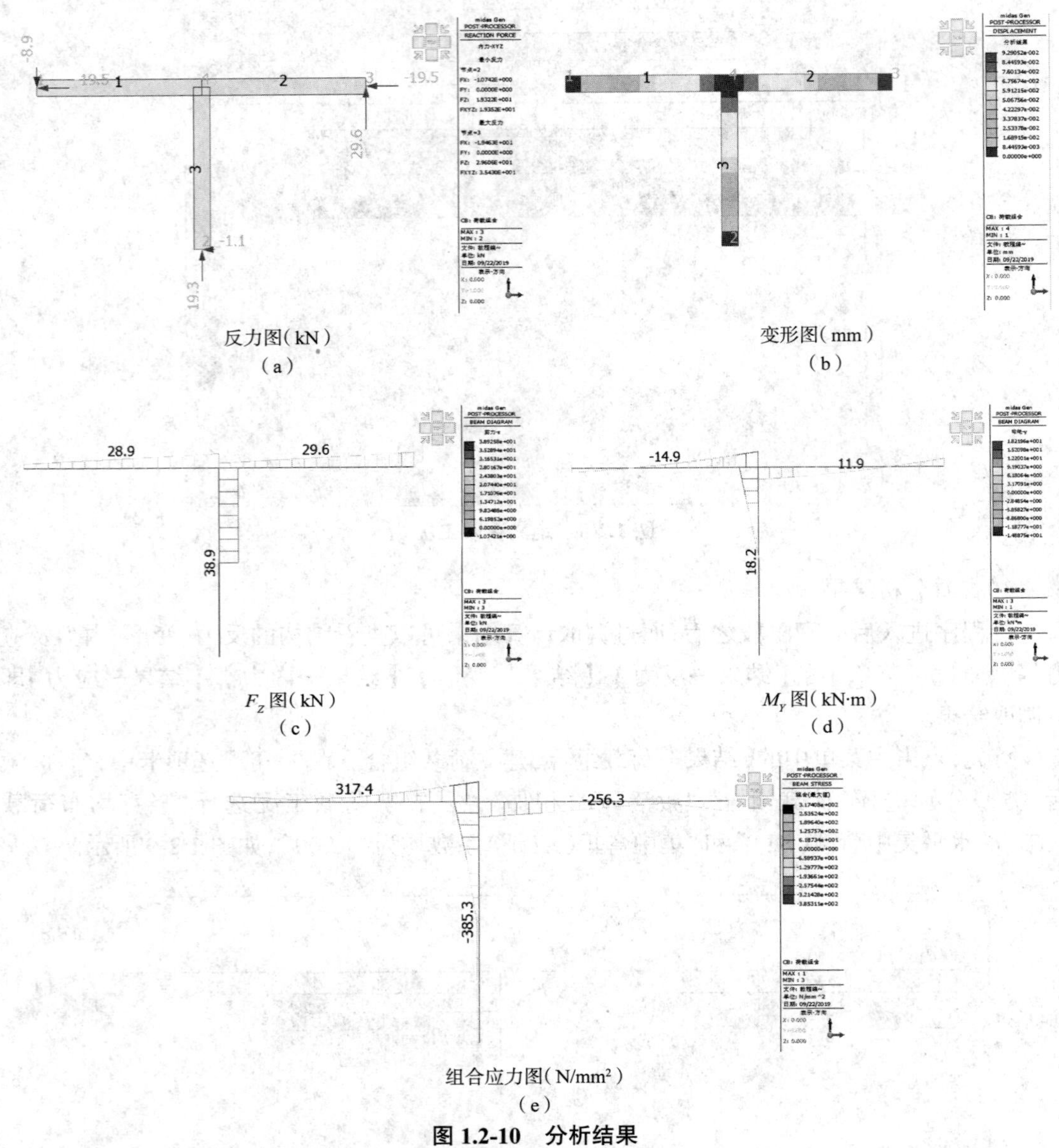

反力图（kN）
（a）

变形图（mm）
（b）

F_Z图（kN）
（c）

M_Y图（kN·m）
（d）

组合应力图（N/mm²）
（e）

图 1.2-10　分析结果

（a）反力图；（b）变形图；（c）F_Z图；（d）M_Y图；（e）组合应力图

8）设计

在“钢结构设计”选项卡中建立同样的荷载组合，然后在主菜单中选择【设计→钢构件设计→钢构件验算】。截面验算完成后，软件会弹出截面验算对话框，如图 1.2-11 所示。在截面验算对话框中选择“显示验算比”，勾选单元 1、2、3，应力比范围为 0~10，点击“显示验算比”，结果如图 1.2-12 所示。结果显示，3 个单元的应力比均大于 1，不满足要求，说明初选的截面尺寸不合理，退回前处理模式。选择主菜单中的【特性→截面特性】，新增截面“I 12.6”，将单元截面均换为“I 12.6”。具体操作为：全选单元，点击“树形菜单 2”中的【特性值→截面→2】,按住鼠标左键移动至模型窗口,则所有构件均变为“I 12.6”截面,重新进行验算并查看验算比。结果表明,“I 12.6”仍不满足要求,将截面更换为“I 14”,重新验算。结果显示,此时所有构件均满足应力比验算要求。

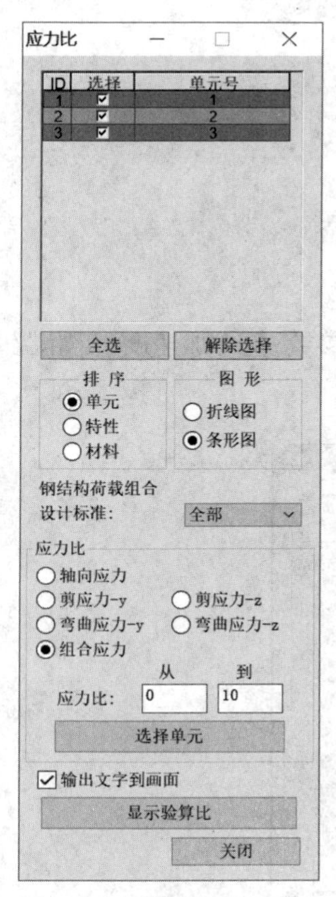

图 1.2-11　截面验算对话框

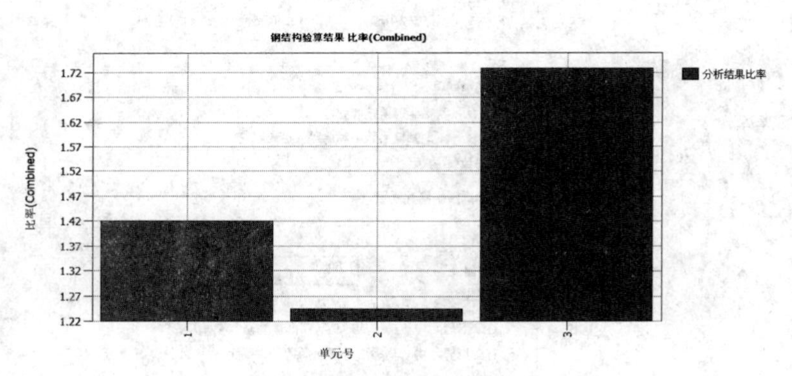

图 1.2-12　应力比验算结果

第 2 章　MIDAS Gen 软件建模

2.1　结构

2.1.1　结构类型

该功能用于输入结构分析的类型及基本数据，包括质量控制参数、重力加速度、初始温度等。在主菜单中选择【结构→类型→结构类型】，如图 2.1-1 所示。

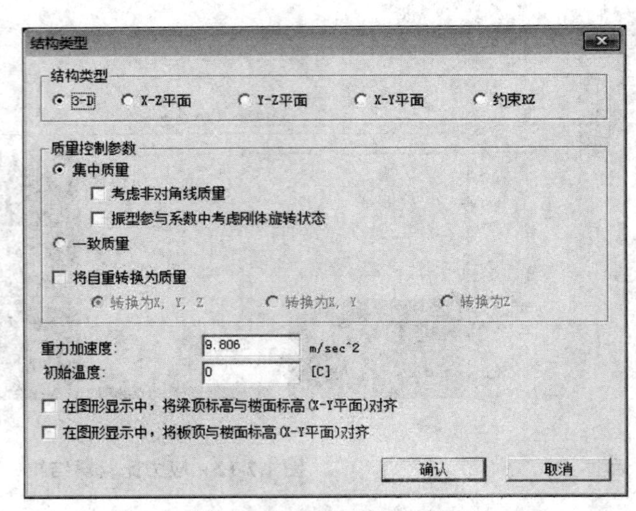

图 2.1-1　结构类型的选择

1)结构类型

确定进行三维分析还是二维分析。约束 RZ 指约束绕整体坐标系 Z 轴转动的自由度的三维分析。用户未指定约束时，默认每个节点有 6 个自由度。当用户仅关心二维工作状况或约束特定自由度时，采用排除多余自由度的分析可以提高分析效率。

2)质量控制参数

该选项用于确定是否将模型的自重转换为动力分析时的质量及相应的质量类型。

集中质量指单元质量直接分配到单元的各节点上。对集中质量矩阵，一般仅考虑其对角项，非对角项为 0。如果勾选【考虑非对角线质量】选项，则计算时考虑质量矩阵中的非对角线成分。

勾选【振型参与系数中考虑刚体旋转状态】选项时，对未考虑刚性楼板假定的结构，也可以计算旋转分量的振型参与质量。未考虑刚性楼板假定时，如果所有的节点均有质量，即便不勾选该项，也按照实际情况计算。勾选该项对周期、振型及振型向量等无影响，仅对振型参与质量有影响。

勾选【一致质量】选项时，会用到刚度矩阵计算中用到的形函数，非对角线成分也将被考虑。与集中质量不同，一致质量之间的耦合作用将被考虑。

在 MIDAS Gen 中，可以将模型的单元自重自动转换为动力分析或计算静力等效地震荷载所需的集中质量。在大多数建筑结构中，横向动力反应远比竖向动力反应重要，因此通常忽略质量的竖直分量；考虑到节约分析时间并减轻计算机内存的负担，选择“转换为 *X*、*Y*”效果更好。仅考虑竖直地震的影响，需要分析楼板上的机器振动或其他竖向振动时，用“转换为 *Z*”可能更合适。

3）梁顶标高 / 板顶与楼面标高（*X-Y* 平面）对齐

该选项的功能是在模型窗口显示单元时，使在整体坐标系 *X-Y* 内布置的线单元顶面与所在的楼面平面（柱节点位置）处于同一标高。勾选【在图形显示中，将板顶与楼面标高（X-Y 平面）对齐】。

2.1.2　建模助手

使用结构建模助手可以快速地建立相应的结构单元或结构。结构建模助手包括：梁建模助手、柱建模助手、拱建模助手、框架建模助手、桁架建模助手、板建模助手、壳建模助手。

结构建模助手的使用分为三步：第一步，打开结构建模助手对话框；第二步，输入相应的结构数据，设置材料和截面；第三步，将单元插入模型中。

结构建模助手对话框可以分为两部分。第一部分是结构单元或结构数据的输入部分，由填写栏、选择栏、按钮等组成；第二部分是建模助手图形窗口，显示将建立的结构单元或结构的简图。

梁建模助手、柱建模助手、拱建模助手、框架建模助手、桁架建模助手、板建模助手的“建模助手图形窗口”以 *X-Z* 平面显示，其水平坐标轴为 *X* 轴，竖向坐标轴为 *Z* 轴，并与“模型窗口”的整体坐标系的 *X* 轴、*Z* 轴相对应。

壳建模助手的“建模助手图形窗口”以 *X-Y-Z* 三维图形显示，其坐标轴与“模型窗口”的整体坐标系的 *X* 轴、*Y* 轴、*Z* 轴相对应。

1）梁建模助手

使用梁建模助手可以实现在同一条直线上自动生成一系列水平的梁单元，如图 2.1-2 和图 2.1-3 所示。

2）柱建模助手

使用柱建模助手可以沿同一条直线自动生成一系列竖直的梁单元，如图 2.1-4 所示。其“插入”选项卡的设置与梁建模助手类似。

3）拱建模助手

使用拱建模助手可以自动生成由一系列直线梁单元组成的拱结构，模型的精度取决于分割数量，如图 2.1-5 所示。其“插入”选项卡的设置与梁建模助手类似。

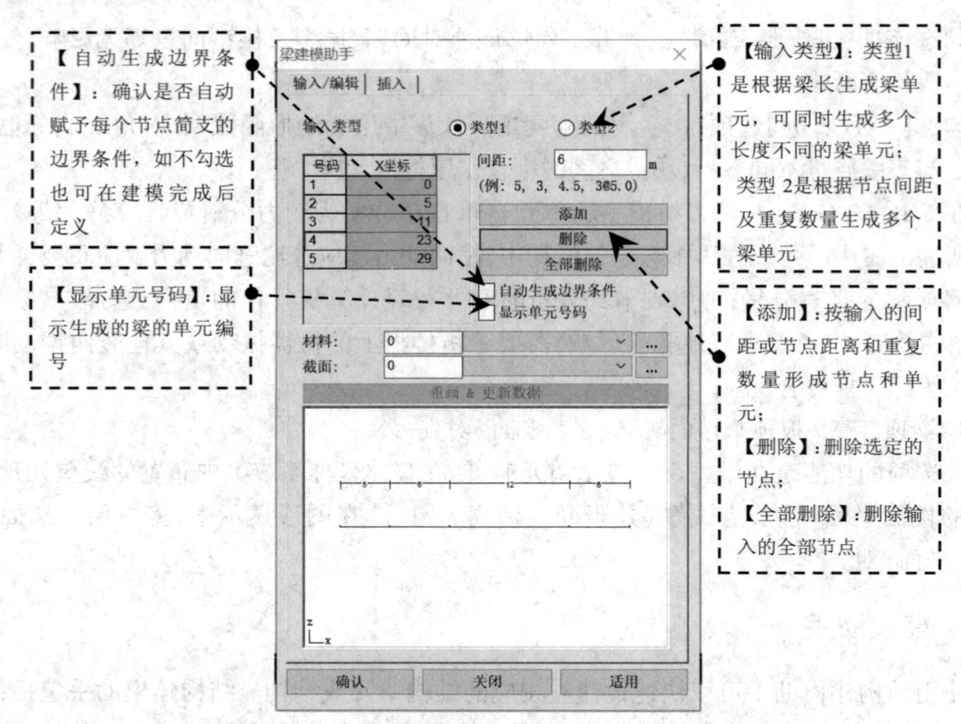

图 2.1-2　梁建模助手的“输入 / 编辑”选项卡

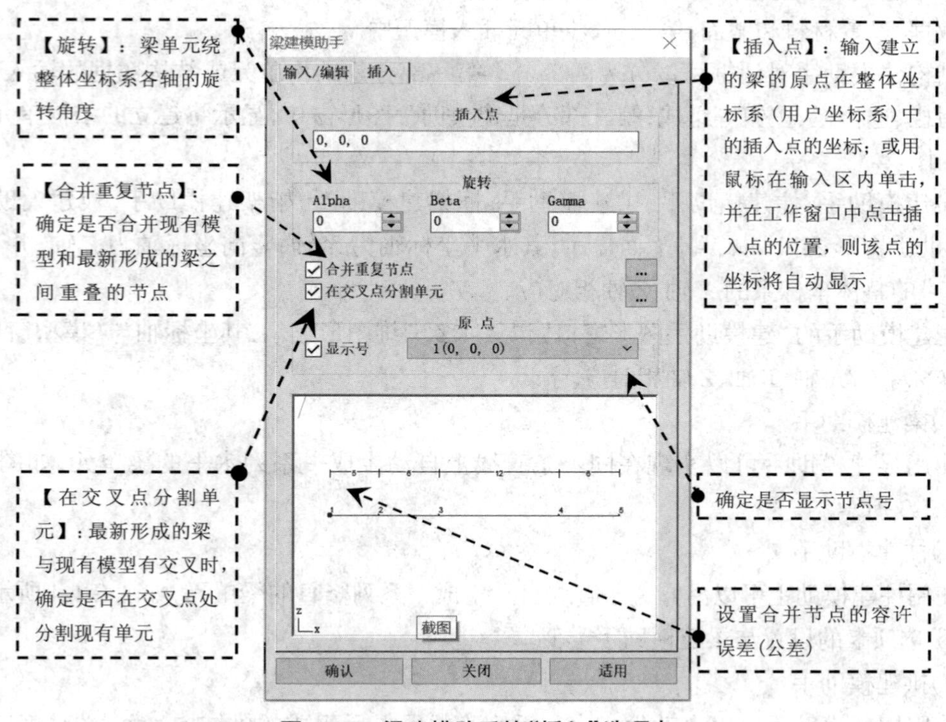

图 2.1-3　梁建模助手的“插入”选项卡

如图 2.1-5 所示,【类型】选择圆时, R 为圆的半径; θ 为圆心角;【类型】选择椭圆或抛物线时，跨度（L）为拱的水平投影长度，高度（H）为拱的高度；【类型】选择悬链线时，跨度（L）为拱的水平投影长度，高度（H）为拱的高度，拱轴系数（m）为多项式的系数；【类型】为二次（“2nd order Eq.”）或三次曲线（“3rd order Eq.”）时，跨度（L）为拱的水平投影长度，$f(x)$为曲线的方程。

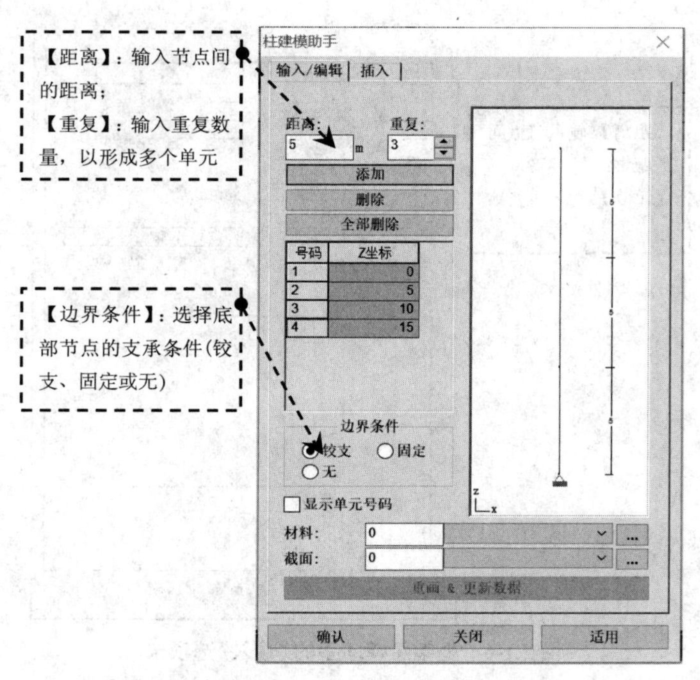

图 2.1-4　柱建模助手的“输入 / 编辑”选项卡

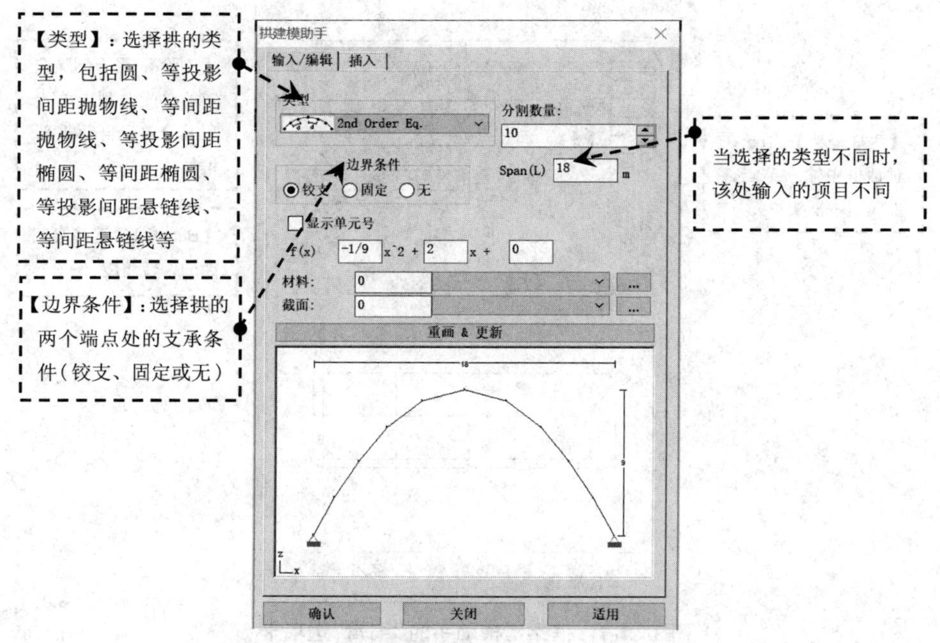

图 2.1-5　拱建模助手的“输入 / 编辑”选项卡

4)框架建模助手

使用框架建模助手可以在三维空间内自动生成由梁单元组成的二维平面框架，如图 2.1-6 和图 2.1-7 所示。其“插入”选项卡的设置与梁建模助手类似。

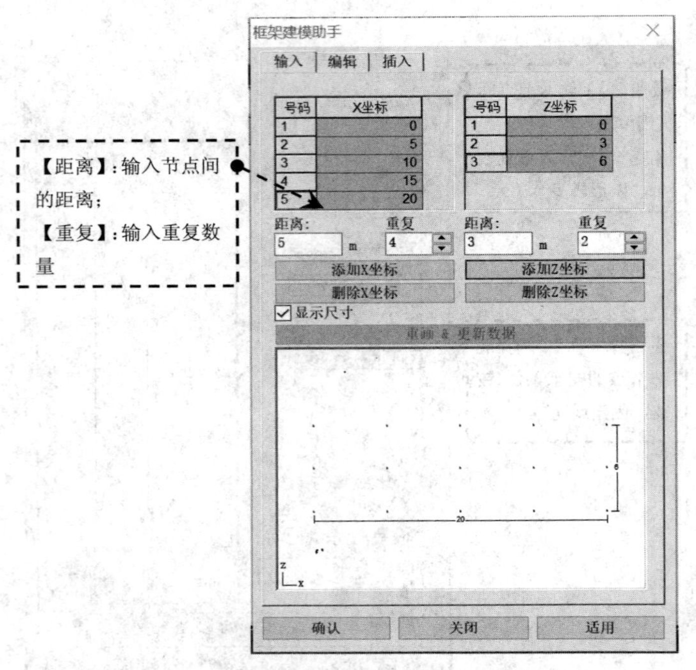

图 2.1-6 框架建模助手的“输入”选项卡

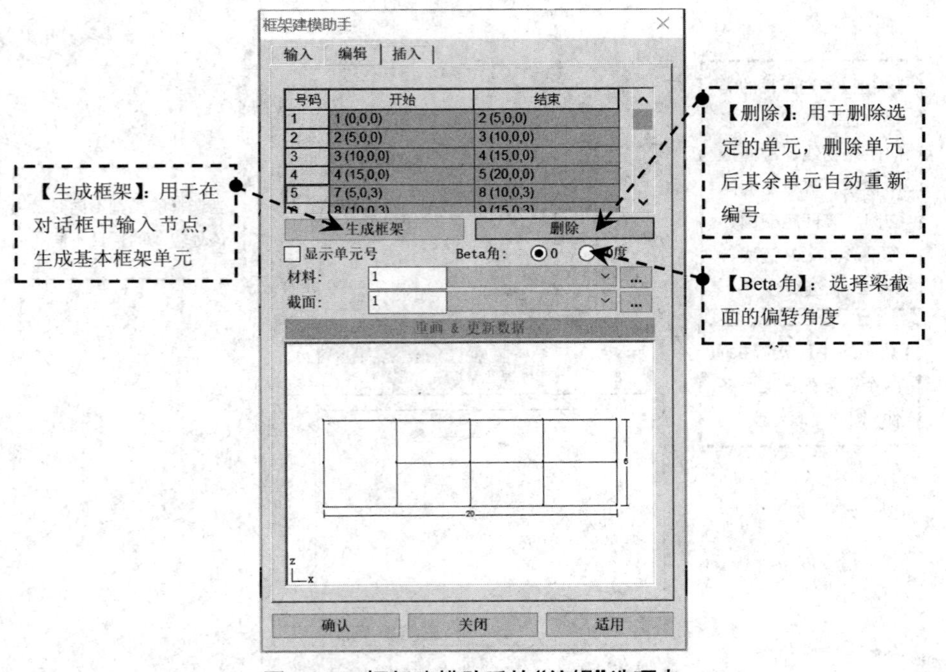

图 2.1-7 框架建模助手的“编辑”选项卡

5)桁架建模助手

使用桁架建模助手可以自动生成由梁单元和桁架单元组成的桁架结构(上下弦 - 梁单元、竖杆和腹杆 - 桁架单元),如图 2.1-8、图 2.1-9 和图 2.1-10 所示。

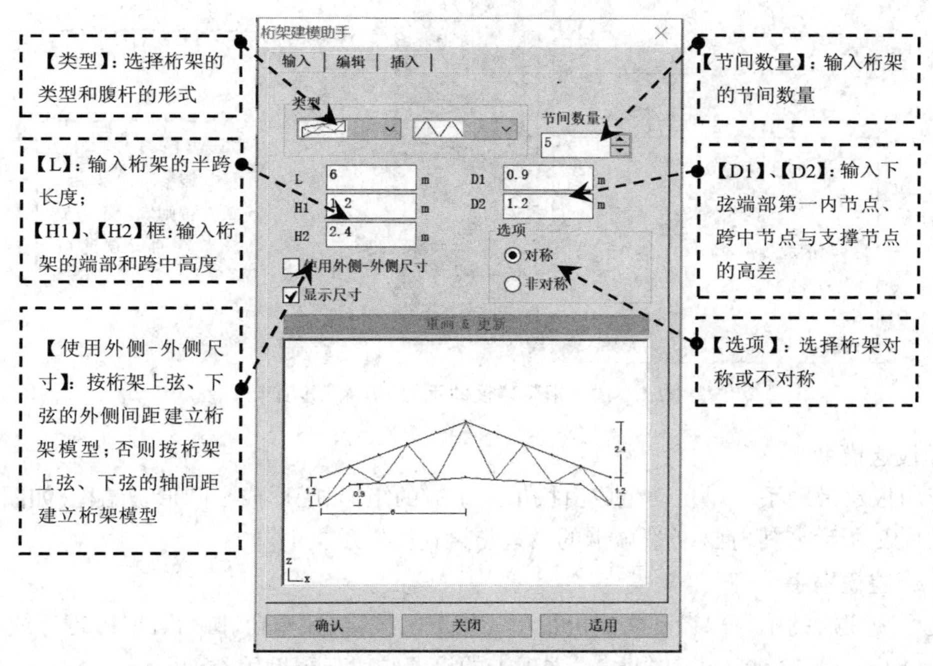

图 2.1-8　桁架建模助手的“输入”选项卡

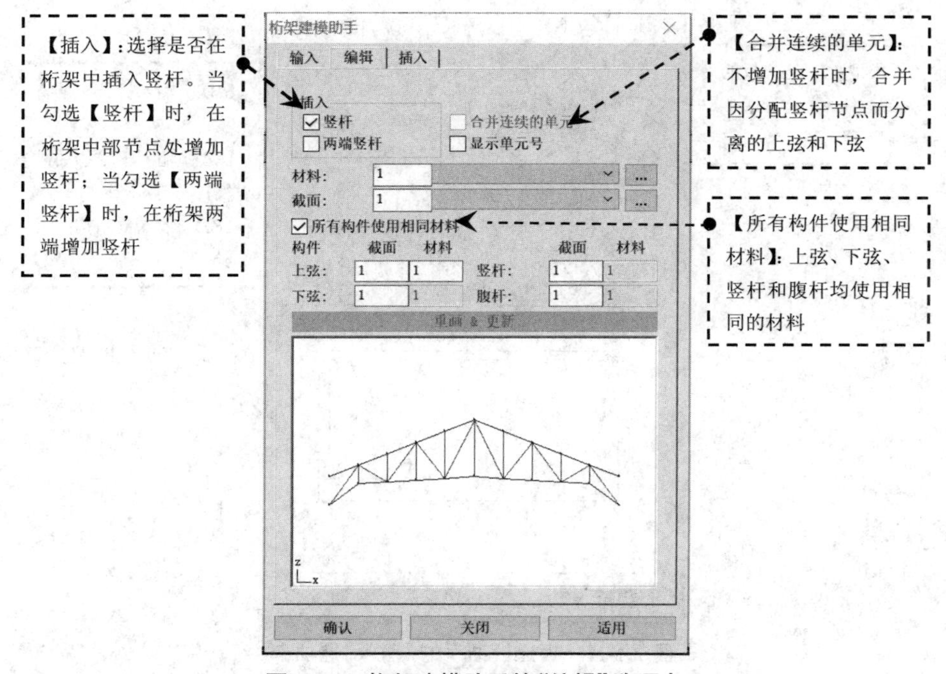

图 2.1-9　桁架建模助手的“编辑”选项卡

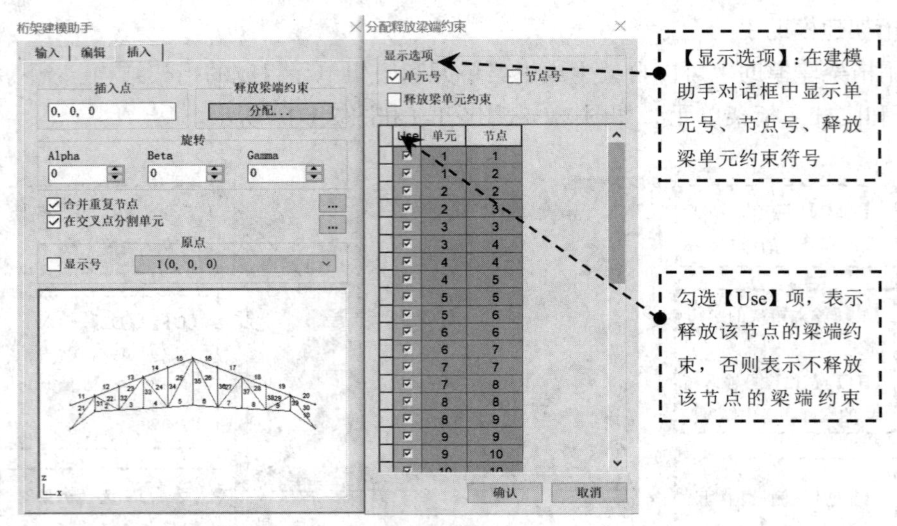

图 2.1-10　桁架建模助手的“插入”选项卡

6）板建模助手

使用板建模助手可以自动生成由板单元组成的矩形、圆形或半圆形板结构，如图 2.1-11 和图 2.1-12 所示。其“插入”选项卡的设置与梁建模助手类似。

7）壳建模助手

使用壳建模助手可以自动生成由板单元组成的棱锥、棱锥台、圆台、圆柱、球形或半球形壳结构，如图 2.1-13 所示。其“插入”选项卡的设置与梁建模助手类似。

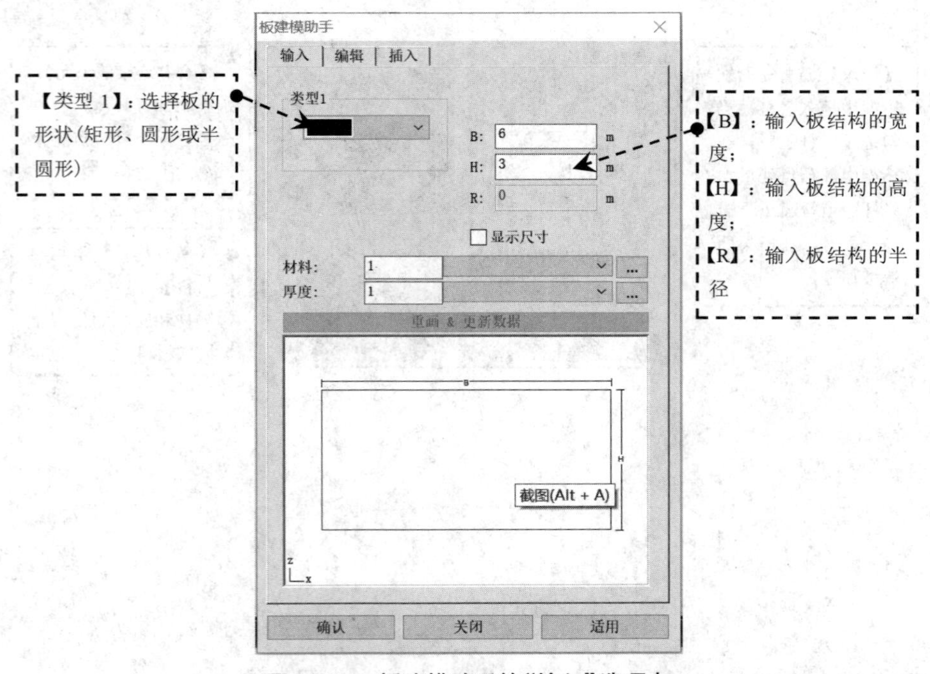

图 2.1-11　板建模助手的“输入”选项卡

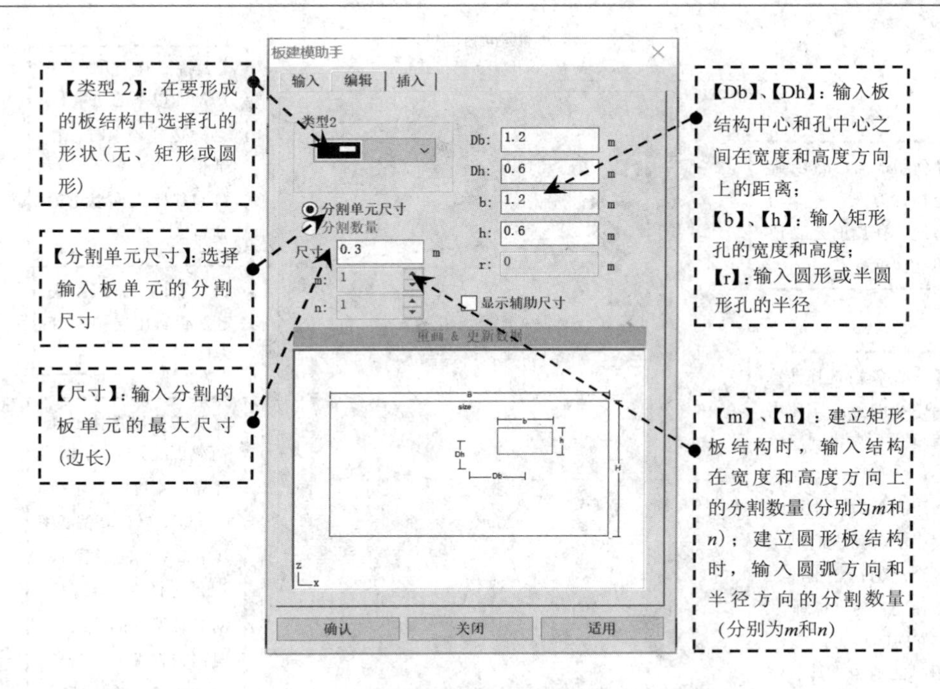

图 2.1-12 板建模助手的“编辑”选项卡

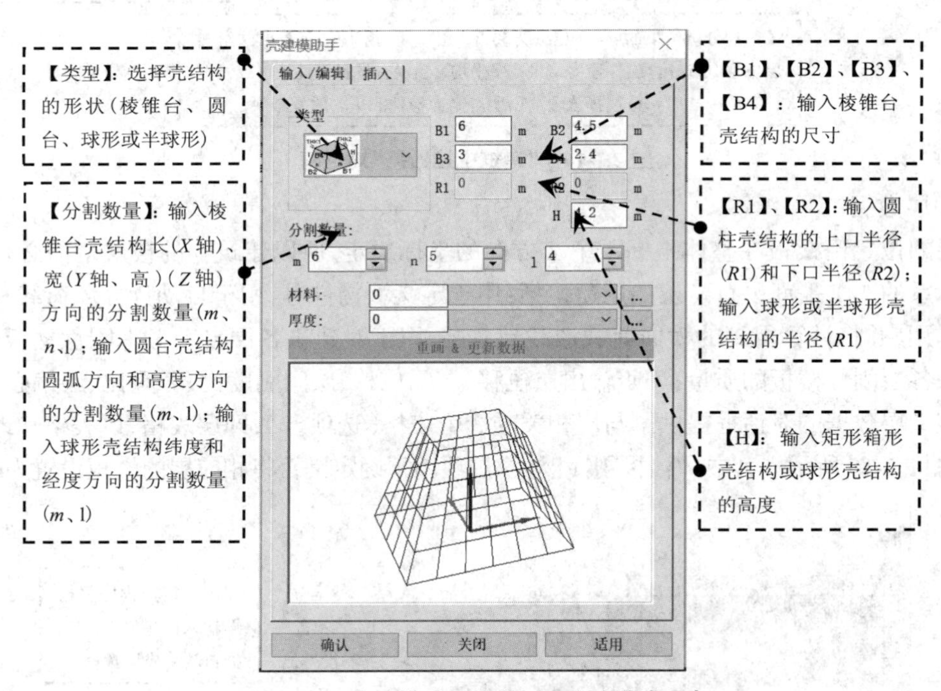

图 2.1-13 壳建模助手的“输入 / 编辑”选项卡

2.1.3 控制数据

1）建筑主控数据

“建筑主控数据”对话框及其中各项参数的含义如图 2.1-14 所示。

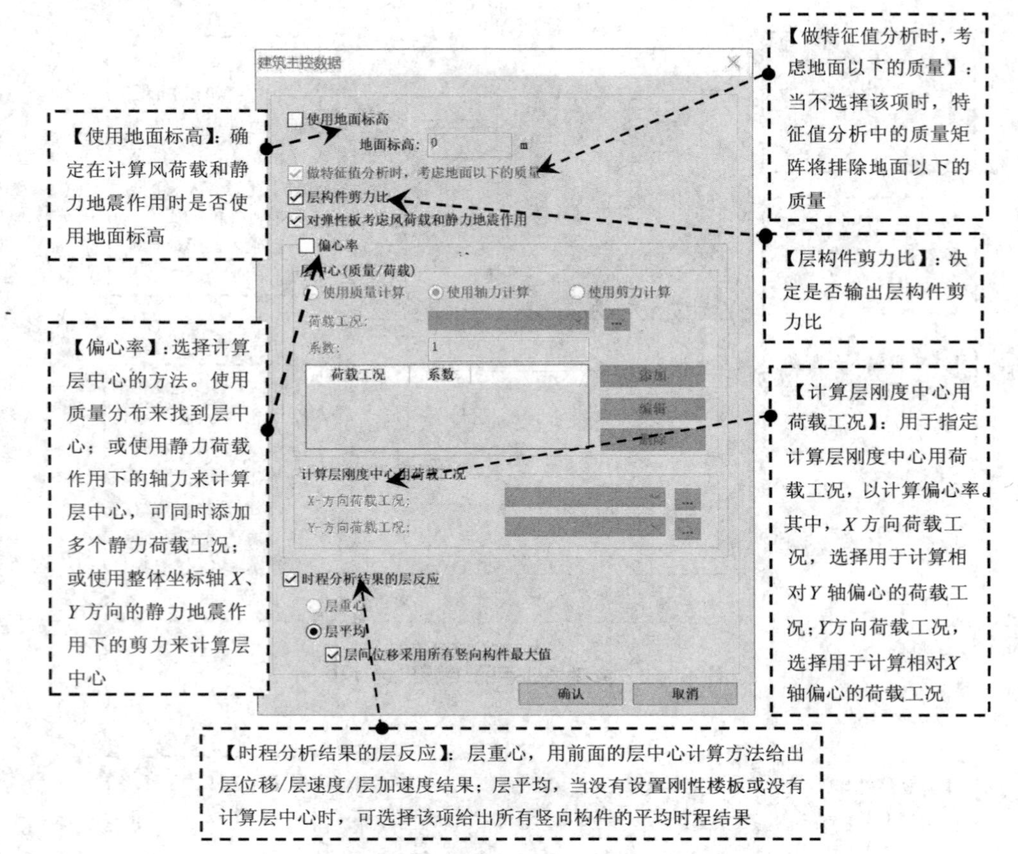

图 2.1-14 “建筑主控数据”对话框

2)层数据

层的位置由楼板在整体坐标系中 Z 方向的坐标决定，所以建筑物的楼层平面必须与整体坐标系的 X-Y 平面平行。层的用途包括：用于定义墙构件号；用于自动计算风荷载和计算地震作用，并将计算得到的横向荷载加载到各层；用于对建筑各层自动考虑刚性楼板效应，并输入各层刚性楼板的质量；用于输出层位移、层间位移、层间刚度比、剪重比、层偏心等。

定义层数据的对话框提供了与层相关的 3 个表格(选项卡)，即层表格、风表格和地震表格，如图 2.1-15 所示。其中，“楼板刚性楼板”选项用于确定是否将相应层的楼板设置为刚性。

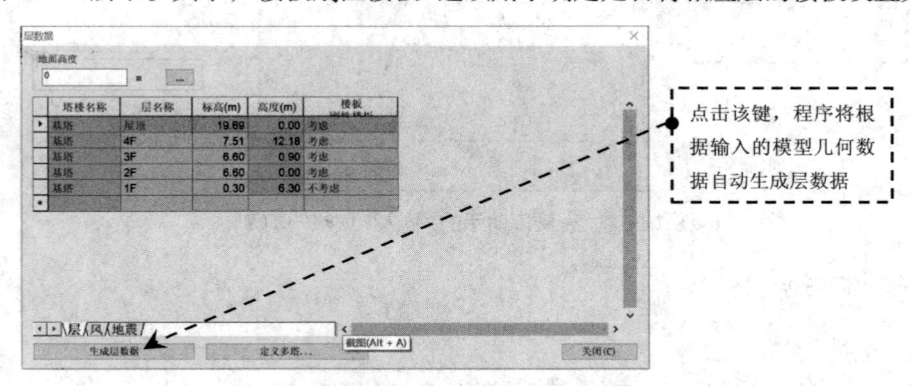

图 2.1-15 层数据的层表格对话框

在风表格中，楼板宽度 X 方向指承受沿整体坐标系 Y 轴方向的风荷载的迎风面宽度；楼板宽度 Y 方向指承受沿整体坐标系 X 轴方向的风荷载的迎风面宽度；楼板中心 X_c 指风荷载作用在整体坐标系 X 轴方向；楼板中心 Y_c 指风荷载作用在整体坐标系 Y 轴方向。

在地震表格中，偏心 X 方向指计算等效静力地震荷载（基底剪力法）时，沿整体坐标系 X 轴方向的偶然偏心距离；偏心 Y 方向指计算等效静力地震荷载（基底剪力法）时，沿整体坐标系 Y 轴方向的偶然偏心距离。

2.1.4　坐标系与平面

1）定义用户坐标系（User Coordinate System，UCS）

绝大多数实际结构的平面和立面是比较复杂的，但都由规则的几何体组成。因此，用户可以为各个几何体分别建立坐标系，在各自的坐标系中分别建模。建立用户坐标系是快速建立复杂模型的有效手段。用户坐标系（x-y-z）的定义界面如图 2.1-16、图 2.1-17 及图 2.1-18 所示，“X-Y 平面”“Y-Z 平面”选项卡与“X-Z 平面”选项卡大致相同。

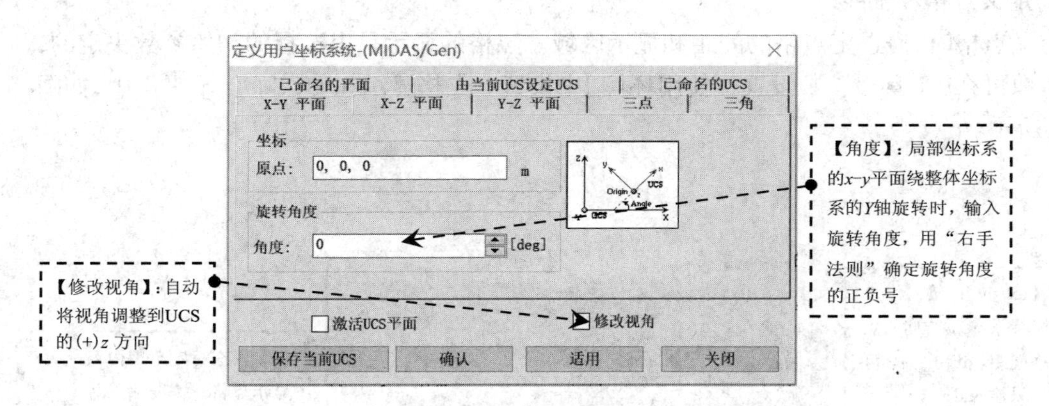

图 2.1-16　UCS 对话框的“X-Z 平面”选项卡

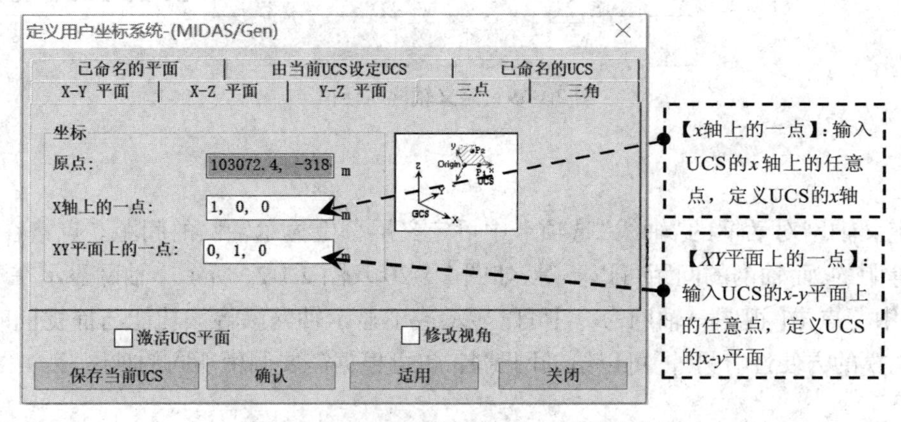

图 2.1-17　UCS 对话框的“三点”选项卡

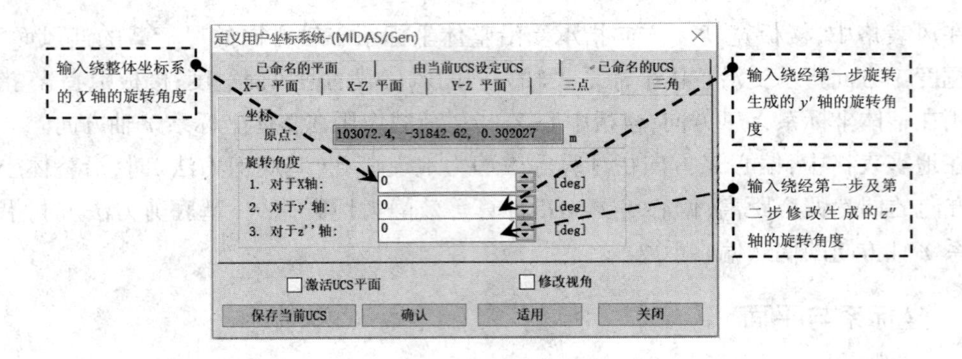

图 2.1-18　UCS 对话框的"三角"选项卡

2）定义点格和轴线

定义点格时，需选定点格的间距和显示区域。点格的显示是由选择的初始参数决定的，初始参数可在【工具→参数设置→使用环境】中设置。点格显示在 UCS 的 *x*-*y* 平面中，如图 2.1-19 所示。

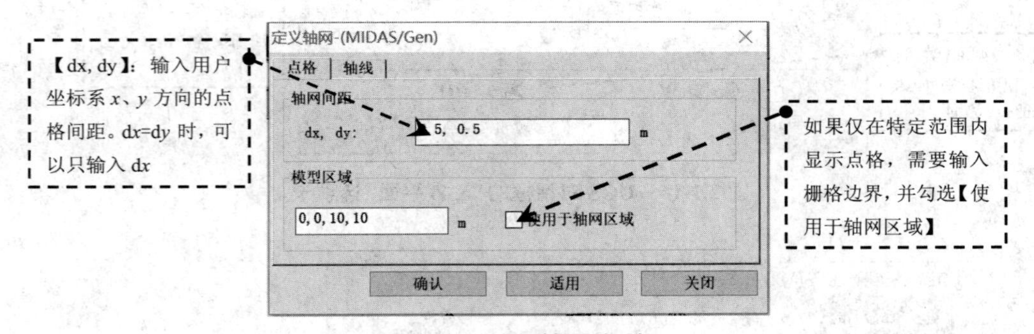

图 2.1-19　定义轴网对话框

在定义轴网对话框的"轴线"选项卡中可定义屏幕上显示轴网的间距。点格在每个方向上是等距的，而轴网的间距可以不等，如图 2.1-20 及图 2.1-21 所示。轴网显示在 UCS 的 *x*-*y* 平面中。点击【视图→轴网命令】可以显示或不显示轴网。将该功能与捕捉同时使用，可提高建模的方便性。另外，可以给轴网赋名，也可根据需要调用不同的轴网。

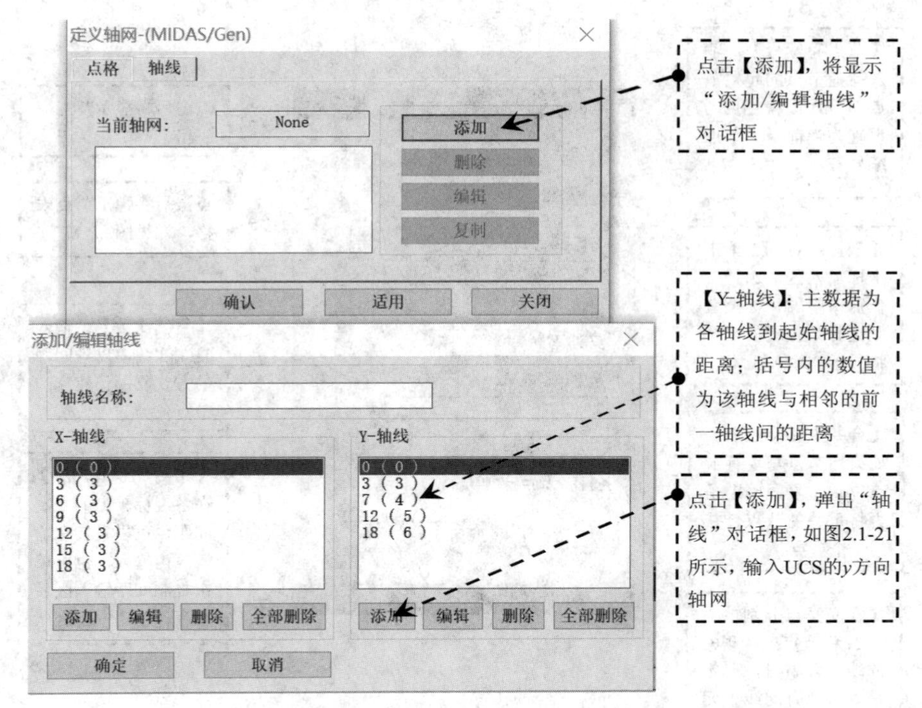

图 2.1-20　定义轴网及“添加 / 编辑轴线”对话框

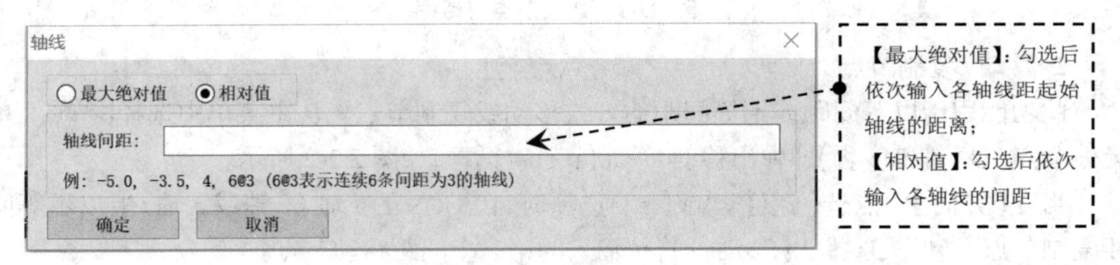

图 2.1-21　“轴线”对话框

2.2　节点与单元

MIDAS Gen 中的结构分析模型是由节点、单元和边界条件三要素组成的。其中，节点用来确定构件的位置；单元是用模型数据表达结构构件的元素，它是由连续的结构构件按有限元法划分而成的；边界条件用来表达所研究的对象结构与其相邻结构之间的连接方式。本节将对节点和单元的操作界面进行介绍。

2.2.1　节点

1）建立节点

此功能用于建立一个节点或复制该节点从而建立一组节点。从主菜单中选择【节点 / 单元→节点→建立节点】即弹出建立节点对话框，如图 2.2-1 所示。

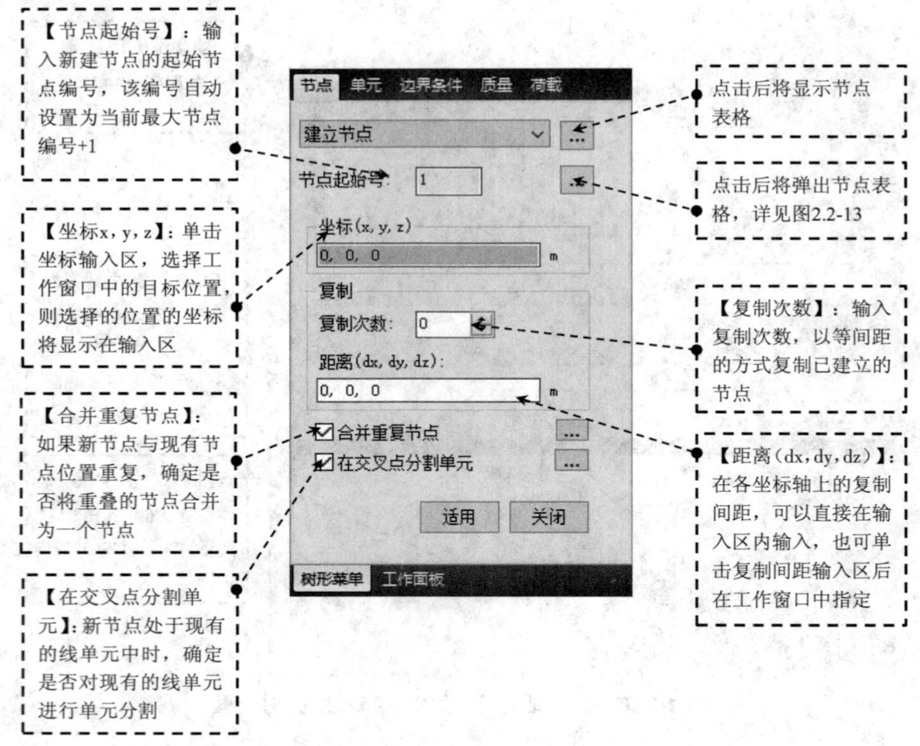

图 2.2-1　建立节点对话框

2）移动 / 复制节点

此功能用于以等间距或不等间距的方式移动或复制节点。从主菜单中选择【节点 / 单元→节点→复制和移动】即弹出移动 / 复制节点对话框，如图 2.2-2 所示。

当在【方向】中点选【x】(【y】或【z】)选项时，在 UCS 的 x 轴（y 轴或 z 轴）上以不等间距复制节点，当形式选择为【移动】时，按输入的第一个间距移动节点。

3）分割节点

此功能用于在两个节点间按相等或不相等的间距生成新的节点。从主菜单中选择【节点 / 单元→节点→分割】即弹出分割节点对话框，如图 2.2-3 所示。

4）合并节点

此功能用于在给定范围内合并所有节点及其属性(节点集中荷载和节点边界条件)。从主菜单中选择【节点 / 单元→节点→合并】即弹出合并节点对话框，如图 2.2-4 所示。

5）删除节点

此功能用于删除节点。在程序中删除节点一般可以使用键盘中的“Del”键，而使用删除节点功能可以删除自由节点和非自由节点，如果只想删除自由节点，可以在执行这个功能后的对话框里勾选“只适用于自由节点”，那么程序将仅删除自由节点。从主菜单中选择【节点 / 单元→节点→删除】即弹出删除节点对话框，如图 2.2-5 所示。

6）旋转节点

此功能用于绕特定旋转轴移动或复制节点。从主菜单中选择【节点 / 单元→节点→旋转】即弹出旋转节点对话框，如图 2.2-6 所示。

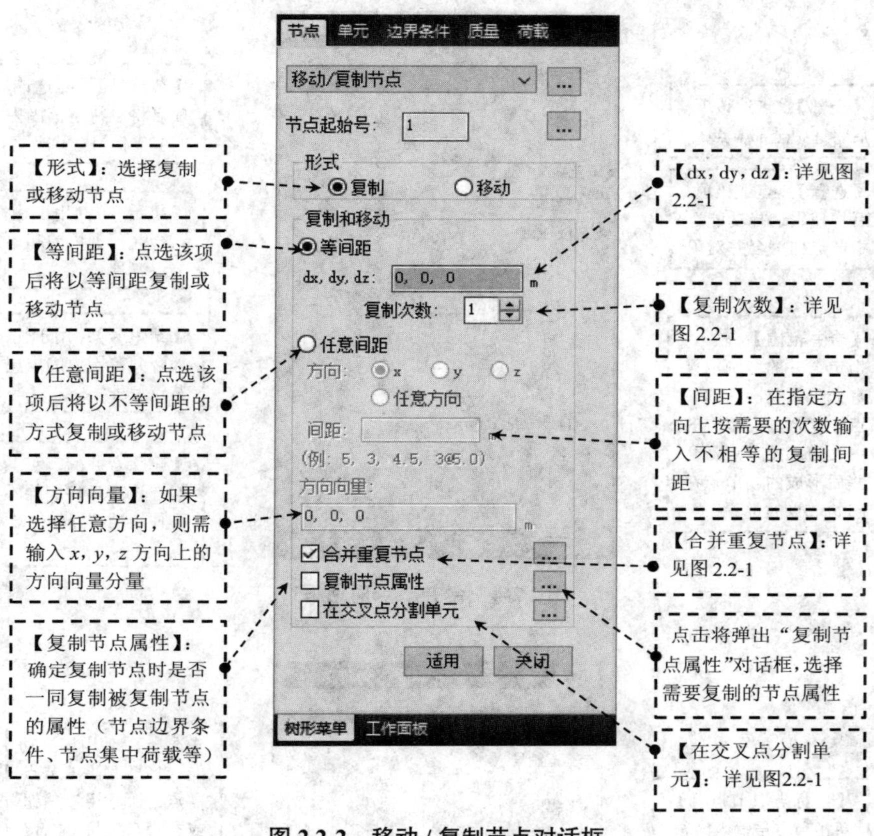

图 2.2-2　移动 / 复制节点对话框

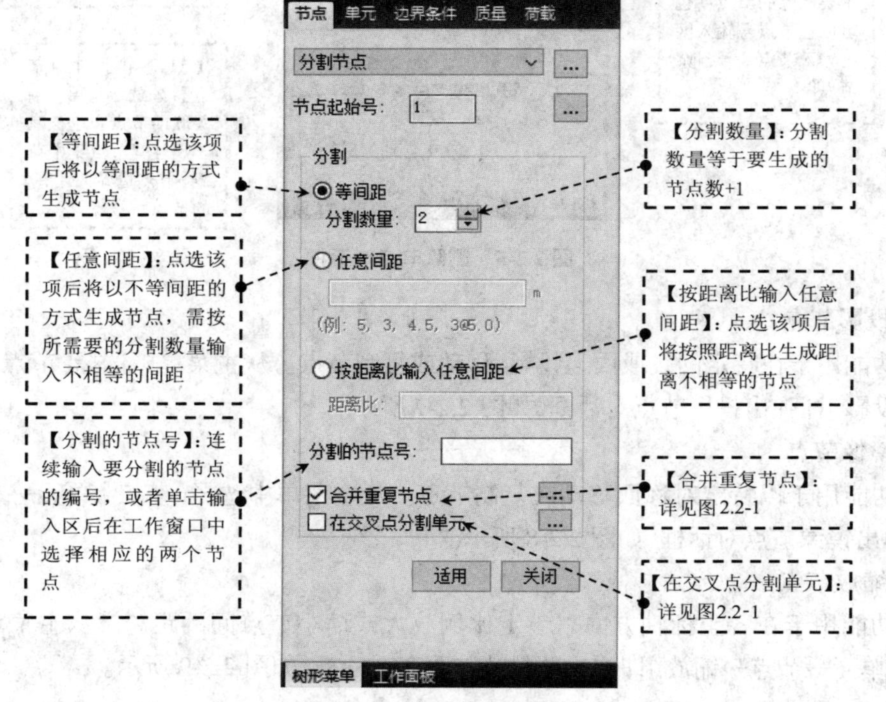

图 2.2-3　分割节点对话框

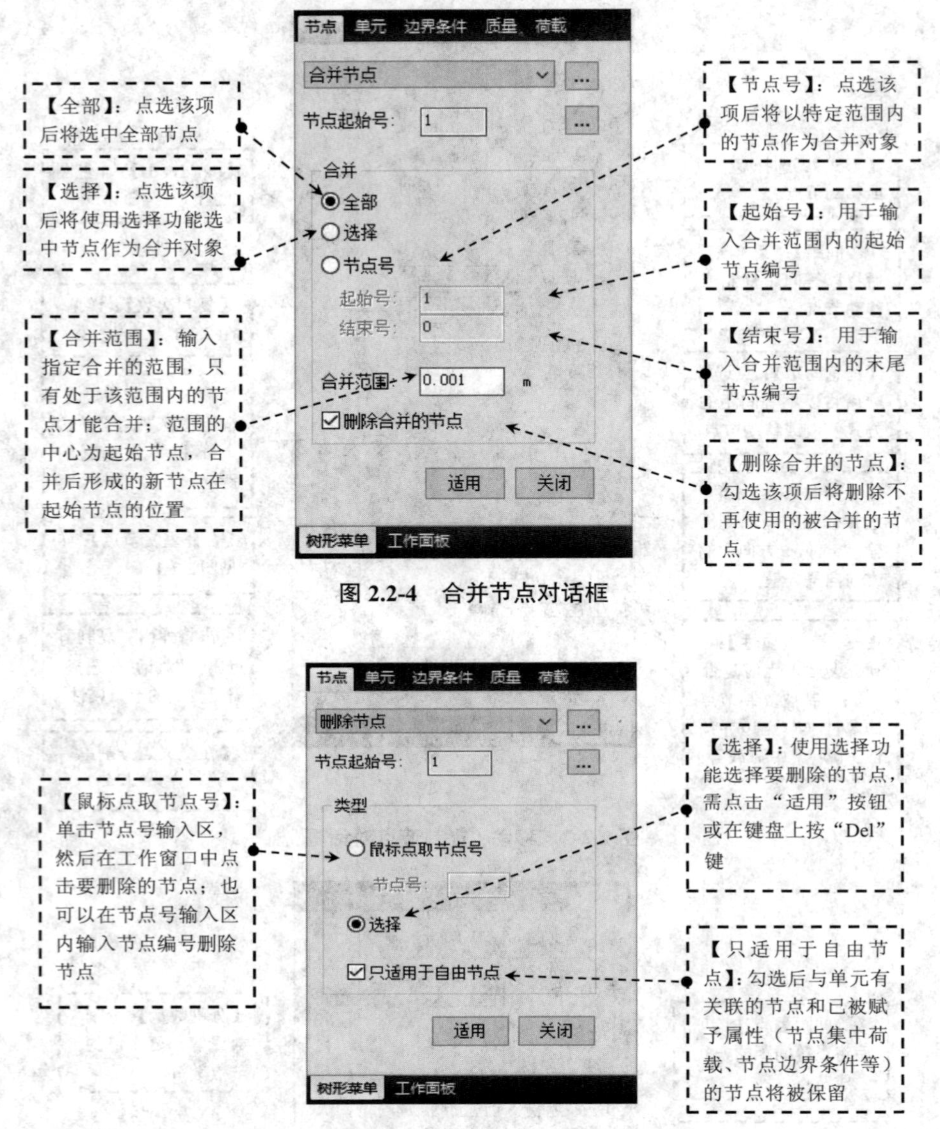

图 2.2-4 合并节点对话框

图 2.2-5 删除节点对话框

7）投影节点

此功能用于在特定的线或面上投影、移动或复制节点。从主菜单中选择【节点 / 单元→节点→投影】即弹出投影节点对话框，如图 2.2-7 所示。

8）镜像节点

此功能用于以特定对称面移动或复制节点。从主菜单中选择【节点 / 单元→节点→镜像】即弹出镜像节点对话框，如图 2.2-8 所示。

9）缩放节点

此功能用于在各坐标轴方向以给定比例放大或缩小节点间的距离。从主菜单中选择【节点 / 单元→节点→缩放】即弹出调整节点距离对话框，如图 2.2-9 所示。

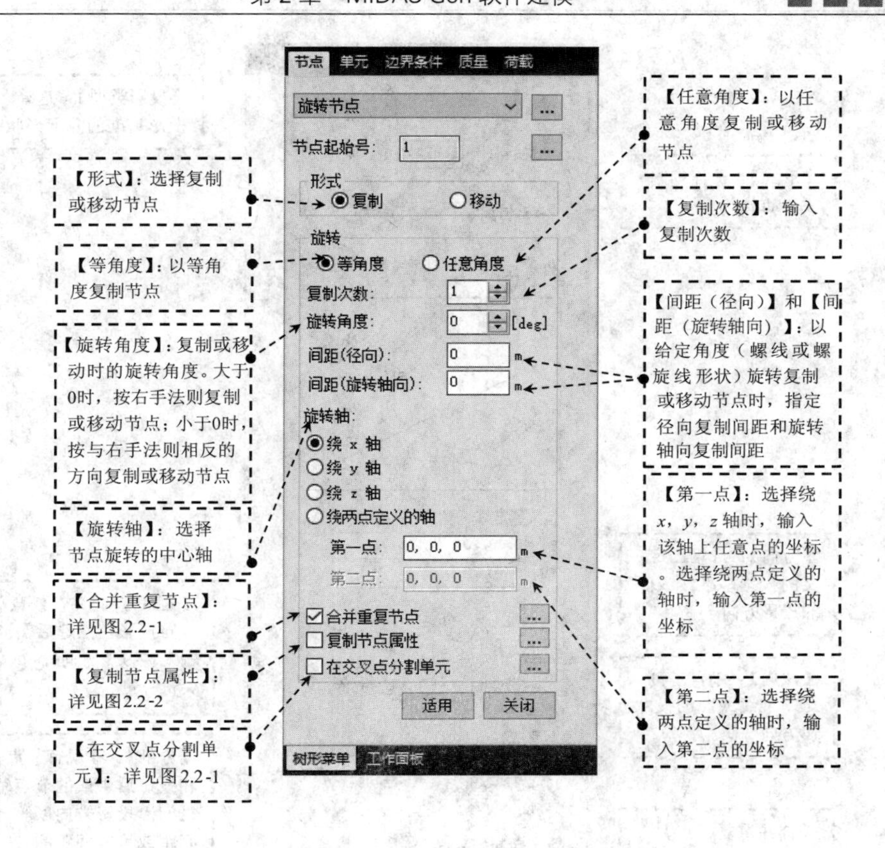

图 2.2-6　旋转节点对话框

10）紧凑节点号

此功能用于按照连续编号的原则紧凑节点编号。从主菜单中选择【节点 / 单元→节点→紧凑节点编号】即弹出紧凑节点号对话框，如图 2.2-10 所示。

11）重编节点号

此功能用于按整体坐标系（GCS）的优先次序对现有节点（单元）重新编号。从主菜单中选择【节点 / 单元→节点→重编节点号】即弹出重新编号对话框，如图 2.2-11 所示。排序时需要选择整体坐标系中各坐标轴的优先级。

12）节点编号

此功能用于指定新建节点的编号方式。从主菜单中选择【节点 / 单元→节点→节点起始号】即弹出“节点编号”对话框，如图 2.2-12 所示。

点选【没有使用的最小号码】选项时，将把没有使用的号码中的最小编号赋予新建节点；当现有节点中有中间空余号时，首先递补空余号，然后以使用的最大号码 +1 的方式依次生成节点号。点选【最大号码 +1】选项时，将以当前使用的号码中的最大编号 +1 的方式生成编号并赋予新建节点。点选【用户定义号码】选项时，将用户定义的起始编号赋予新建节点，用户不能赋予新建节点已有的节点号，但可以赋予空余号。点选【新建立的单元号码】框时，若上面选择了【没有使用的最小号码】或【最大号码 +1】，软件将自动指定相应的号码；若上面选择了【用户定义号码】，软件则要求用户输入新建节点的起始号。

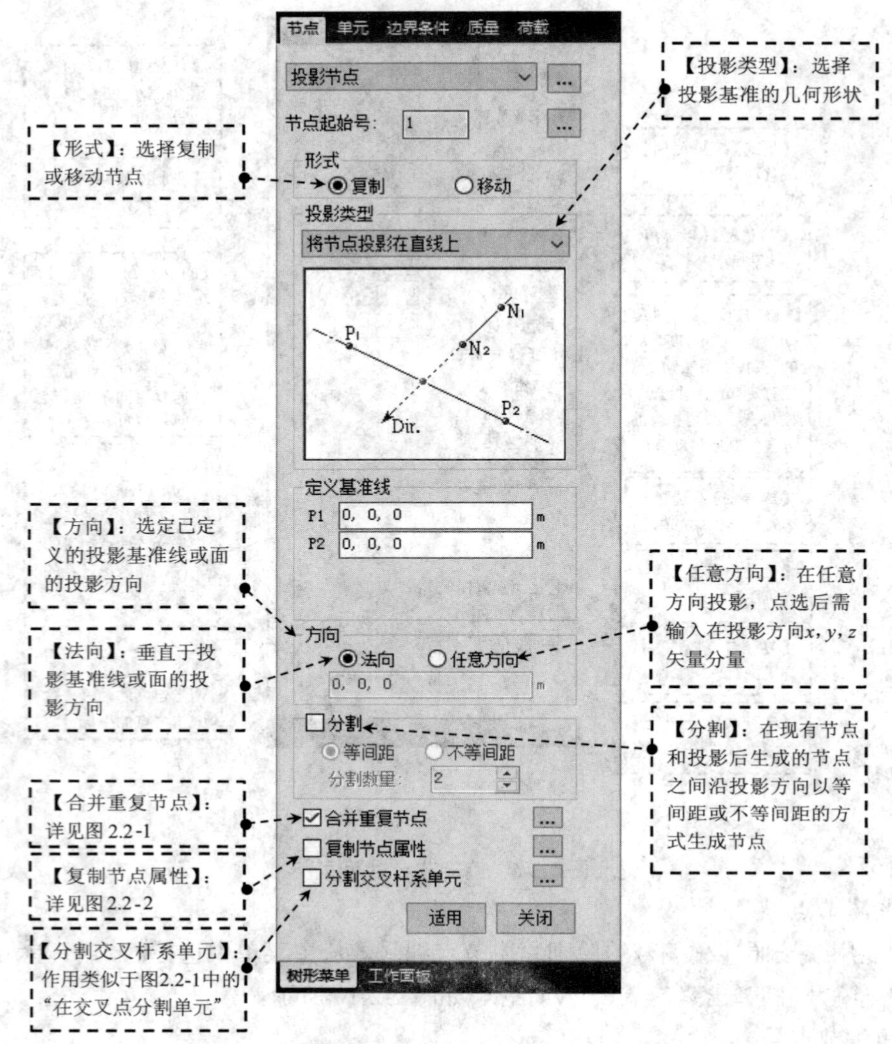

图 2.2-7 投影节点对话框

13）节点表格

此功能用于以电子表格的形式输入或修改相关坐标数据。从主菜单中选择【节点 / 单元→节点→节点表格】即弹出节点表格，如图 2.2-13 所示。

2.2.2 单元类型

单元包括桁架单元、只受拉 / 钩 / 索单元、只受压 / 间隙单元、一般梁 / 变截面梁单元、板单元、平面应力单元、平面应变单元、轴对称单元、实体单元和索单元等类型。本节逐一介绍几种常用的单元类型。

1）桁架单元、只受拉单元和只受压单元

桁架单元、只受拉单元和只受压单元一般用于空间网架、索、支撑等结构中，用于对只承受轴向力的构件和接触面进行模拟。例如，桁架单元可以用于模拟既承受压力也承受拉力的网架和桁架；只受拉单元可以用于模拟可忽略垂度的索，也可以模拟长细比较大从而几乎不能承受压力的抗风斜支撑；只受压单元可以用于模拟结构间的接触面条件，也可以模拟只能承受压力的地基边界条件。此外，当有初始张力作用时，可以给桁架或只受拉单元施加初拉力。

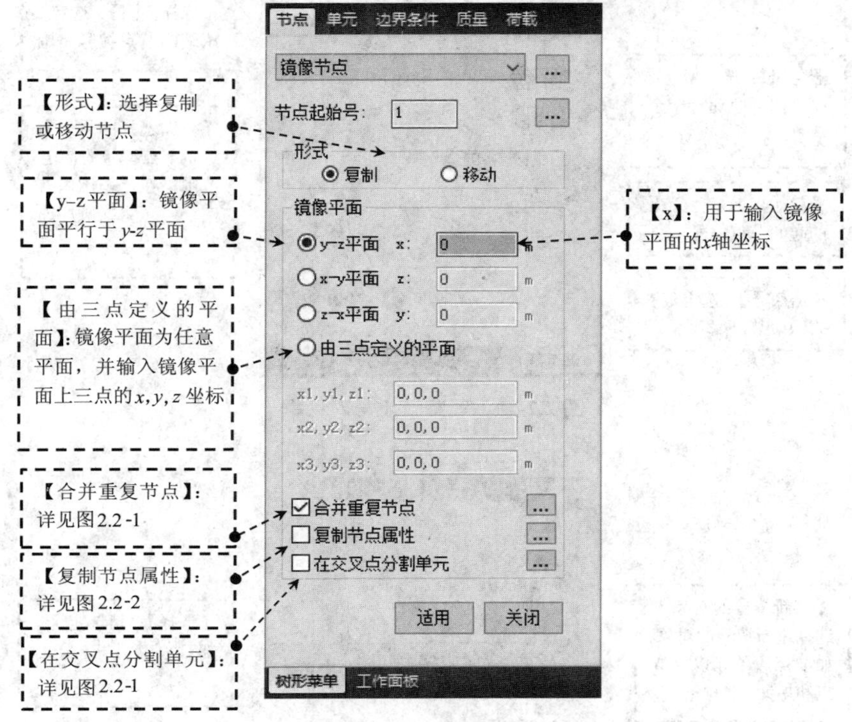

图 2.2-8　镜像节点对话框

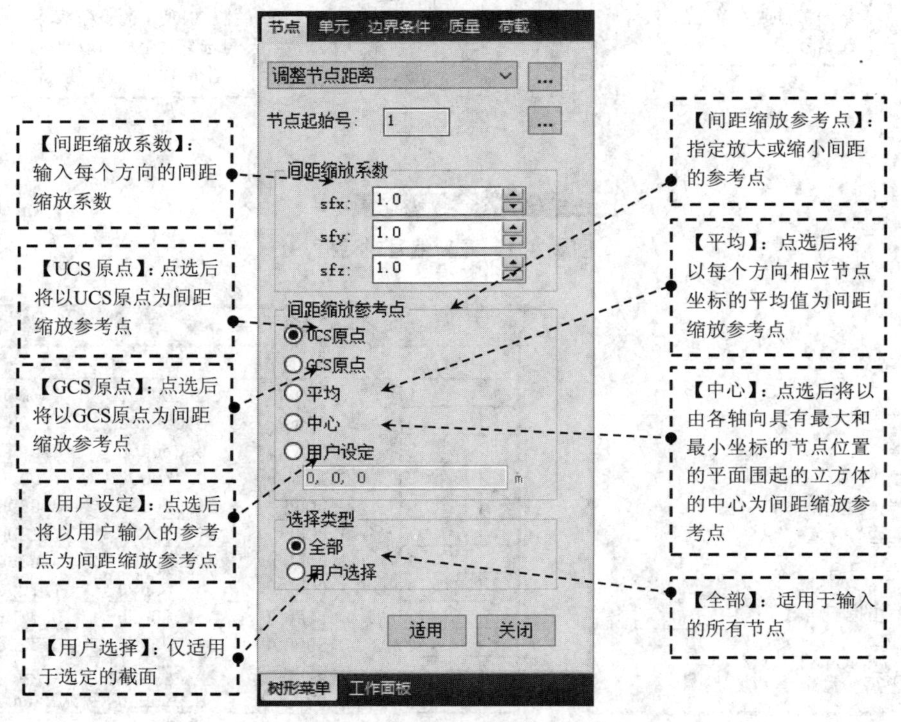

图 2.2-9　调整节点距离对话框

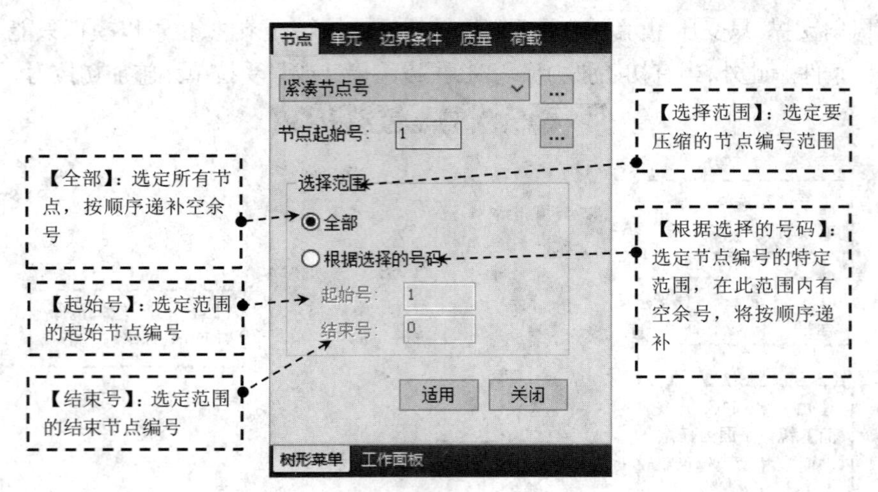

图 2.2-10 紧凑节点号对话框

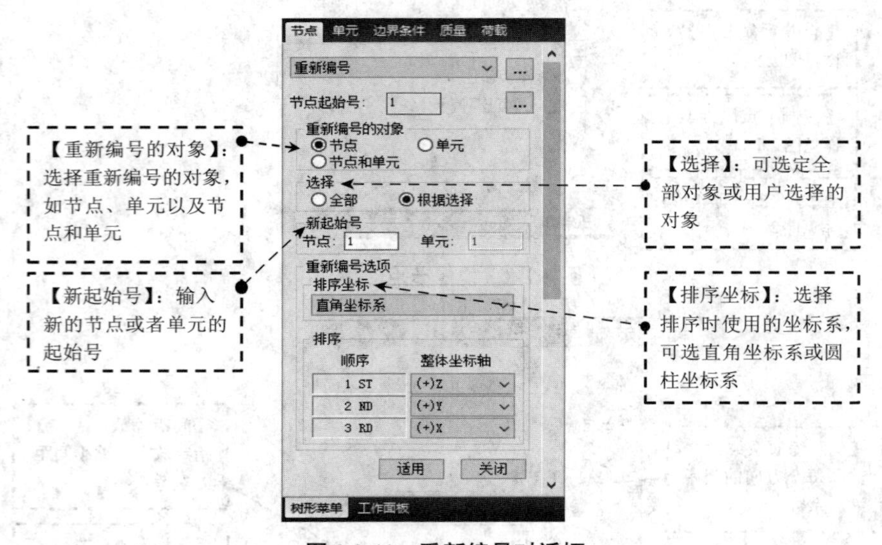

图 2.2-11 重新编号对话框

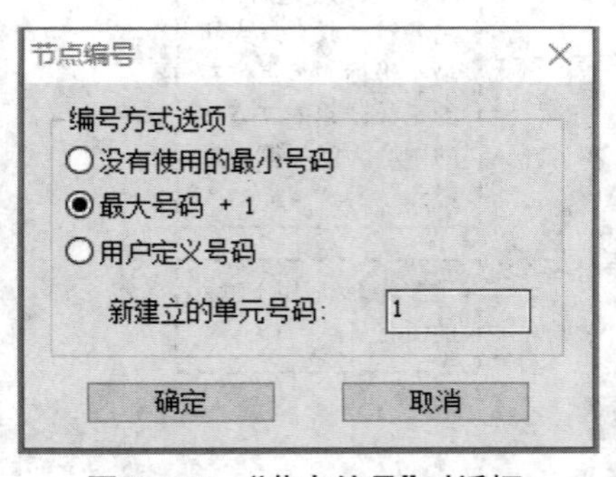

图 2.2-12 “节点编号”对话框

模型窗口 节点

节点	X(m)	Y(m)	Z(m)
1	0.000000	0.000000	0.000000
2	0.000000	0.000000	7.200000
3	0.000000	0.000000	10.000000
5	0.000000	0.750000	7.200000
6	0.000000	21.000000	0.000000
7	0.000000	21.000000	7.200000
8	0.000000	21.000000	10.000000
12	0.000000	20.250000	7.200000
13	0.000000	3.300000	10.522669
14	0.000000	17.700000	10.522669
15	0.000000	10.500000	11.663037
25	6.000000	0.000000	0.000000

图 2.2-13 节点表格

桁架单元、只受拉单元和只受压单元没有旋转方向的刚度，其两端的节点没有旋转方向的自由度。没有旋转方向的自由度的单元连接时，在软件的分析过程中将发生奇异现象。因此，当模型有这种非正常连接时，MIDAS Gen 会自动约束相应节点的旋转自由度，从而防止因发生奇异现象而退出计算的情况发生。

桁架单元、只受拉单元和只受压单元等与具有旋转方向的刚度的单元（如梁单元）连接时，软件无须在内部做调整，也不会发生奇异现象。

2）梁单元

MIDAS Gen 中的梁单元具有 6 个自由度，并默认计算剪切变形。当用户不考虑剪切变形时，可将截面特性值中的剪切面积设为零。当截面尺寸与构件长度的比大于 0.2（深梁）时，轴向上剪切变形的影响将显著增大，在这种情况下推荐用户使用板单元建模。

梁单元被理想化为线单元，其截面的特性值均以中和轴为基准，因此软件不能自动考虑梁单元连接的刚域效果（梁柱节点）及中和轴不同引起的变化。因此，考虑梁单元连接的刚域效果（梁柱节点）及中和轴不同引起的变化时，需要用到梁端偏心功能或几何约束条件（从主菜单中选择【模型→边界条件→刚域效果】）。

当梁单元端部为铰接或滚动支座时，可使用释放梁端约束功能，释放相应自由度上的约束。当在一个节点释放多个杆件的端部约束时，应注意可能发生的奇异现象。当不可避免地需释放多个杆件的端部约束时，需要在相应的自由度上加一个具有微小刚度的弹性连接单元或弹性约束。

多个梁单元在一点铰接时，为了避免发生奇异现象，在释放梁单元的梁端约束时，其中一个梁单元不释放梁端约束。当节点自由度不同的单元连接在一点时，使用刚性梁单元能更有效地避免发生奇异现象。

输入刚性梁单元时，可以将其刚度相对提高，一般可以比相连接的其他单元刚度高 10^5~10^8 倍。例如，在对梁与墙体进行连接模拟时，墙体使用平面应力单元或板单元，梁使用梁单元，因为平面应力单元（或板单元、实体单元）没有绕垂直于板单元方向的旋转自由度，所以即使将梁单元与平面应力单元连接起来，也不能传递给梁单元以绕垂直于板单元方向的弯矩，结果相当于铰接。

3）板单元

厚板单元与薄板单元的差别是：厚板单元考虑剪切变形。板单元的形状有三角形和四边形两种。板单元可以用于模拟面内受拉压及面外受弯的压力容器、护壁、桥梁板等结构。在板单元上可以施加任意方向的压力荷载。

输入板单元的厚度时，可以分别输入计算面内刚度和面外刚度所需的厚度。一般在计算自重和质量时使用面内刚度厚度，但如果只输入了面外刚度厚度，则在计算自重和质量时使用面外刚度厚度。

板单元应尽量使用四边形单元。在建立曲面时，相邻板单元的夹角尽量不要超过 10°。当需要输出比较精确的结果时，夹角尽量不要超过 2°~3°。在应力变化较大的位置，应尽量使用四边形单元进行细分。

4)平面应力单元

平面应力单元可以用于模拟受拉、受压的膜单元或只能承受平面方向荷载的结构。平面应力单元可以承受垂直于单元边界的荷载。平面应力单元具有三角形和四边形两种形式,参数有平面内抗拉、抗压和剪切强度。

一般来说,用四边形单元模拟的位移和应力结果比较准确;用三角形单元模拟的位移结果比较准确,但应力结果的精确度不是很高。因此,在需要较高精确度的位置建模时,应尽量使用四边形单元,而在需要调整四边形单元的大小的部位,可以使用三角形单元进行过渡。

平面应力单元没有旋转自由度。没有旋转自由度的不同单元连接时,在连接节点位置会发生奇异现象,此时 MIDAS Gen 内部会自动约束旋转自由度,以避免奇异现象的发生。当平面应力单元和具有旋转自由度的梁单元或板单元连接时,可以使用刚性连接(主节点、从属节点)或刚性辅助梁,以保证旋转自由度的连续性。

5)平面应变单元

平面应变单元一般用于模拟截面不变而长度很大的结构,如大坝、隧道等。平面应变单元可以承受垂直于单元边界的荷载。平面应变单元不能和其他类型的单元混合使用。因为平面应变单元只能发生平面内变形,所以只能用于线性静力分析,不存在平面外变形。平面应变单元具有三角形和四边形两种形式,参数不仅包括平面内抗拉、抗压和剪切强度,而且包括平面外抗拉和抗压强度。与平面应力单元一样,使用平面应变单元模拟时也应该尽量使用四边形单元,单元的形状比应尽量接近 1.0。

6)轴对称单元

轴对称单元一般用于形状、材料、荷载等轴对称的结构(如管道、压力容器、水箱、料仓等)的模拟。轴对称单元不能和其他类型的单元混合使用。

7)实体单元

实体单元一般用于实体结构的模拟,实体单元的形状有楔形、三角棱柱体和六面体。使用六面体(8 节点)模拟的位移和应力结果均比较准确;使用楔形(4 节点)、三角棱柱体(6 节点)模拟的位移结果比较准确,但应力结果的准确度相对于位移结果有所降低。因此,在需要较高精确度的位置建模时,应尽量使用六面体单元。在需要调整六面体单元的大小的部位,可以使用楔形或三角棱柱体单元进行过渡。实体单元没有旋转刚度,即在其节点位置没有旋转自由度。没有旋转自由度的不同单元连接时,在连接节点位置会发生奇异现象,此时 MIDAS Gen 内部会自动约束旋转自由度,以避免奇异现象的发生。当实体单元和具有旋转自由度的梁单元或板单元连接时,可以使用刚性连接(主节点、从属节点)或刚性辅助梁,以保证旋转自由度的连续性。

8)索单元

在静力分析时,索单元按等效桁架单元进行分析。在几何非线性分析时,索单元按弹性悬链线索单元进行分析。

2.2.3　建立单元

1)在直线上建立单元

此功能用于在直线上布置单元。从主菜单中选择【节点 / 单元→单元→建立单元】即弹出建立单元对话框,如图 2.2-14 所示。

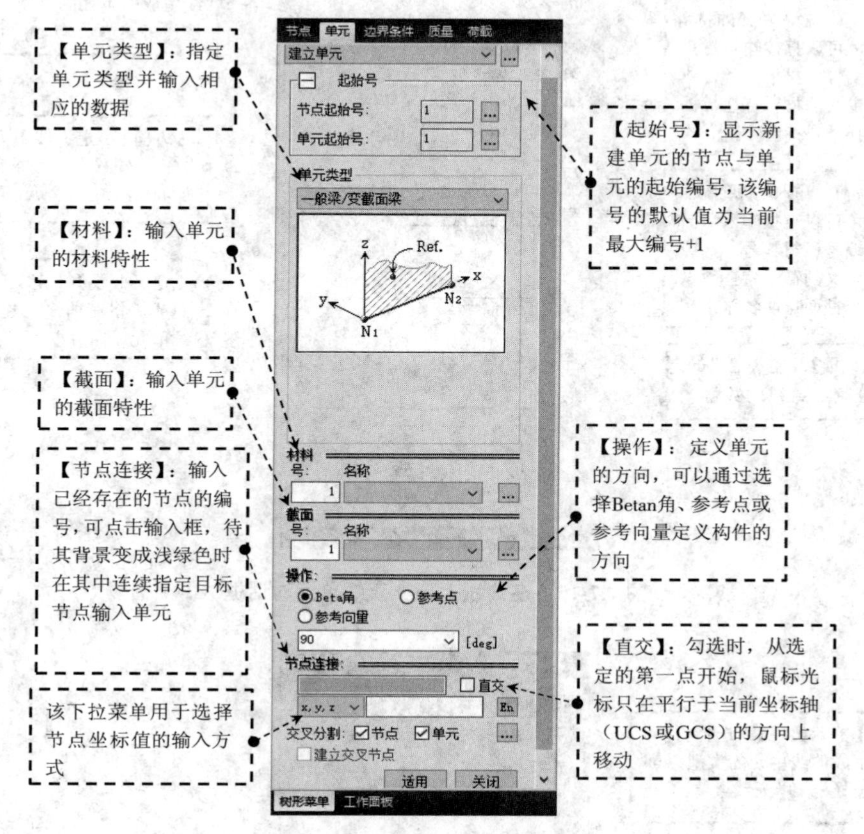

图 2.2-14　建立单元对话框

在图 2.2-14 中,对【交叉分割】栏,当勾选【节点】时,在现有节点处将单元分割;当勾选【单元】时,则在相交点处自动生成节点并将线单元分割;当勾选【建立交叉节点】时,即使在生成的板单元或实体单元中没有内部节点,也会在外部节点连线的交点处建立节点进而建立板单元或实体单元。

2)在曲线上建立直线单元

此功能用于在曲线上布置桁架单元、梁单元。从主菜单中选择【节点 / 单元→单元→建立曲线并分割成线单元】即弹出在曲线上建立直线单元对话框,如图 2.2-15 所示。

3)建立转换直线单元

此功能用于将平面单元的边转换为直线单元。从主菜单中选择【节点 / 单元→单元→建立转换直线单元】即弹出建立转换直线单元对话框,如图 2.2-16 所示。

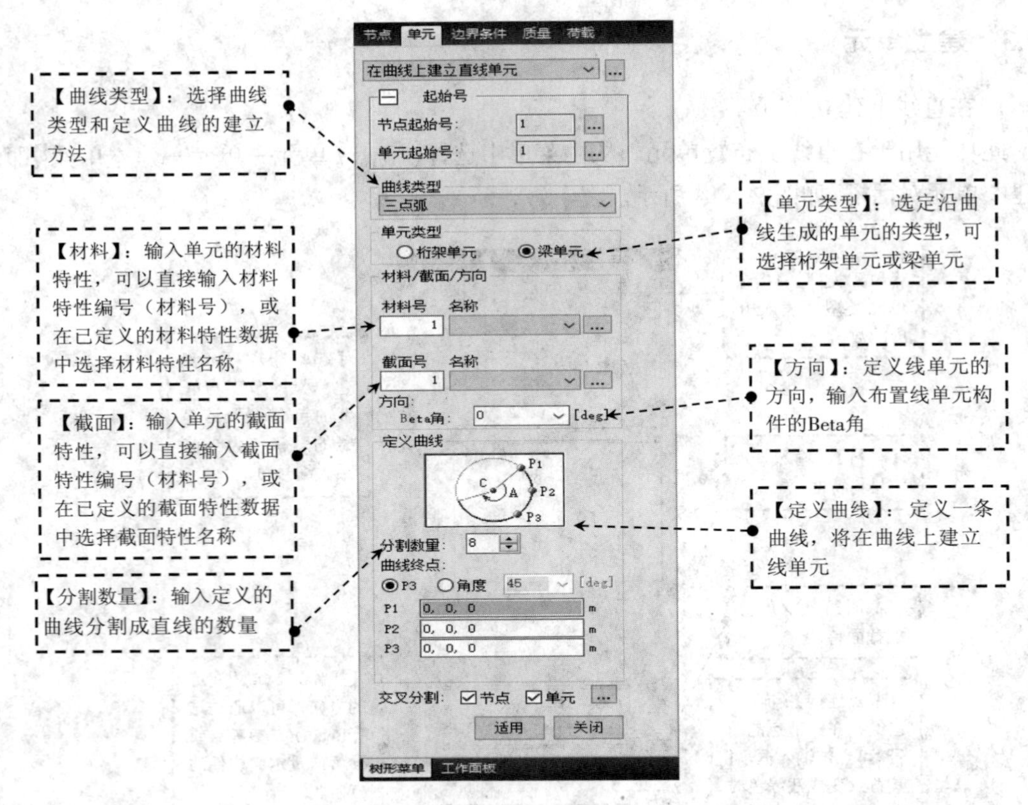

图 2.2-15 在曲线上建立直线单元对话框

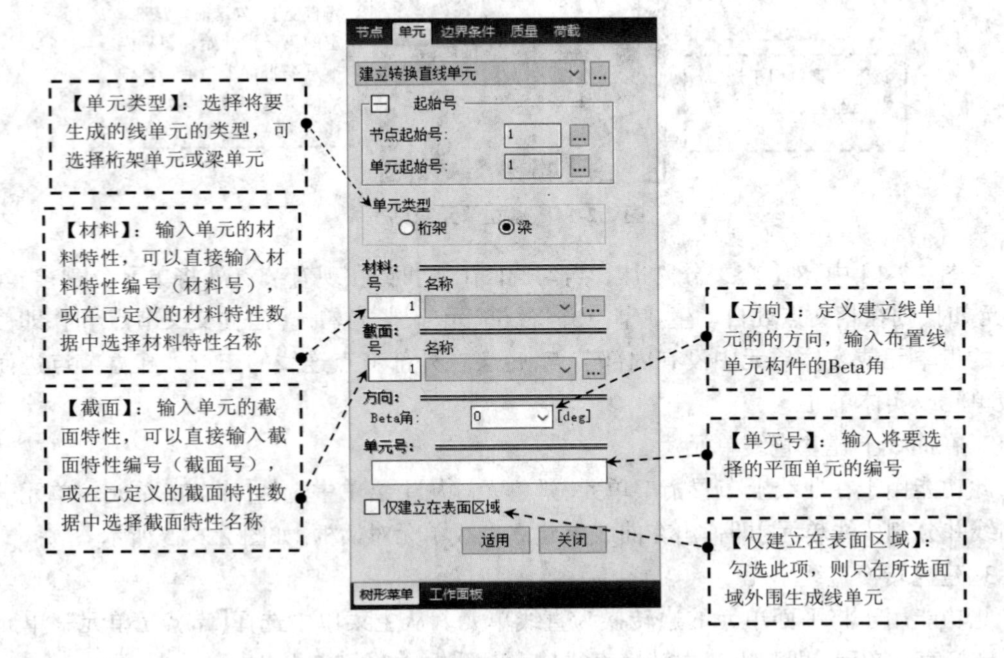

图 2.2-16 建立转换直线单元对话框

4）剪力墙洞口

此功能用于对剪力墙单元进行开洞，并自动生成洞口上方的连梁。从主菜单中选择【节点 / 单元→单元→剪力墙洞口】即弹出剪力墙洞口对话框，如图 2.2-17 所示。

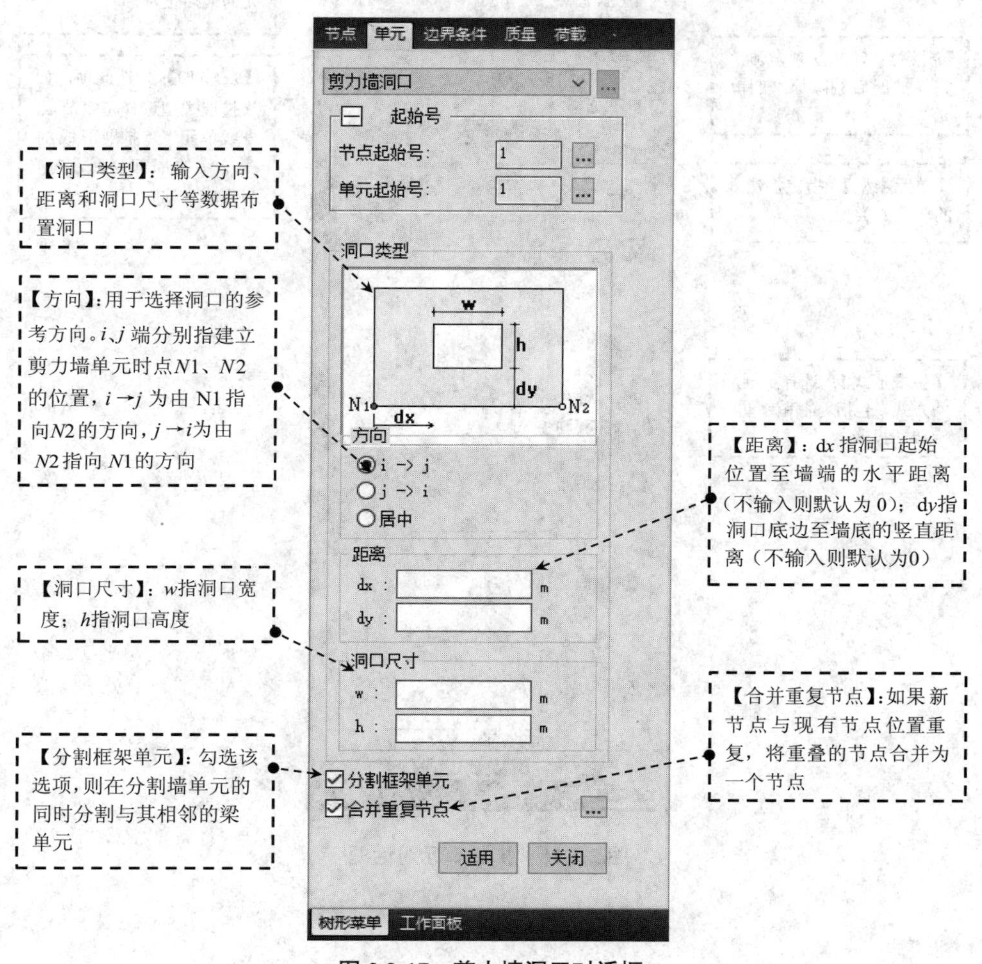

图 2.2-17　剪力墙洞口对话框

5）扩展单元

此功能用于通过扩展维数建立单元，可将节点扩展为线单元，将线单元扩展为面单元，将面单元扩展为实体单元。从主菜单中选择【节点 / 单元→单元→扩展】即弹出扩展单元对话框，如图 2.2-18 所示。

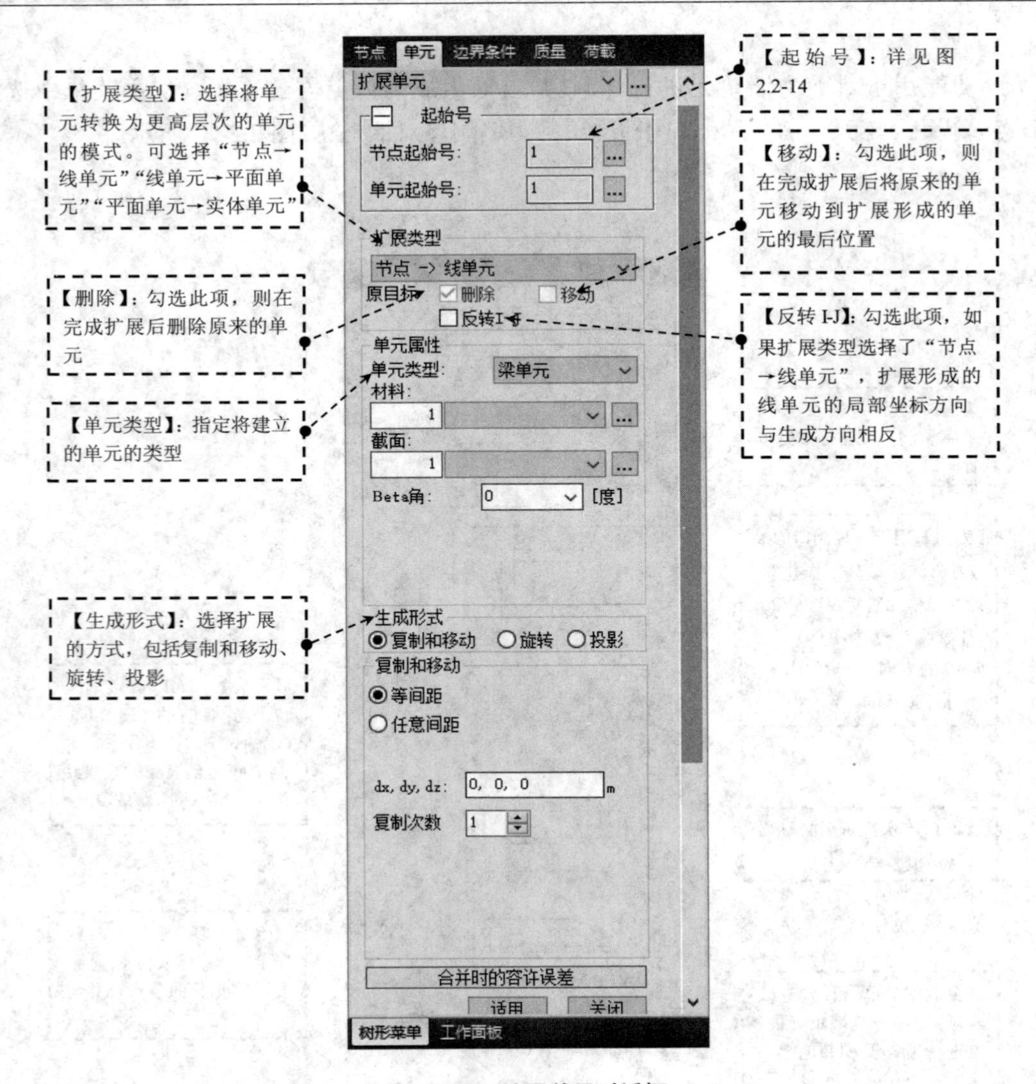

图 2.2-18　扩展单元对话框

6）分割单元

此功能用于分割选定的单元并在分割点处建立节点。从主菜单中选择【节点 / 单元→单元→分割】即弹出分割单元对话框，如图 2.2-19 所示。

7）移动 / 复制单元

此功能用于以等间距或不等间距的方式移动或复制单元。从主菜单中选择【节点 / 单元→单元→移动复制】即弹出移动 / 复制单元对话框，如图 2.2-20 所示。

8）合并单元

此功能用于将两个及以上连续的线单元合并为一个单元。从主菜单中选择【节点 / 单元→单元→合并单元】即弹出合并单元对话框，如图 2.2-21 所示。

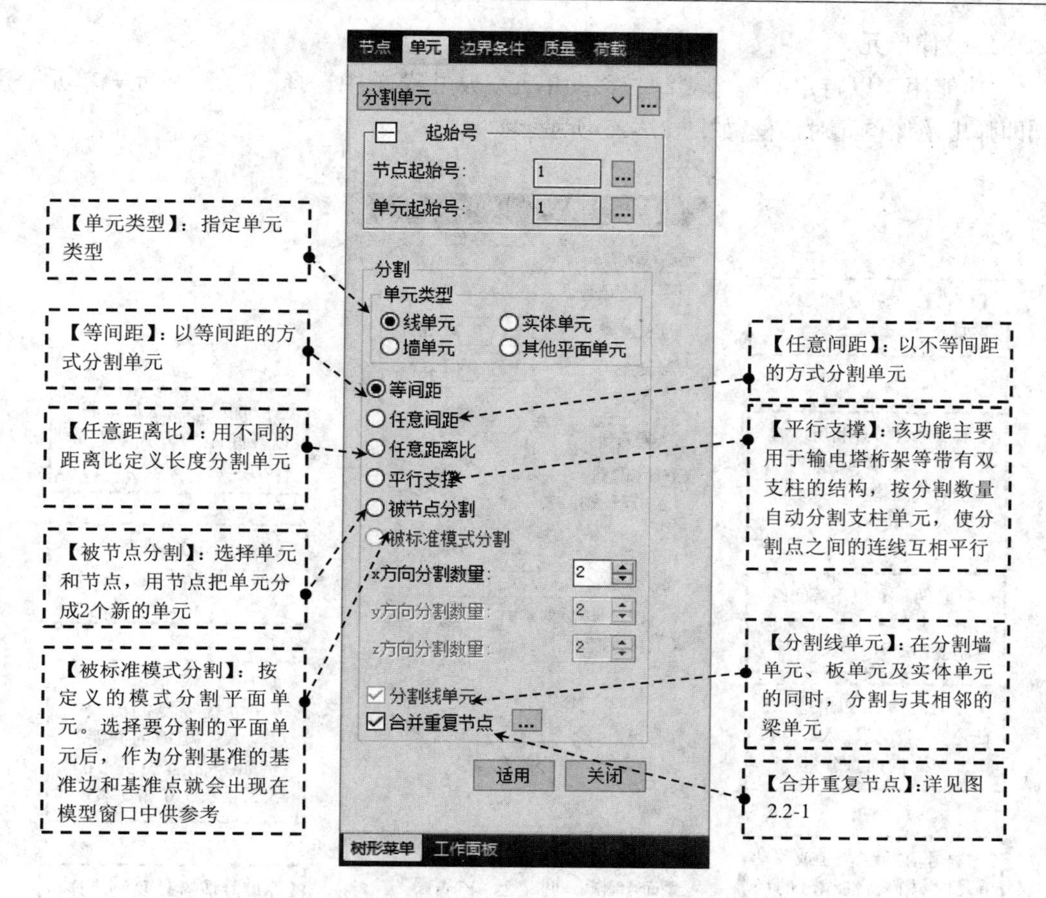

图 2.2-19 分割单元对话框

除强行合并之外，合并单元功能只能合并位于一条直线上的连续线单元。合并与其他单元相交的两个连续直线单元，需要使用强行合并功能。不能合并具有不同属性（材料特性、截面特性等）的单元。单元合并后荷载和边界条件保持不变，该功能提高了建模的效率。该功能不能用于合并两个及以上有不同 Beta 角的单元。

9）交叉分割单元

此功能用于在先前输入的线单元（桁架单元、梁单元等）的交点处自动分割单元。从主菜单中选择【节点 / 单元→单元→交叉分割】即弹出交叉分割单元对话框，如图 2.2-22 所示。【容许误差】框用于输入视为交叉的最小距离。

10）删除单元

此功能用于删除单元。从主菜单中选择【节点 / 单元→单元→删除】即弹出删除单元对话框，如图 2.2-23 所示。

11）旋转单元

此功能用于绕特定轴旋转复制或旋转移动单元。从主菜单中选择【节点 / 单元→单元→旋转】即弹出旋转单元对话框，如图 2.2-24 所示。

12）镜像单元

此功能用于以特定的镜像复制或移动单元。从主菜单中选择【节点 / 单元→单元→镜像】即弹出镜像单元对话框，如图 2.2-25 所示。

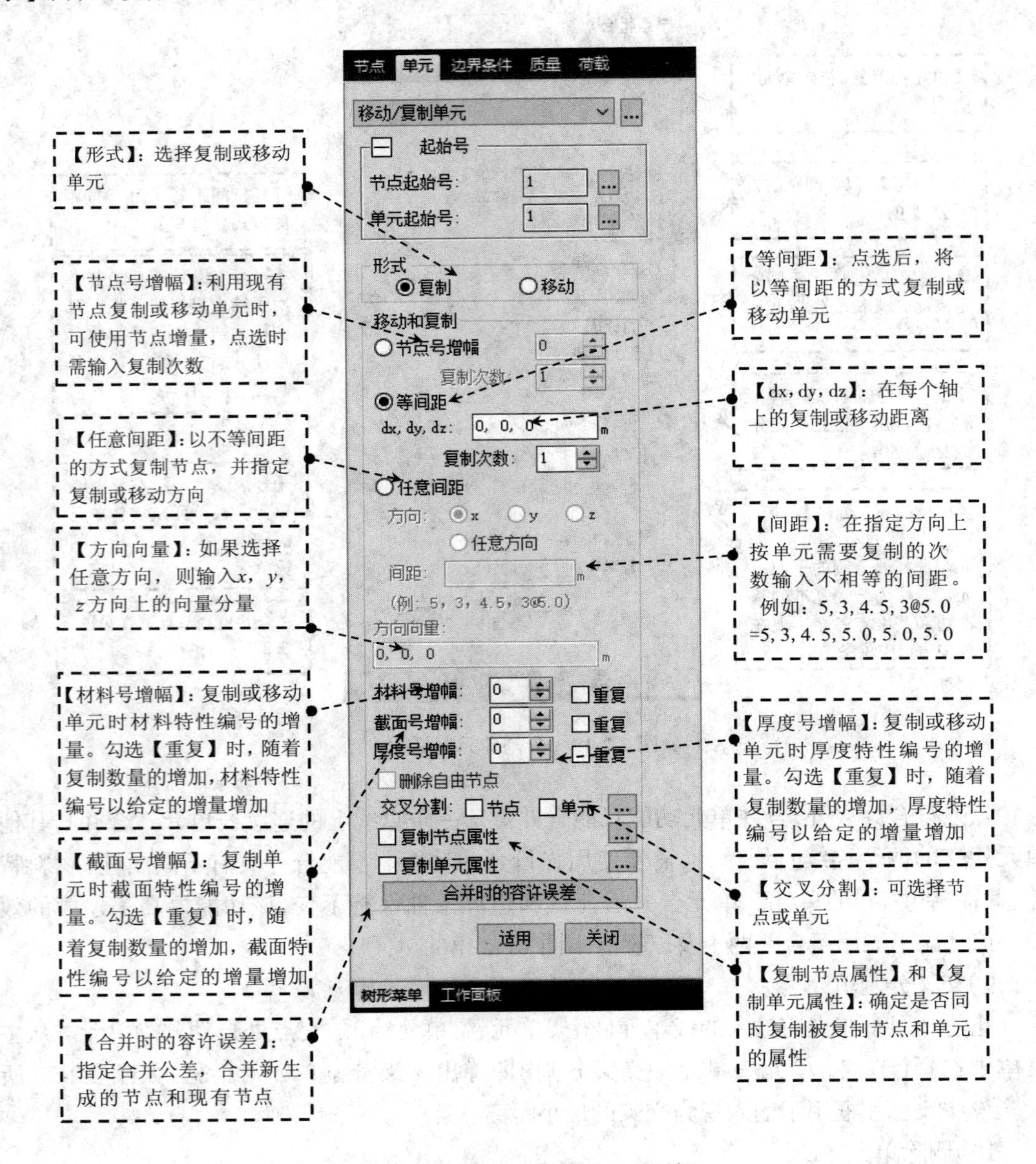

图 2.2-20 移动 / 复制单元对话框

13）紧凑单元编号

此功能用于删除不用的单元号，并对全部或某些单元按整体坐标系方向的优先次序重新编号。从主菜单中选择【节点 / 单元→单元→紧凑单元号】即弹出紧凑单元编号对话框，如图 2.2-26 所示。

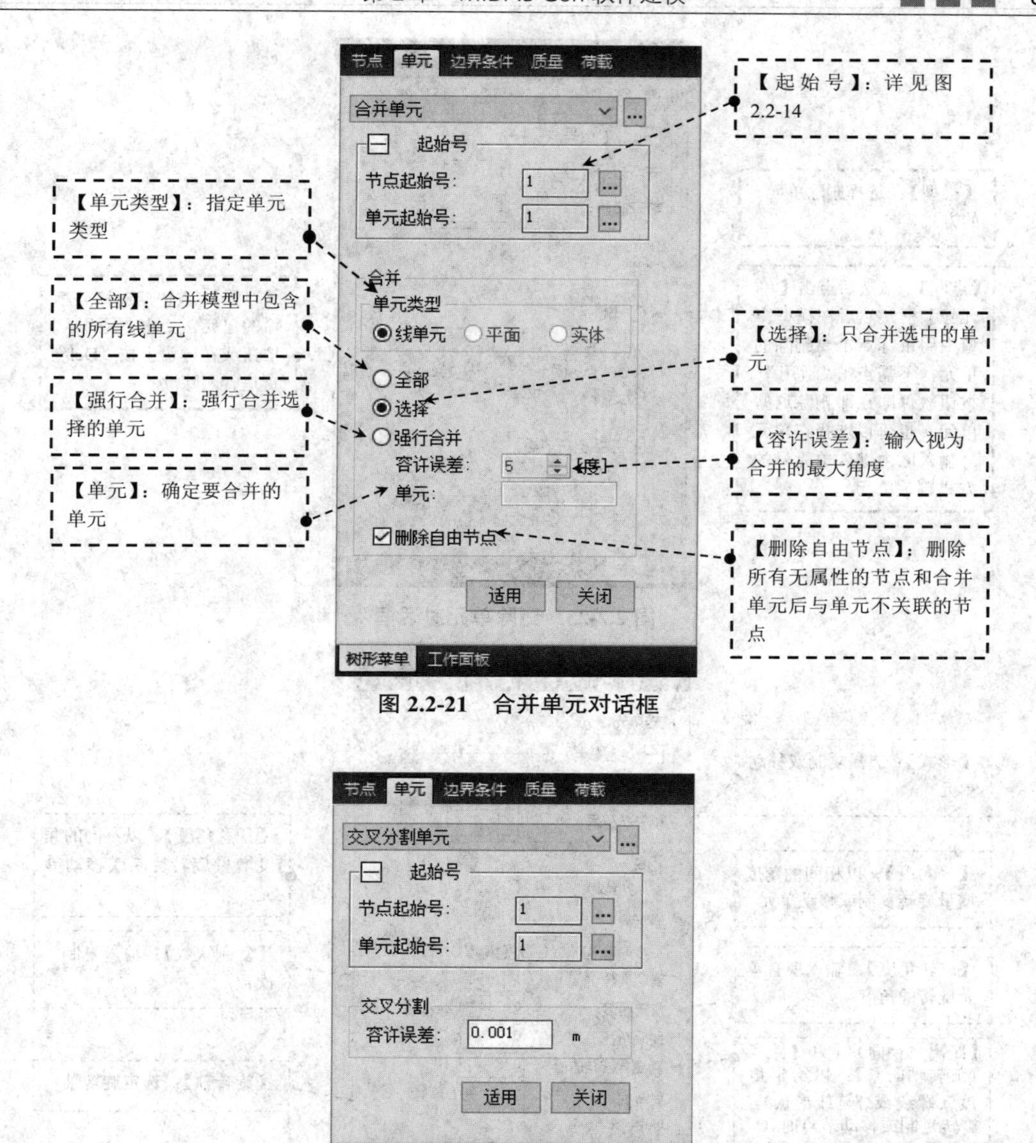

图 2.2-21　合并单元对话框

图 2.2-22　交叉分割单元对话框

14）重新编号

此功能用于按整体坐标系方向的优先次序对现有单元（节点）重新编号。从主菜单中选择【节点 / 单元→单元→重编单元号】即弹出重新编号对话框，如图 2.2-27 所示。

15）单元编号

单元编号的功能是指定新生成单元的编号方式。从主菜单中选择【节点 / 单元→单元→单元编号】即弹出“单元编号”对话框，如图 2.2-28 所示。其各个选项的设置与节点编号相同。

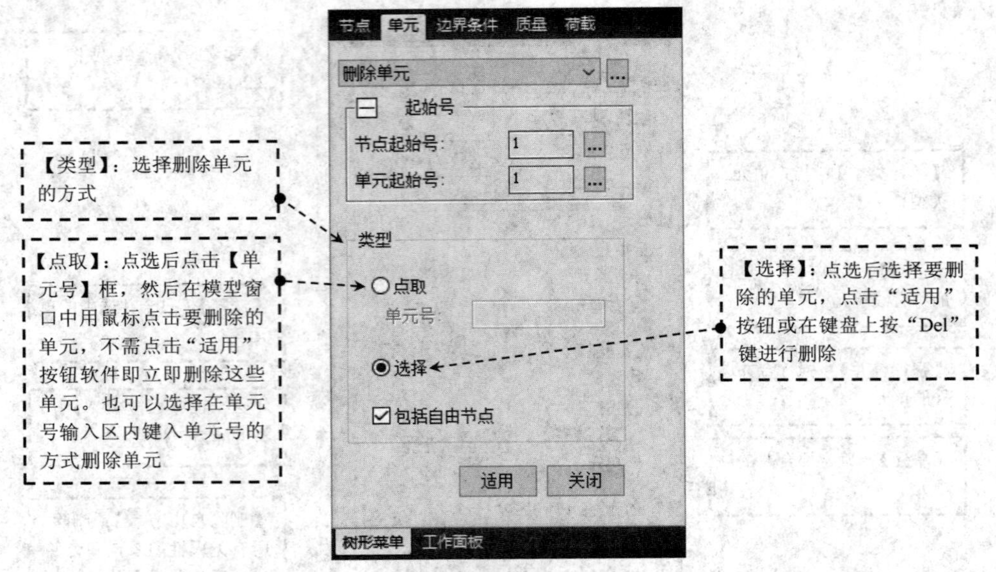

图 2.2-23 删除单元对话框

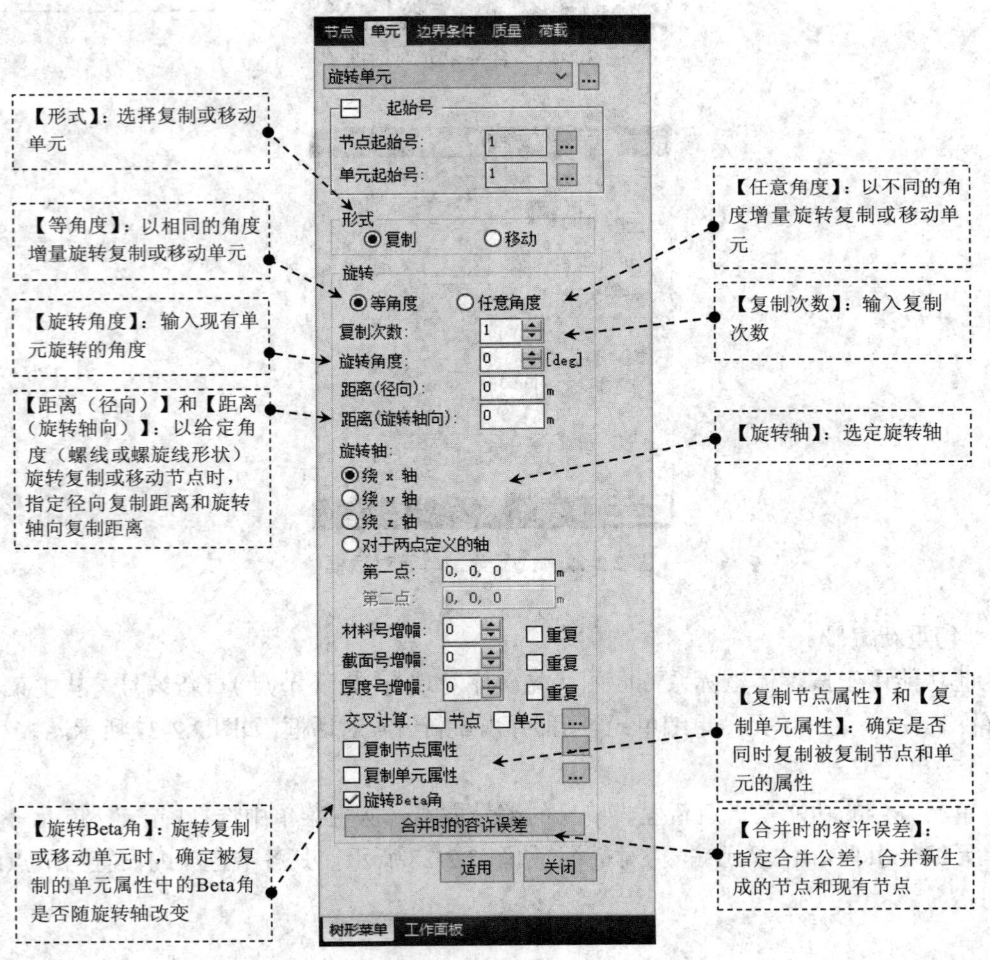

图 2.2-24 旋转单元对话框

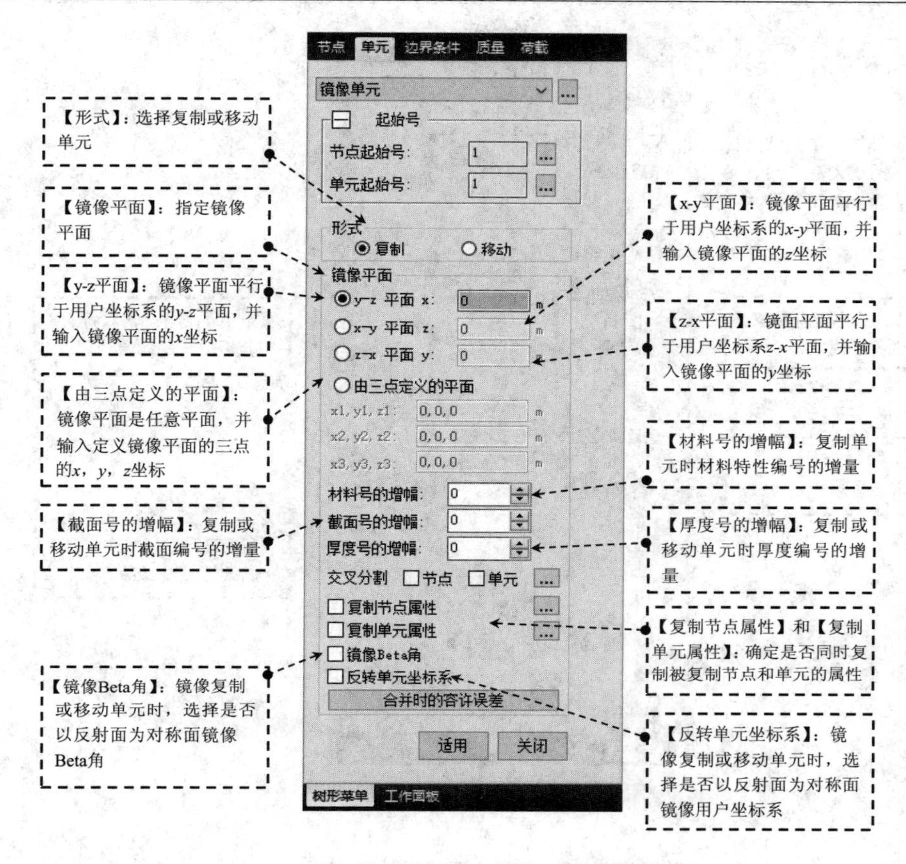

图 2.2-25　镜像单元对话框

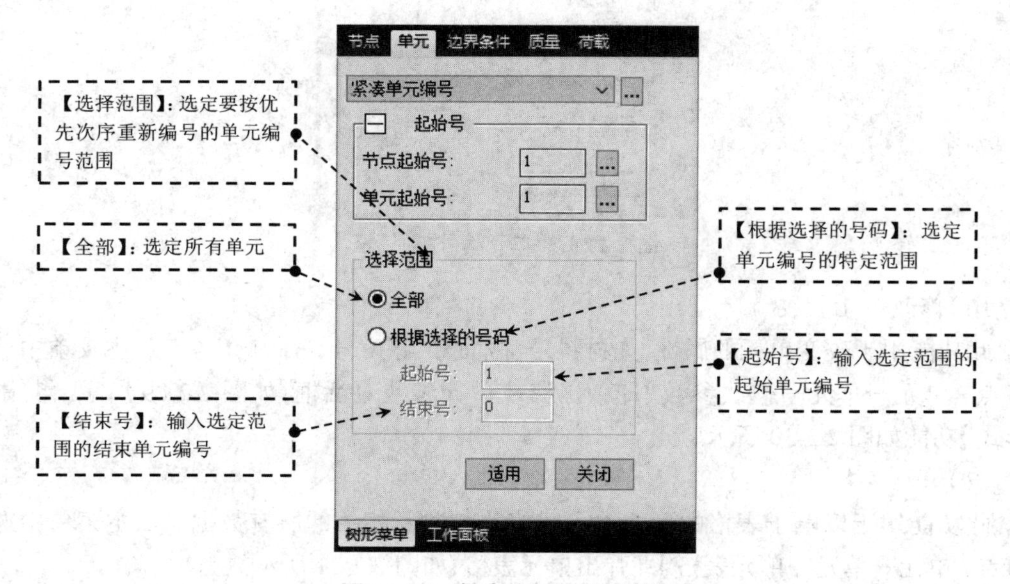

图 2.2-26　紧凑单元编号对话框

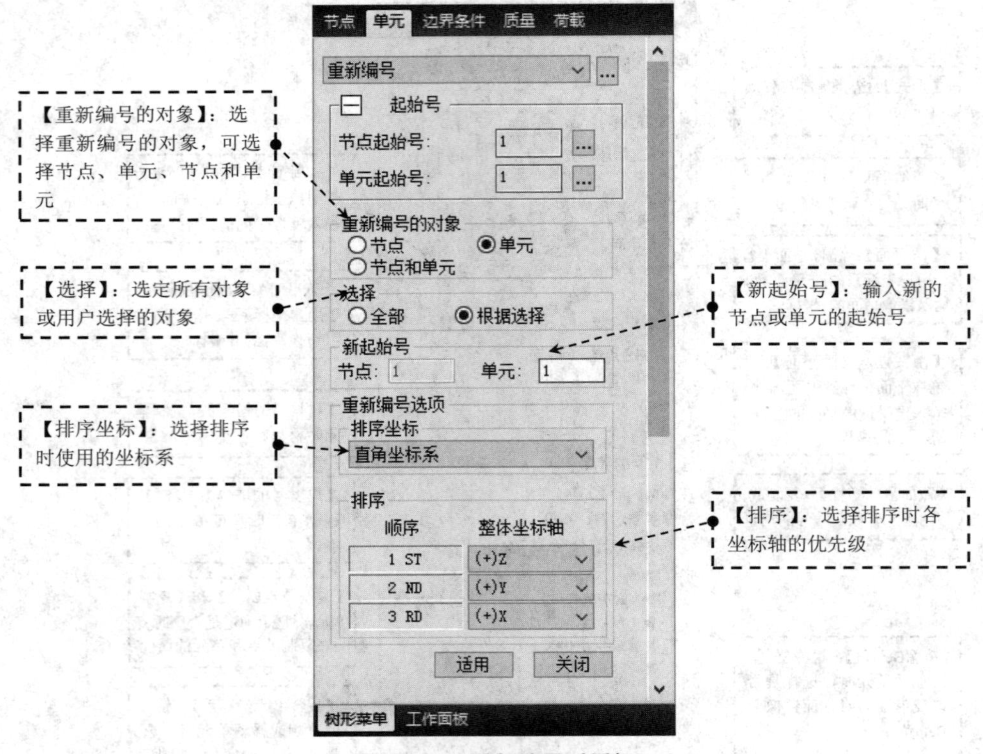

图 2.2-27 重新编号对话框

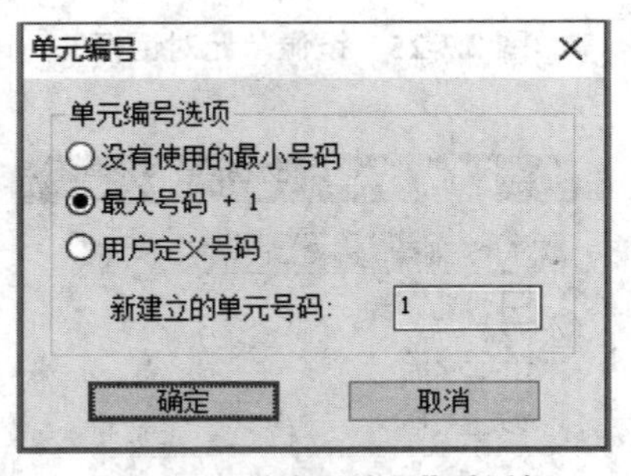

图 2.2-28 “单元编号”对话框

16）修改单元参数

此功能用于改变单元的属性，如材料号、截面号、厚度号、Beat 角等。从主菜单中选择【节点 / 单元→单元→修改参数】即弹出修改单元参数对话框，如图 2.2-29 所示。其中的【形式】功能如图 2.2-30 所示。

17）单元表格

此功能用于以电子表格的形式输入或修改与单元相关的所有数据。从主菜单中选择【节点 / 单元→单元→单元表格】即弹出单元表格，如图 2.2-31 所示。

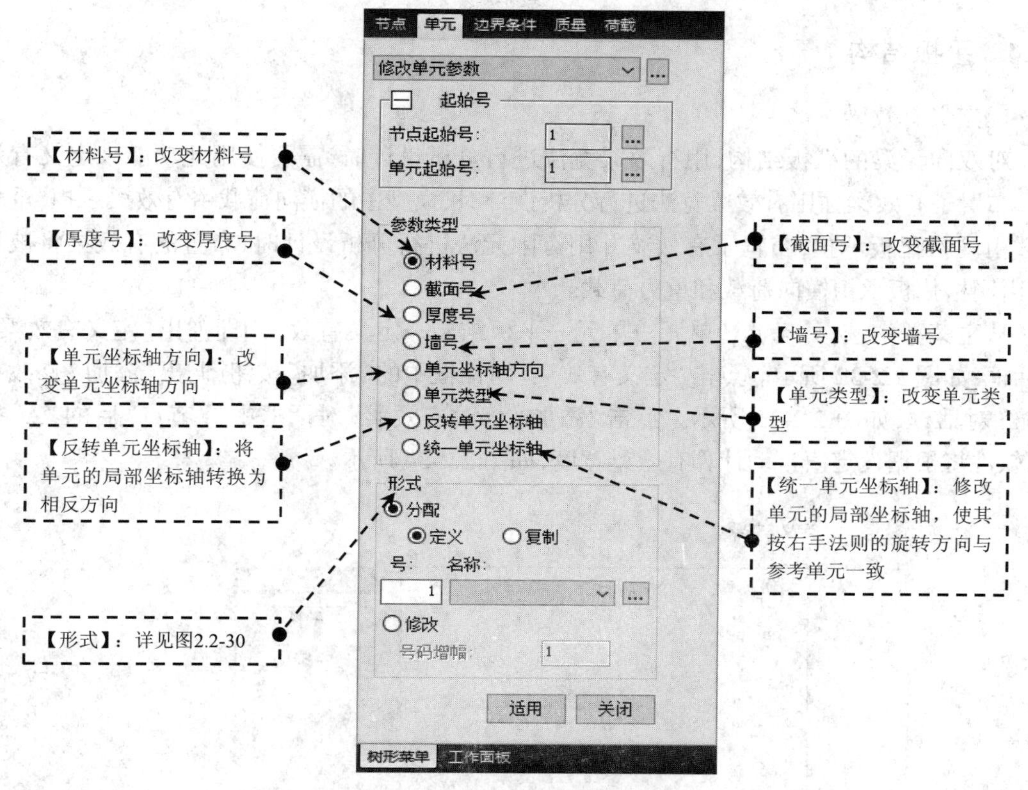

图 2.2-29　修改单元参数对话框

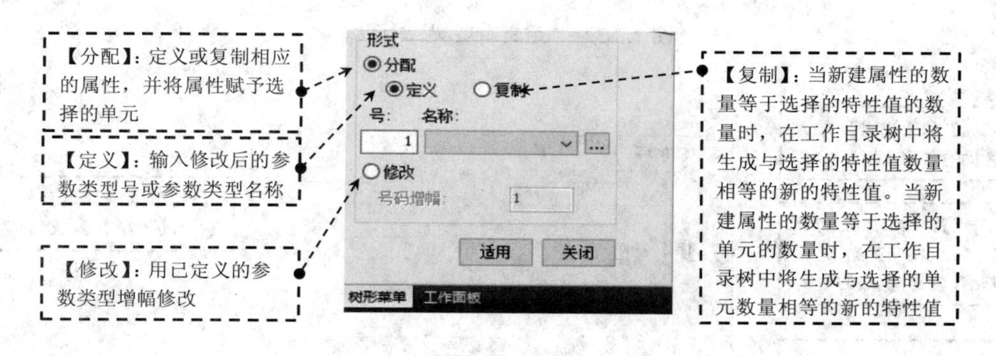

图 2.2-30　形式功能

单元	类型	辅助类型	墙号	材料	截面	β角([deg])	节点1	节点2	节点3	节点4	节点5	节点6	节点7	节点8	种类	初始间隙(mm)	Lu(mm)	张力(kN)	允许抗压强度/抗拉强度	使用极限值	极限抗压强度/抗拉强度(kN)
1018	梁单元		0	1	1	0.00	257	258	0	0	0	0	0	0	Lu	0.0000	0.0000	0.0000	0.0000		0.0000
1019	梁单元		0	1	1	0.00	258	259	0	0	0	0	0	0	Lu	0.0000	0.0000	0.0000	0.0000		0.0000
1020	梁单元		0	1	1	0.00	259	260	0	0	0	0	0	0	Lu	0.0000	0.0000	0.0000	0.0000		0.0000
1021	梁单元		0	1	1	0.00	257	255	0	0	0	0	0	0	Lu	0.0000	0.0000	0.0000	0.0000		0.0000
1022	梁单元		0	1	1	0.00	258	248	0	0	0	0	0	0	Lu	0.0000	0.0000	0.0000	0.0000		0.0000
1023	梁单元		0	1	1	0.00	259	253	0	0	0	0	0	0	Lu	0.0000	0.0000	0.0000	0.0000		0.0000
1024	梁单元		0	1	1	0.00	256	242	0	0	0	0	0	0	Lu	0.0000	0.0000	0.0000	0.0000		0.0000
1025	梁单元		0	1	7	0.00	241	217	0	0	0	0	0	0	Lu	0.0000	0.0000	0.0000	0.0000		0.0000
1026	梁单元		0	1	7	0.00	242	218	0	0	0	0	0	0	Lu	0.0000	0.0000	0.0000	0.0000		0.0000

图 2.2-31　单元表格

2.2.4 平板结构

1)定义有效梁

对双向无梁的平板结构,用有效梁宽法进行分析设计时,需要使用此功能来定义有效梁。布置了有效梁并用有效梁宽法进行分析设计时,模型中的横向荷载由有效梁承担,重力荷载由网格化板承担;布置了有效梁并用有限元法进行分析设计时,布置的有效梁将被忽略,由网格化板承担横向荷载和重力荷载。

从主菜单中选择【节点 / 单元→单元→平板结构→定义有效梁】即弹出"定义有效梁"对话框,如图 2.2-32 所示。点击"定义有效梁"对话框中的"添加"按钮,调出"添加 / 修改有效梁"对话框,如图 2.2-33 所示。点击"添加 / 修改有效梁"对话框中"i 节点"后的"..."按钮,软件将根据设定值自动计算有效梁宽度,如图 2.2-34 所示。

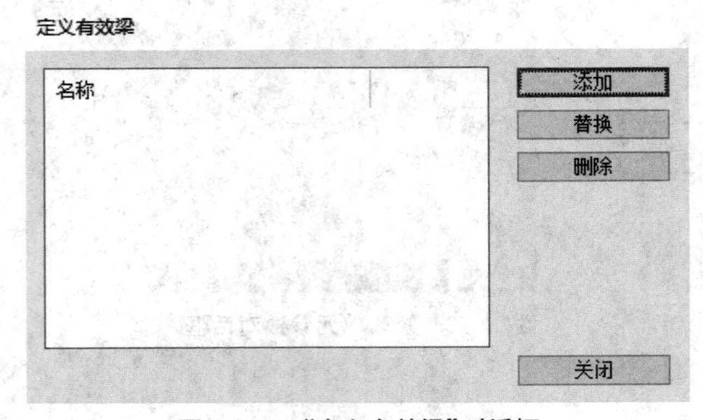

图 2.2-32 "定义有效梁"对话框

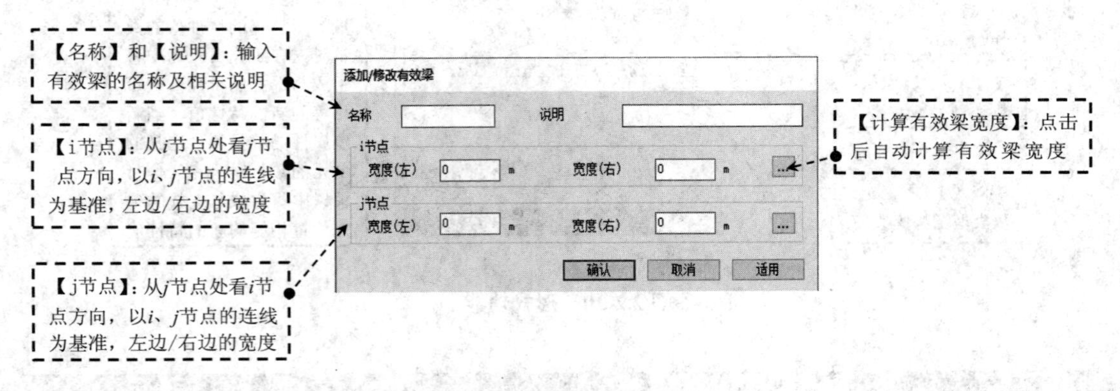

图 2.2-33 "添加 / 修改有效梁"对话框

2)建立有效梁

此功能用于布置有效梁。从主菜单中选择【节点 / 单元→单元→平板结构→建立有效梁】即弹出"建立有效梁"对话框,如图 2.2-35 所示。其中,【有效梁名称】框用于选择已定义的有效梁。

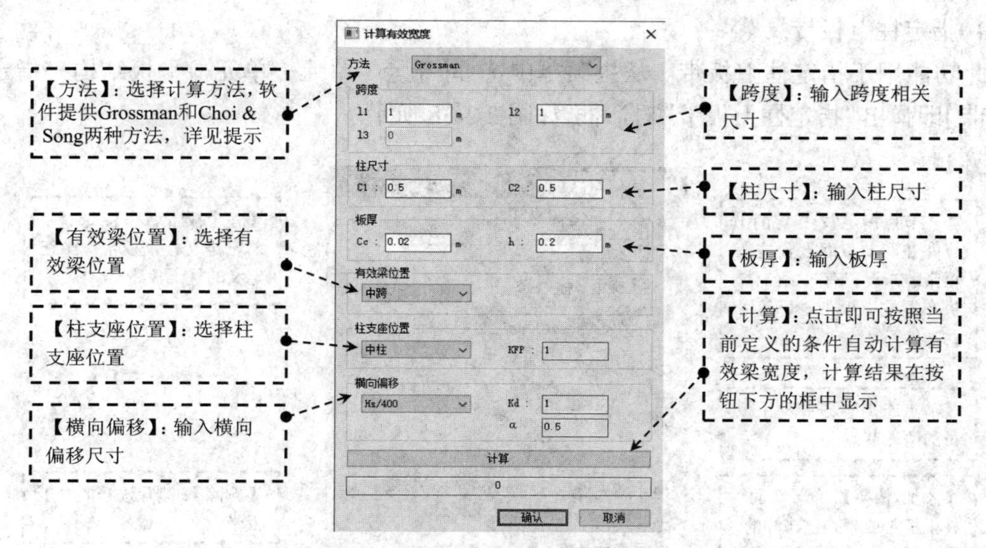

图 2.2-34　“计算有效宽度”对话框

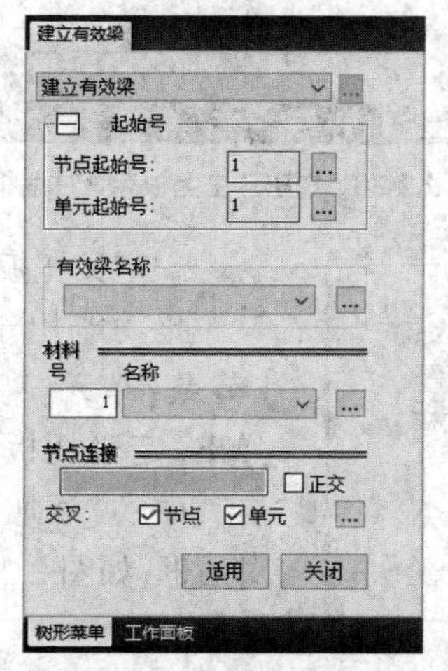

图 2.2-35　“建立有效梁”对话框

3)定义板带

此功能用于定义柱上板带。从主菜单中选择【 节点 / 单元→单元→平板结构→定义柱上板带 】即弹出“定义板带”对话框，如图 2.2-36 所示。点击其中的“添加”按钮，弹出“增加 / 修改板带”对话框，如图 2.2-37 所示，其中各项参数的含义可参考“添加 / 修改有效梁”对话框。

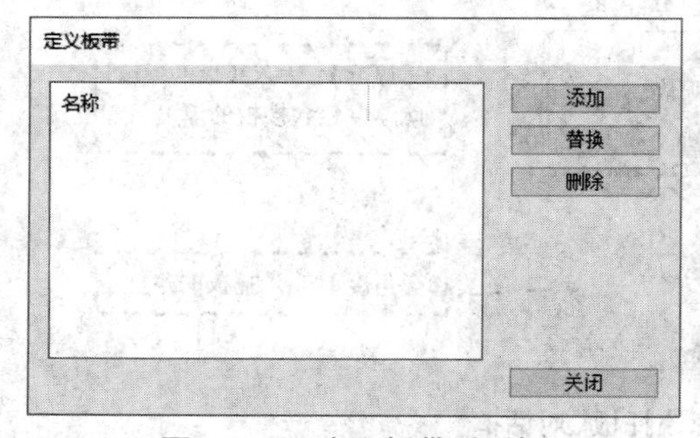

图 2.2-36　定义板带对话框

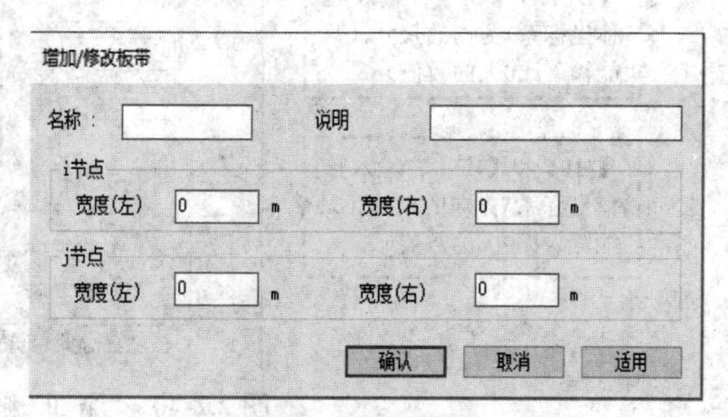

图 2.2-37　“增加 / 修改板”带对话框

4)指定柱上板带

此功能用于指定柱上板带。从主菜单中选择【节点 / 单元→单元→平板结构→指定柱上板带】即弹出“指定柱上板带”对话框，如图 2.2-38 所示。

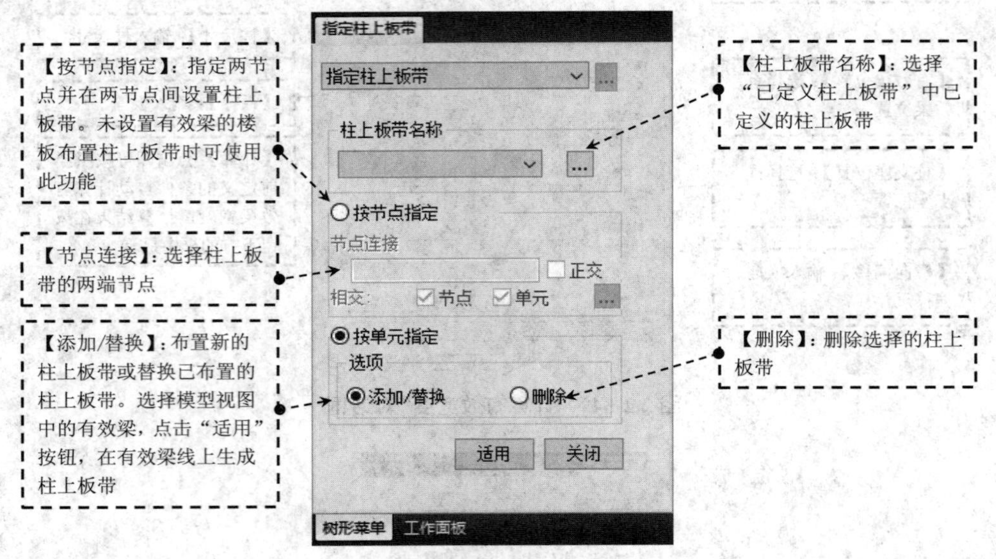

图 2.2-38 “指定柱上板带”对话框

5)定义托板

此功能用于定义托板。从主菜单中选择【节点 / 单元→单元→平板结构→定义托板】即弹出“定义托板”对话框，如图 2.2-39 所示。点击其中的“添加”按钮，弹出“添加 / 修改托板”对话框，如图 2.2-40 所示。

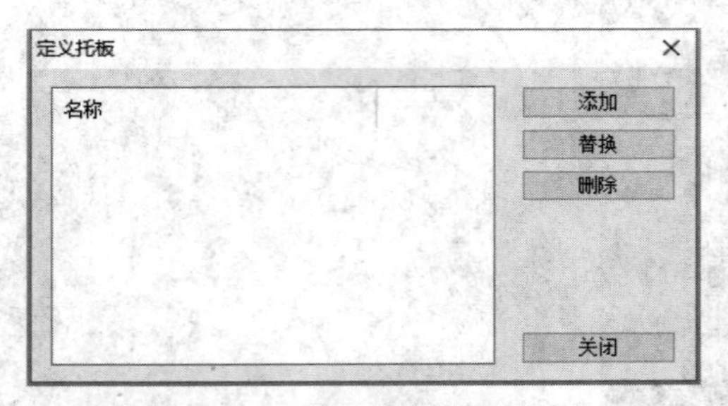

图 2.2-39 “定义托板”对话框

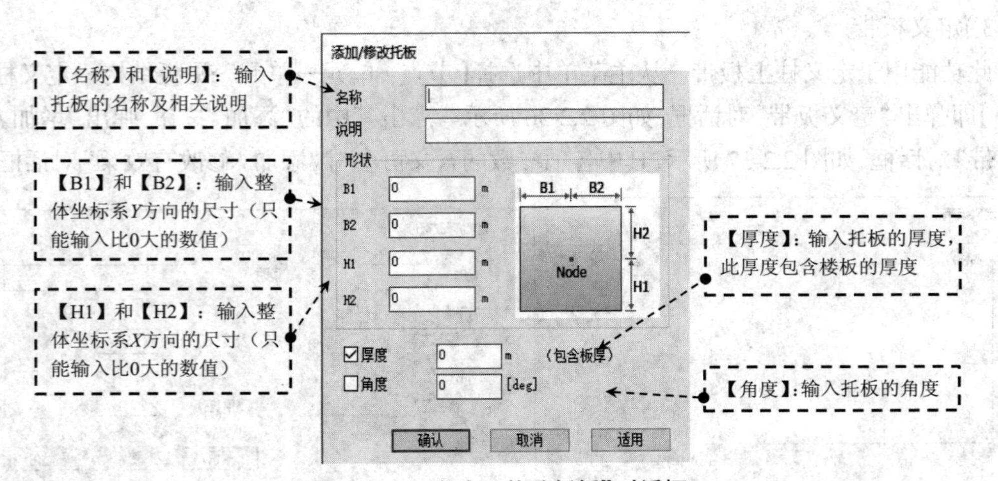

图 2.2-40 “添加 / 修改托板”对话框

6）指定托板

此功能用于指定托板。从主菜单中选择【节点 / 单元→单元→平板结构→指定托板】即弹出“指定托板”对话框，如图 2.2-41 所示。

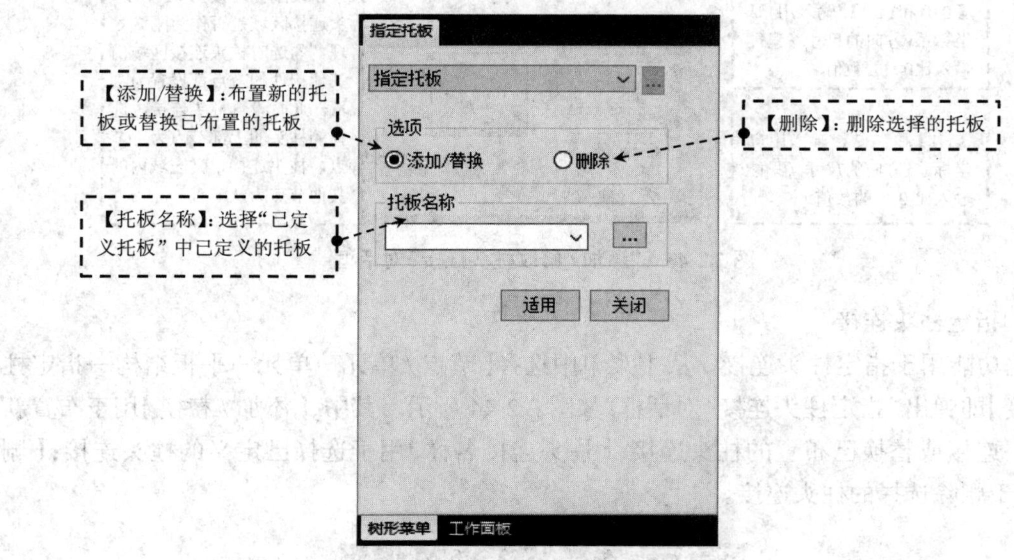

图 2.2-41　“指定托板”对话框

托板或柱头连接必须在网格化楼板的范围内设置。分析设计时，在网格化楼板区域外设置的托板或柱头连接将被忽略。设计柱上板带时，以板带的最小厚度进行计算，输入的托板的宽度要比板带的厚度大。如果输入的托板的宽度比板带的厚度小，在端部区域以板带的最小厚度进行设计。

7）定义柱头连接

此功能用于定义柱头连接。从主菜单中选择【节点 / 单元→单元→平板结构→定义柱头连接】即弹出“定义柱头连接”对话框，如图 2.2-42 所示。点击其中的“添加”按钮，将弹出“添加 / 修改柱头连接”对话框，如图 2.2-43 所示。

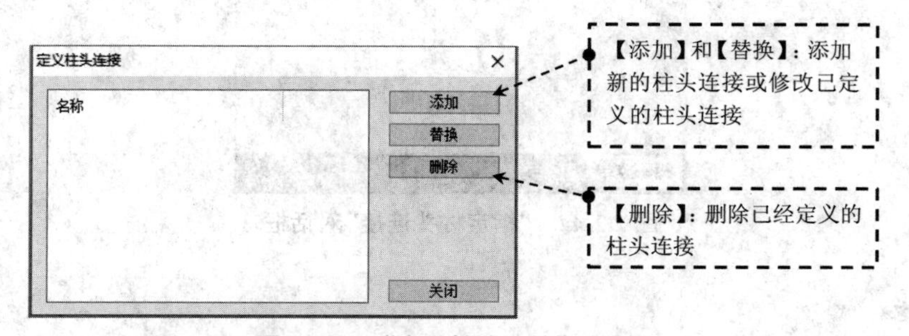

图 2.2-42　“定义柱头连接”对话框

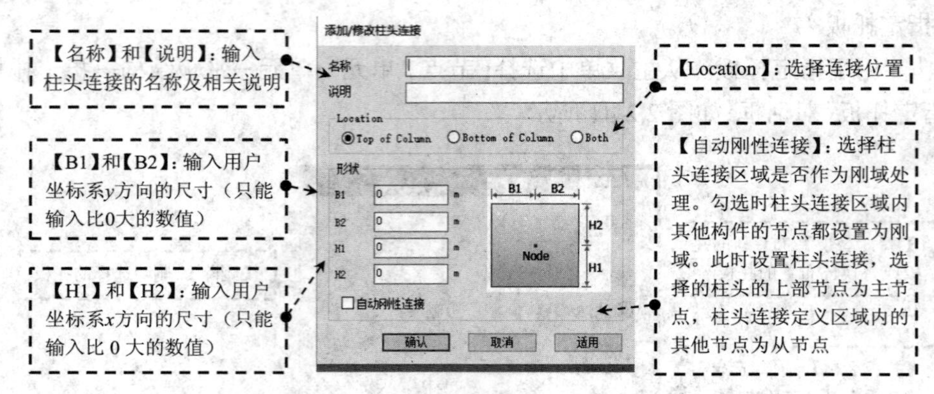

图 2.2-43 “添加 / 修改柱头连接”对话框

8)指定柱头连接

此功能用于指定柱头连接。从主菜单中选择【节点 / 单元→单元→平板结构→指定柱头连接】即弹出“指定柱头连接”对话框，如图 2.2-44 所示。其中，【添加 / 替换】用于布置新的柱头连接或替换已布置的柱头连接；【柱头连接名称】用于选择已定义的柱头连接；【删除】用于删除选择的柱头连接。

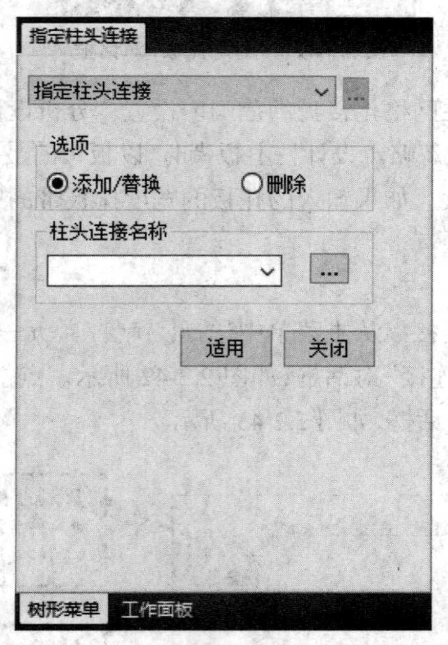

图 2.2-44 “指定柱头连接”对话框

2.2.5 网格

1)自动网格平面区域

此功能用于自动指定区域，自动划分网格。从主菜单中选择【节点 / 单元→单元→网格→自动网格】即弹出自动网格平面区域对话框，如图 2.2-45 所示。

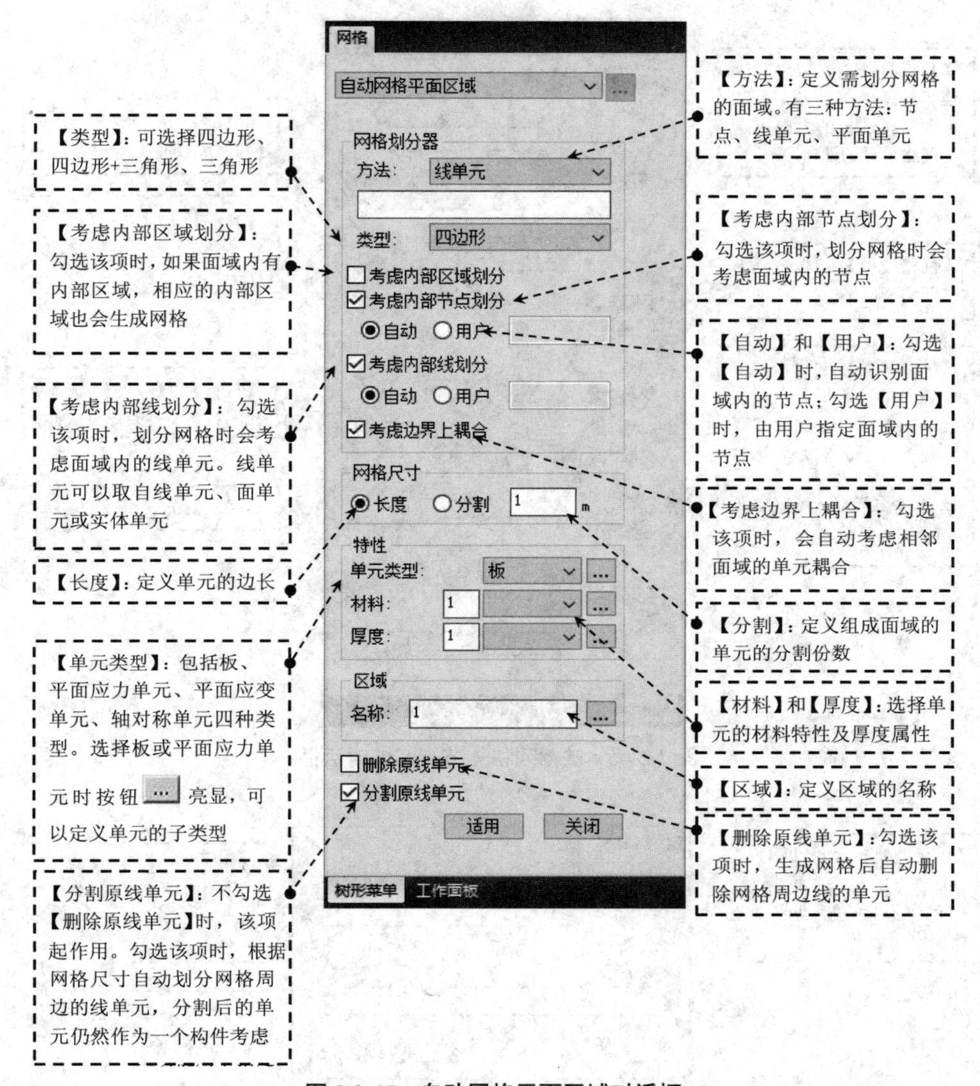

图 2.2-45　自动网格平面区域对话框

2)映射网格 4 节点区域

此功能用于指定 4 节点区域,自动划分规则网格。从主菜单中选择【节点 / 单元→单元→网格→映射网格】即弹出映射网格 4 节点区域对话框,如图 2.2-46 所示。

3)定义区域

此功能用于使用自动划分网格功能划分单元时,自动形成一个区域。属于同一区域的单元必须具有相同的单元类型、材料特性和厚度属性。每个区域可分成若干个子区域,划分网格前已分割的面域可自动形成一个子区域。一个区域可以包含不属于任何子区域的单元,而完全属于子区域的单元不属于该区域。

从主菜单中选择【节点 / 单元→单元→网格→定义区域】即弹出"定义区域"对话框,如图 2.2-47 所示。

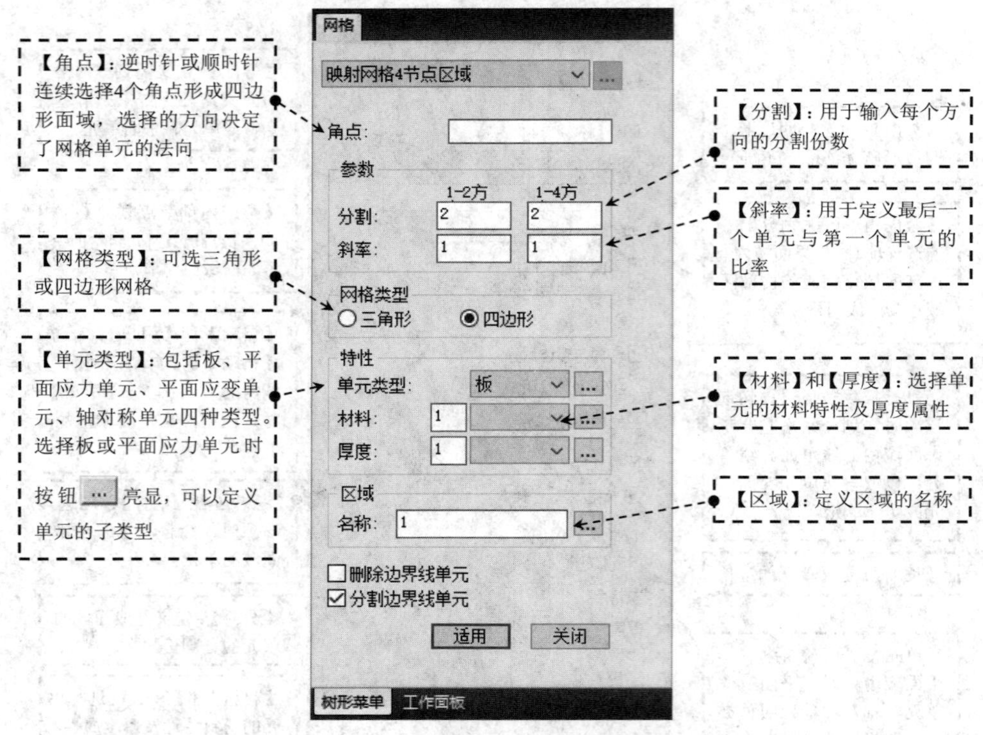

图 2.2-46　映射网格 4 节点区域对话框

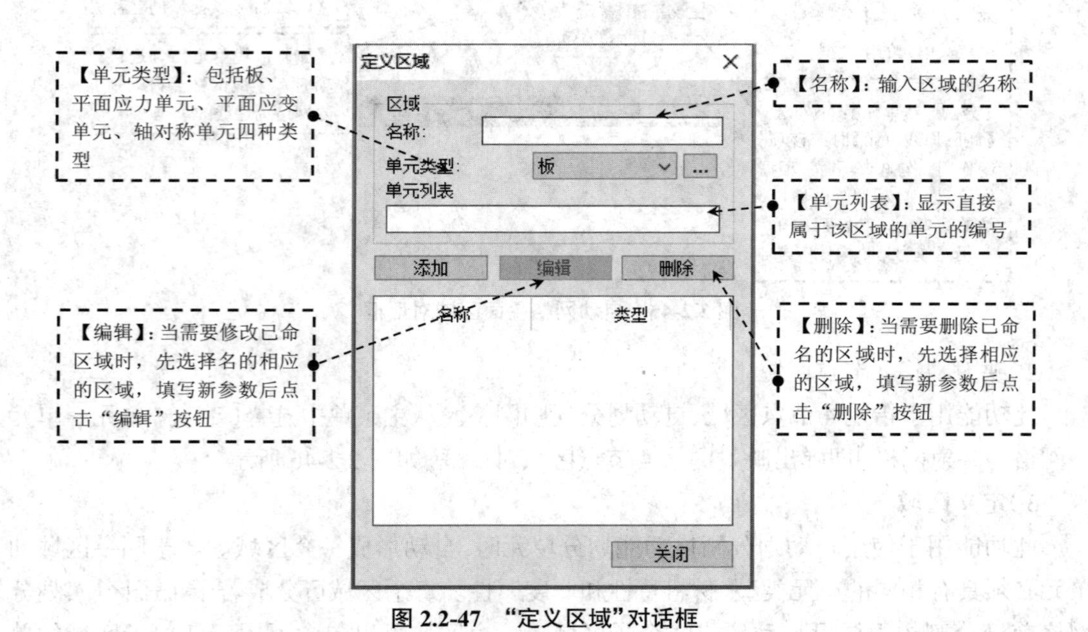

图 2.2-47　“定义区域”对话框

4）定义子区域

此功能用于将同一个区域内设计结果相同的板单元定义为子区域。从主菜单中选择【节点 / 单元→单元→网格→定义子区域】即弹出“定义子区域”对话框，如图 2.2-48 所示。

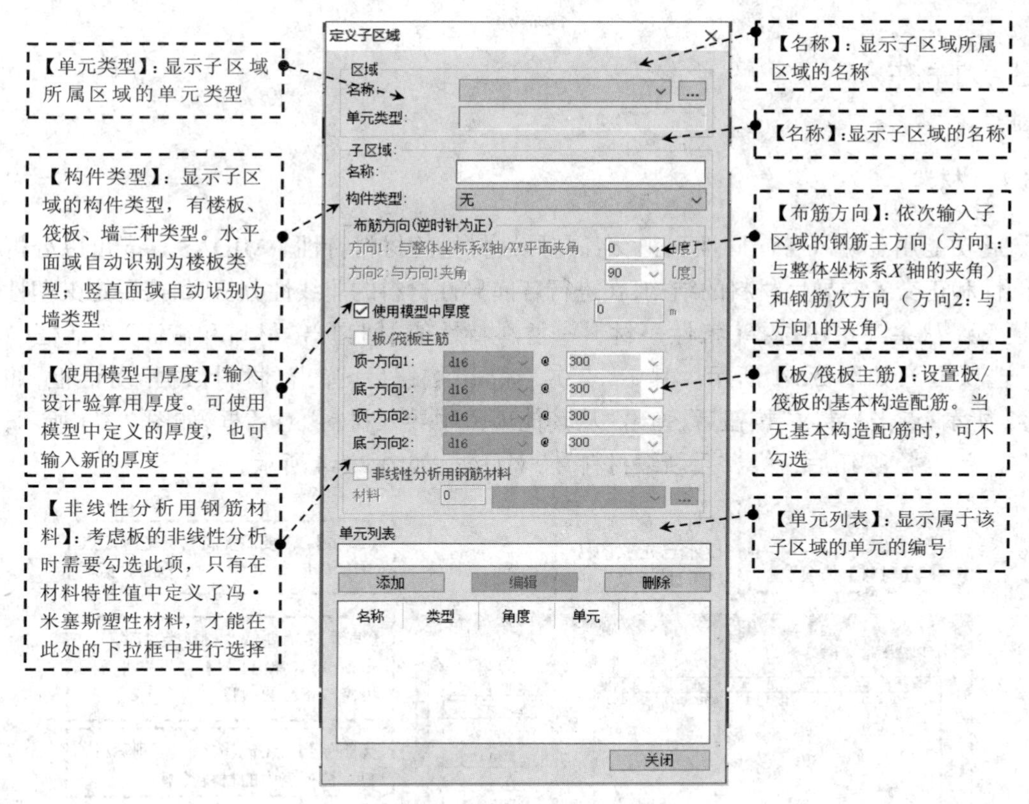

图 2.2-48　“定义子区域”对话框

区域和子区域如图 2.2-49 所示。可以单独对子区域进行选择和设计验算。设计楼板、筏板和竖向板时，必须定义子区域。注意，属于子区域内的面单元的节点也属于该子区域，当删除该子区域时，若节点只属于子区域内的面单元，则节点也同时被删除；若节点同时属于除面单元外的其他单元，则节点仍保留。

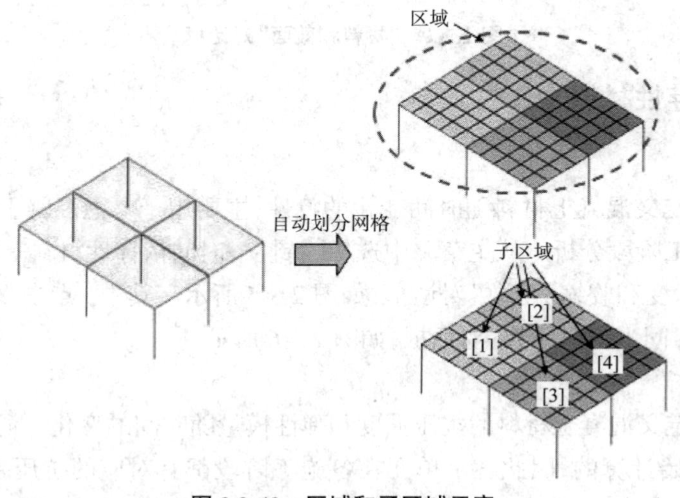

图 2.2-49　区域和子区域示意

2.3 特性

2.3.1 材料

此功能用于输入各向同性和正交各向异性材料的材料特性。MIDAS Gen 可以分析各向同性和正交各向异性材料的结构,在进行各向异性材料的非线性分析时,需要定义塑性材料模型。从主菜单中选择【特性→材料→材料特性值】即弹出“材料和截面”对话框(“材料”选项卡),如图 2.3-1 所示。其中,点击“编辑”按钮后,弹出“材料数据”对话框,如图 2.3-2 所示;点击“导入”按钮后,弹出“从其他项目中导入材料”对话框,如图 2.3-3 所示;点击“重新编号”按钮后,弹出“重新编材料号”对话框,如图 2.3-4 所示。

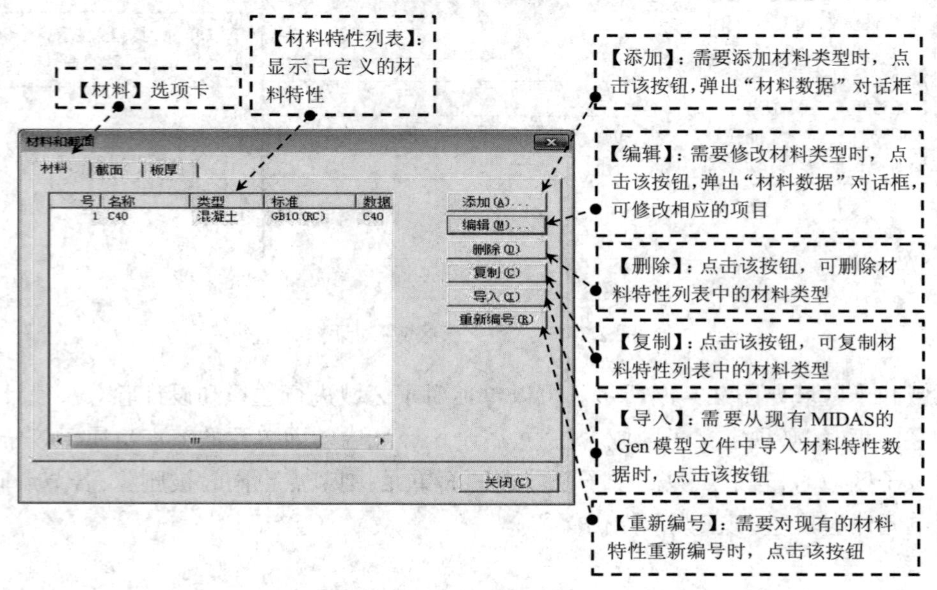

图 2.3-1 “材料和截面”对话框

2.3.2 时间依存性材料

1)函数

此功能用于定义混凝土材料随时间变化的特性,主要用于考虑混凝土徐变和收缩时的水化热分析和施工阶段分析。从主菜单中选择【特性→时间依存性材料→函数】即弹出“时间依存性材料(徐变和收缩)函数”对话框,如图 2.3-5 所示。其中,点击“添加”即弹出“添加 / 编辑 / 显示 时间 - 材料函数”对话框,如图 2.3-6 所示。

2)徐变与收缩

此功能用于定义混凝土材料的抗压强度和弹性模量随时间的变化。混凝土的材龄是从混凝土浇筑时开始计算的,因此各个单元在各施工阶段都有对应的抗压强度和弹性模量。在施工阶段联合截面时,由于各部分混凝土的材龄不同,应考虑各部分抗压强度和弹性模量的差异。为了反映混凝土抗压强度和弹性模量的变化,在施工阶段分析控制中,应勾选"考虑抗压强度的变化"选项。从主菜单中选择【特性→时间依存性材料→徐变 / 收缩】即弹出"时间依存性材料(徐变和收缩)"对话框,如图 2.3-7 所示。点击其中的"添加"按钮,弹出"添加 / 编辑时间依存材料(徐变 / 收缩)"对话框,如图 2.3-8 所示。

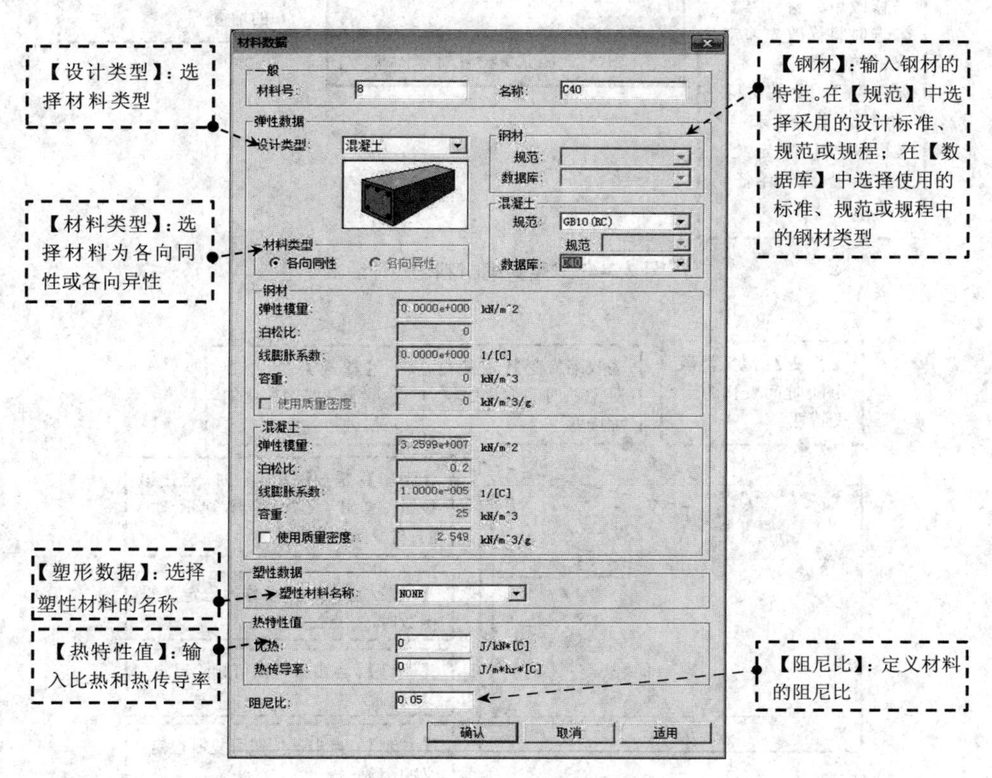

图 2.3-2 "材料数据"对话框

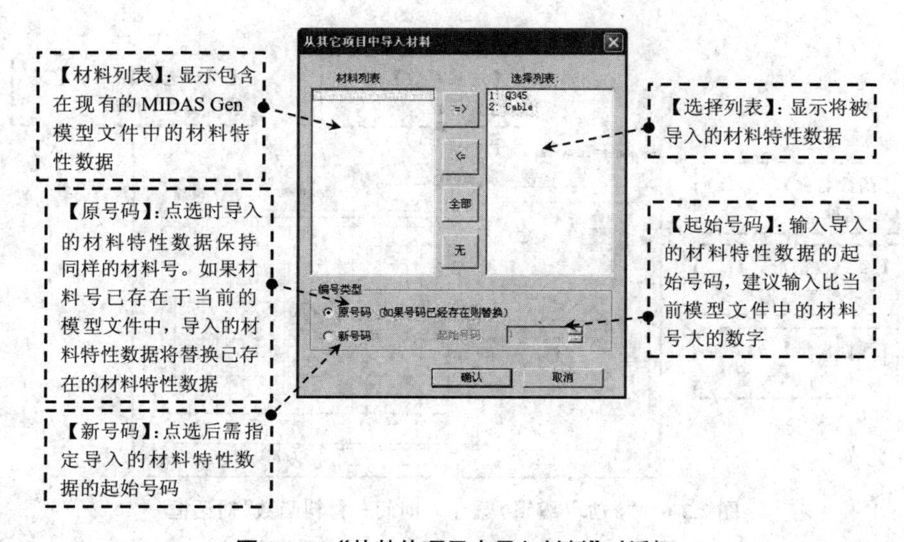

图 2.3-3 "从其他项目中导入材料"对话框

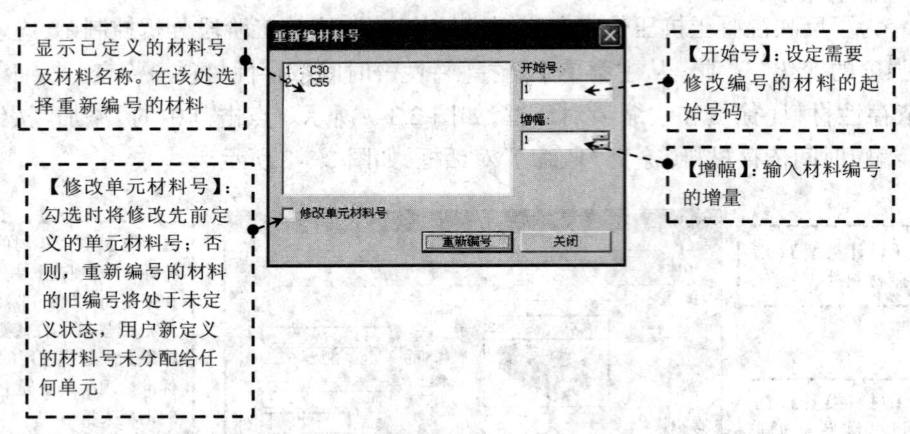

图 2.3-4 "重新编材料号"对话框

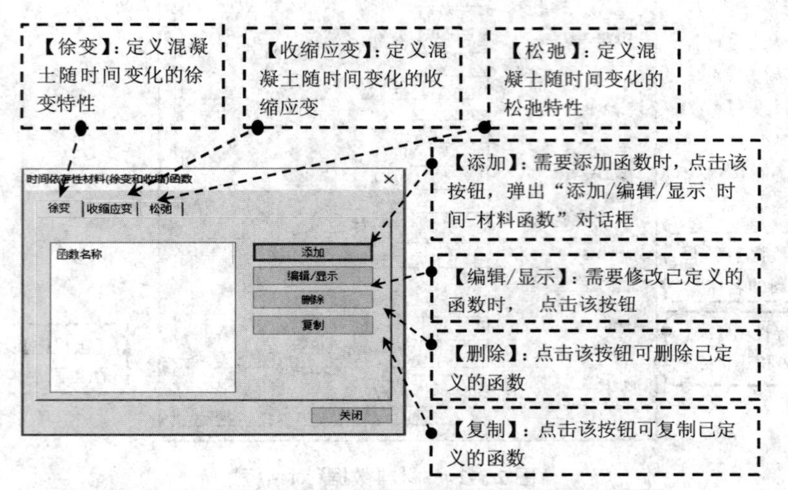

图 2.3-5 "时间依存性材料(徐变和收缩)函数"对话框

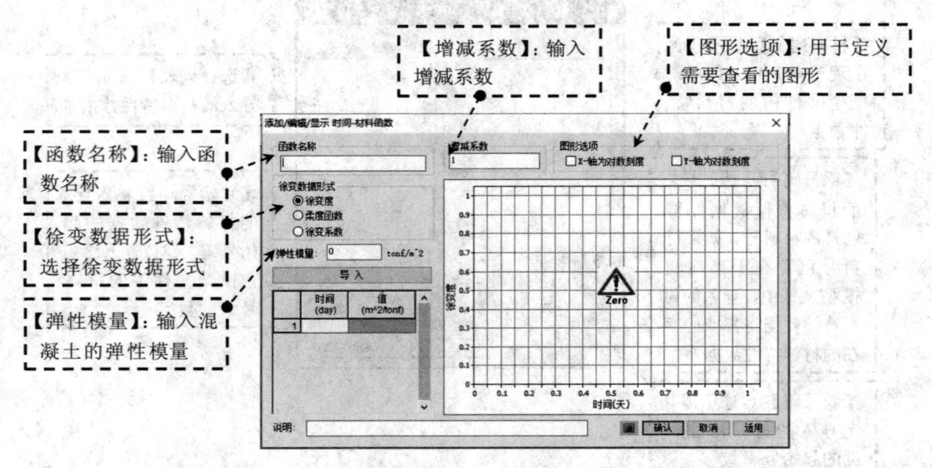

图 2.3-6 "添加/编辑/显示 时间-材料函数"对话框

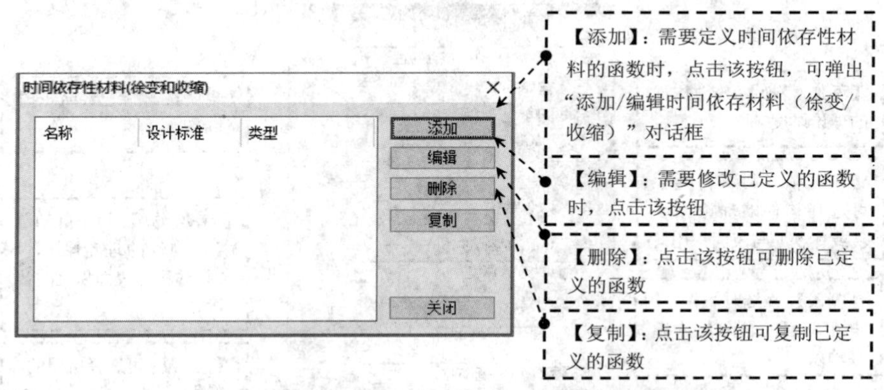

图 2.3-7　“时间依存性材料(徐变和收缩)”对话框

选择不同的设计规范时，“添加 / 编辑时间依存性材料(徐变 / 收缩)”对话框的显示不同，如选择“China(JTG D62—2004)”时，显示如图 2.3-8 所示的对话框。

3)抗压强度

此功能用于定义混凝土材料的抗压强度随时间变化的曲线。从主菜单中选择【特性→时间依存性材料→抗压强度】即弹出“时间依存材料(抗压强度)”对话框，如图 2.3-9 所示。

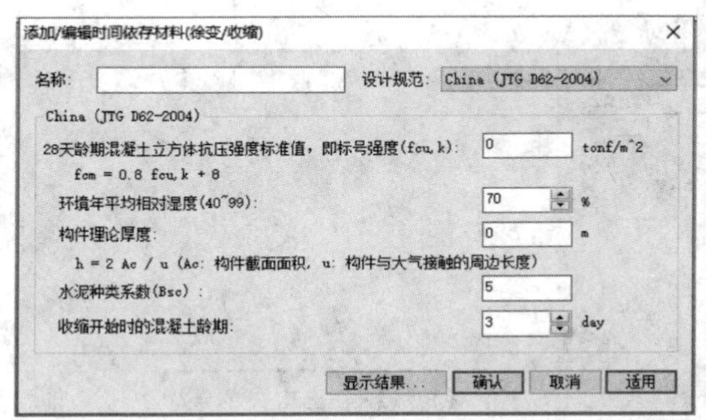

图 2.3-8　“添加 / 编辑时间依存材料(徐变 / 收缩)”对话框

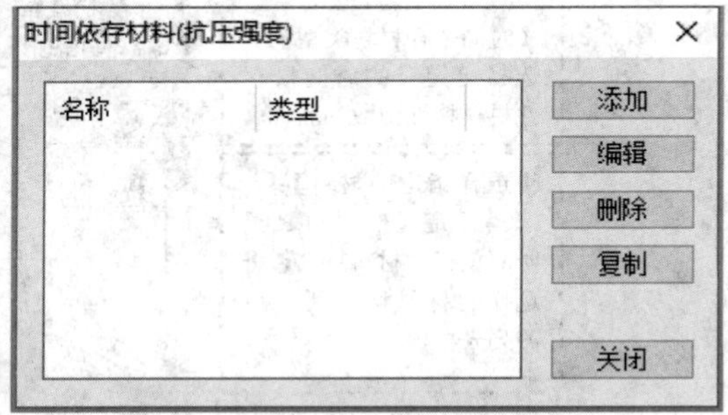

图 2.3-9　“时间依存材料(抗压强度)”对话框

4)修改特性

此功能用于修改各单元的理论厚度或体积与表面积比。当不同单元使用了同一种时间依存性材料或被定义为变截面单元时，使用此功能可以方便地分别计算各截面的理论厚度。从主菜单中选择【特性→时间依存性材料→修改特性】即弹出修改单元的材料时间依存特性对话框，如图 2.3-10 所示。

5)材料连接

此功能用于将在“添加 / 编辑时间依存材料(徐变 / 收缩)”对话框中定义的材料特性赋予已定义的一般材料。该功能主要适用于水化热分析和施工阶段分析。从主菜单中选择【特性→时间依存性材料→材料连接】即弹出“时间依存性材料连接”对话框，如图 2.3-11 所示。

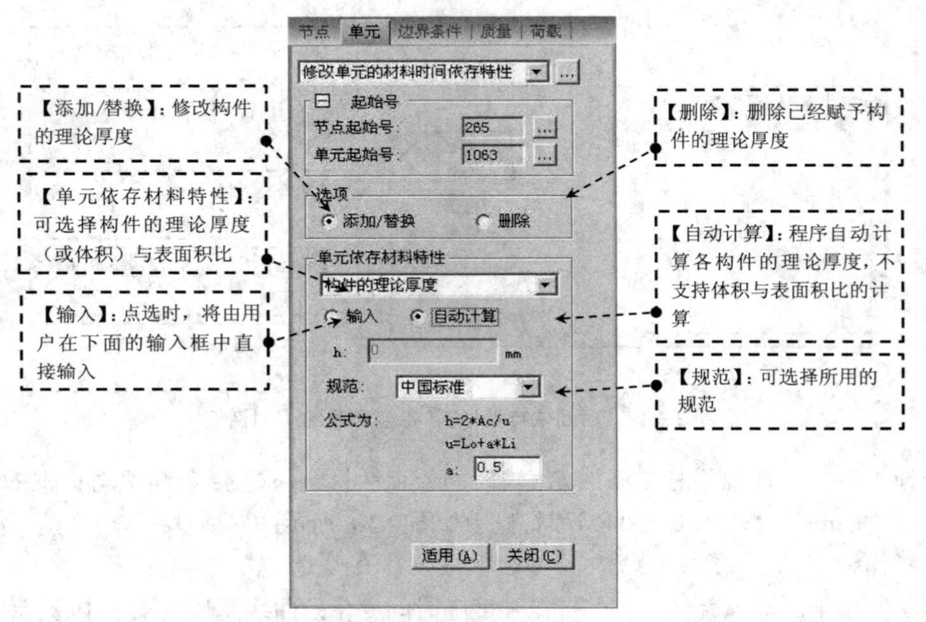

图 2.3-10　修改单元的材料时间依存特性对话框

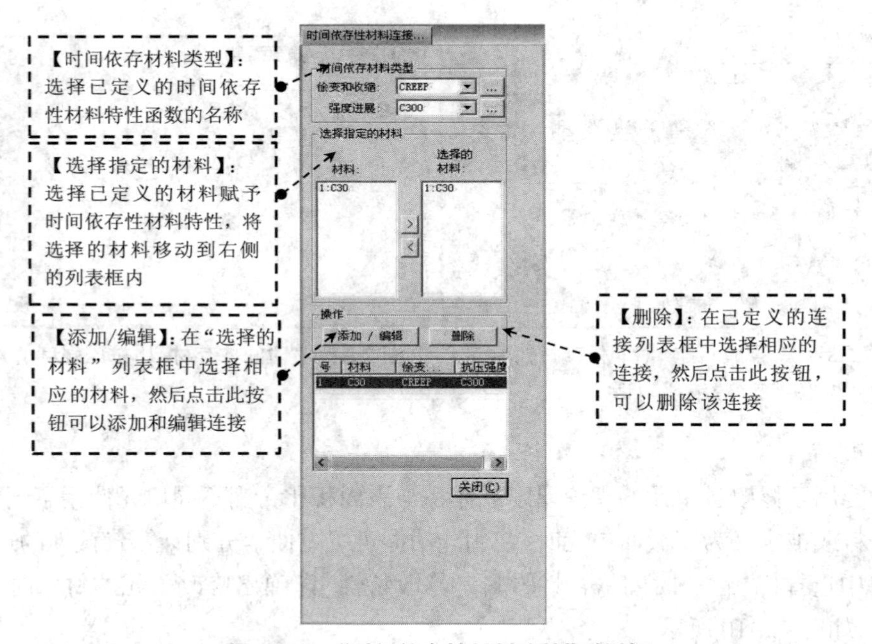

图 2.3-11　"时间依存性材料连接"对话框

2.3.3　塑性

此功能用于为材料的非线性分析定义塑性材料模型。从主菜单中选择【特性→塑性→塑性材料】即弹出"塑性材料"对话框，如图 2.3-12 所示。点击其中的"添加"按钮，弹出"添加 / 编辑塑性材料数据"对话框，如图 2.3-13 所示。

2.3.4　截面

1）截面特性

此功能用于输入线单元（桁架单元、只受拉单元、只受压单元、索单元、间隙单元、钩单元、梁单元）的截面数据。从主菜单中选择【特性→截面→截面特性值】即弹出"材料和截面"对话框，如图 2.3-14 所示。点击其中的"添加"按钮，弹出"截面数据"对话框，如图 2.3-15 所示；"编辑""删除""复制""导入""重新编号"这几个按钮的功能与 2.3.1 节中的"材料"选项卡一致。

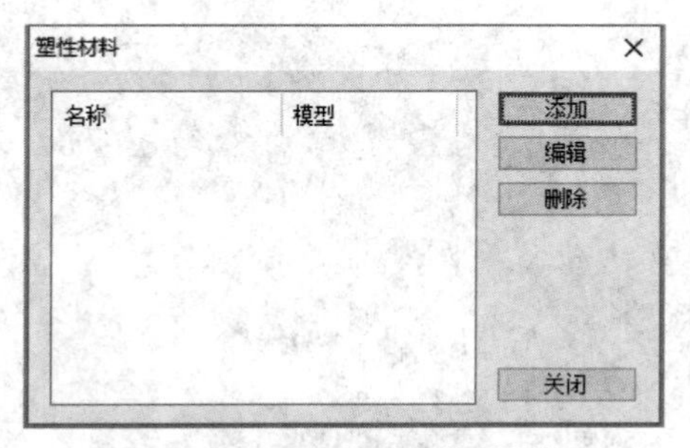

图 2.3-12　"塑性材料"对话框

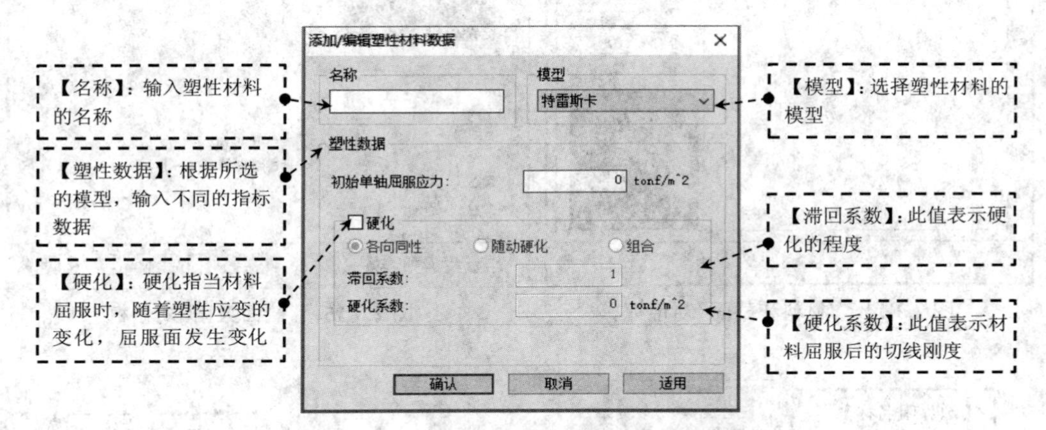

图 2.3-13　"添加 / 编辑塑性材料数据"对话框

在"截面数据"对话框中，通过"数据库 / 用户"选项卡可以从某个国家或地区的标准截面数据库中选择截面，也可以输入标准截面的主要尺寸；通过"数值"选项卡可以输入标准截面的主要尺寸并通过截面尺寸自动计算截面特性数据，也可以直接输入所有的截面特性数据；通过"组合截面"选项卡可以输入钢 – 混凝土组合截面的截面特性数据；通过"型钢组合"选项卡可以输入由标准截面组成的组合截面的截面特性数据；通过"变截面"选项卡可以输入线单元两端的截面特性数据，从而定义变截面形状；通过"组合梁截面"选项卡可以输入组合梁的截面特性数据。

2）截面特性调整系数

此功能用于输入线单元（桁架单元、只受拉单元、只受压单元、索单元、间隙单元、钩单元、梁单元）截面特性的调整系数，可以赋予不同的构件不同的调整系数，也可以调整剪力墙的连梁（只调整刚度，不调整截面面积）和现浇框架梁的刚度。从主菜单中选择【特性→比例系数→截面刚度放大系数】即弹出"截面特性调整系数"对话框，如图 2.3-16 所示。

3）墙刚度系数

此功能用于调整墙平面内的剪切及抗弯刚度系数。从主菜单中选择【特性→比例系数→墙刚度放大系数】即弹出墙刚度系数对话框，如图 2.3-17 所示。

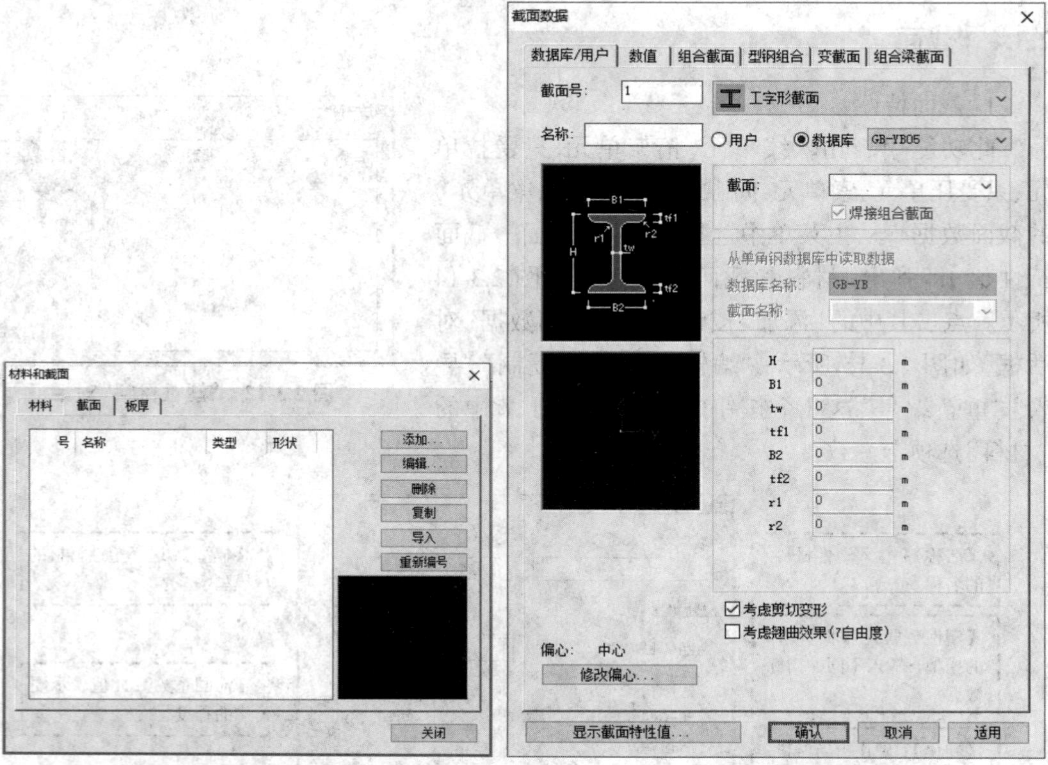

图 2.3-14 “材料和截面”对话框　　图 2.3-15 “截面数据”对话框

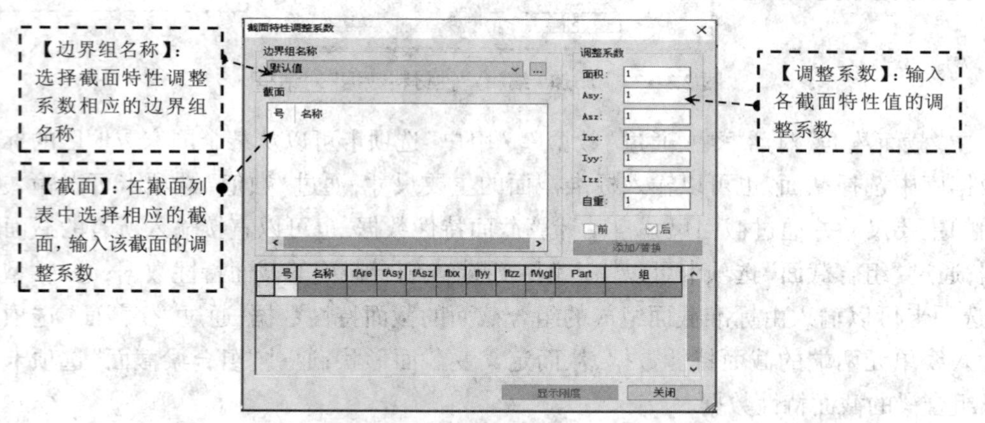

图 2.3-16 “截面特性调整系数”对话框

4)板刚度调整系数

此功能用于调整板平面内和平面外的刚度。从主菜单中选择【特性→比例系数→板刚度调整系数】即弹出板刚度调整系数对话框,如图 2.3-18 所示。

5)变截面组

此功能用于将一些被定义为具有相同变截面特性的构件组成一个组,使其与单一的单元无关。原来的单一构件的 i 端和 j 端变为变截面组的 i 端和 j 端。程序将自动计算变截面组内部各点的截面特性值。在"截面数据"对话框中定义的变截面不能使用该功能。从主菜单中选择【特性→截面→变截面组】即弹出变截面组对话框，如图 2.3-19 所示。

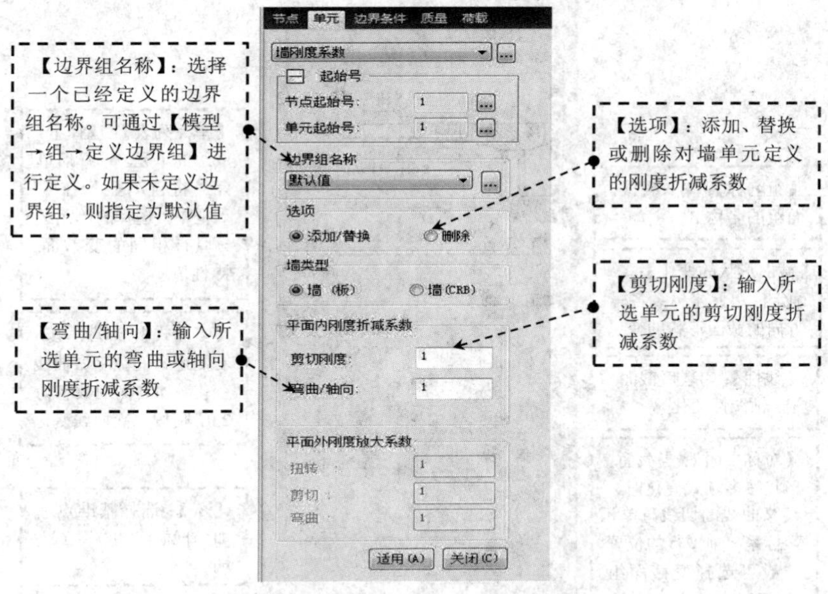

图 2.3-17　墙刚度系数对话框

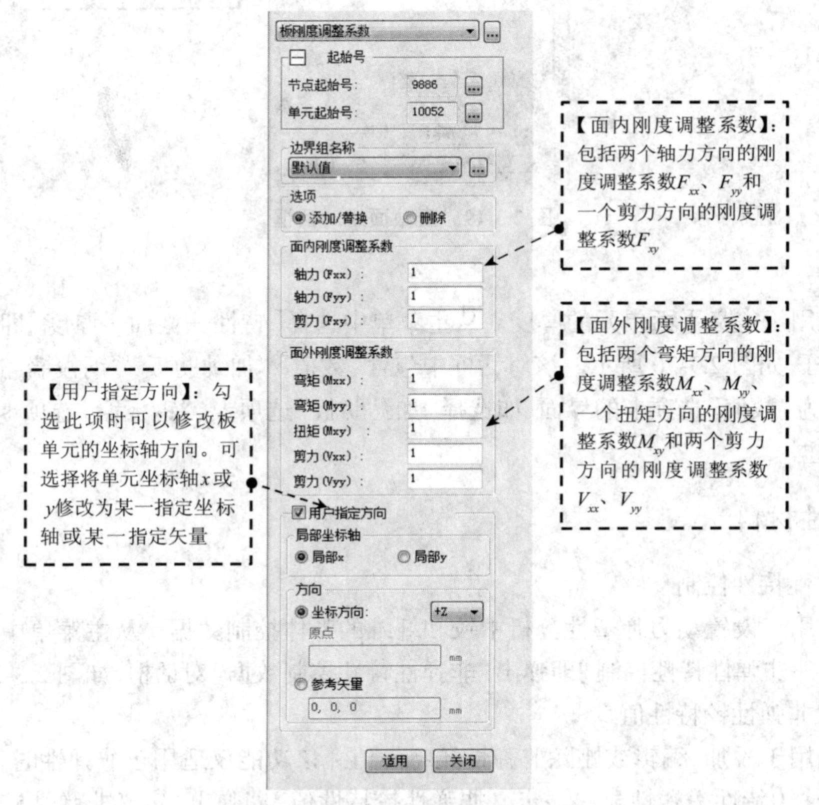

图 2.3-18　板刚度调整系数对话框

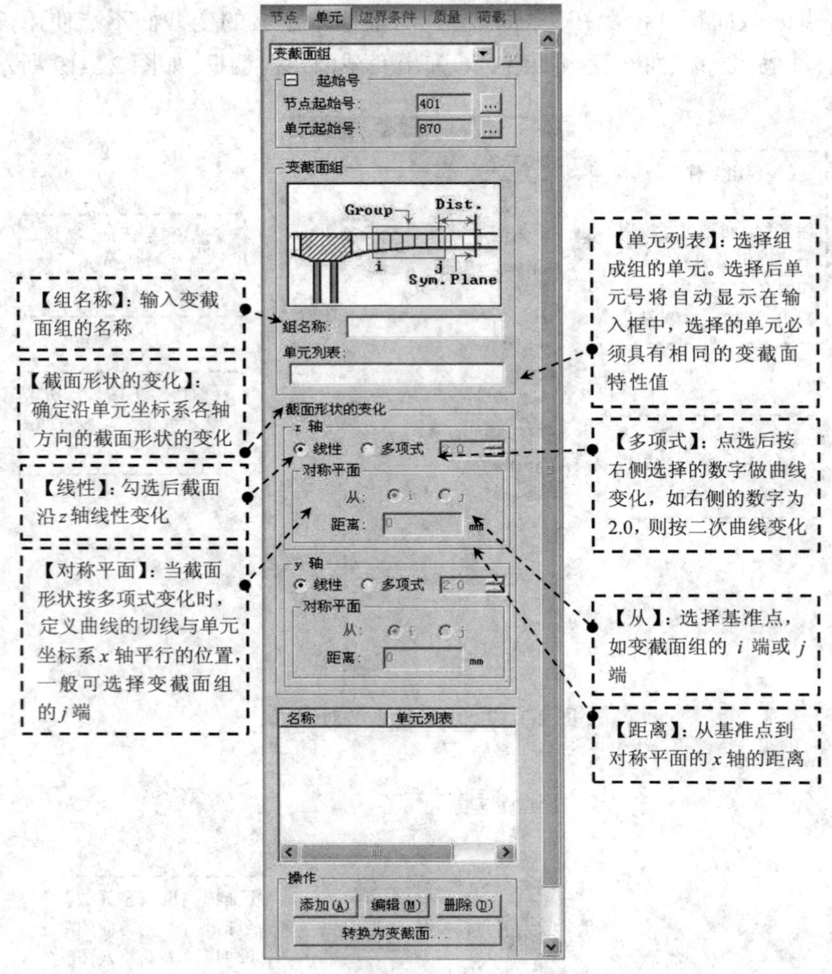

图 2.3-19 变截面组对话框

6)厚度

此功能用于定义平面单元的厚度。从主菜单中选择【特性→截面→厚度】即弹出“厚度数据”对话框,如图 2.3-20 所示。该对话框中包含“数值”“加劲肋板”“钢板墙”选项卡。图 2.3-20 所示为“数值”选项卡的界面,如选择“加劲肋板”选项卡、“钢板墙”选项卡,则需要输入相应的数据。

2.3.5 塑性材料

1)非弹性特性控制

此功能用于设置动力弹塑性分析中铰和纤维的整体控制数据。从主菜单中选择【特性→塑性材料→非弹性特性控制】即弹出“非弹性特性控制数据”对话框,如图 2.3-21 所示。

2)定义非弹性铰特性值

此功能用于添加、编辑或删除非弹性铰特性值。该功能仅适用于非弹性时程分析。从主菜单中选择【特性→塑性材料→定义非弹性铰特性值】即弹出“定义非弹性铰特性值”对话框，如图 2.3-22 所示。其中，点击“添加”按钮，弹出“添加 / 编辑非弹性铰特性值”对话框，如图 2.3-23 所示；点击“编辑 / 显示”按钮，可修改已定义的非弹性铰特性值；点击“复制”按钮，可复制已定义的非弹性铰特性值；点击“导入 CSV”或“导出 CSV”按钮，可导入或导出 CSV 格式的非弹性铰特性值数据。

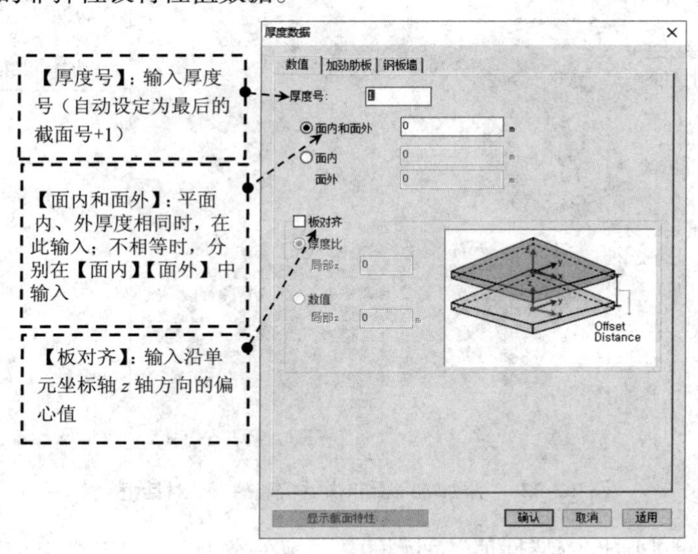

图 2.3-20　“厚度数据”对话框

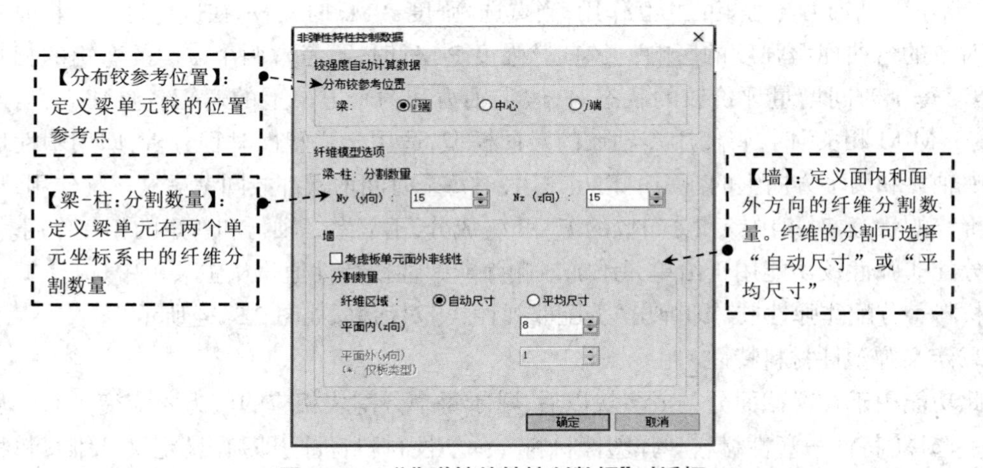

图 2.3-21　“非弹性特性控制数据”对话框

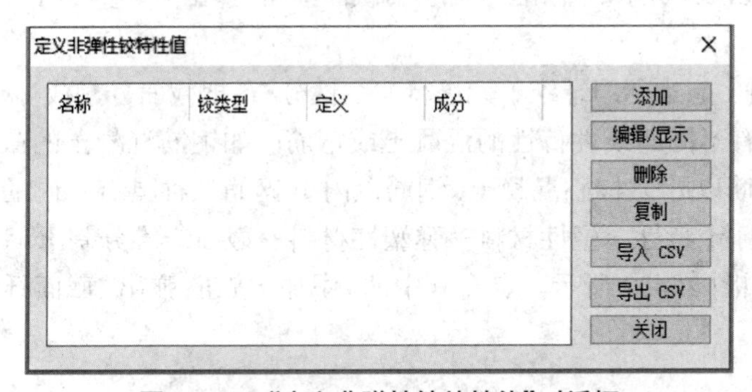

图 2.3-22　“定义非弹性铰特性值”对话框

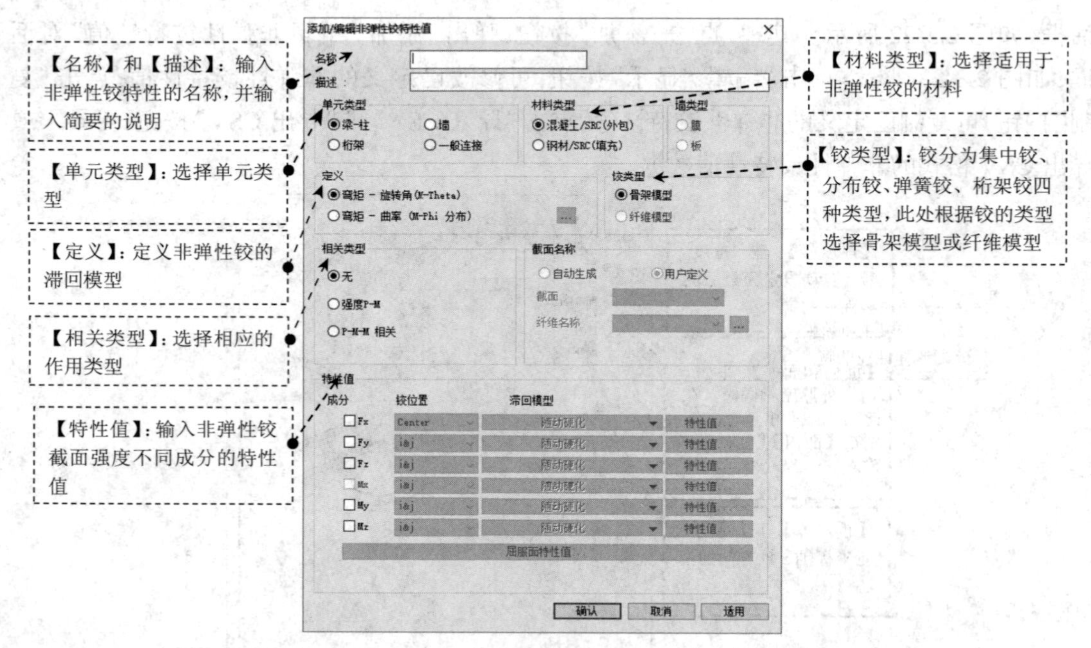

图 2.3-23 “添加 / 编辑非弹性铰特性值”对话框

在“添加 / 编辑非弹性铰特性值”对话框中，“相关类型”栏用于指定作用类型，当点选“无”时，不考虑轴力与弯矩的相互作用；当点选“强度 P-M”时，表示在进行时程分析时考虑轴力对铰的弯曲屈服强度的影响；当勾选“强度 P-M”时，不考虑两个方向的弯矩的相互作用，即对每个时间增量评价铰的状态时，假定轴力和两个方向上的弯矩各自独立；当点选“强度 P-M-M 相关”时，将使用多轴铰的滞回模型，适用于弹塑性时程分析，即用塑性理论来反映轴力和两个方向上的弯矩的相互作用，对每个时间增量都共同考虑这三种作用，从而来评价铰的状态，对集中铰和分布铰的 F_y 和 F_z 成分，不能考虑轴力和弯矩的相互作用。

分配非弹性铰功能用于给单元添加或删除非弹性铰特性值。从主菜单中选择【特性→塑性材料→分配非弹性铰】即弹出“分配非弹性铰”对话框，如图 2.3-24 所示。

3）定义弹塑性材料特性

此功能用于在梁截面分割成多块以后，赋予每个分割块相应的应力 - 应变关系。从主菜单中选择【特性→塑性材料→弹塑性材料→弹塑性材料特性】即弹出“定义纤维材料特性值”对话框，如图 2.3-25 所示。点击其中的“添加”按钮，弹出“弹塑性材料模型”对话框，如图 2.3-26 所示。

截面纤维分割功能是利用纤维单元进行非线性分析，把截面分割成多个块，给每个块输入材料特性，如具有不同非线性特性的混凝土或钢筋。如钢筋混凝土的截面可以分别输入保护层混凝土（钢筋以外）、核心混凝土（钢筋以内）、钢筋三种具有不同的非线性特性的材料。从主菜单中选择【特性→塑性材料→弹塑性材料→截面纤维分割】即弹出“定义截面分割特性”对话框，如图 2.3-27 所示。点击其中的“添加”按钮，弹出“截面纤维分割”对话框，如图 2.3-28 所示。

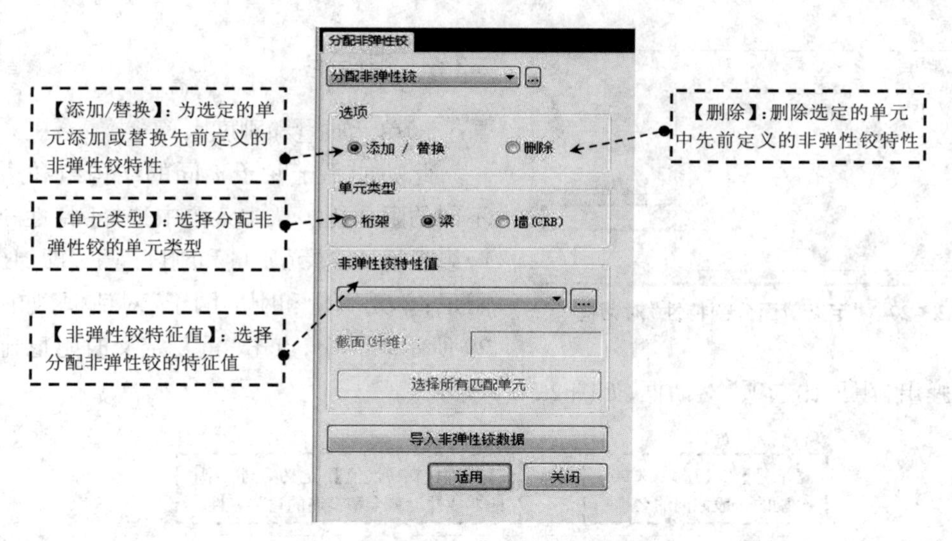

图 2.3-24 “分配非弹性铰”对话框

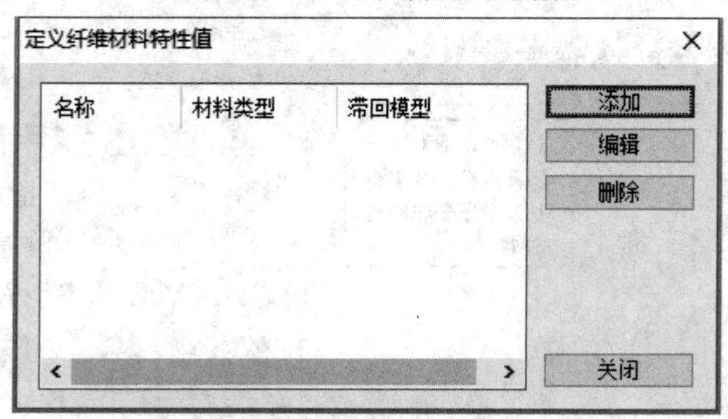

图 2.3-25 “定义纤维材料特性值”对话框

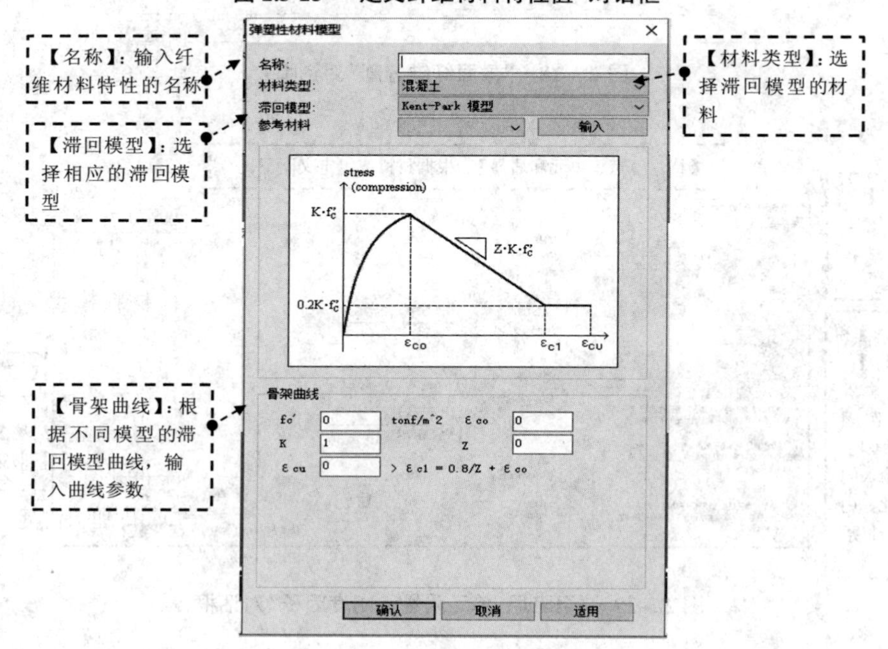

图 2.3-26 “弹塑性材料模型”对话框

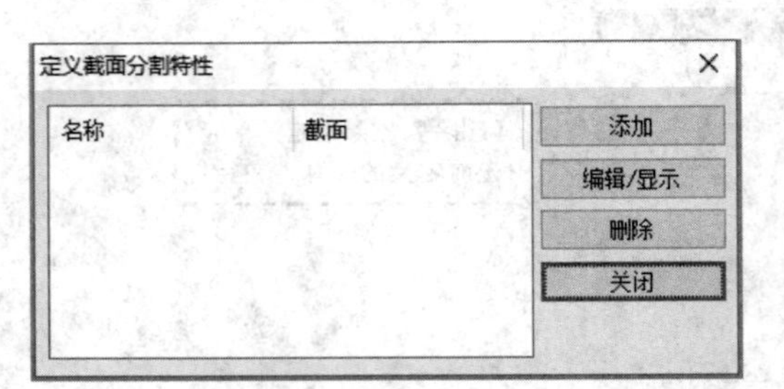

图 2.3-27 “定义截面分割特性”对话框

2.3.6 组阻尼

1)单元质量和刚度因子

此功能用于赋予不同的结构组和边界组不同的阻尼比。从主菜单中选择【特性→阻尼→组阻尼比:单元质量和刚度因子】即弹出“组阻尼:单元质量和刚度因子”对话框,如图 2.3-29 所示。其中,点击“重复定义时阻尼比优选项”后弹出“阻尼比选项”对话框,如图 2.3-30 所示。

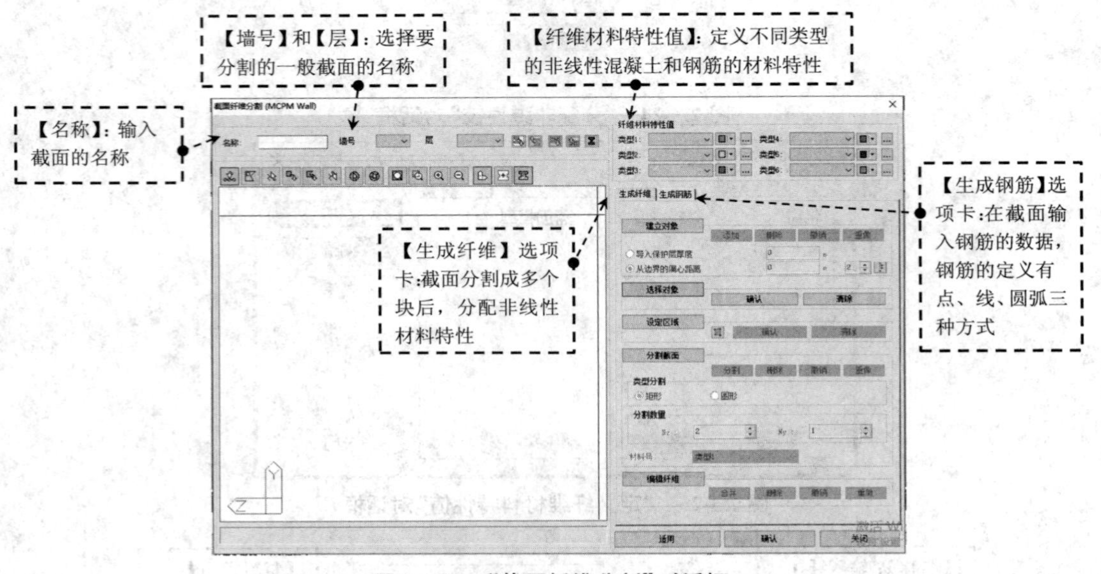

图 2.3-28 “截面纤维分割”对话框

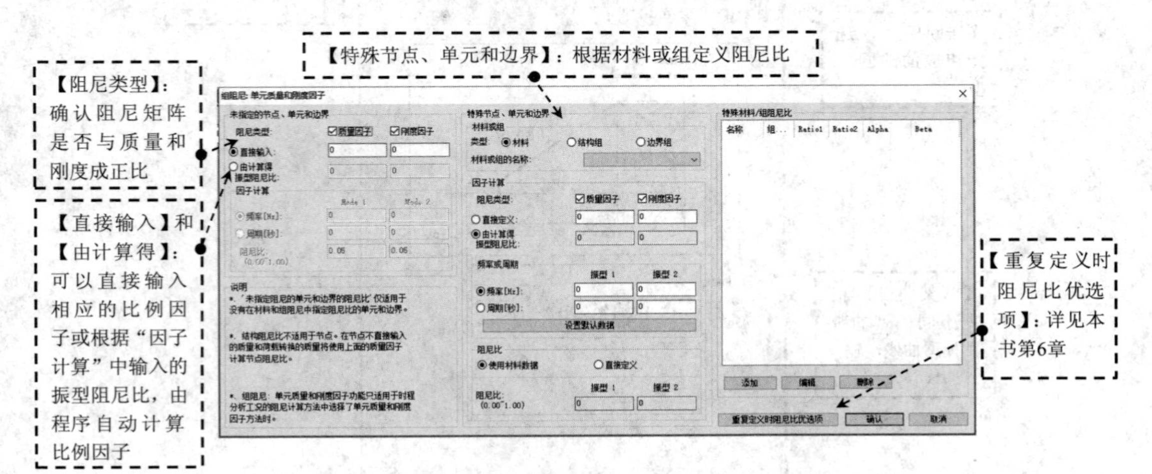

图 2.3-29 “组阻尼:单元质量和刚度因子”对话框

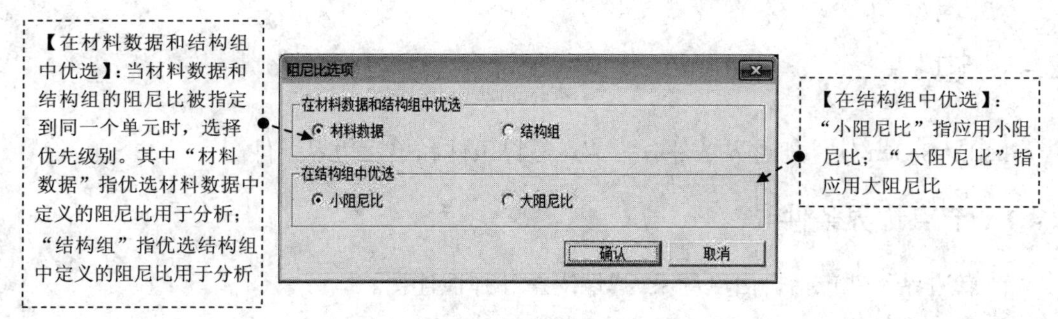

图 2.3-30　“阻尼比选项”对话框

2）应变能因子

此功能用于在时程分析时，赋予不同的结构组和边界组不同的阻尼比。从主菜单中选择【特性→阻尼→组阻尼比：应变能因子】即弹出“组阻尼：应变能因子”对话框，如图 2.3-31 所示。

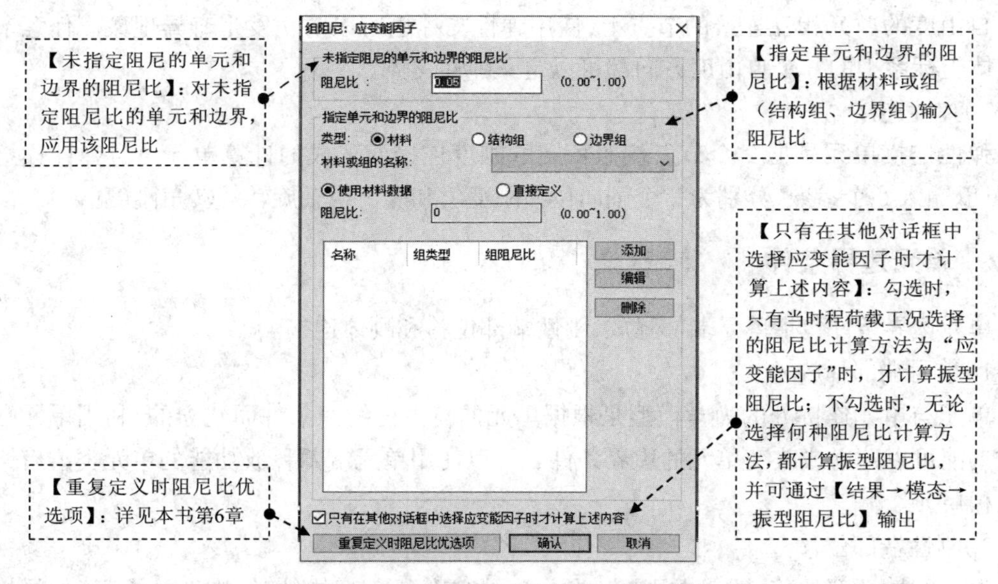

图 2.3-31　“组阻尼：应变能因子”对话框

2.3.7　特性表格

此功能用于以电子表格的形式输入或修改单元的材料、截面、厚度，构件的理论厚度，单元的非弹性铰特性值和比例系数等参数。从主菜单中选择【特性→表格→特性表格】即弹出相应的特性表格对话框，可参考本章各节相应的内容。

2.4 边界

MIDAS Gen 软件把边界条件分为节点边界条件和单元边界条件。

2.4.1 节点边界条件

节点边界条件包括自由度约束、弹性支撑和弹性连接。

1)自由度约束

利用自由度约束功能可以约束节点位移,或在缺少自由度的单元(如桁架单元、平面应力单元、板单元等)相互连接时,约束其节点的自由度,以避免发生奇异现象。每个节点在整体坐标系(GCS)和节点坐标系(Node Coordinate System, NCS)中均可以利用自由度约束功能输入 6 个方向的自由度约束。

2)弹性支撑

利用弹性支撑功能可以建立弹性地基梁的结构计算模型,或设置结构的边界条件。在缺少自由度的单元相互连接的节点上,使用弹性支撑也可以防止发生奇异现象。任意节点在整体坐标系中的 6 个自由度方向都可以定义弹性支撑。

3)弹性连接

弹性连接单元是把 2 个节点按照特定的刚度连接而形成的计算单元。对弹性连接单元,可以输入 6 个参数,分别为 3 个轴向位移刚度值和 3 个绕轴旋转的转角刚度值。

2.4.2 单元边界条件

单元边界条件包括单元端部释放、刚性端部位移和刚体连接。

1)单元端部释放

单元与单元连接处的力学模型是根据单元的自由度约束条件而建立的,利用单元端部释放功能可以建立或改变单元的边界条件。可以使用单元端部释放功能的单元类型有梁单元和板单元。

2)刚性端部位移

设置刚性端部位移,即考虑刚域效果。通常在分析钢架构件时,构件的长度(如梁板的跨度)取构件的轴线之间的距离,而实际结构在端部存在偏心距或在梁柱交接处形成刚域,使实际构件的长度比轴间距离小,导致实际变形和内力比计算结果小。MIDAS Gen 软件为了考虑这种刚域效果,采取了两种方法:一是对所有梁柱交接处的刚域自动考虑梁端偏移距离;二是对所有梁柱交接处的刚域直接输入梁端偏移距离。

3)刚体连接

刚体连接功能用来约束结构物之间的相对几何移动。约束相对几何移动是在任意一个节点固定一个或几个其他节点的连接方式。在这里,任意一个节点是主节点(master node),被固定的其他节点是从属节点(slave node)。

2.4.3　边界条件的输入与修改

1)一般支承

从主菜单中选择【模型→边界条件→一般支承】，MIDAS Gen 软件左侧的树形菜单将显示“边界条件”选项卡的“一般支承”页面，如图 2.4-1 所示。

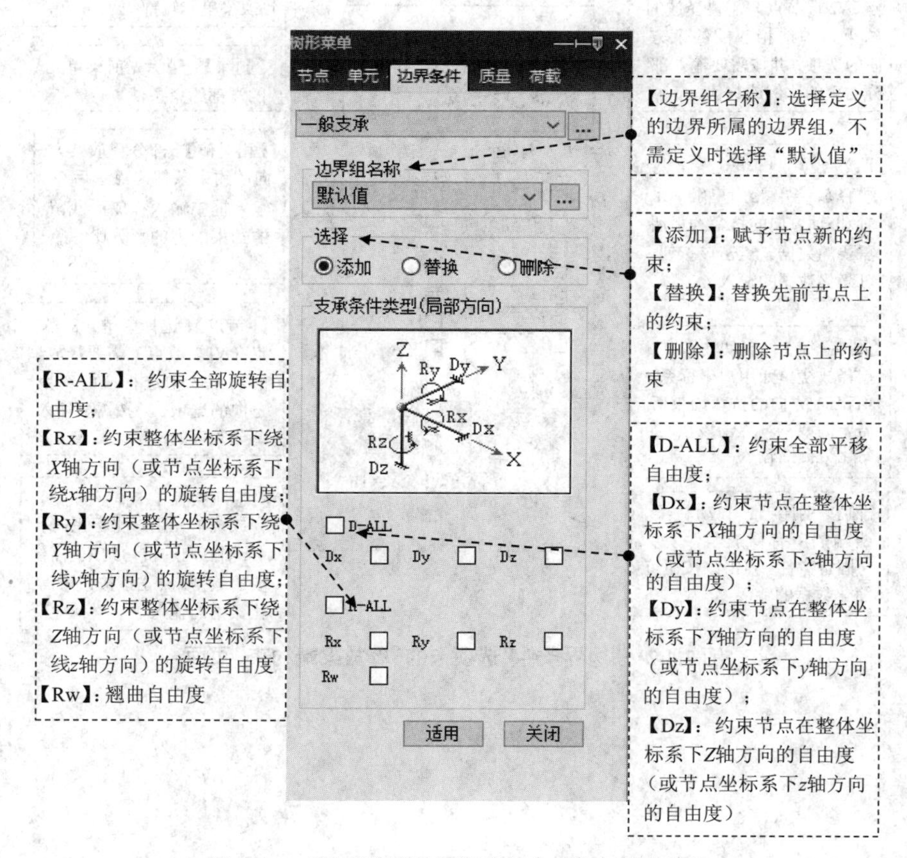

图 2.4-1　“边界条件”选项卡的“一般支承”页面

2)释放梁端约束

释放梁端约束的作用是确定梁单元两端的边界条件，如铰接、滑动等。从主菜单中选择【模型→边界条件→释放梁端约束】，软件左侧的树形菜单将显示“边界条件”选项卡的“释放梁端约束”页面，如图 2.4-2 所示。

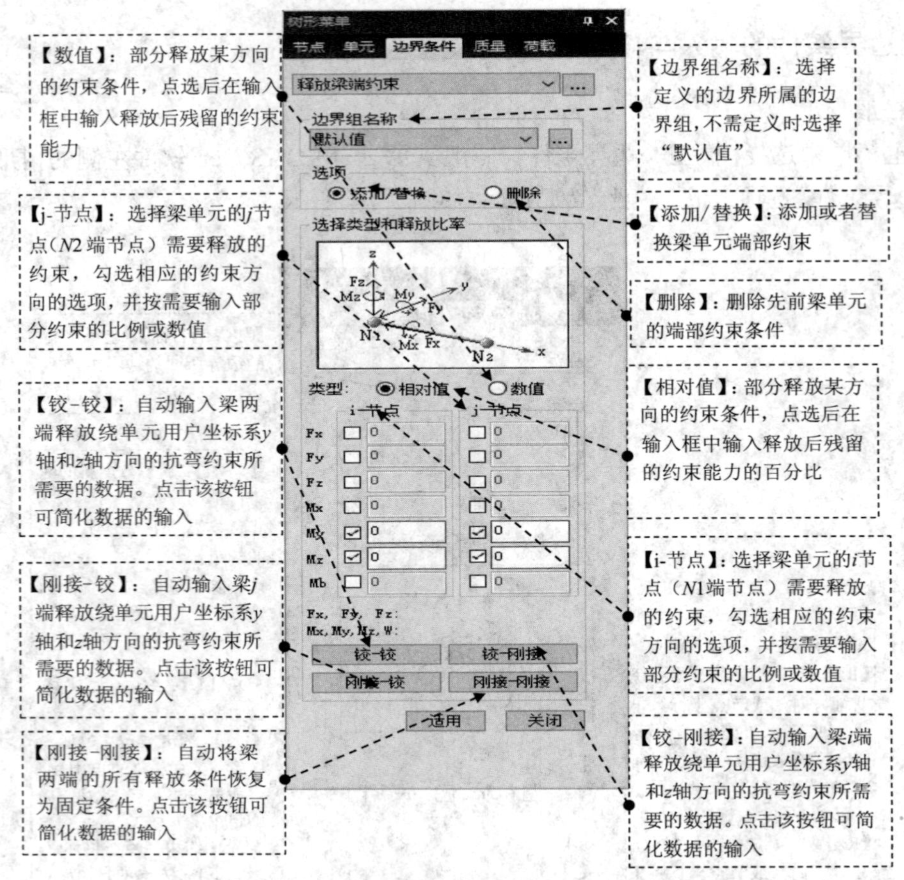

图 2.4-2 “边界条件”选项卡的“释放梁端约束”页面

第 3 章　荷载施加与结构分析

3.1　荷载施加

图 3.1-1 所示为 MIDAS Gen 的荷载菜单，其中包括静力荷载、地震作用、沉降 /Misc、温度 / 预应力、施工阶段、吊车荷载、水化热等荷载类型。静力荷载包括建立荷载工况、结构荷载 / 质量、横向荷载、梁荷载、压力荷载、初始荷载 / 其他等功能。本章将对上述功能进行逐一介绍。

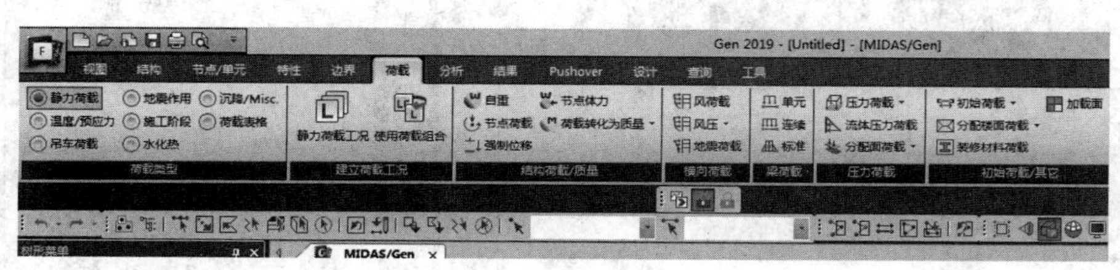

图 3.1-1　荷载菜单

3.1.1　建立荷载工况

建立荷载工况功能包括静力荷载工况和使用荷载组合两个功能。

静力荷载工况功能用于定义、修改或删除静力荷载工况，在荷载组合中可组合这些荷载工况的分析结果。静力荷载工况可定义恒荷载、活荷载、风荷载、雪荷载等荷载。进行 P-Delta 效应分析或屈曲分析时，可以用该功能定义生成几何刚度矩阵所必需的荷载工况。从主菜单中选择【荷载→静力荷载→建立荷载工况→静力荷载工况】即显示“静力荷载工况”对话框，如图 3.1-2 所示。

使用荷载组合功能是以定义荷载组合的方式建立新的荷载工况。非线性单元（如索、只受拉、只受压单元）具有非线性特性，单纯地将各荷载工况的分析结果线性组合是错误的，应该使用该功能将荷载组合（如 1.2 恒荷载 +1.4 活荷载）定义为一个荷载组合工况作用于结构上，才能得到正确的分析结果。从主菜单中选择【荷载→静力荷载→建立荷载工况→使用荷载组合】即显示“使用荷载组合建立荷载工况”对话框，如图 3.1-3 所示。

自重功能用来输入单元的自重，也可以修改或删除已输入的单元自重。软件根据单元的体积和密度自动计算模型的自重。在静力分析中，求得的自重可使用于整体坐标系的 X、Y、Z 轴方向。此外，在动力分析或静力等效地震荷载计算中，需要将自重转换为质量时，可在结构类型中选择转换的方向。从主菜单中选择【荷载→静力荷载→结构荷载 / 质量→自重】即显示自重对话框，如图 3.1-4 所示。在“荷载工况名称”中可以选择已经定义的荷载工况，如恒荷载、活荷载等；在“自重系数”中可以定义自重在各个方向上的系数，通常定义整体坐标系 Z 轴方向上的自重系数为 –1，即自重方向与 Z 轴方向相反。

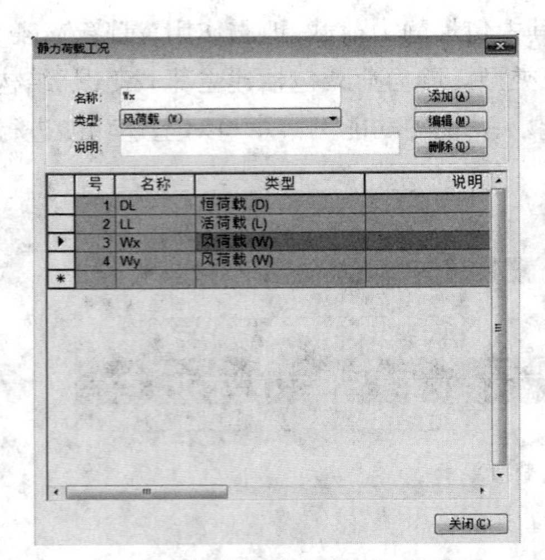

图 3.1-2 “静力荷载工况”对话框

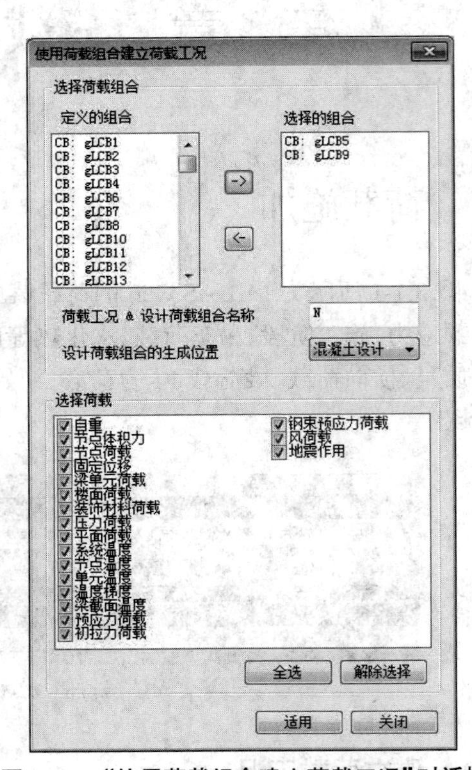

图 3.1-3 “使用荷载组合建立荷载工况”对话框

3.1.2 结构荷载与质量

1）节点荷载

此功能用于输入节点的集中荷载（如集中力、力矩等），可修改或删除已输入的节点集中荷载。选择主菜单中的【荷载→静力荷载→结构荷载 / 质量→节点荷载】即显示节点荷载对话框，如图 3.1-5 所示。节点荷载的方向参考整体坐标系输入。

2）强制位移

此功能用于输入节点的指定（强制）位移，可修改或删除已输入的节点指定（强制）位移。选择主菜单中的【荷载→静力荷载→结构荷载 / 质量→强制位移】即显示节点的强制位移对话框，如图 3.1-6 所示。

在 MIDAS Gen 中，将强制位移作为一种荷载工况考虑，因此强制位移可与其他荷载工况组合。模型中有强制位移参与的荷载组合时要注意下列事项：①如果某节点被赋予强制位移，相应节点的自由度自动被约束；②被赋予强制位移的节点的特征类似于支座，即一个荷载组合如果包含节点的强制位移，则其中其他荷载工况也会按发生了强制位移处理。

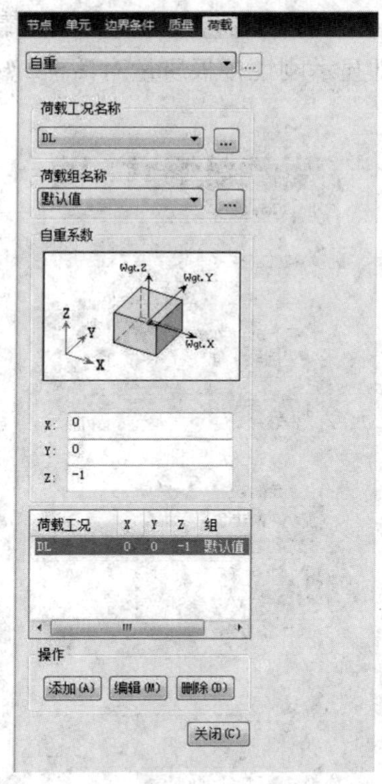

图 3.1-4　自重对话框

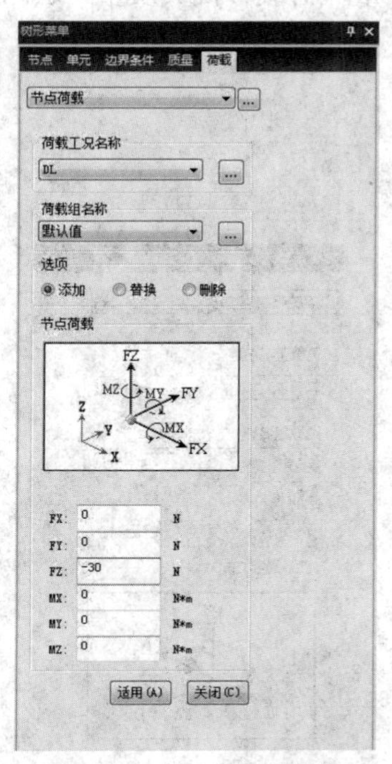

图 3.1-5　节点荷载对话框

节点的强制位移通常以整体坐标系为基准输入，若已为指定的节点建立局部坐标系，节点的强制位移以节点的局部坐标系为基准输入。

3）节点体力

此功能用来将赋予节点的质量与荷载转换成质量，将结构质量转换成任意方向的节点荷载。在进行 Pushover 分析时，可根据质量分配荷载的情况使用此功能。从主菜单中选择【荷载→静力荷载→结构荷载 / 质量→节点体力】即显示节点体力对话框，如图 3.1-7 所示。

4）荷载转化为质量

荷载转化为质量功能包括节点质量、刚性楼板质量和将荷载转换成质量等三个子功能。

节点质量功能用来输入节点的质量数据（平动集中质量与转动质量惯性矩），也可以用来修改或删除先前输入的节点质量。从主菜单中选择【荷载→静力荷载→结构荷载 / 质量→荷载转化为质量→节点质量】即显示节点质量对话框，如图 3.1-8 所示。节点质量的方向参考整体坐标系输入。

刚性楼板质量功能用来输入各层的质量数据，包括层质量、回转质量惯性矩、质量中心坐标等，这些数据也可以由软件自动计算。当层的平面由很多分离的单体（如多塔结构）组成时，可分别计算各单体的层质量。输入的层质量数据用于计算地震作用所需的等效质量及动力分析所需的质量矩阵。刚性楼板质量功能一般与【结构→建筑→控制数据】功能联合使用，当使用该功能时，应将模型的 Z 轴设置为重力方向的反方向，并将各层楼板设置为“考虑刚性楼板”。生成的层质量数据作用在各层质量中心上，且只能考虑沿整体坐标系 X

和 Y 轴方向的成分及绕 Z 轴的回转质量惯性矩。从主菜单中选择【荷载→静力荷载→结构荷载/质量→荷载转换成质量→层刚性楼板质量】即显示刚性楼板质量对话框，如图 3.1-9 所示。

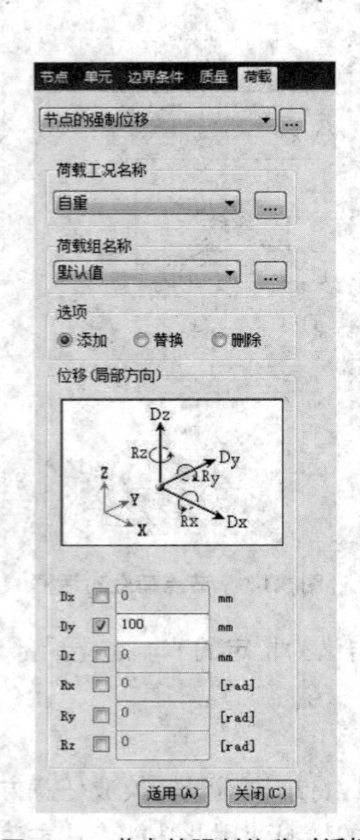

图 3.1-6　节点的强制位移对话框

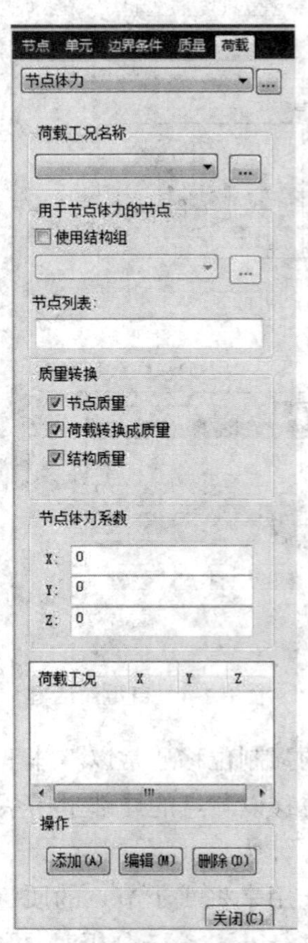

图 3.1-7　节点体力对话框

将荷载转换成质量功能用于将输入的荷载转换为质量。从主菜单中选择【荷载→静力荷载→结构荷载/质量→荷载转化为质量→将荷载转换成质量】即显示“将荷载转换成质量”对话框，如图 3.1-10 所示。其中，“质量方向”栏用于指定转换得到的质量的方向；“转换的荷载种类”栏用于指定要转换的荷载类型，包括节点荷载、梁单元荷载、板单元荷载和压力荷载（流体压力）。

3.1.3　横向荷载

横向荷载功能包括风荷载、风压和地震荷载等三个子功能。

1）风荷载

此功能可自动生成风荷载，一般适用于各层均有刚性楼板的结构，其输入步骤如下。

第 1 步：建立结构模型，模型的整体坐标系 $+Z$ 轴方向必须与重力方向相反。

第 2 步：从主菜单中选择【结构→建筑→控制数据→控制数据】，输入地面的整体坐标系 $+Z$ 轴坐标。软件默认地面以下的结构为地下室，在计算风荷载时不考虑地面以下的部分。不输入该项时,软件默认模型的最低点为地面。

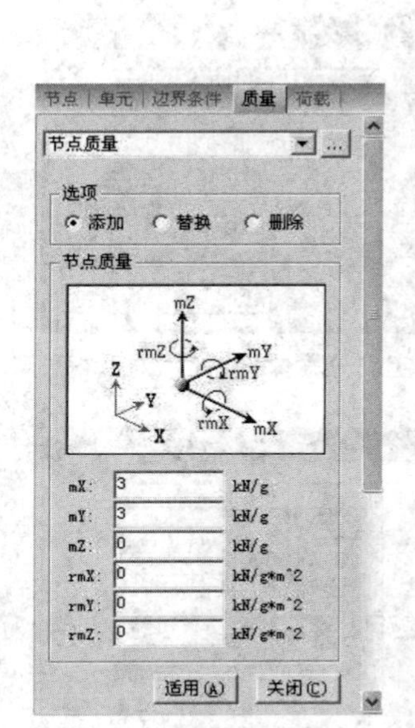

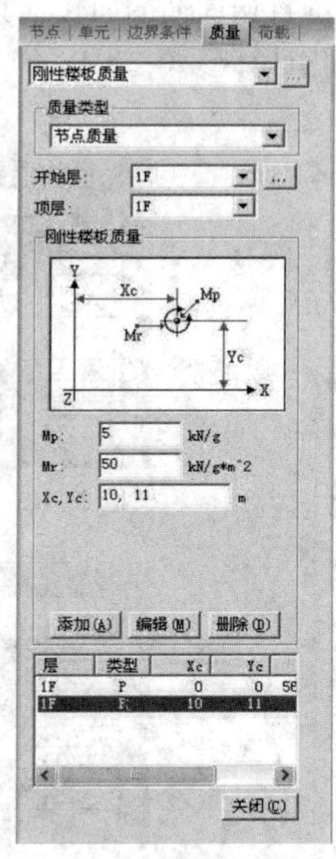

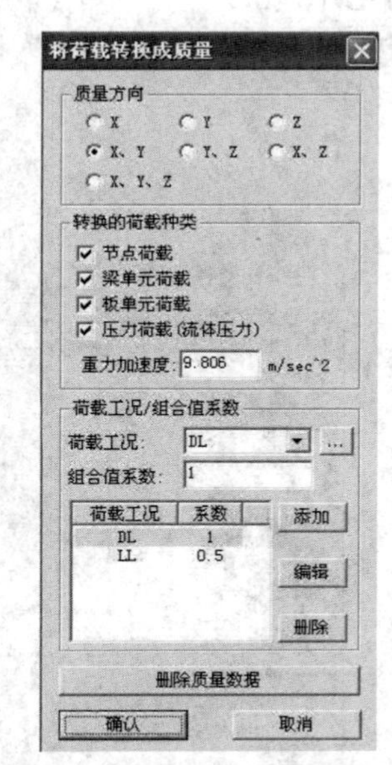

图 3.1-8　节点质量对话框　图 3.1-9　刚性楼板质量对话框　图 3.1-10　"将荷载转换成质量"对话框

第 3 步:在层命令中指定层,并指定要考虑刚性楼板效应的层;输入各层的受风面宽度和风荷载作用位置。当立面上有开洞时,用户需要对受压面做相应的调整。处于刚性楼板平面内的节点间 X、Y 轴方向的位移自由度和节点间绕 Z 轴的旋转自由度将被约束;可以通过解除刚性楼板连接命令释放节点间的这种约束。

第 4 步:从主菜单中选择【荷载→横向荷载→风荷载】,选择相应的国家或地区的规范,输入必要的参数,如图 3.1-11 所示。输入风荷载参数之后,与自动生成的层数据相结合,软件将自动生成各层的风荷载。

地面粗糙度和基本风压参考相应的规范输入即可。对处于山区的建筑物,应输入风压高度变化系数的地形修正系数。对混凝土结构,阻尼比一般取 0.05;对钢结构,应根据其高度确定阻尼比。通过定义分段体型系数,可对不同的楼层输入不同的体型系数,如图 3.1-12 所示。

挡风系数主要用于桁架结构的风荷载计算,一般取桁架杆件的净投影面积与桁架轮廓面积的比值,具体可参见《建筑结构荷载规范》(GB 50009—2012),"挡风系数"对话框如图 3.1-13 所示。

沿整体坐标系 X 轴方向和 Y 轴方向的基本自振周期由用户输入或由软件自动计算,如图 3.1-14 所示。其中,H 表示建筑物的高度,B_x 表示整体坐标系 X 轴方向风荷载的迎风面宽度,B_y 表示整体坐标系 Y 轴方向风荷载的迎风面宽度,n 表示建筑物的层数。建筑物的高度、整体坐标系 X 和 Y 轴方向风荷载的迎风面宽度、建筑物的层数均由软件自动计算。在

图 3.1-14 中，公式“1”为计算一般混凝土结构的基本自振周期的简化计算公式；公式“2”为计算高层钢筋混凝土框架结构的基本自振周期的简化计算公式；公式“3”为计算高层混凝土剪力墙结构的基本自振周期的简化计算公式；公式“4”为计算高层钢结构的基本自振周期的简化计算公式。

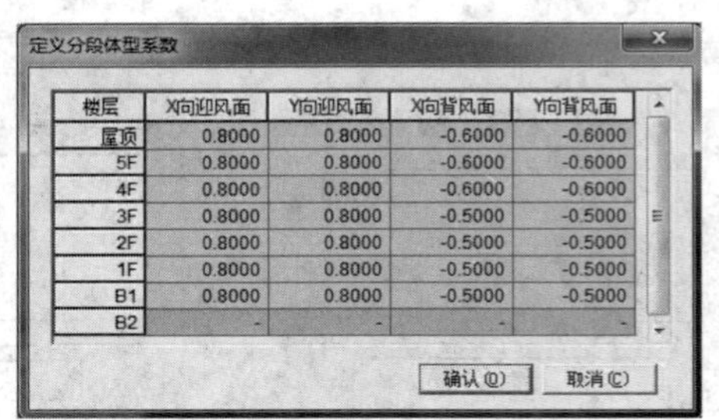
定义分段体型系数

楼层	X向迎风面	Y向迎风面	X向背风面	Y向背风面
屋顶	0.8000	0.8000	-0.6000	-0.6000
5F	0.8000	0.8000	-0.6000	-0.6000
4F	0.8000	0.8000	-0.6000	-0.6000
3F	0.8000	0.8000	-0.5000	-0.5000
2F	0.8000	0.8000	-0.5000	-0.5000
1F	0.8000	0.8000	-0.5000	-0.5000
B1	0.8000	0.8000	-0.5000	-0.5000
B2	-	-	-	-

确认(O) 取消(C)

图 3.1-12 “定义分段体型系数”对话框

挡风系数

楼层	X向系数	Y向系数
屋顶	1.0000	1.0000
5F	1.0000	1.0000
4F	1.0000	1.0000
3F	1.0000	1.0000
2F	1.0000	1.0000
1F	1.0000	1.0000
B1	1.0000	1.0000
B2	-	-

确认(O) 取消(C)

图 3.1-13 “挡风系数”对话框

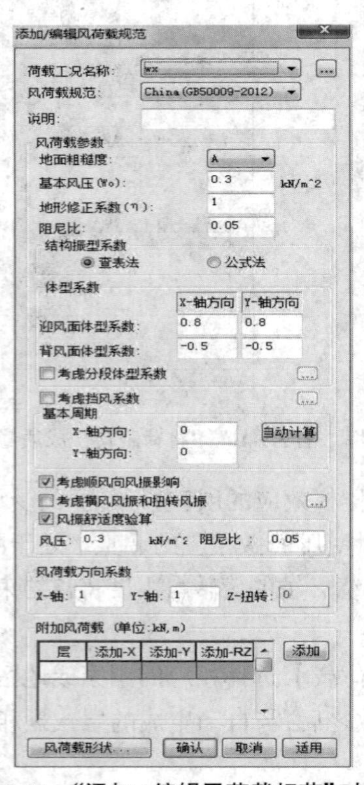

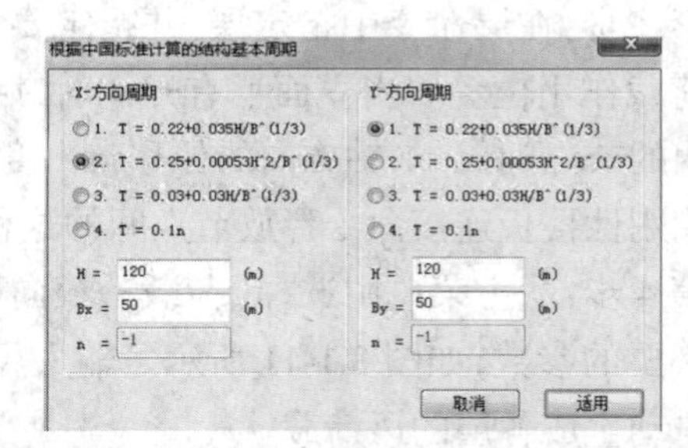

图 3.1-11 “添加 / 编辑风荷载规范”对话框 图 3.1-14 “根据中国标准计算的结构基本周期”对话框

如在“添加 / 编辑风荷载规范”对话框中勾选“考虑顺风向风振影响”，则软件按照《建筑结构荷载规范》(GB 50009—2012)计算风振系数；如果不勾选该项，则取风振系数为 1.0。

如在“添加 / 编辑风荷载规范”对话框中勾选“考虑横风风振和扭转风振”，则需要添加或编辑横向和扭转风振等效风荷载，如图 3.1-15 所示。对矩形截面结构，需要输入削角或凹角的修正比例 b/B(b 为削角或凹角的尺寸，B 为结构的迎风面宽度)，如果无削角或凹角，应输入 0，软件根据该数值，按照规范中的公式计算角沿修正系数 C_m。对圆形截面结构，应输入结构沿整体坐标系 X 轴方向和 Y 轴方向的第二阶平动周期。若考虑扭转风振，需输入第一阶扭转周期。

在风振舒适度验算中，软件按照《建筑结构荷载规范》(GB 50009—2012)分别计算顺风向及横风向风振加速度。

风荷载方向系数指风荷载在 X 和 Y 轴方向上的增减系数，这两个系数决定了风荷载的作用方向和大小。

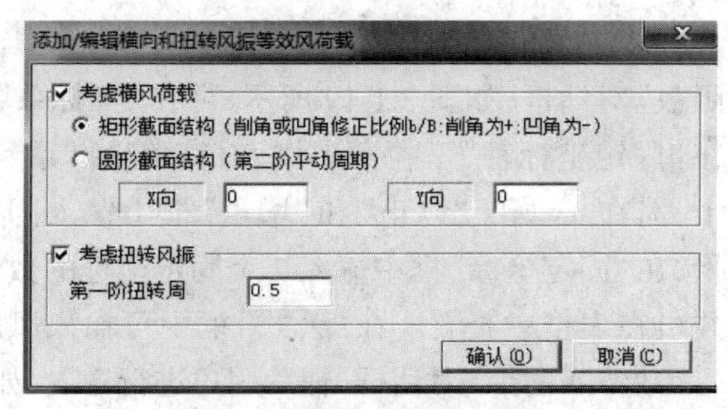

图 3.1-15　添加 / 编辑横向和扭转风振等效风荷载对话框

附加风荷载指自动计算中未能考虑的附加风荷载或根据风洞试验的数据输入的风荷载。根据风洞试验的数据输入风荷载时，风荷载的基本风压应输入 0。在“添加 / 编辑风荷载规范”对话框中点击“添加”按钮，通过“添加风荷载”对话框进行操作，如图 3.1-16 所示。

在“添加 / 编辑风荷载规范”对话框中点击“风荷载形状”按钮，即可以以表格和图形的方式查看风荷载的分布形状，如图 3.1-17 所示。

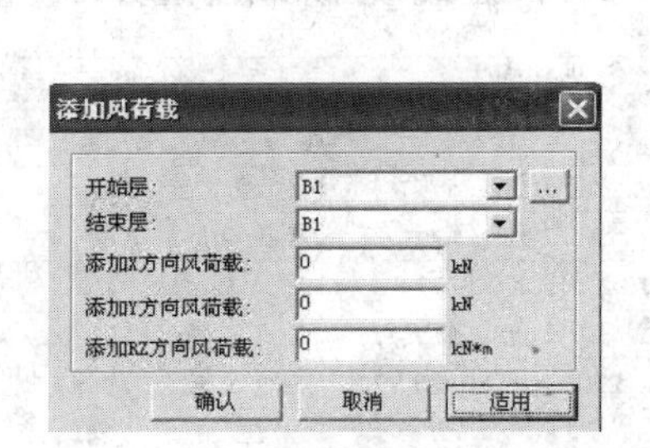

图 3.1-16　“添加风荷载”对话框

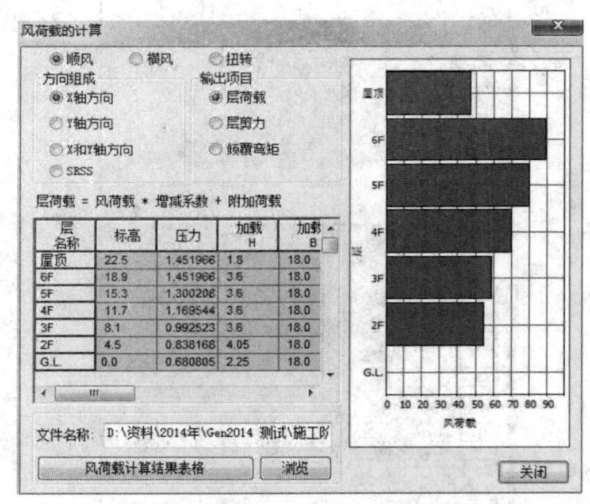

图 3.1-17　“风荷载的计算”对话框

2）风压

风压功能用于定义速度压、风压函数、面风压、梁单元风压、节点风压和函数风压等。

速度压功能用于计算面单元风压、梁单元风压和节点风压。从主菜单中选择【荷载→横向荷载→风压→速度压】，显示如图 3.1-18 所示的对话框。点击图 3.1-18（a）中的“添加”按钮，弹出“添加 / 编辑速度压”对话框，如图 3.1-18（b）所示。

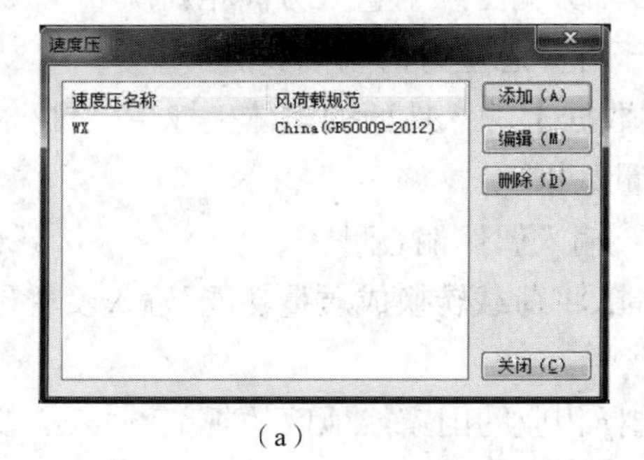

（a）

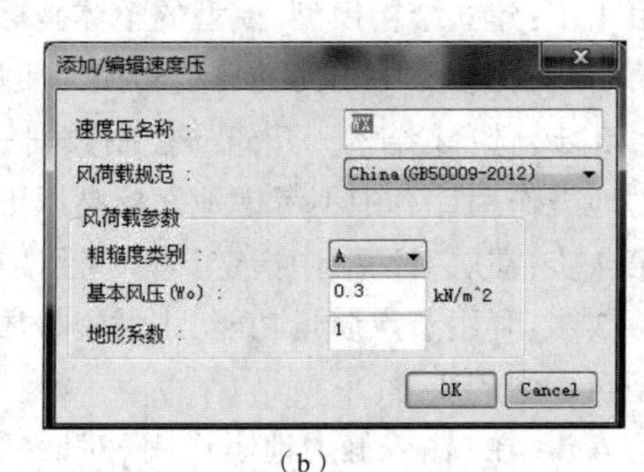

（b）

图 3.1-18　速度压定义和编辑对话框

（a）“速度压”对话框　（b）“添加 / 编辑速度压”对话框

从主菜单中选择【荷载→横向荷载→风压→风压函数】即弹出“添加 / 编辑 / 显示风压函数”对话框，如图 3.1-19 所示，可在“坐标系”下拉列表中选择直角坐标系或圆柱坐标系。在“固定坐标轴”下拉菜单中，对直角坐标系和圆柱坐标系，可以选择固定 3 个坐标中的 2 个，需在“起始”“终止”和“增量”框中输入固定坐标以外的坐标的起始值、终止值以及增量，在“固定坐标”框中输入 2 个固定坐标的数值。点击“计算”，可以计算所有点的风压值，并可在表格中查看。在“公式”框中可输入风压函数，点击“公式”框右侧的按钮可以打开“函数输入助手”对话框，辅助用户进行输入，如图 3.1-20 所示。

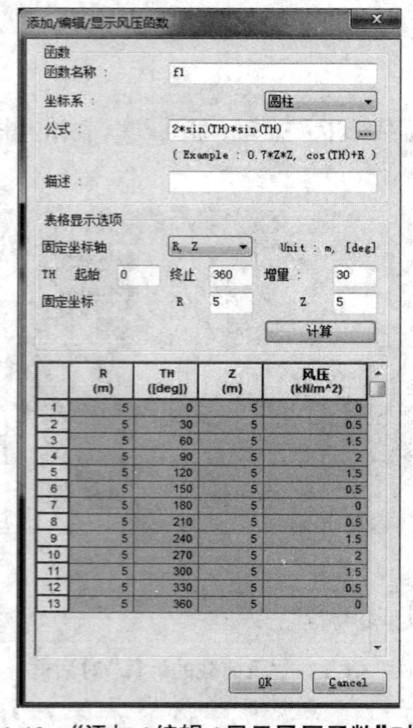

	R (m)	TH ([deg])	Z (m)	风压 (kN/m^2)
1	5	0	5	0
2	5	30	5	0.5
3	5	60	5	1.5
4	5	90	5	2
5	5	120	5	1.5
6	5	150	5	0.5
7	5	180	5	0
8	5	210	5	0.5
9	5	240	5	1.5
10	5	270	5	2
11	5	300	5	1.5
12	5	330	5	0.5
13	5	360	5	0

图 3.1-19 “添加 / 编辑 / 显示风压函数”对话框

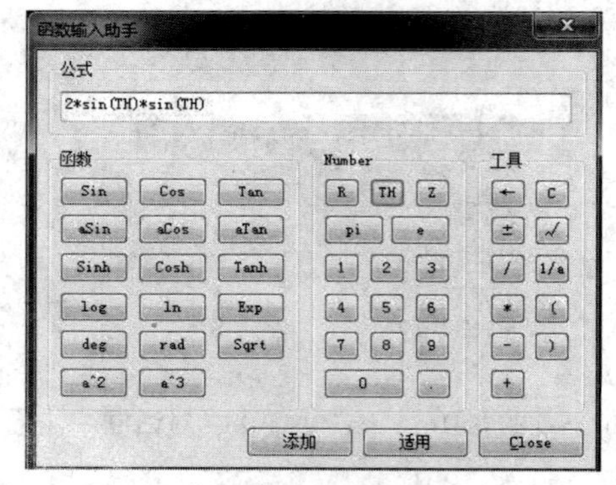

图 3.1-20 “函数输入助手”对话框

3）地震荷载

该功能使用基底剪力法计算地震作用，一般适用于各层均有刚性楼板的结构，其输入步骤如下。

第 1 步：建立结构模型，模型的整体坐标系 +*Z* 轴方向必须与重力方向相反。

第 2 步：将模型中单元的自重转换为质量，用于计算总重力荷载代表值。

第 3 步：选择【结构→建筑→控制数据→控制数据】，输入地面的整体坐标系 *Z* 轴坐标。在静力地震作用计算中不考虑地面标高以下的质量数据。

第 4 步：在层对话框中指定具有刚性楼板的层，输入偶然偏心量。

第 5 步：利用节点质量功能、刚性楼板质量功能、将荷载转换成质量功能，输入没有包含在模型自重中的质量。

第 6 步：在“输入静力地震作用”对话框中，选择相应的国家或地区的规范，输入必要的参数。输入地震作用参数之后，与自动生成的层数据相结合，软件将自动生成各层的地震作用。可点击“地震作用形状”查看自动生成的地震作用。

从主菜单中选择【荷载→横向荷载→地震荷载】，弹出如图3.1-21所示的对话框。

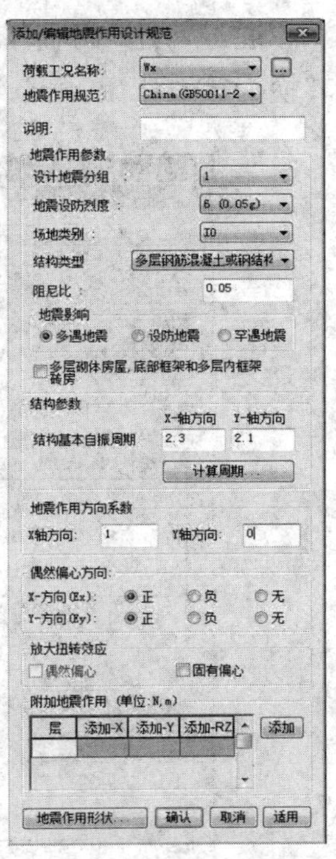

图3.1-21　“添加/编辑地震作用设计规范”对话框

在“设计地震分组”和“地震设防烈度”中，用户可根据项目概况和规范进行设置。“结构类型”下拉菜单用于计算顶部附加地震作用类型，包括多层钢筋混凝土或钢结构房屋、多层内框架砖房和其他三种。设置“阻尼比”时，高层钢筋混凝土结构的阻尼比一般取0.05，高层建筑钢结构的阻尼比一般取0.02。

点击“附加地震作用”栏中的“添加”按钮，可添加一些自动计算时没有考虑到的附加地震荷载，如图3.1-22所示。点击图3.1-21中的“地震作用形状”，可以以表格和图形的方式查看地震作用的分布形状，如图3.1-23所示。

3.1.4　梁荷载

梁荷载包括单元、连续和标准三种类型。

1）单元荷载

可选择作用在梁单元上的荷载类型，如均布荷载、集中荷载等，也可以修改或删除已输入的梁单元荷载。从主菜单中选择【荷载→梁荷载→单元】，弹出如图3.1-24所示的对话框。

在“荷载类型”下拉菜单中可以选择梁单元荷载的荷载类型，包括集中荷载、集中弯矩/扭矩、均布荷载、均布弯矩/扭矩、梯形荷载、梯形弯矩/扭矩等。

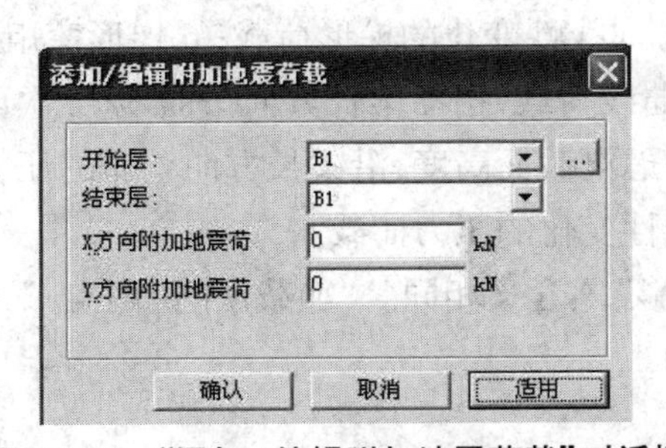

图3.1-22　“添加/编辑附加地震荷载”对话框

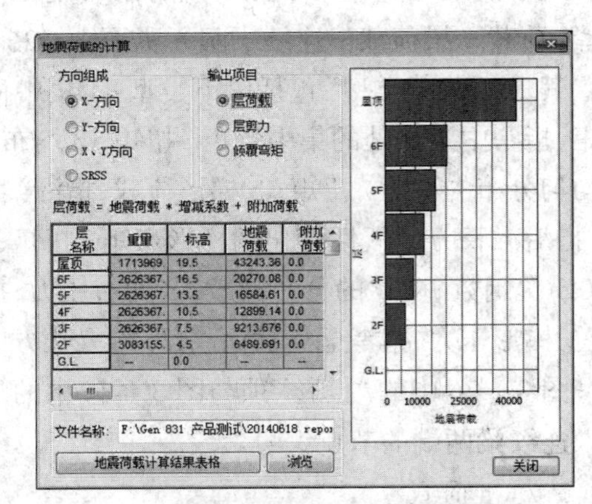

图3.1-23　“地震荷载的计算”对话框

“投影”用于确定梁单元荷载是沿整个梁长作用，还是沿与荷载作用方向垂直的梁的投影长度作用。该功能仅用于荷载类型为均布荷载或梯形荷载，且荷载方向在整体坐标系下时。选择“是”时，梁单元荷载沿与荷载作用方向垂直的梁的投影长度作用；选择“否”时，梁单元荷载沿整个梁长作用。

通过勾选“偏心”，可以很方便地设置偏心荷载。输入偏心距离和荷载，软件自动把它转换为等效弯矩，偏心梁荷载如图 3.1-25 所示。

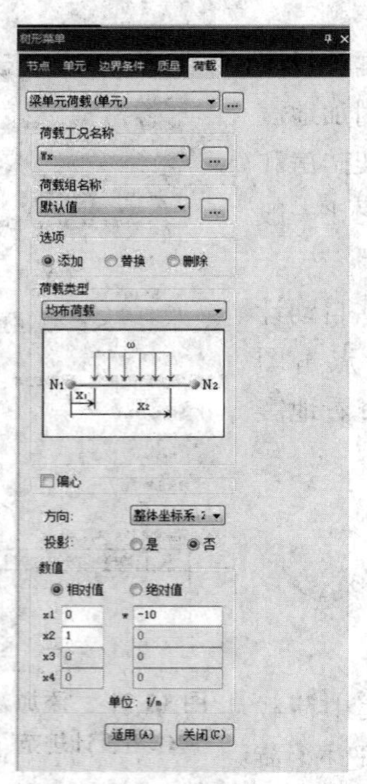

图 3.1-24 梁单元荷载(单元)对话框

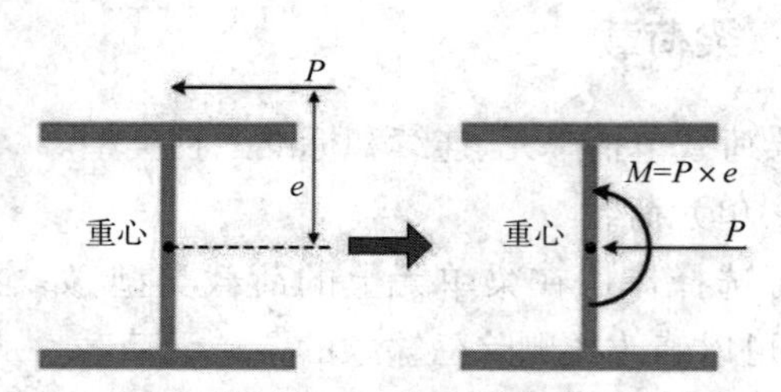

图 3.1-25 偏心梁荷载示意

2)连续荷载

此功能用于连续梁单元荷载的输入，选择连续线的两个端点并输入荷载。从主菜单中选择【荷载→梁荷载→连续】，显示如图 3.1-26 所示的对话框。

其中，“荷载类型”包括以下类型：①集中荷载，指跨中某点处的集中荷载；②集中弯矩 / 扭矩，指跨中某点处的集中弯矩 / 扭矩；③均布荷载，指均匀分布的荷载；④均布弯矩 / 扭矩，指均匀分布的弯矩 / 扭矩；⑤梯形荷载，指沿梁长方向线性变化的梯形荷载；⑥梯形弯矩 / 扭矩，指沿梁长方向线性变化的梯形弯矩 / 扭矩；⑦曲线荷载，指沿梁长方向按曲线(2 次函数或 0.5 次函数)变化的分布荷载；⑧均布压力，指考虑梁截面高度，沿梁长方向均布的压力荷载；⑨梯形压力，指考虑梁截面高度，沿梁长方向线性变化的压力荷载。

图 3.1-26 中的“投影”项与图 3.1-24 中的“投影”项含义相同。“加载区间(两点)”用于输入连续梁两端的节点编号。

3)标准荷载

此功能用于输入由楼面传递的标准梁单元荷载，也可以修改或删除已输入的荷载。在二维框架分析中，使用该功能可以简便地输入由楼面传递的荷载。从主菜单中选择【荷载→梁荷载→标准】，弹出如图 3.1-27 所示的对话框。

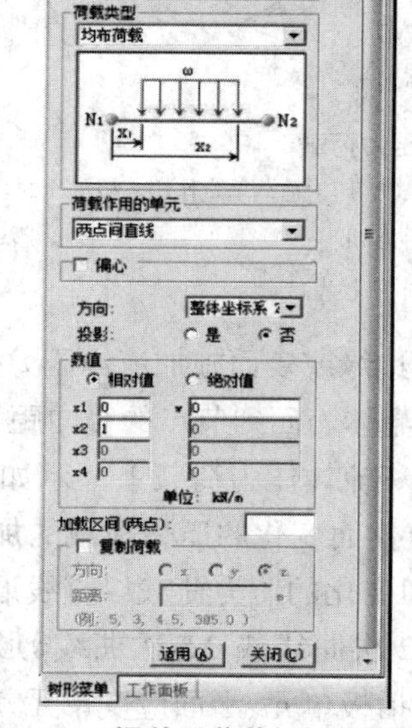

图 3.1-26　梁单元荷载(连续)对话框

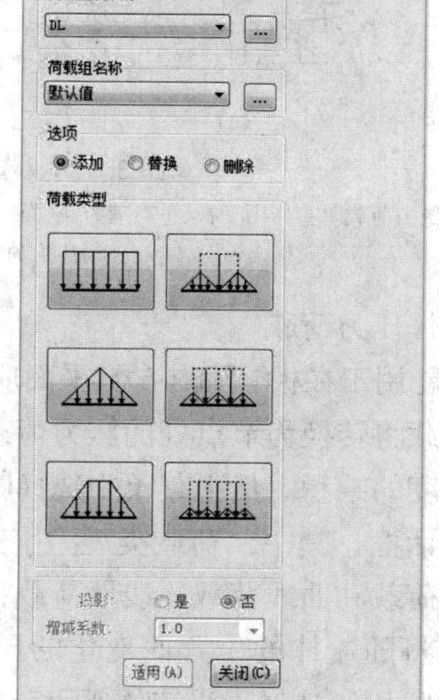

图 3.1-27　梁单元荷载(标准)对话框

3.1.5　压力荷载

压力荷载功能包括压力荷载、流体压力荷载和分配面荷载三个子功能。

1)压力荷载

此功能用于设定压力荷载作用在板、平面应力、平面应变、轴对称或实体单元的边缘或表面,也用于修改或删除输入的压力荷载。压力荷载可以按均匀分布或线性分布输入,软件将其自动转换为等效节点力。

板单元和平面应变单元的压力荷载以整体坐标系或单元的局部坐标系为基准输入,也可以按指定方向输入。当作用在面上时,荷载方向与给定坐标系的某轴一致;当作用在边上时,荷载方向垂直于边(平面内方向),作用在边上的荷载按线荷载输入,荷载作用方向由外向边为正,反之为负。作用于平面应变单元和轴对称单元的压力荷载垂直于单元的边缘(平面内方向),作用在边上的荷载按线荷载输入,荷载作用方向由外向边为正,反之为负。实体单元的压力荷载方向垂直于表面,荷载作用由外指向单元表面时为正,反之为负。作用于各种单元上的压力荷载如图 3.1-28 所示。

从主菜单中选择【荷载→压力荷载→压力荷载】,显示如图 3.1-29 所示的对话框。其中在“单元类型”中可选择板 / 平面应力单元(面)、板 / 平面应力单元(边)、实体单元(面)、平面应变单元(边)和轴对称单元。

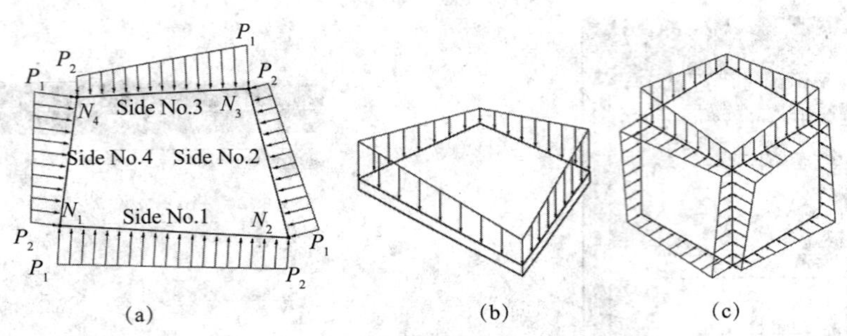

图 3.1-28 作用于各种单元上的压力荷载

(a)压力荷载垂直作用于板、平面应力、平面应变、轴对称单元的边缘 (b)压力荷载垂直作用于板单元的表面

(c)压力荷载垂直作用于实体单元的表面

2)流体压力荷载

此功能用于在板、平面应力、平面应变及实体单元的边缘或表面施加流体压力荷载。流体压力荷载将转换为节点处的压力荷载,节点压力等于流体表面到节点的竖向距离与流体的相对密度的乘积。从主菜单中选择【荷载→压力荷载→流体压力荷载】,显示如图 3.1-30 所示的对话框。其中,"荷载类型"用于指定随流体的位置而变化的压力荷载的加载形式,分为线性荷载和曲线荷载。线性荷载将随流体的位置而变化的压力荷载以直线形式加载;曲线荷载将随流体的位置而变化的压力荷载以曲线(2 次曲线或 0.5 次曲线)形式加载。"单元类型"用于选择承受流体压力荷载的单元类型,包括板单元、平面应变单元、轴对称单元、实体单元。

3.1.6 楼面荷载的定义和分配

恒载、活载、屋面荷载和雪荷载等楼面荷载的形式和大小均不同,但它们的加载区域相同。为了避免重复输入并简化荷载的输入过程,MIDAS Gen 将楼面荷载的定义和分配分开进行。

1)楼面荷载的定义

从主菜单中选择【荷载→初始荷载 / 其他→分配楼面荷载→定义楼面荷载】,弹出如图 3.1-31 所示的对话框。在"荷载工况"中可以选择所需要的荷载工况,最多 4 种;如果需要修改或添加荷载工况,可以点击"定义荷载工况"按钮;在"楼面荷载"中可以输入楼面荷载;此外,可以通过勾选"次梁的重量"输入荷载,包括未参加建模的次梁的质量。

2)楼面荷载的分配

将楼面荷载转为梁上或墙上荷载是一项非常烦琐的工作。MIDAS Gen 软件提供了单向板、双向板、多边形(按长度分配)、多边形(按面积分配)4 种分配荷载的方式。楼面荷载的加载区域由闭合的多边形组成,加载区域必须在同一平面内,但不一定平行于整体坐标系的坐标轴。

从主菜单中选择【荷载→初始荷载 / 其他→分配楼面荷载→分配楼面荷载】,显示如图 3.1-32 所示的对话框。其中,"楼面荷载"用于选择已经定义的楼面荷载;勾选"不考虑内部单元的面积"时,分配楼面荷载不考虑加载区域,直接将楼面荷载分配到加载区域四周的单元上;勾选“允许凹多边形楼面荷载输入”时,允许输入多边形楼面荷载,否则楼面荷载只能作用在三角形或四边形的楼面上;“荷载方向”用于定义荷载分配方向的角度,仅适用于荷载单向分布;在“指定加载区域的节点”中,可以按照已选定的转动方向依次选定加载区域的节点,也可以直接输入节点号。

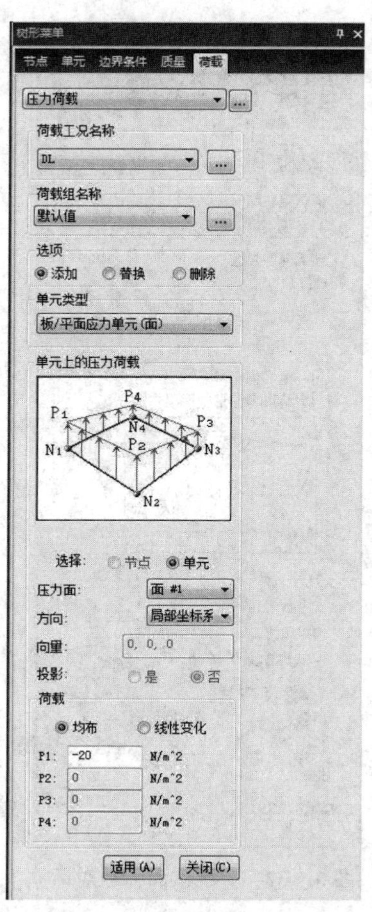

图 3.1-29　压力荷载对话框

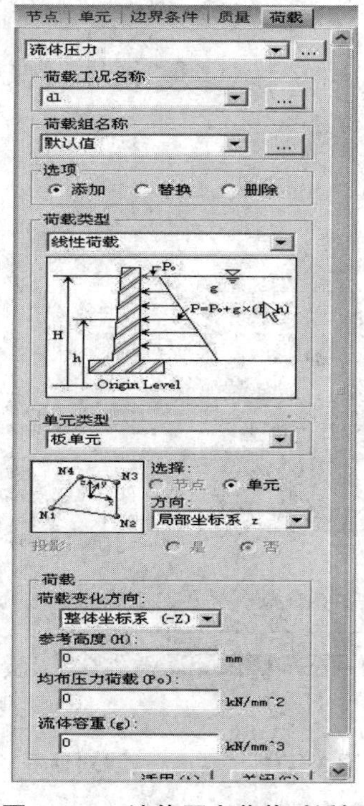

图 3.1-30　流体压力荷载对话框

在一般情况下,楼面荷载的传递路径为楼板—次梁—主梁—柱—基础,传递的大小由板、梁、柱的刚度决定。支撑在主梁上的次梁一般可以看作铰支在主梁上,仅仅作为传递楼面荷载的中间构件,其对整个结构的刚度影响不大,因此在结构分析中不考虑次梁。但是为了正确反映荷载的传递,软件在荷载分配中引入了假想次梁的概念,如图 3.1-32 所示。

3.1.7　地震作用

图 3.1-33 所示为 MIDAS Gen 软件的地震作用菜单栏,地震作用功能包括反应谱数据、时程分析数据和反应位移法等部分。

1)反应谱函数

此功能用于输入反应谱分析所需的反应谱数据。反应谱分析通过由特征值分析得到的自振周期来计算各振型反应,因此必须定义反应谱函数。从主菜单中选择【荷载→地震作用→反应谱数据→反应谱函数】,弹出如图 3.1-34 所示的对话框。点击图 3.1-34 中的“添加”按钮,弹出如图 3.1-35 所示的对话框。点击图 3.1-35 中的“设计反应谱”按钮,弹出“生成设计反应谱”对话框,如图 3.1-36 所示。按照工程信息和《建筑抗震设计规范》(GB 50011—2010)设置相关参数后,点击“确认”按钮即可生成如图 3.1-35 中的地震影响系数曲线。

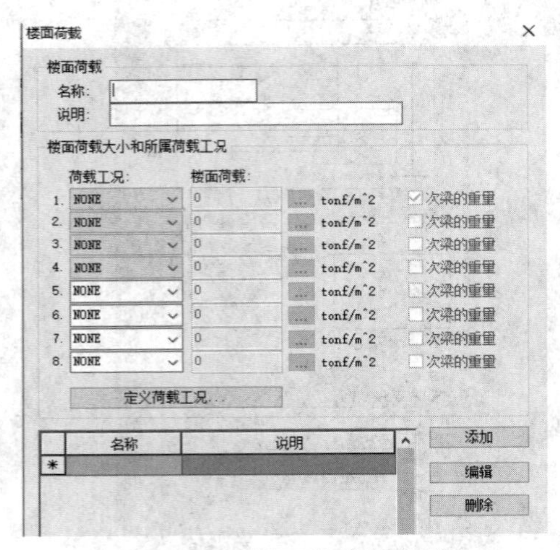

图 3.1-31 “楼面荷载”对话框

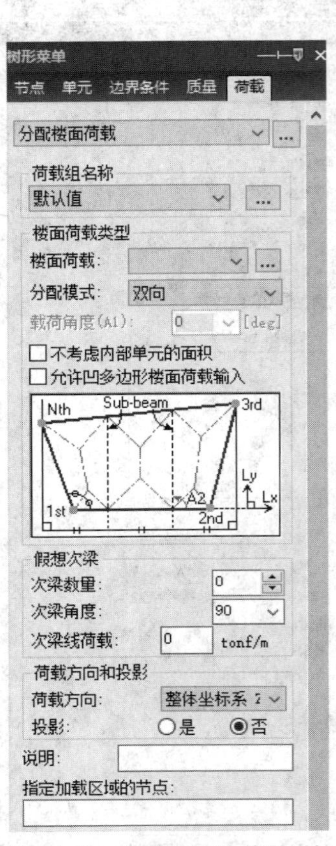

图 3.1-32 分配楼面荷载对话框

图 3.1-33 地震作用菜单栏

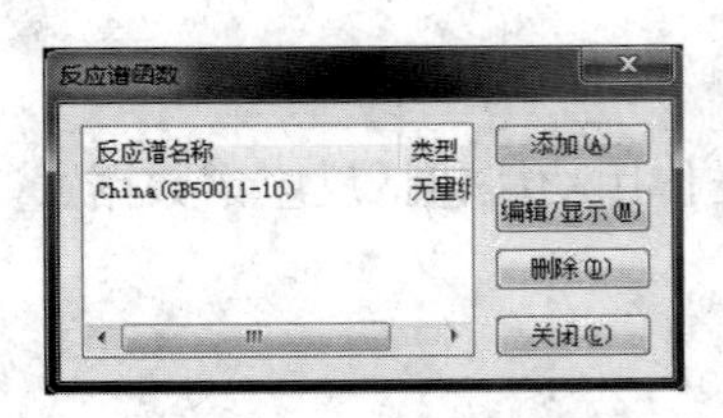

图 3.1-34 “反应谱函数”对话框

2)反应谱

此功能用于定义反应谱分析所需的荷载工况。从主菜单中选择【荷载→地震作用→反应谱数据→反应谱】,显示如图 3.1-37 所示的对话框。在“谱函数”中,可以选择事先定义的反应谱函数。各项参数设置完毕后点击“添加”按钮,即可添加反应谱荷载工况。

在图 3.1-37 中，“地震作用角度”选项用于设定地震作用角度，当地震激发方向平行于 X-Y 平面时，该角度为激发方向与 X 轴的夹角，角度的正负号以 Z 轴为基准，按右手法则确定。例如，地震作用方向在整体坐标系的 X 轴上时，角度为 0°。“系数”指地震作用方向上反应谱荷载数据的放大系数。该系数只作用于选择的地震作用方向上的地震作用。而在反应谱函数中，放大系数将放大任意方向上的地震作用。实际放大系数是两个放大系数的乘积。“周期折减系数”指由特征值分析求得的周期的折减系数。“自动搜索角度”用于设置搜索地震角度的方式。注意，最不利方向和正交方向必须定义在相同的反应谱函数里。例如，如果定义 R_X 荷载工况为最不利方向，R_Y 荷载工况必须定义为正交方向。

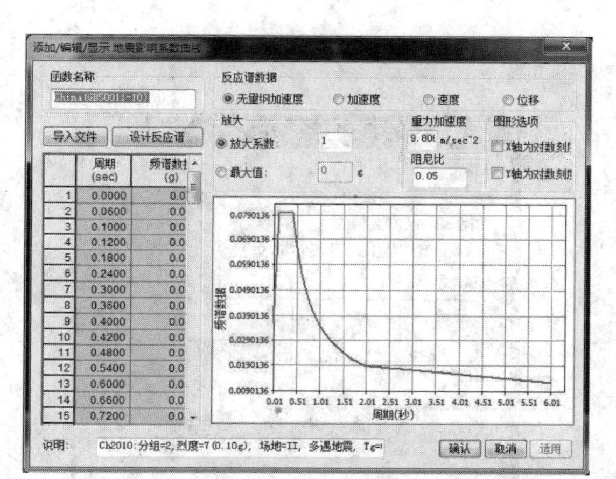

图 3.1-35　“添加 / 编辑 / 显示地震影响系数曲线”对话框

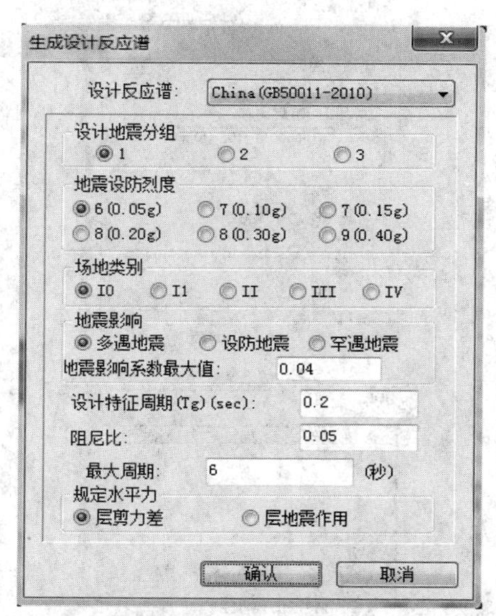

图 3.1-36　“生成设计反应谱”对话框

“阻尼计算方法”对话框如图 3.1-38 所示。阻尼计算方法包括振型、质量和刚度因子、应变能因子 3 种方法。

在振型法中，“所有振型的阻尼比”选项是除用户直接输入的各振型的阻尼比外，其他振型使用的阻尼比，适用于表格定义的振型之外的所有振型。当用户输入的阻尼比与定义反应谱函数时的阻尼比不同时，以输入的阻尼比为基准，在多个反应谱函数之间采用内插法来计算。“各振型的阻尼比”是用户直接在表格内输入的各个振型的阻尼比。

在质量和刚度因子法中，软件利用用户定义的 2 个振型的动力特性和阻尼比，计算与质量和刚度矩阵成正比的阻尼比矩阵。可用此阻尼比矩阵计算其他振型的阻尼比，进行反应谱分析。

在应变能因子法中，软件根据用户在组阻尼比（见 2.3.6 节）中指定的阻尼比计算各模态的阻尼比，并用其调整反应谱函数进而进行反应谱分析。

3）时程分析数据

此功能用于定义时程分析所需的控制数据。MIDAS Gen 的时程动力分析包括两步：定义时间荷载函数；输入时程分析条件和控制数据。

（1）定义时间荷载函数。从主菜单中选择【荷载→地震作用→时程分析数据→时程函数】,弹出如图 3.1-39 所示的对话框。点击其中的"添加时程函数"按钮,弹出"添加 / 编辑 / 显示时程函数"对话框,如图 3.1-40 所示。其中,"放大系数"用于输入时程函数的调整系数;点击"地震波"按钮,弹出"生成地震加速度反应谱"对话框,如图 3.1-41 所示。

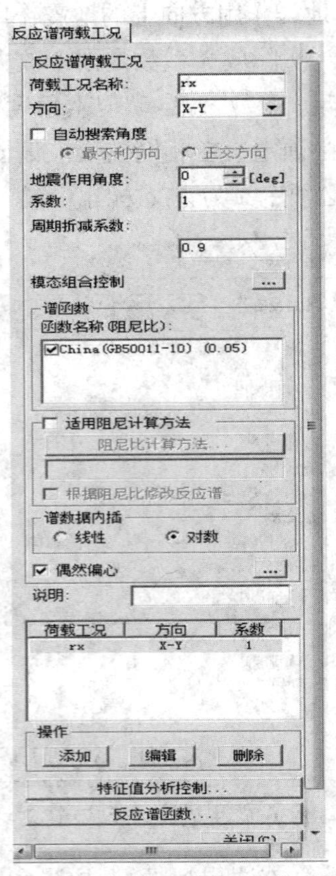

图 3.1-37 "反应谱荷载工况"对话框

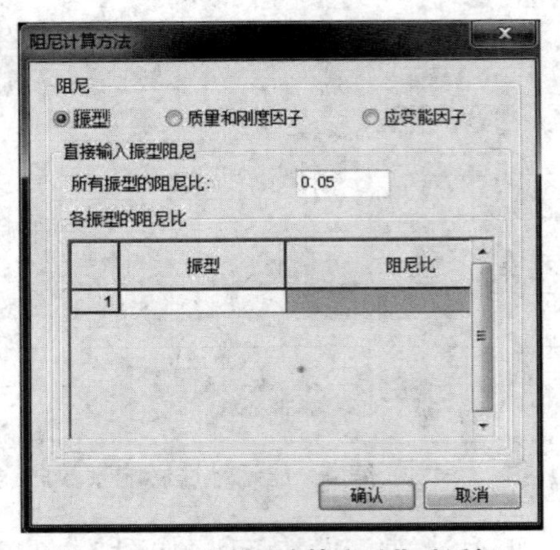

图 3.1-38 "阻尼计算方法"对话框

(2)输入时程分析条件和控制数据。从主菜单中选择【荷载→地震作用→时程分析数据→荷载工况】,弹出"时程荷载工况"对话框,如图 3.1-42 所示。点击其中的"添加"按钮,弹出"添加 / 编辑时程荷载工况"对话框,如图 3.1-43 所示。

在图 3.1-43 中,"分析类型"中的"线性"指进行线性时程动力分析;"非线性"指进行非线性时程动力分析。"分析方法"中的"振型叠加法"指结构位移用相互正交位移向量的线性组合的形式求解;"直接积分法"指采用时间渐进的形式积分求解动力方程;"静力法"指静力分析法,能够与非线性分析组合,进行 Pushover 分析。"时程类型"中的"瞬态"指不重复加载时程荷载函数的时程分析;"周期"指重复加载时程荷载函数的时程分析,该选项仅适用于线性时程动力分析,且分析方法为振型叠加法。"累加位移 / 速度 / 加速度结果"选项指累计

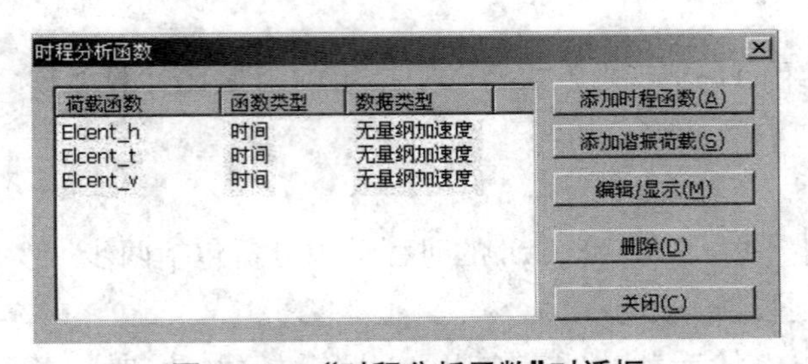

图 3.1-39 "时程分析函数"对话框

前次荷载工况的位移、速度、加速度的输出结果，其不会对分析产生影响，只适用于时程荷载工况。“保持最终步骤荷载不变”选项指维持前次荷载工况的最终步骤荷载，其只适用于时程荷载工况。“时间积分参数”中的“Newmark 方法”是数值积分动力方程的直接积分法的一种，需要输入“Gamma”和“Beta”这 2 个相关参数。有 3 种方法可用于设定上述 2 个参数，由于加速度常量法（常加速度）所得的分析结果稳定，因此推荐使用该方法。“常加速度”假定结构的加速度在每个时间步中均未发生改变，相应地自动输入 Gamma=0.5、Beta=0.24，基于该假定，时间步的大小不会影响解的稳定性。“线性加速度”假定结构的加速度在每个时间步中均线性变化，相应地自动输入 Gamma=0.5、Beta=1/6，基于该假定，当时间增量值大于 0.551 倍的结构最小周期时，分析结果会变得不稳定。“用户输入”用于用户直接输入 Gamma 和 Beta 值。勾选“迭代计算”表示使用牛顿 – 拉夫森（Newton-Raphson）计算方法进行非线性分析。当图 3.1-43 中的“阻尼计算方法”中选择“质量和刚度因子”时，弹出如图 3.1-44 所示对话框。在图 3.1-44 中，“阻尼类型”勾选“质量因子”，表示阻尼为质量矩阵参数；勾选“刚度因子”，表示阻尼为刚度矩阵参数。

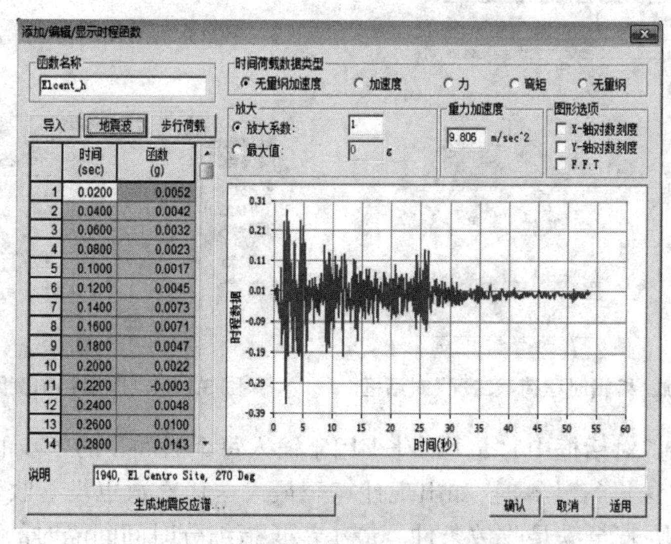

图 3.1-40　“添加 / 编辑 / 显示时程函数”对话框

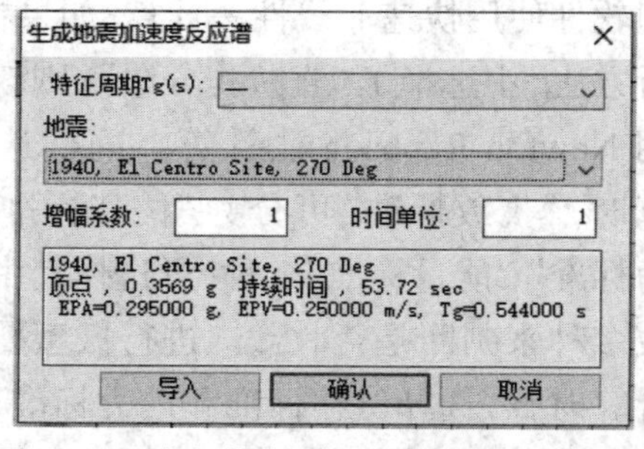

图 3.1-41　“生成地震加速度反应谱”对话框

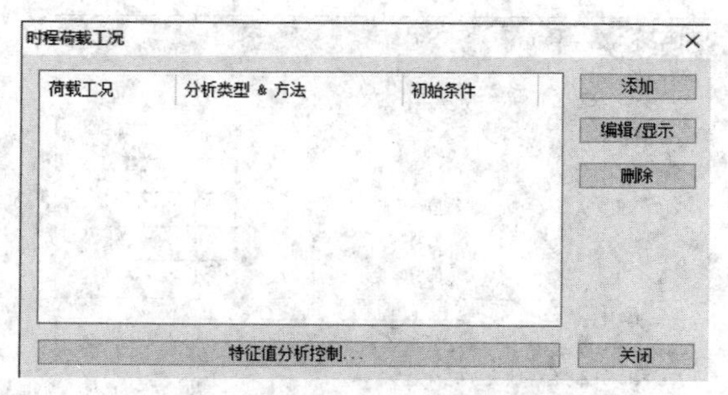

图 3.1-42　“时程荷载工况”对话框

在图 3.1-43 中勾选“迭代计算”并点击“迭代控制”按钮时，弹出“迭代控制”对话框，如图 3.1-45 所示。一般来说，使用 Newton-Raphson 法进行计算，当计算至最大迭代次数仍没有收敛时，输出信息后停止计算。当勾选“容许不收敛”时，即使不满足收敛条件也可以继续计算。在进行动力非线性分析时，勾选“容许不收敛”计算得到的结果可能是完全没有收敛的结果。

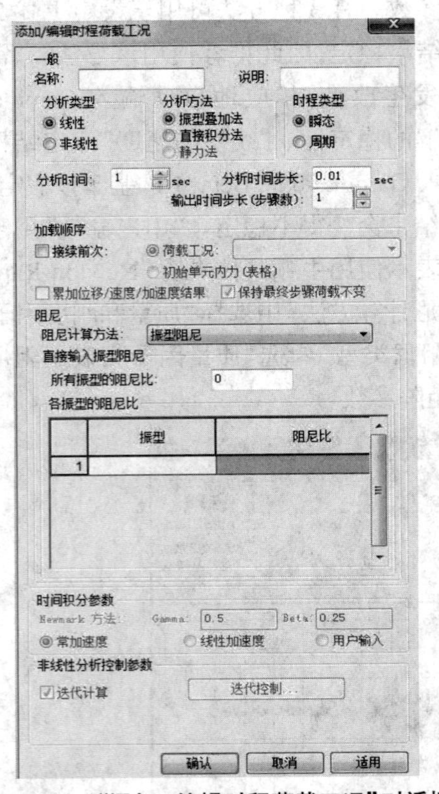

图 3.1-43 “添加 / 编辑时程荷载工况”对话框

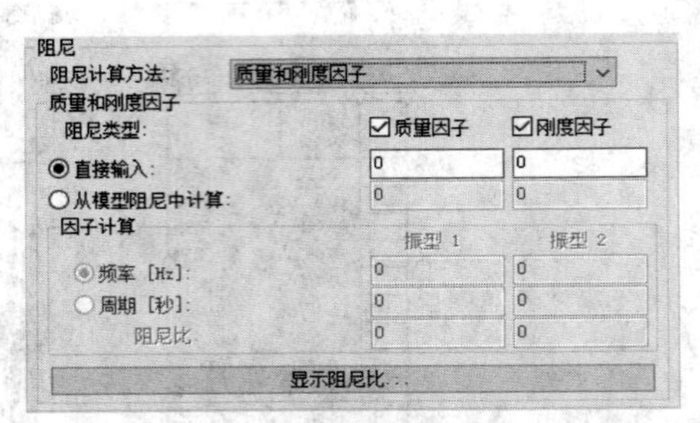

图 3.1-44 质量和刚度因子选项框

在“迭代控制”对话框中，“最小步长”用于输入每个时间步的子步的最小值。在使用 Newton-Raphson 法进行计算时，如出现计算至最大迭代次数也没有收敛的情况，软件将自动调整时间间隔直至满足收敛条件。最小步长指细分时间间隔时的最小间隔。“最大迭代次数”用于输入每个子步的迭代次数。如果在“分析方法”中选择了“振型叠加法”，则软件使用快速非线性法计算；如果在“分析方法”中选择了“直接积分法”，则软件使用 Newton-Raphson 法计算。进行迭代计算时，“收敛标准”可分为“位移标准”“内力标准”“能量标准”3 种，可选择其中一种或多种来判断是否收敛。进行振型叠加法计算时，可选择位移标准和内力标准；进行直接积分法计算时，3 种标准都可以选择。“边界非线性分析”用于选择分析方法，所选方法决定了边界非线性分析的精度和收

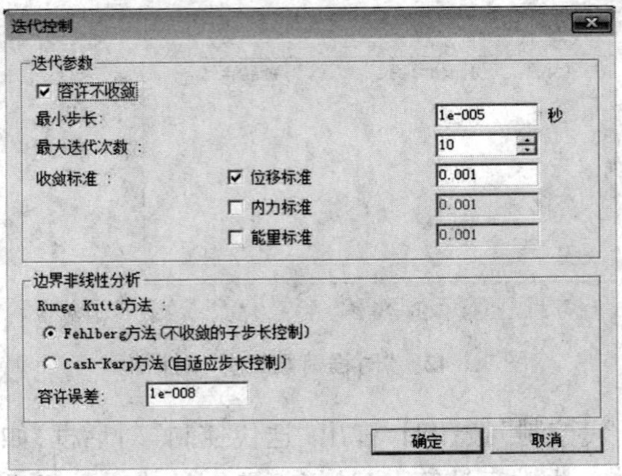

图 3.1-45 “迭代控制”对话框

敛性。

4）地面加速度

此功能以地面加速度的方式确定时程荷载函数。从主菜单中选择【荷载→地震作用→时程分析数据→地面】，显示如图 3.1-46 所示的对话框。

在到达时间之前的时间段内，地面加速度为零，地震作用对结构不产生作用。定义到达时间的目的是分析几个时程荷载作用在同一结构上时，作用时间不同的各荷载对结构的影响。“水平地面加速度的角度”指水平地面加速度的作用方向与整体坐标系 X 轴的夹角。在图 3.1-46 中输入各项参数后，点击“添加”按钮，则与地面加速度相关的时程分析荷载工况将被添加到列表中。

5）节点动力荷载

此功能用于将时程荷载函数应用到指定的节点上。从主菜单中选择【荷载→地震作用→时程分析数据→动力】，显示如图 3.1-47 所示的对话框。

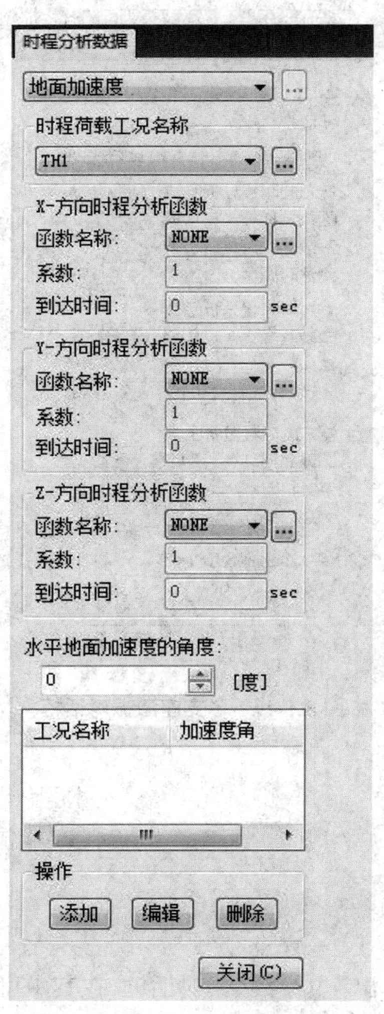

图 3.1-46　地面加速度对话框

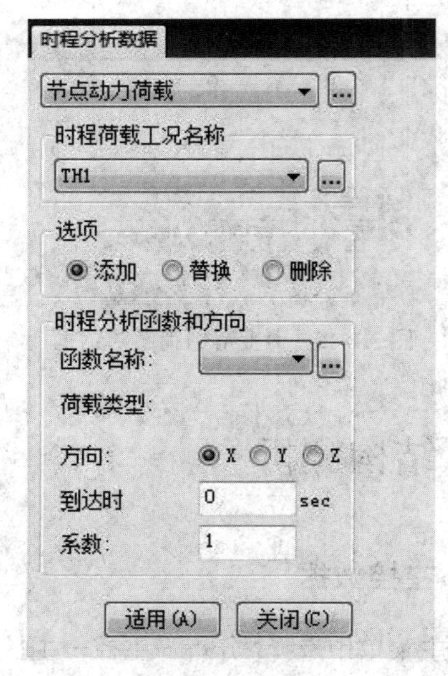

图 3.1-47　节点动力荷载对话框

6）时变静力荷载

此功能用于将已经定义的静力荷载与时间函数相乘，从而将其转换为动力荷载，其中时间函数应该在“时程荷载函数”中定义。首先，为自重定义时间荷载函数，并为其指定时程荷载工况。然后，为地震作用定义时程荷载工况，选择已定义的自重时程荷载工况作为接续加载荷载工况，再运行分析。这样能保证在进行地震分析时考虑自重，此时自重先作用在结构上，且地震作用时，自重作用的效应始终存在。

从主菜单中选择【荷载→地震作用→时程分析数据→时变静力荷载】即弹出时变静力荷载对话框，如图 3.1-48 所示。

7）多支座激振

此功能用于在各支座处输入不同的时程荷载函数。从主菜单中选择【荷载→地震作用→时程分析数据→多点】即弹出多支座激振对话框，如图 3.1-49 所示。

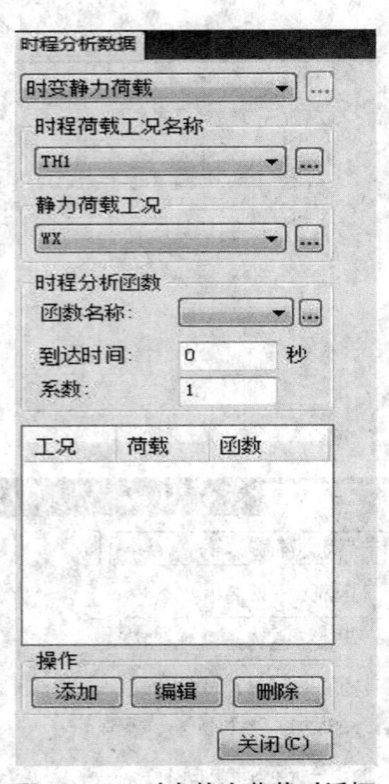

图 3.1-48 时变静力荷载对话框

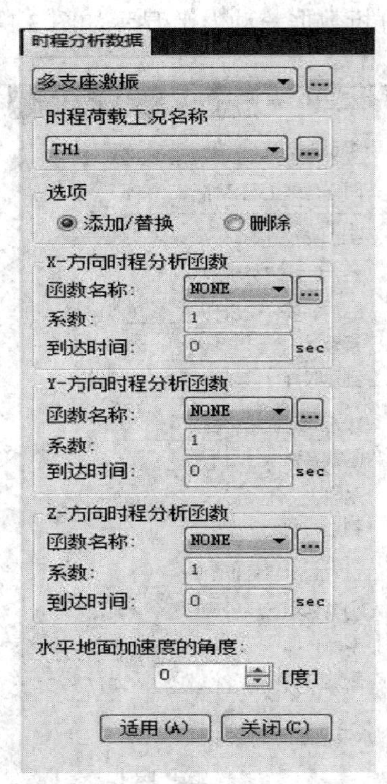

图 3.1-49 多支座激振对话框

3.2 结构分析

3.2.1 主控数据

从主菜单中选择【分析→主控→主控数据】即弹出“主控数据”对话框，在其中可以输入单元的自由度约束条件和非线性分析条件，如图 3.2-1 和图 3.2-2 所示。

图 3.2-1　分析菜单

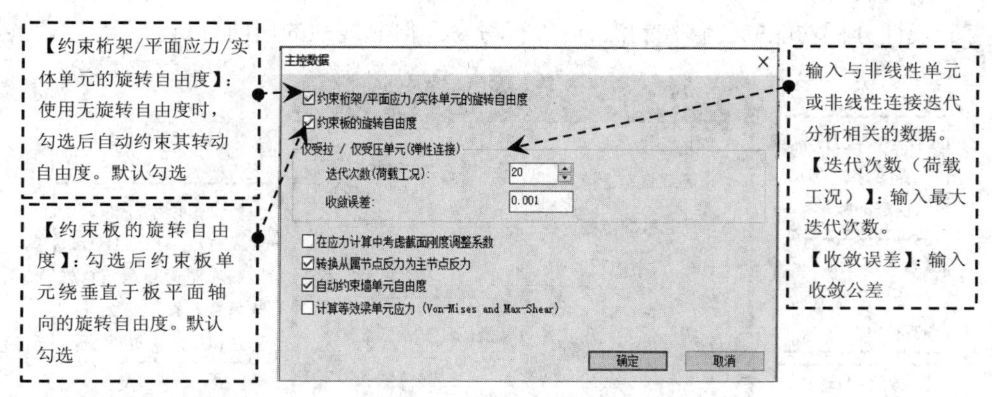

图 3.2-2　“主控数据”对话框

3.2.2　P-Delta 分析

从主菜单中选择【分析→分析控制→ P-Delta】即弹出“P-Delta 分析控制”对话框，如图 3.2-3 所示，可以在其中输入进行 P-Delta 分析时的荷载工况和收敛控制条件。“P-Delta 分析控制”对话框中的“荷载工况”决定了几何刚度并适用于所有荷载工况。

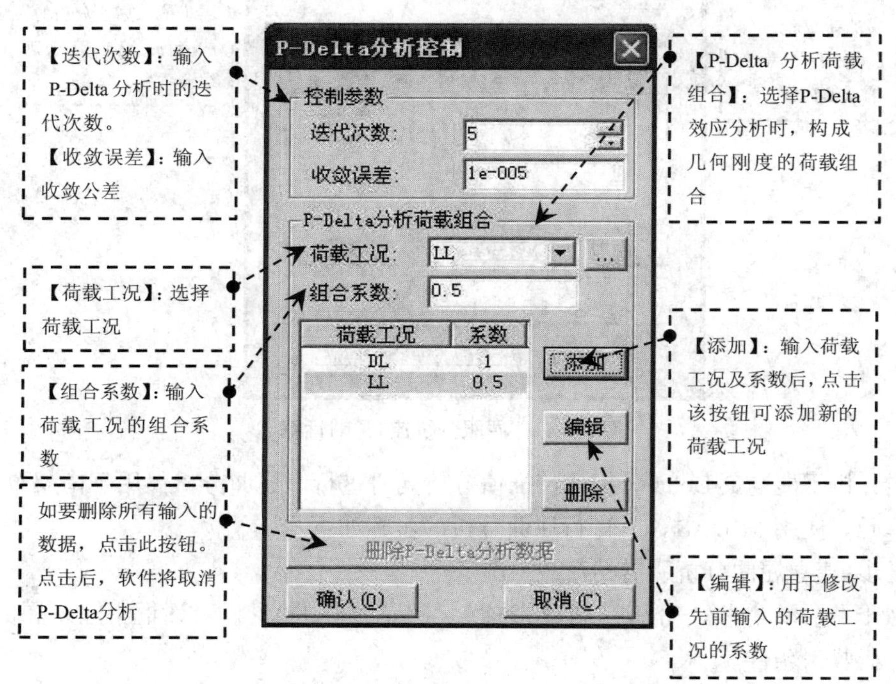

图 3.2-3　“P-Delta 分析控制”对话框

注意，P-Delta 分析和屈曲分析不能同时进行。P-Delta 分析仅用于桁架单元、梁单元（包括变截面梁单元）和墙单元。

3.2.3 屈曲分析控制

从主菜单中选择【分析→分析控制→屈曲】即弹出“屈曲分析控制”对话框，如图 3.2-4 所示。在其中可以输入屈曲分析的荷载工况及相关数据，屈曲分析采用子空间迭代法。采用具有非线性分析功能的位移控制法，可进行考虑几何非线性的屈曲分析。

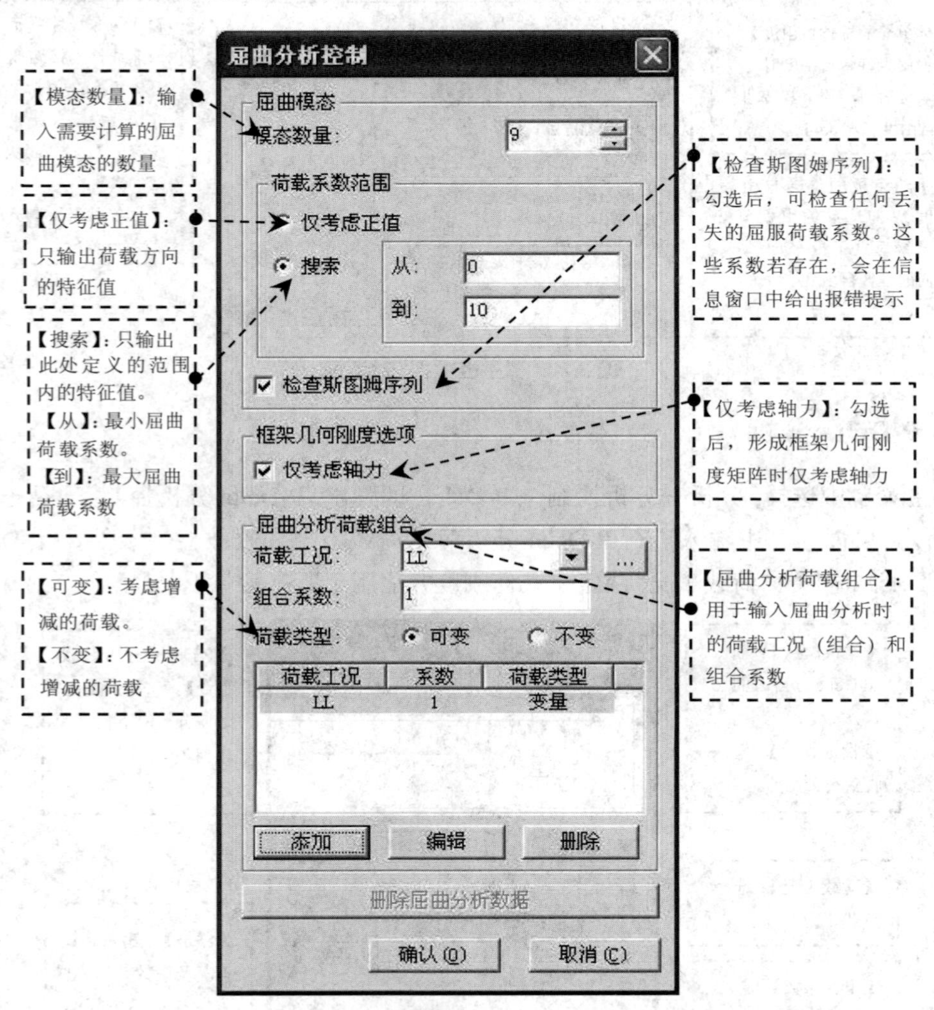

图 3.2-4 “屈服分析控制”对话框

屈曲分析不能与 P-Delta 分析或特征值分析同时进行。屈曲分析仅用于桁架单元、梁单元和板单元。使用 MIDAS Gen 进行屈曲分析的步骤如下。

第 1 步：建立屈曲分析所需的荷载工况。

第 2 步：选择【分析→分析控制→屈曲】，在“屈曲分析控制”对话框中输入屈曲模态的数量和分析收敛条件。

第 3 步：运行分析。

第 4 步：分析结束后，可以通过【结果→模态→阵型→屈曲模态】查看各模态和临界荷载系数。

第 5 步：输入自重（不变）和附加荷载（可变）后，进行屈曲分析。分析结果输出的特征值即为屈曲荷载系数，屈曲荷载系数与附加荷载（可变）的乘积再加上自重等于屈曲荷载值。

3.2.4　特征值分析控制

从主菜单中选择【分析→分析控制→特征值】即弹出“特征值分析控制”对话框，如图 3.2-5 所示。在进行动力分析（如时程分析或反应谱分析）时，必须先进行特征值分析。反应谱分析将使用特征值分析得到的特征周期，因此在输入反应谱数据时，必须包括结构自振周期的预计范围。

当“分析类型”选择了“子空间迭代”时（图 3.2-5），需在“振型数量”中输入需计算特征值（自振周期）的数量，当输入的数量多于结构固有周期的数量时，软件自动按最大固有周期数量运行分析。“频率范围”用于设定要计算结构的自振频率的最小值（下限）和最大值（上限）。“子空间大小”的默认值为“0”，表示由程序自动划分子空间。

（1）若选择“子空间迭代”法进行特征值分析，当求得的相对自振频率 $\frac{|f_{n+1}-f_n|}{f_{n+1}}$ 小于收敛误差时，迭代将终止。如果经过最大迭代次数的计算后，相对自振频率仍不在收敛公差范围内，不再计算另外的频率，用先前求得的自振频率继续进行分析。

（2）当选择“Lanczos”法进行特征值分析时，如图 3.2-6 所示。勾选“Strum 序列检测”可检测可能丢失的特征值，一般用于希望获得所有低阶振型的情况。

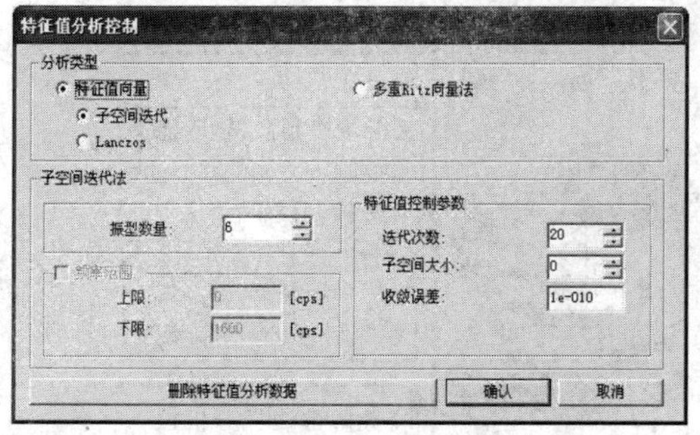

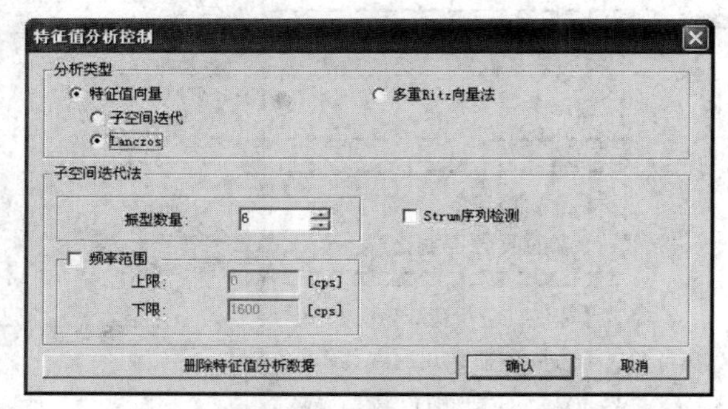

图 3.2-5　“特征值分析控制”（子空间迭代）对话框　　图 3.2-6　“特征值分析控制”（Lanczos）对话框

（3）当选择“多重 Ritz 向量法”进行特征值分析时，如图 3.2-7 所示。为了计算 Ritz 向量，需要输入初始荷载向量。选择初始荷载工况生成初始荷载向量后，软件将按初始荷载向量的方向和大小计算特征值。多重 Ritz 向量法具有计算收敛快、计算结果较准确的特点。当勾选“考虑一般连接的荷载向量”时，可以考虑沿一般连接单元变形方向作用的荷载向量。在“荷载工况”中可以添加初始荷载工况，包括静力荷载和地面加速度荷载。“初始向量数量”用于确定初始荷载工况包含的初始向量的数量。当模型中有一般连接单元时，“一

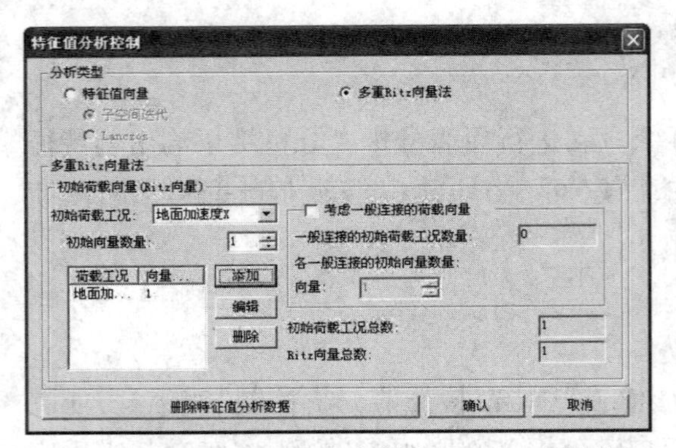

图 3.2-7 “特征值分析控制”(多重 Ritz 向量法)对话框

般连接的初始荷载工况数量”为不可更改项,软件自动选择一般连接的单元数量;如果没有一般连接单元,则该项为 0。“各一般连接的初始向量数量”用于确定各一般连接的初始荷载工况包含的初始向量的数量,如果没有一般连接单元,则该项的数值不发生作用。“初始荷载工况总数”等于初始荷载工况数量与一般连接的初始荷载工况数量的和。“Ritz 向量总数”等于所有初始向量的和,包括一般连接的初始荷载向量。

3.2.5 非线性分析控制

从主菜单中选择【分析→分析控制→非线性】即弹出“非线性分析控制”对话框,如图 3.2-8 至图 3.2-10 所示。在 MIDAS Gen 中,选择非线性分析计算方法和收敛控制条件后,在静力分析、施工阶段分析和时程分析中均可以考虑几何非线性。

当选择“Newton-Raphson”法时,弹出如图 3.2-8 所示的对话框;当选择“弧长法”时,弹出如图 3.2-9 所示的对话框;当选择“位移控制法”时,弹出如图 3.2-10 所示的对话框。在“非线性分析控制”对话框中点击“添加”后,将弹出“添加 / 编辑非线性分析荷载工况”对话框,如图 3.2-11 所示。

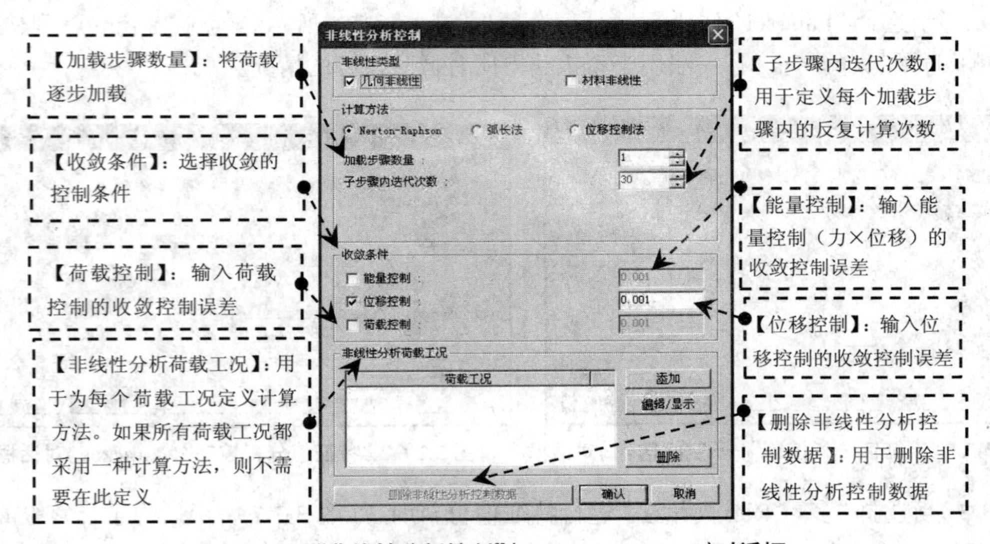

图 3.2-8 “非线性分析控制”(Newton-Raphson)对话框

3.2.6 施工阶段分析控制

在 MIDAS Gen 中,进行施工阶段分析时,可以考虑时间依存性材料的特性、材龄不同的混凝土构件的徐变、材龄不同的混凝土构件的收缩应变、混凝土的抗压强度随时间的变化、钢束预应力的各种损失等。

施工阶段可定义的参数包括结构模型的变化（结构组的激活和钝化）、荷载条件的变化（荷载组的激活和钝化）和边界条件的变化（边界组的激活和钝化）。

在MIDAS Gen中，进行考虑材料的时间依存特性的施工阶段分析的步骤如下。

第1步：建立结构整体模型（包括材料、截面、荷载、边界）。

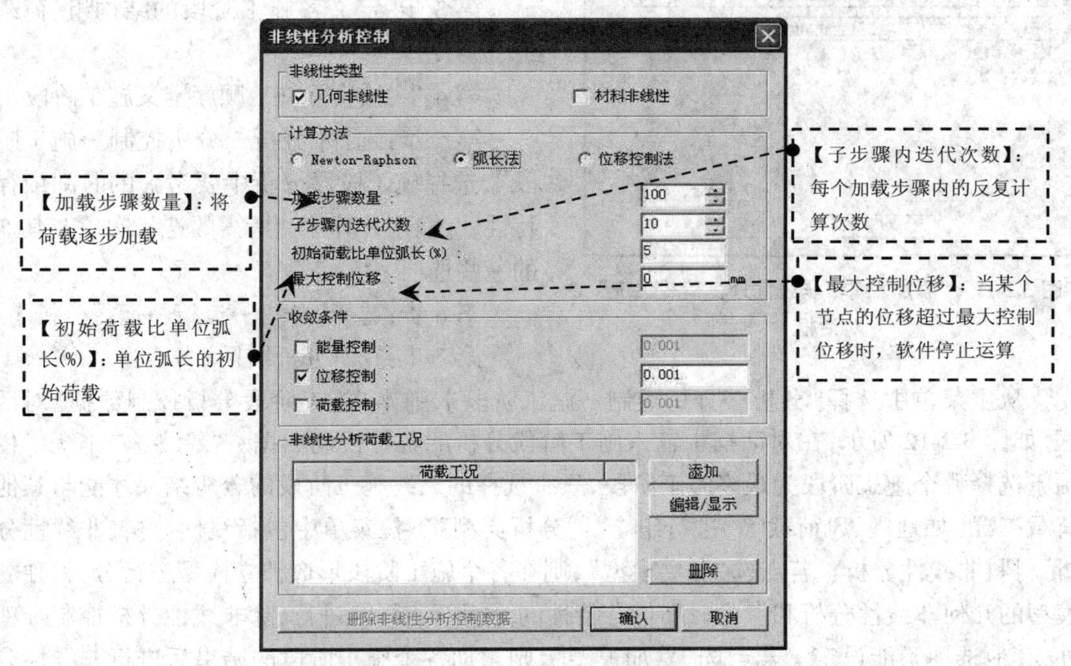

图 3.2-9　“非线性分析控制”（弧长法）对话框

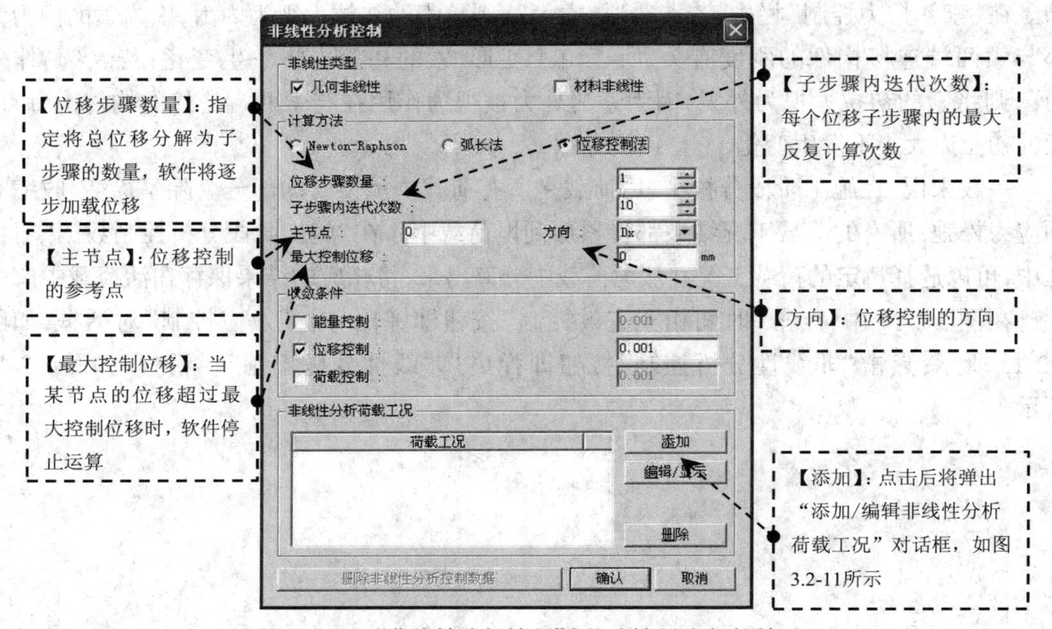

图 3.2-10　“非线性分析控制”（位移控制法）对话框

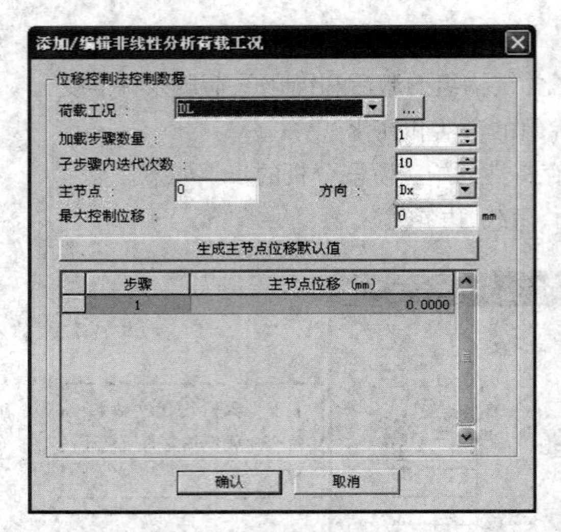

图 3.2-11 "添加 / 编辑非线性分析荷载工况"对话框

第 2 步：选择【特性→时间依存性材料→徐变 / 收缩和特性→时间依存性材料→抗压强度】，输入材料的时间依存特性值；然后选择【特性→时间依存性材料→材料连接】，将时间依存特性与定义的一般材料连接起来。

第 3 步：定义各施工阶段的结构组、荷载组、边界组。

第 4 步：按实际施工顺序定义施工阶段。

第 5 步：选择【分析→分析控制→施工阶段】，选择施工阶段分析中要考虑的时间依存特性，并输入计算徐变所需的迭代次数及其他的一些选项。

第 6 步：选择【分析→运行→运行分析】。

第 7 步：查看分析结果。

从主菜单中选择【分析→分析控制→施工阶段】，弹出"施工阶段分析控制数据"对话框，如图 3.2-12 所示，在对话框中输入施工阶段分析的各种控制数据。"最终施工阶段"栏用于选择哪个施工阶段为最终施工阶段，只有选择的最终施工阶段的分析结果才能与其他荷载工况（如地震、风荷载等）进行组合。"分析类型"下拉菜单中包括线性分析、非线性分析、材料非线性分析。若点选"独立模型"，则在各个施工阶段形成独立模型进行分析，独立模型的几何非线性分析和考虑时间依存特性的分析不能同时进行，除非线性分析控制选项外，其他选项不能设定。若点选"累加模型"，则累加各个施工阶段的结果后进行非线性分析，在进行累加模型的几何非线性分析时，可以考虑时间依存特性的效果和索初拉力的类型。在"索初拉力控制"栏中，若点选"体内力"，则将索的初拉力视为内力，因为索的内力大小与索两端连接构件的刚度有关，所以由于变形，索的初拉力将发生变化；若点选"体外力"，则将索的初拉力视为外力，因为索的外力被视为作用在与索两端连接的构件上，所以索的初拉力大小不发生变化。

一般来说，在施工阶段分析中，恒荷载是所有荷载中最主要的部分。除了徐变、收缩和预应力松弛，所有的荷载工况结果都将累加到恒荷载中。在"施工阶段分析控制数据"对话框中，可以选择特定的荷载工况并从恒荷载中分离出来，将相应的结果保存在活荷载中。

在图 3.2-12 中，点击"时间相关有效控制"按钮即弹出"时变效应控制"对话框，如图 3.2-13 所示；点击"非线性分析控制"按钮即弹出"非线性分析控制"对话框，如图 3.2-14 所示。

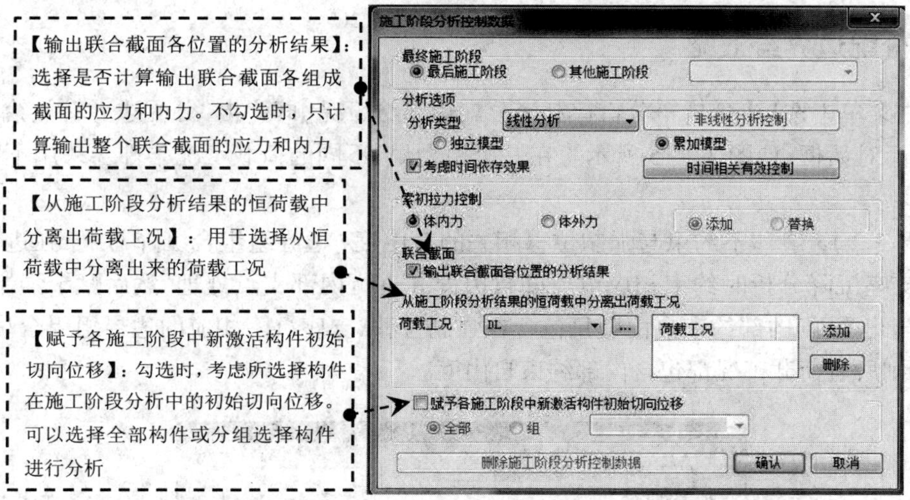

【输出联合截面各位置的分析结果】：选择是否计算输出联合截面各组成截面的应力和内力。不勾选时，只计算输出整个联合截面的应力和内力

【从施工阶段分析结果的恒荷载中分离出荷载工况】：用于选择从恒荷载中分离出来的荷载工况

【赋予各施工阶段中新激活构件初始切向位移】：勾选时，考虑所选择构件在施工阶段分析中的初始切向位移。可以选择全部构件或分组选择构件进行分析

施工阶段分析控制数据

最终施工阶段　◉最后施工阶段　○其他施工阶段

分析选项　分析类型　线性分析　非线性分析控制　○独立模型　◉累加模型　☑考虑时间依存效果　时间相关有效控制

索初拉力控制　◉体内力　○体外力　◉添加　○替换

联合截面　☑输出联合截面各位置的分析结果

从施工阶段分析结果的恒荷载中分离出荷载工况　荷载工况　DL　荷载工况　添加　删除

☐赋予各施工阶段中新激活构件初始切向位移　◉全部　○组

删除施工阶段分析控制数据　确认　取消

图 3.2-12　“施工阶段分析控制数据”对话框

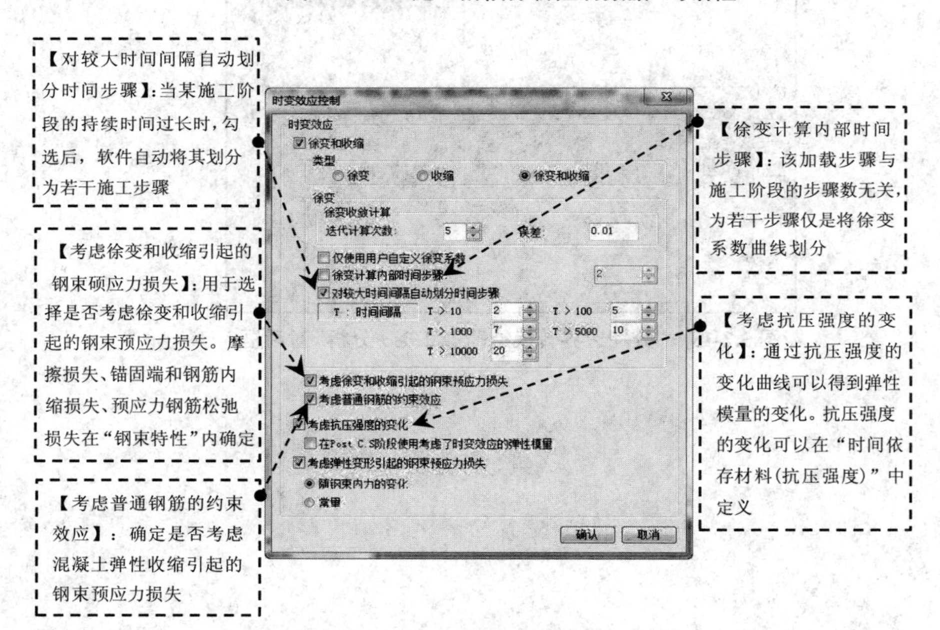

图 3.2-13　“时变效应控制”对话框

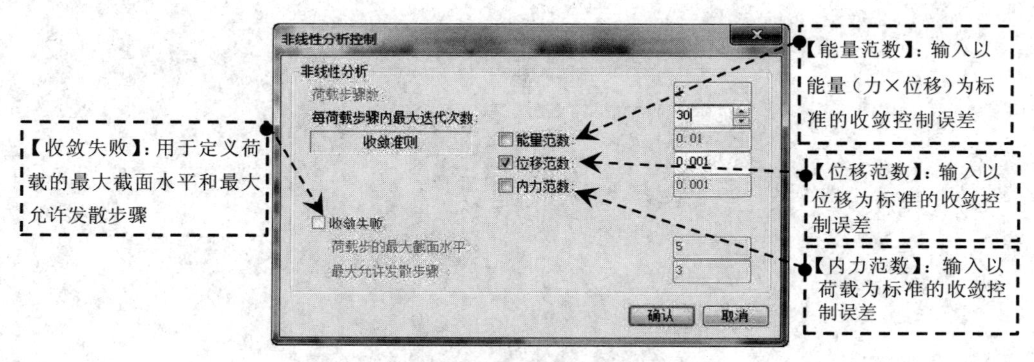

图 3.2-14　“非线性分析控制”对话框

3.2.7 分配边界给工况

从主菜单中选择【分析→分析控制→分配边界给工况】即弹出“分配边界转换给荷载工况 / 分析”对话框，如图 3.2-15 所示。在一个模型里，不同的荷载工况条件会采用不同的边界条件。

在图 3.2-15 中，“不约束与强制位移相关的自由度 / 边界组组合沉降”用于在进行强制位移或支座沉降分析时约束相应节点的自由度并进行内部支点处理，然后赋予强制位移。如果勾选此项，则内部约束自由度只包含在强制位移、支座沉降相应的边界组组合里；不勾选此项，则所有荷载工况都包含内部约束自由度。

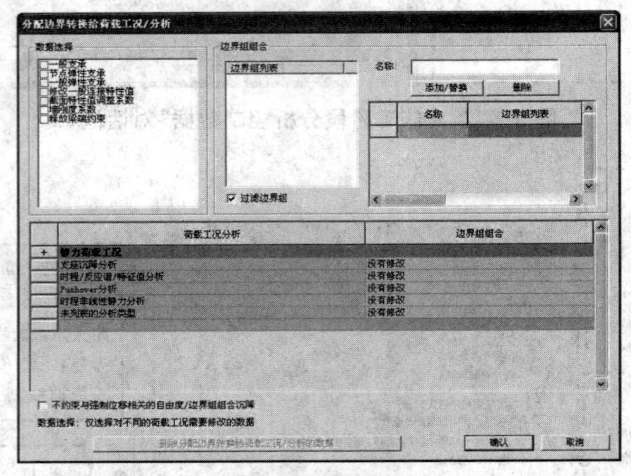

图 3.2-15 “分配边界转换给荷载工况 / 分析”对话框

第 4 章　分析结果查看与结构设计

4.1　分析结果查看

MIDAS Gen 的分析结果查看功能包括荷载组合定义、分析结果图形处理、分析结果查询及分析等,可以方便地查看分析结果中的反力、位移、内力和应力。

4.1.1　反力结果查看

软件提供的查看支座反力功能可以查看全部支座反力或按节点号查看单个支座反力。从主菜单中选择【结果→反力→反力】即显示反力对话框,如图 4.1-1 所示。可以用数值及箭头显示支座反力。

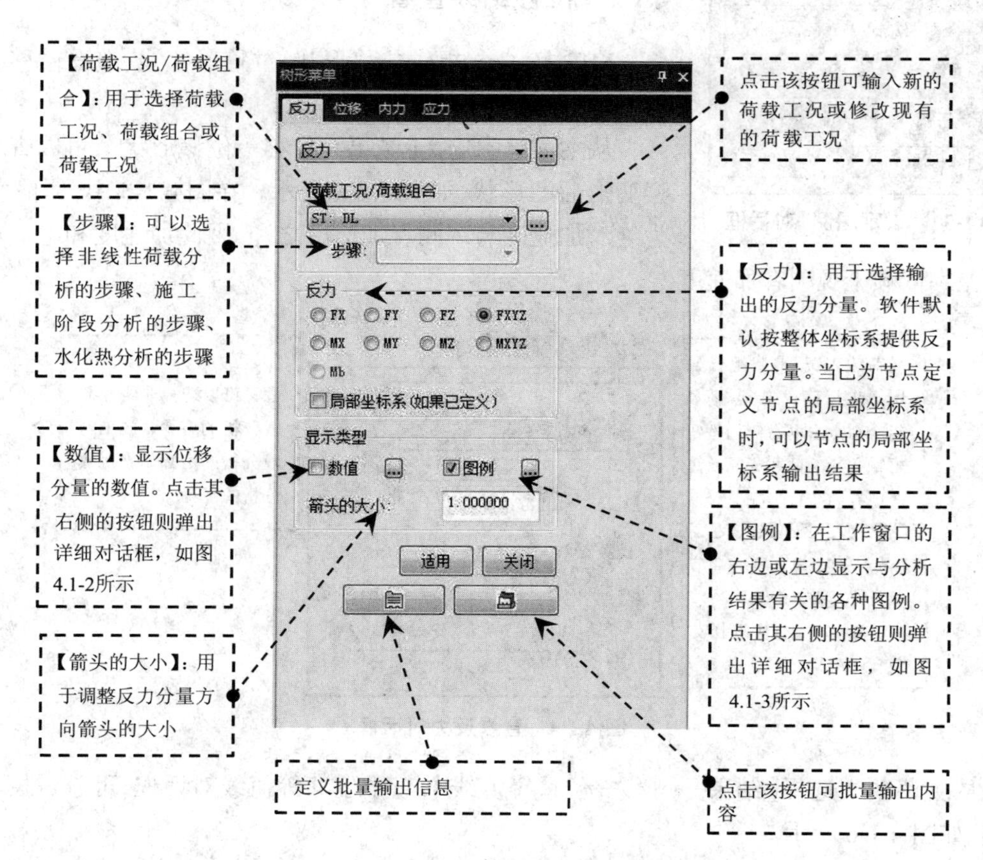

图 4.1-1　“反力”选项卡中的反力对话框

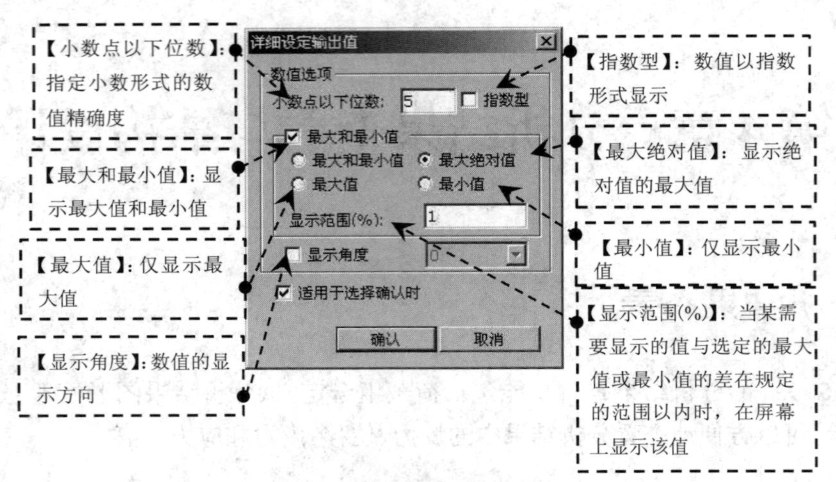

图 4.1-2 “详细设定输出值”对话框

图 4.1-3 “设定图例”对话框

从主菜单中选择【结果→反力→查看反力】，即可查看特定节点处的反力值，如图 4.1-4 所示。

4.1.2 位移结果查看

MIDAS Gen 提供位移形状、位移等值线、查看位移 3 种位移结果查看方法。

从主菜单中选择【结果→位移→位移形状】，可以查看模型变形后的形状，如图 4.1-5 所示。在图 4.1-5 中，“加速度”为绝对加速度与观测者加速度之和，因此加速度和绝对加速度的差别依赖于观测者加速度。

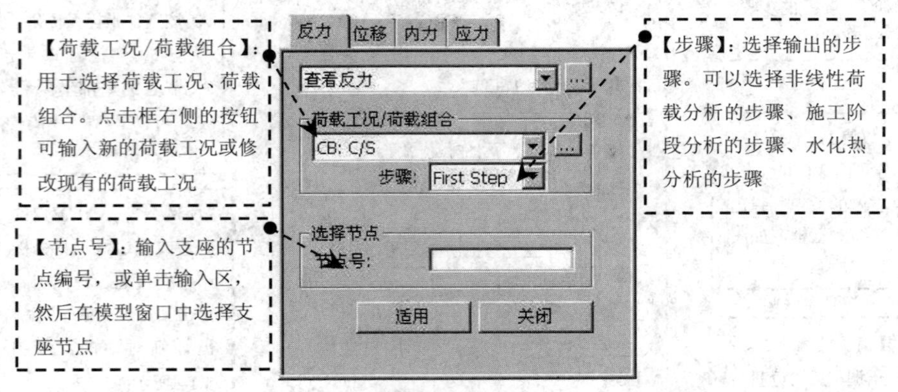

图 4.1-4 查看反力对话框

从主菜单中选择【结果→位移→位移等值线】，显示位移等值线对话框，可查看模型的位移，如图 4.1-6 所示。

从主菜单中选择【结果→位移→查看位移】，显示查看位移对话框，可查看特定节点处的位移值，如图 4.1-7 所示。

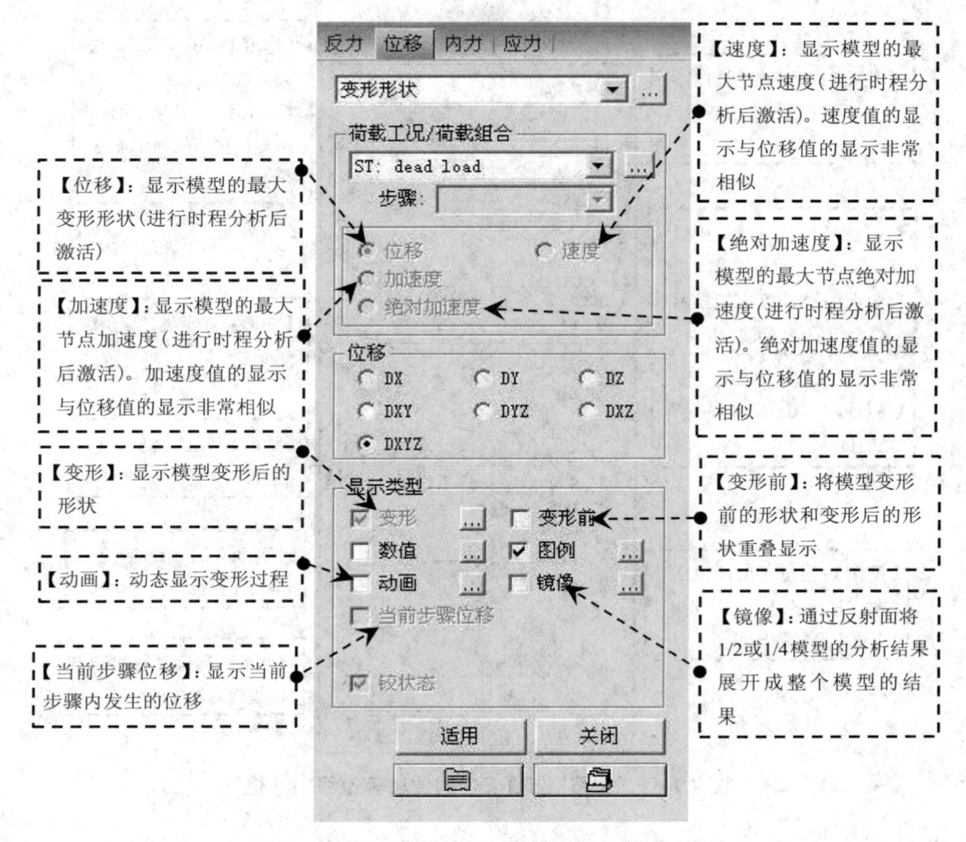

图 4.1-5　“位移”选项卡中的变形形状对话框

4.1.3　内力结果查看

从主菜单中选择【结果→内力→梁单元内力】，显示梁单元内力对话框，可以用等值线查看梁单元的内力，如图 4.1-8 所示。勾选内力中的“Fx”，同时勾选“查看桁架内力”，可同时显示梁单元和桁架单元的轴力。

梁单元内力值的“输出位置”，仅在“显示类型”勾选了“数值”时才会被激活。在“输出位置”中，“I”指显示梁单元起始节点处的内力值；“中心”指显示梁单元跨中处的内力值；“J”指显示梁单元结束节点处的内力值；“绝对最大”指将梁单元的四等分点中的绝对最大内力值作为梁单元中心的内力输出；“最小 / 最大”指将梁单元的四等分点中的最小 / 最大内力值作为梁单元中心的内力输出；“全部”指同时显示起始节点 i、结束节点 j 及中心点处的内力；“按构件”指按照构件显示，该功能需通过【设计→一般设计参数→指定构件】指定构件后使用。

从主菜单中选择【结果→内力→板单元内力】，显示板单元内力对话框，可以用等值线或矢量查看板单元在单位宽度上的内力分布，如图 4.1-9 所示。

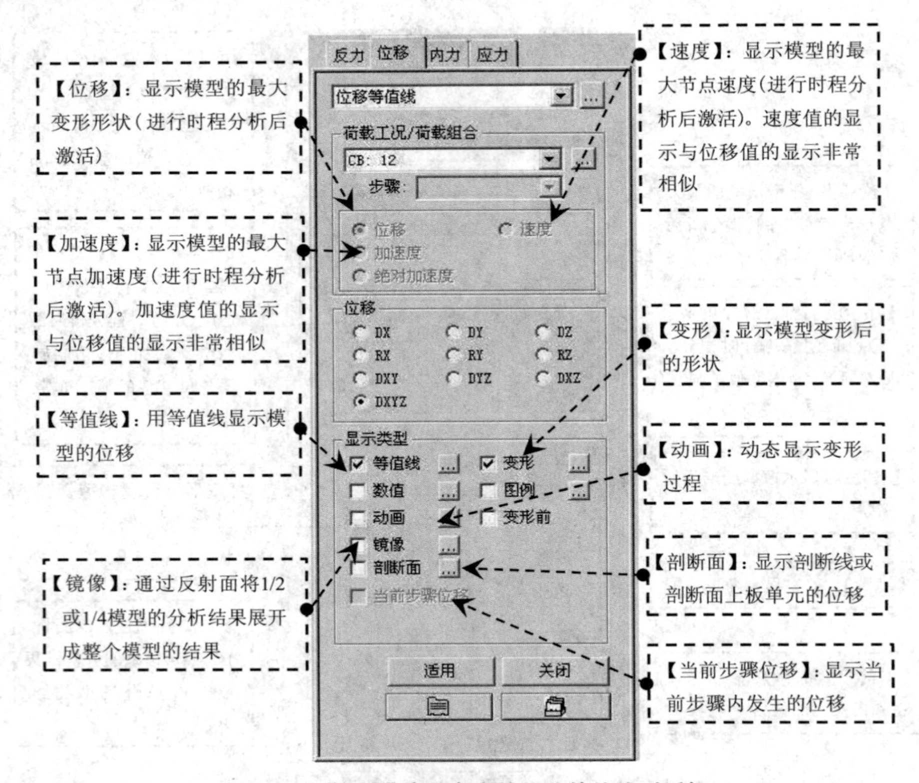

图 4.1-6 “位移”选项卡中的位移等值线对话框

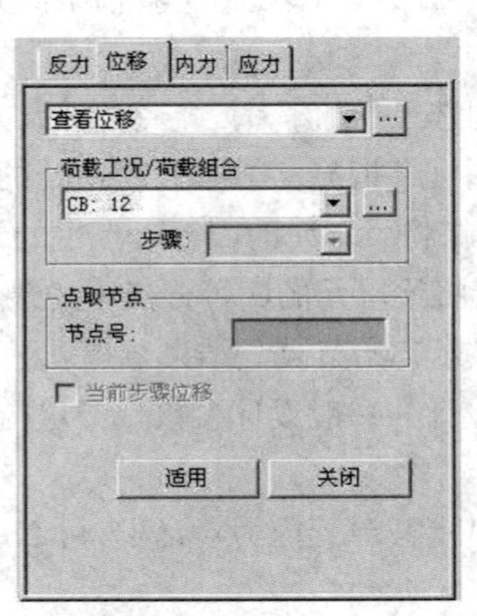

图 4.1-7 “位移”选项卡中的查看位移对话框

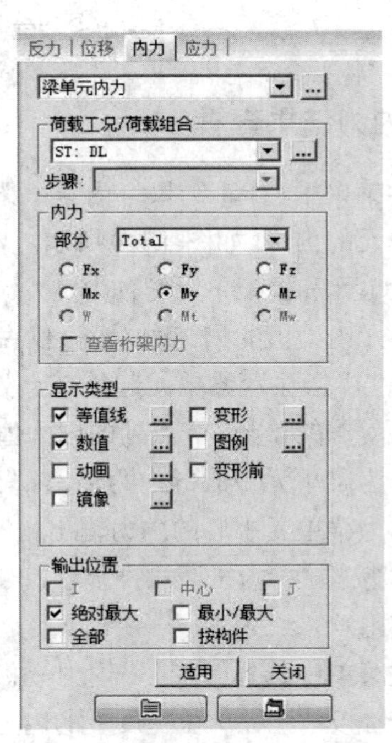

图 4.1-8 “内力”选项卡中的梁单元内力对话框

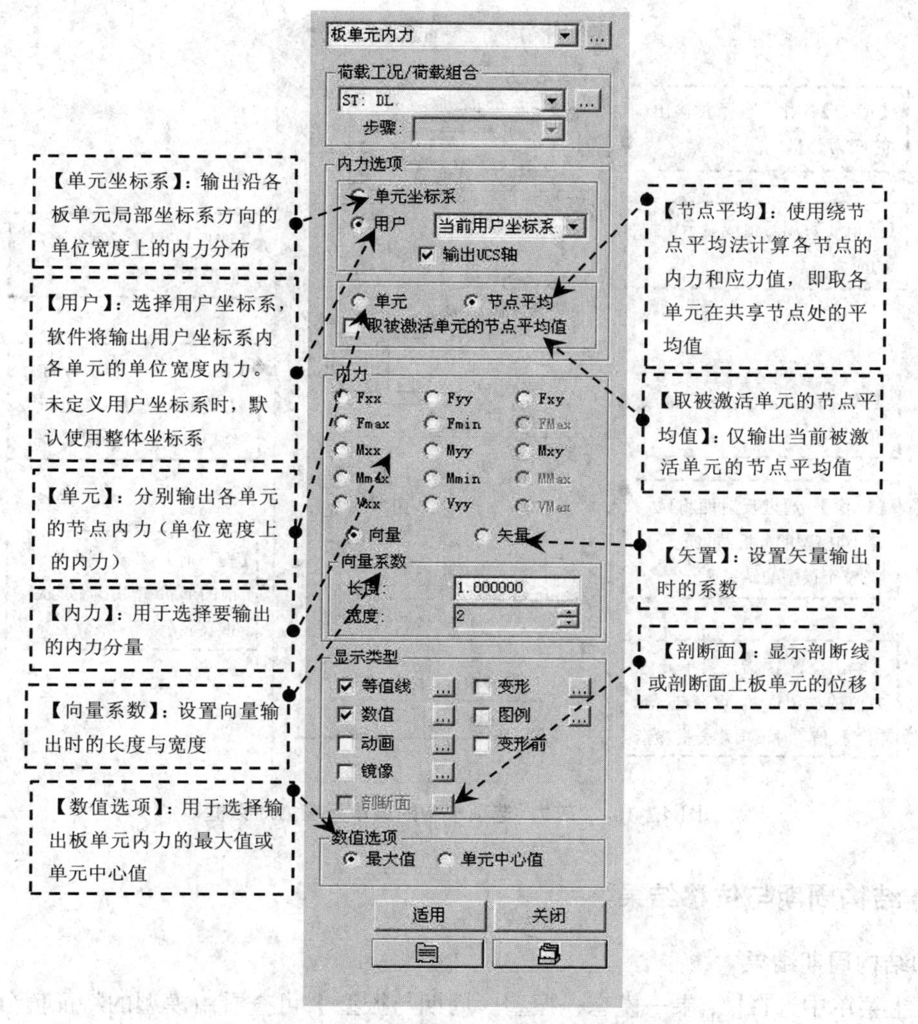

图 4.1-9　“内力”选项卡中的板单元内力对话框

4.1.4　应力结果查看

从主菜单中选择【结果→应力→梁单元应力】，显示梁单元应力对话框，可以用等值线查看梁（一般梁、变截面梁等）单元的应力，如图 4.1-10 所示。

从主菜单中选择【结果→应力→平面应力单元 / 板单元应力】，显示平面应力 / 板应力对话框，可以用等值线查看平面应力单元或板单元的应力，如图 4.1-11 所示。

从主菜单中选择【结果→应力→实体单元应力】，显示实体应力对话框，可以用等值线查看实体单元的应力，如图 4.1-12 所示。

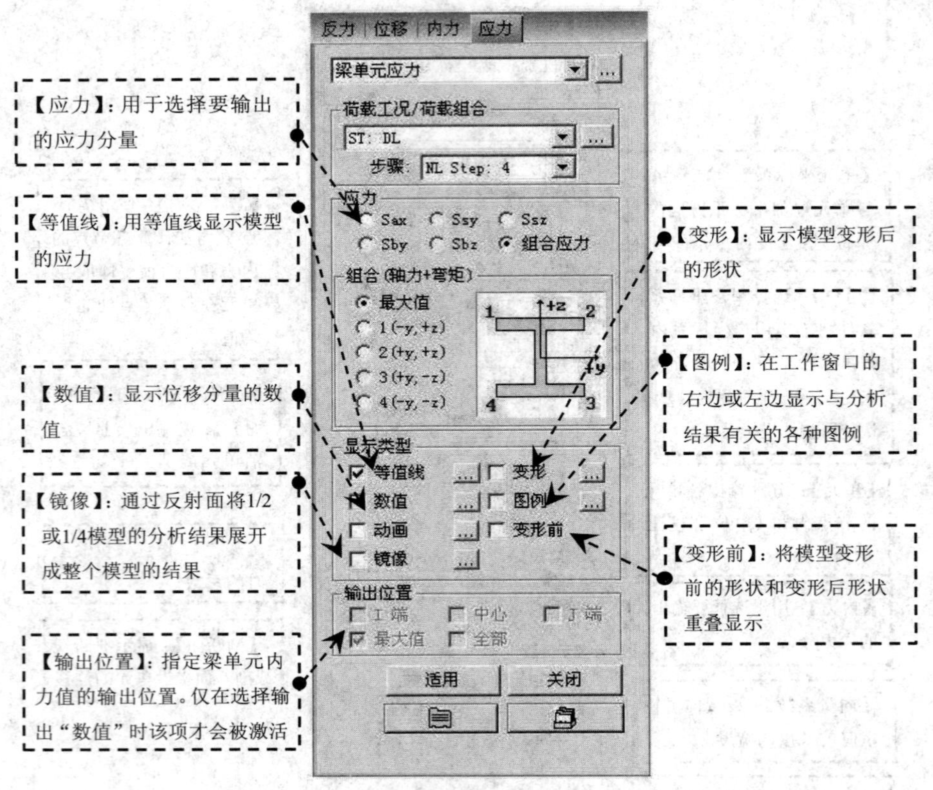

图 4.1-10 “应力”选项卡中的梁单元应力对话框

4.1.5 结构周期与位移结果

1)结构周期结果

从主菜单中选择【结果→模态→振型→周期与振型】,可查看由模型的特征值分析得到的振型形状和自振周期,如图 4.1-13 所示。

从主菜单中选择【结果→文本→结果表格→周期与振型】,可以电子表格的形式查看模型的特征值分析结果,主要由特征值分析、振型参与质量、振型参与质量比、振型方向因子等 4 部分组成。

在各方向上,当振型参与质量之和不足 90% 时,应该增加分析的振型数量;当无限增加振型数量也无法使振型参与质量之和达到 90% 时,应查看建立的模型是否正确,或检查是否有一些不必要的附属构件。

判断结构的某一模态是平动还是扭转,可以通过【设计→计算书】中的“周期、地震作用及振型输出文件”查看平动因子和扭转因子,然后加以判断。

由表格提供的数据判断结构的某一模态是平动还是扭转的方法是:对比较规则的结构,使用【结果→周期与振型】的动画功能就可以很清楚地看出结构的模态是平动还是扭转;对不太规则的结构,如果用上述方法无法判断,就要结合振型参与质量和振型方向因子来判定。

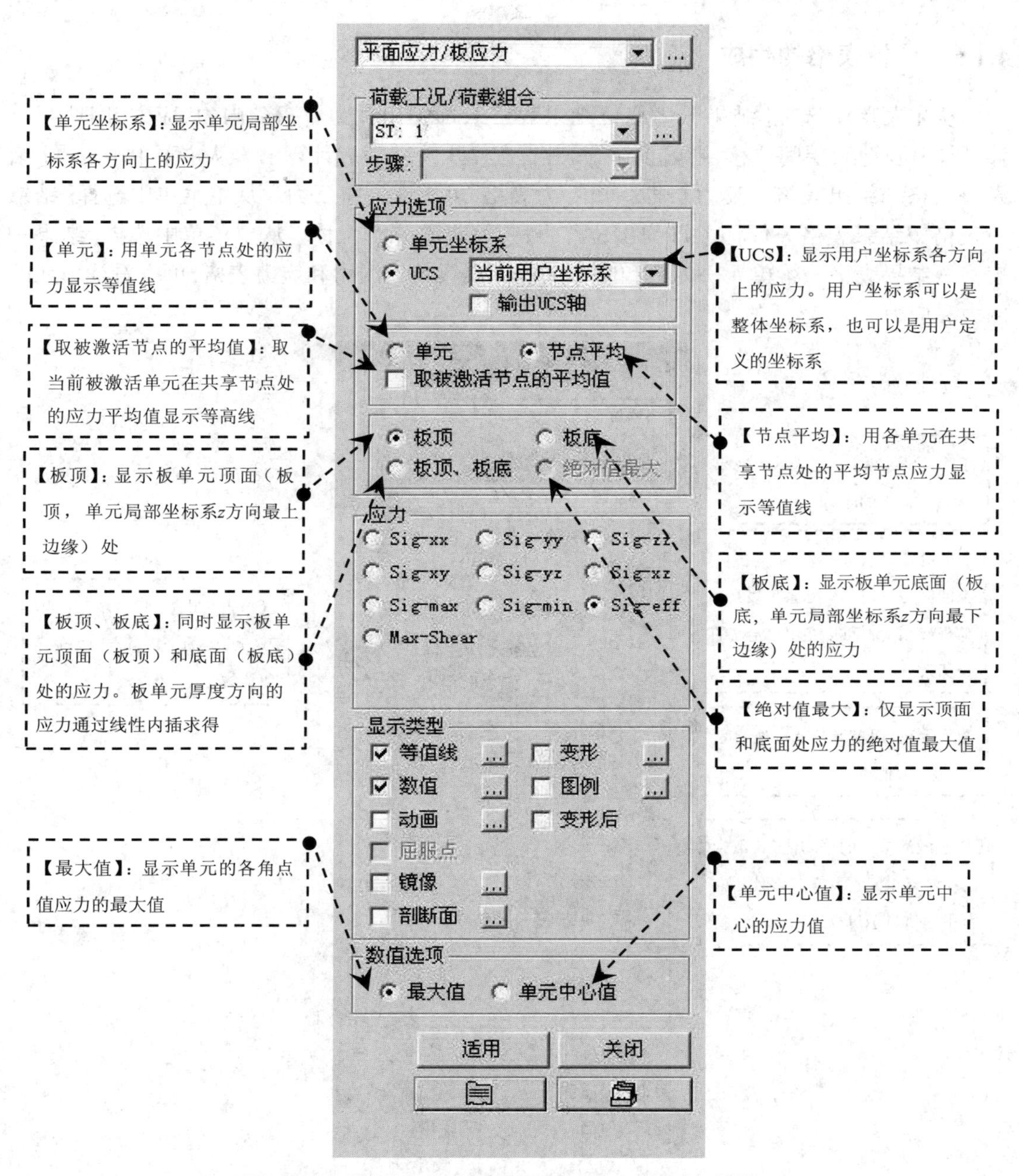

图 4.1-11　“应力”选项卡中的平面应力 / 板应力对话框

2）结构位移结果

从主菜单中选择【结果→分析结果表格→层→层间位移角验算】，即弹出层间位移角验算表格，可查看层间位移角的验算结果。从主菜单中选择【结果→分析结果表格→层→层位移】，即弹出层间位移表格，可查看层间位移。从主菜单中选择【结果→分析结果表格→层→层剪力（反应谱分析）】，即弹出层剪重比（反应谱分析）表格，可查看反应谱分析的层剪重比计算结果。

4.1.6 分析表格的生成

从主菜单中选择【结果→表格→结果表格】,即弹出反力、位移、内力、应力、周期与位移、层间位移角、层间位移、层剪重比等表格,方便用户整理成计算书。从主菜单中选择【结果→表格→结果表格→反力】,即弹出反力表格,可查看支座反力。从主菜单中选择【结果→表格→结果表格→位移】,即弹出位移表格,可查看节点位移。从主菜单中选择【结果→表格→结果表格→梁单元→内力和应力】,即弹出梁单元内力和应力表格,可查看梁单元的内力和应力。

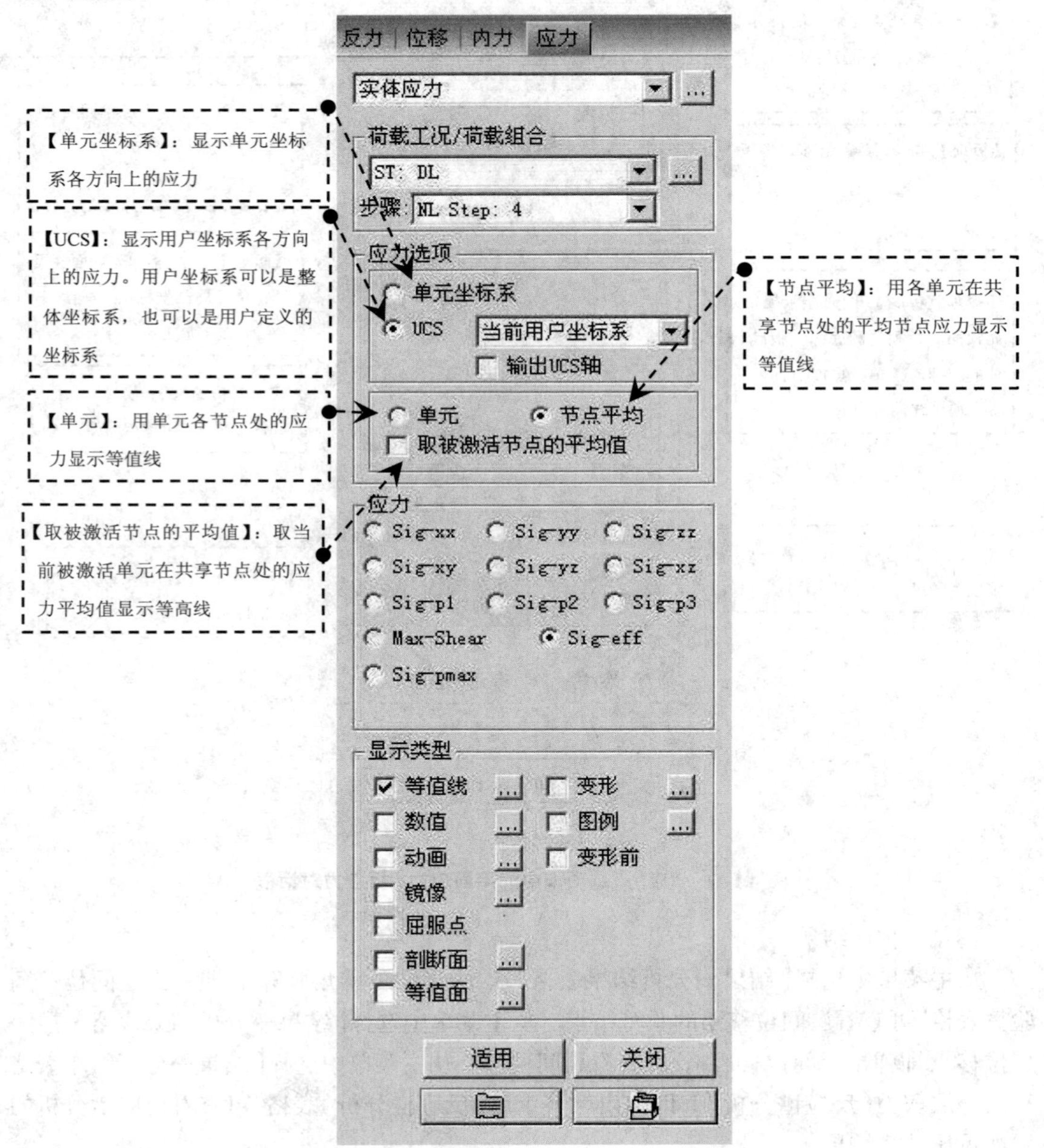

图 4.1-12 “应力”选项卡中的实体应力对话框

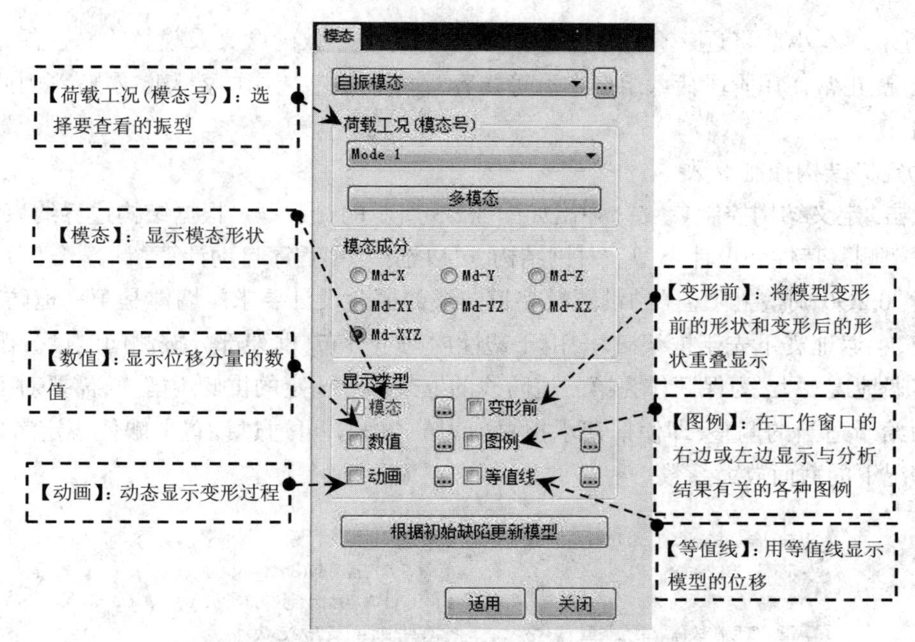

图 4.1-13　“模态”对话框中的“自振模态”栏

4.2　结构设计

可以通过 MIDAS Gen 的设计功能进行结构设计，如图 4.2-1 所示。通过“通用”中的“一般设计参数”可定义活荷载组合系数、构件计算长度等通用参数；在“设计”中，可分别对钢结构、钢筋混凝土（Reinforced Concrete，RC）结构、冷弯型钢结构、铝合金结构等进行设计；在“截面”中，可对已定义的截面进行添加、编辑、删除等操作；在“结果”中，可统计与查看各类分析结果；在“力 / 属性”中，可进行设计内力的统计与查看；在“计算书”中，可生成计算书。

目前，钢结构和钢筋混凝土结构是工程中最常用的两种结构形式，因此本书仅详细介绍钢结构和钢筋混凝土结构设计模块中的相关内容。

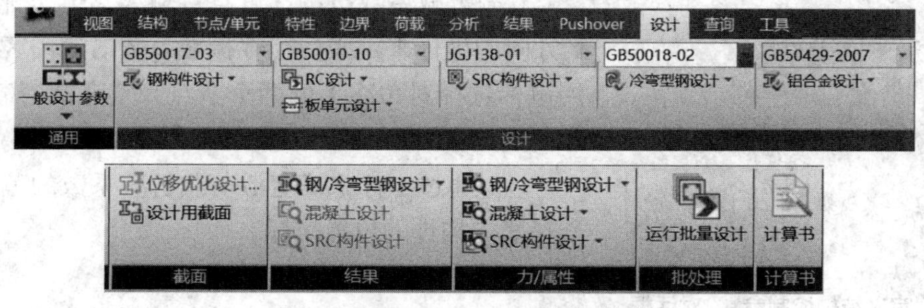

图 4.2-1　MIDAS Gen 的设计菜单

4.2.1　一般设计参数

通过【设计→通用→一般设计参数】可定义一些对各结构均通用的设计参数，界面如图

4.2-2 所示。本小节将逐一介绍一般设计参数中各项参数的含义及设置方法。短期 / 长期荷载工况、正常使用阶段荷载组合类型等内容暂时不支持中国国家标准或规范,因此本书暂不介绍。

1)定义结构控制参数

点击“定义结构控制参数”,弹出如图 4.2-3 所示的对话框。根据结构边界约束情况,可定义框架侧移特性和设计类型。对钢结构,可以选择“由程序自动计算‘计算长度系数’”。

对“0.2Q0 调整上限值”的设置按多道防线的概念设计要求。墙体是第一道防线,在设防地震、罕遇地震下先于框架破坏,由于塑性内力重分布,框架部分按侧向刚度分配的剪力比在多遇地震下大,为保证作为第二道防线的框架具有一定的抗侧力能力,需要对框架承担的剪力给予适当的调整,即使框架承担总剪力的 20%。可通过设置上限值规定考虑 0.2Q0 设计情况下的截面放大系数。

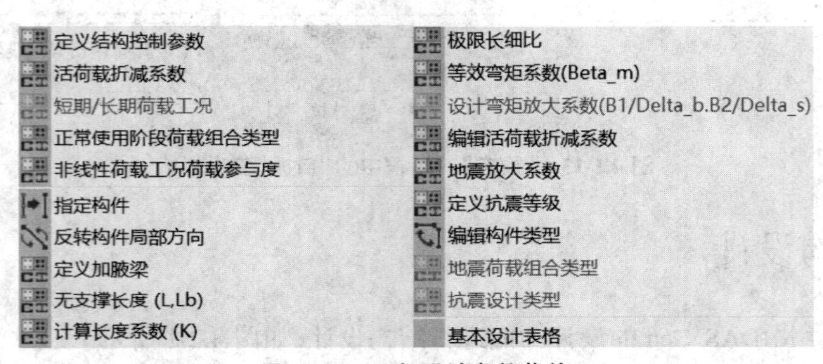

图 4.2-2 一般设计参数菜单

2)活荷载折减系数

在设计柱、墙、基础时,可对楼面活荷载按照国家标准或规范的规定进行折减,设置对话框如图 4.2-4 所示。

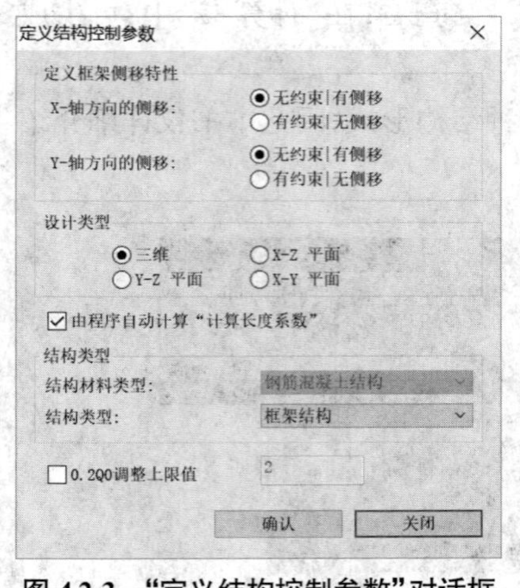

图 4.2-3 “定义结构控制参数”对话框

(1)根据柱、剪力墙、基础所支承的楼层数确定活荷载折减系数,可参考《建筑结构荷载规范》(GB 50009—2012)中的具体内容。

(2)折减系数范围。可直接输入整体坐标系下 X、Y 方向的坐标来定义活荷载折减系数的适用区域;也可用鼠标选择对角线上的两个节点来定义活荷载折减系数的适用区域。

(3)通过坐标来确定活荷载折减系数的范围时,要选择竖向构件的位置坐标。

3)非线性荷载工况荷载参与度

当根据荷载组合建立的荷载工况做非线性分析时,使用该功能可查看各荷载工况的组合值系数。

4)指定构件

在 MIDAS Gen 中,设计是按构件进行的,分析是按单元进行的。对梁单元或桁架单元,当一个构件由几个线单元组成时,可以将这些单元指定为一个构件进行设计,指定构件对话框如图 4.2-5 所示。

对钢结构,需要将单元指定为构件进行设计验算,否则构件的计算长度容易取错;钢筋混凝土结构可以不指定构件,但类似于越层柱的钢筋混凝土结构需要指定构件;在曲梁或各单元间平面夹角超过 15° 的条件下,需要使用指定构件功能指定构件。

5)定义加腋梁

利用此功能可以对钢筋混凝土加腋梁进行截面配筋设计,设计过程分为定义加腋构件和设计两部分,定义加腋梁对话框如图 4.2-6 所示。在实际操作中,B 部分中与 A、C 两部分相连的单元端部截面形状必须与 A、C 两部分端部截面形状相同,且加腋部分的变化必须是光滑的曲线或直线。

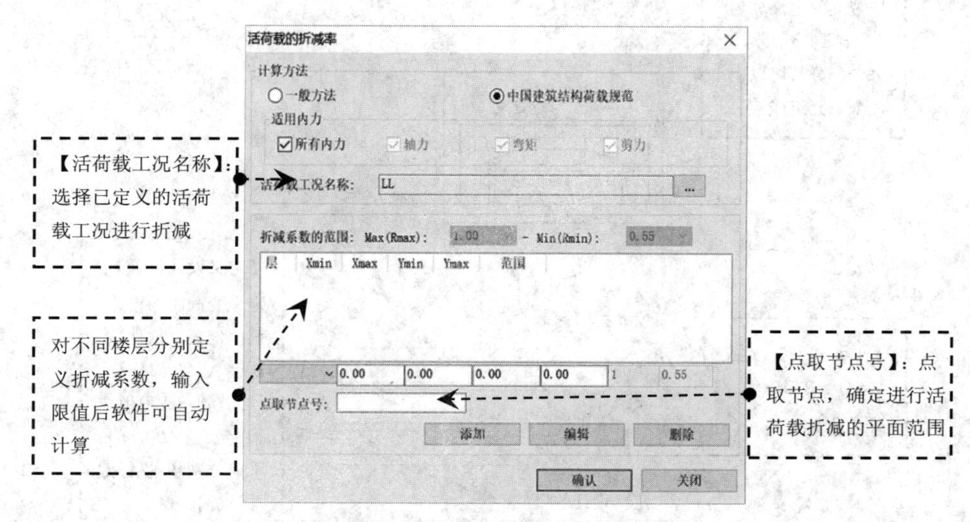

图 4.2-4　“活荷载的折减率”对话框

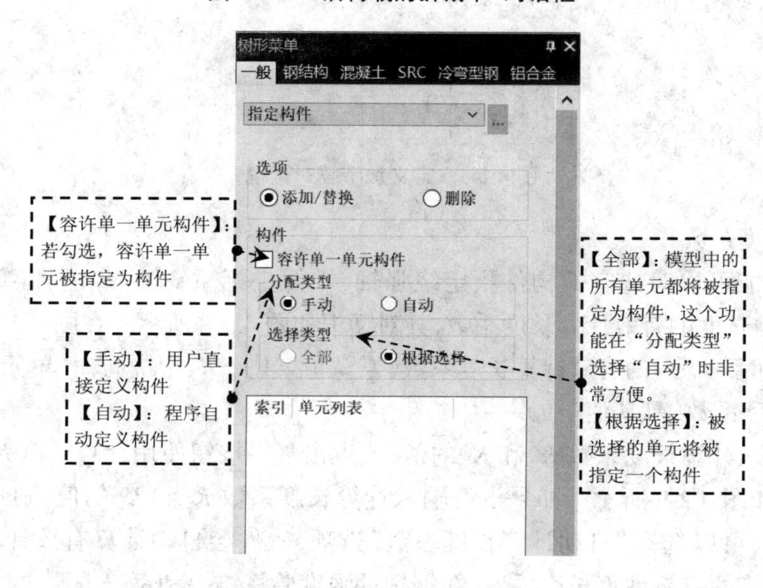

图 4.2-5　指定构件对话框

6)无支撑长度

无支撑长度即自由长度,其对话框如图 4.2-7 所示。当构件为指定的构件时,软件将根据构件的连接和支撑条件自动计算强轴和弱轴的自由长度。如果没有输入构件的 L_y 和 L_z 值,程序会根据相应梁(桁架)单元的节点坐标计算构件长度作为 L_y 和 L_z 值。如果没有输入构件的 L_b 值,取 L_b=L_z。如果在“钢结构设计标准”对话框中勾选“所有梁都不考虑横向屈曲”选项,此项功能自动选择,并且自动设置 L_b=0。如果对同一个构件重复输入 L_y, L_z 和 L_b,软件按照最后输入的数值更新。在数据表中,按照单元编号的顺序校核自由长度、侧向自由长度,用户可以修改、添加和删除数据表中的项目。

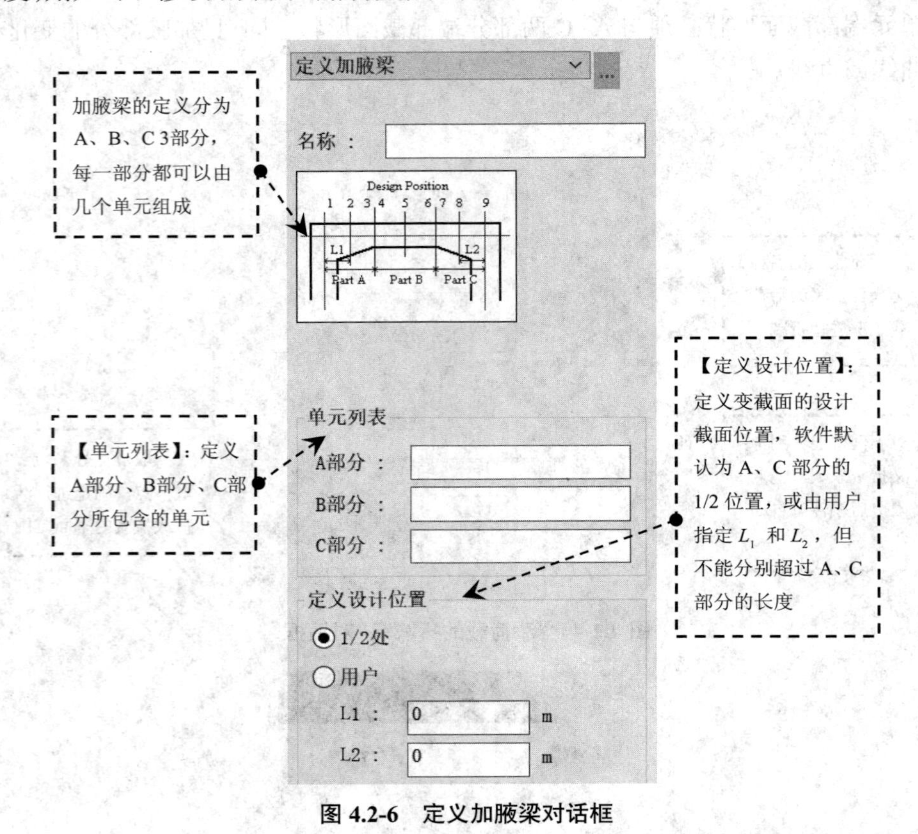

图 4.2-6 定义加腋梁对话框

7)计算长度系数

利用此功能可以对选定的构件指定绕强轴(单元坐标系 y 轴)和弱轴(单元坐标系 z 轴)屈曲时自由长度的有效计算长度系数,其对话框如图 4.2-8 所示。在图 4.2-8 中,K_y 指绕强轴(单元坐标系 y 轴)的有效计算长度系数(默认值 =1),K_z 指绕弱轴(单元坐标系 z 轴)的有效计算长度系数(默认值 =1)。

可直接输入计算长度系数 K_y 和 K_z 的值,或点击“...”按钮使用计算长度系数输入对话框输入数据,如图 4.2-9 所示。如果没有输入计算长度系数 K_y 和 K_z 的值,则默认取 K_y=1,K_z=1。对钢柱,可以选择“自动计算长度系数”选项,软件会自动计算有效计算长度系数。对软件自动计算的有效计算长度系数,在钢构件强度验算结果和钢筋混凝土柱构件设计结果中会加注记号显示。如果自动计算的有效计算长度系数不能代表构件的真实计算长度，且得到异常大的值，那么推荐由用户直接输入恰当的数值。

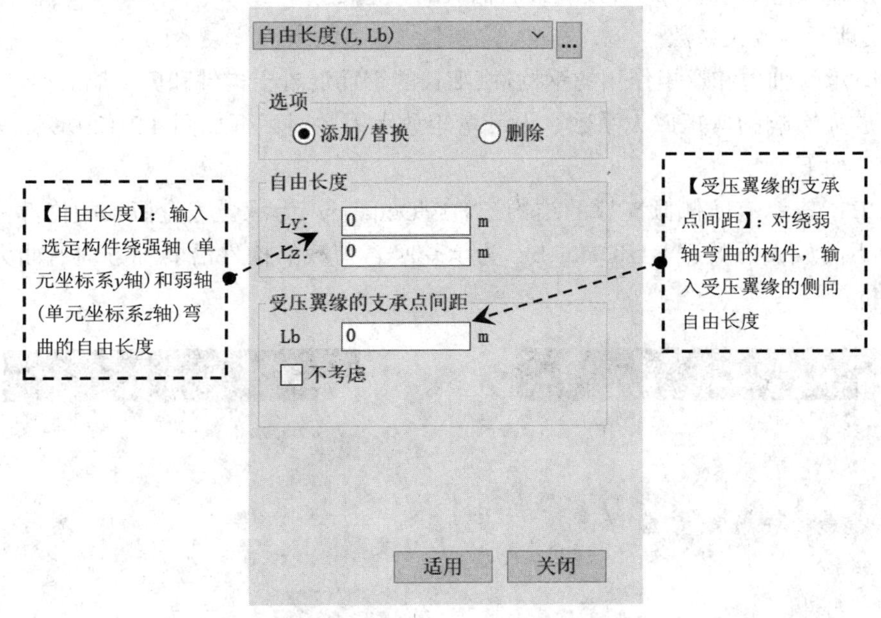

图 4.2-7　自由长度对话框

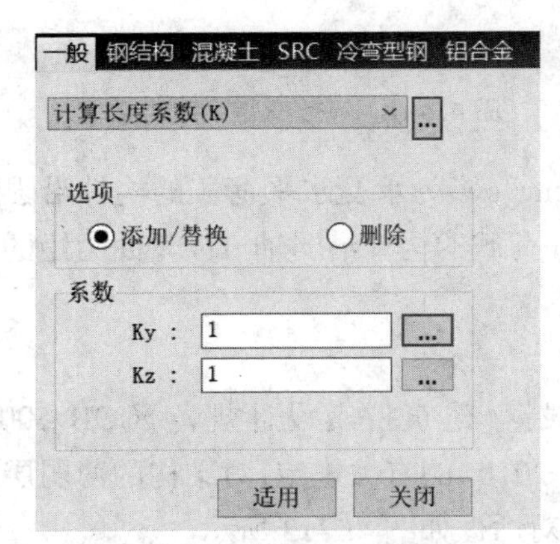

图 4.2-8　计算长度系数对话框

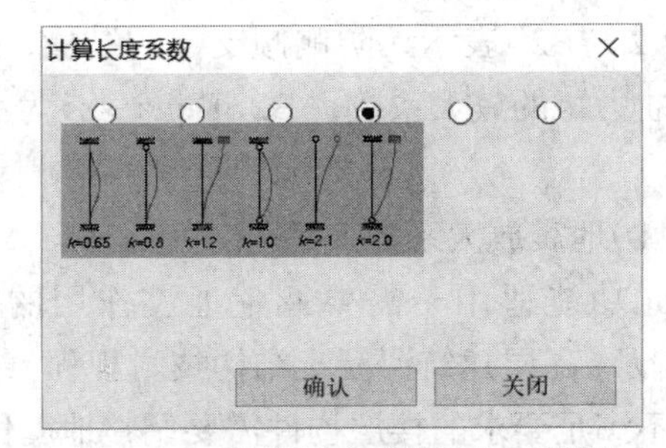

图 4.2-9　计算长度系数输入对话框

8）极限长细比

利用此功能可定义构件的长细比限值，其对话框如图 4.2-10 所示。

9）等效弯矩系数

等效弯矩系数对话框如图 4.2-11 所示。等效弯矩系数的含义如下。

（1）检验弯矩作用在对称轴平面内（外）的实腹式受弯构件稳定性时，需用到的对弯矩进行“修正”的系数。

（2）在梁柱构件同时出现轴向力和弯矩时，计算弯曲强度或组合强度比时需要使用的等效弯矩系数。

（3）等效弯矩系数是实际弯矩图和等效弯矩图的相关系数。

（4）等效弯矩系数的计算按《钢结构设计标准》（GB 50017—2017）执行。如果对同一个构件重复输入弯矩系数（β_m），按照最后输入的数值更新。

10）设计弯矩放大系数

对同时承受轴力和弯矩作用的钢构件、细长的钢筋混凝土构件和剪力墙，计算时需输入考虑弯矩放大影响的弯矩放大系数。设计弯矩放大系数对话框如图 4.2-12 所示，其中各项符号的含义如下。

（1）“B1”表示有防侧倾支撑的结构；“B1y|Delta_by”为承受竖直荷载的构件沿强轴方向弯曲力矩的放大系数；“B1z|Delta_bz”为承受竖直荷载的构件沿弱轴方向弯曲力矩的放大系数。

图 4.2-10　极限长细比对话框

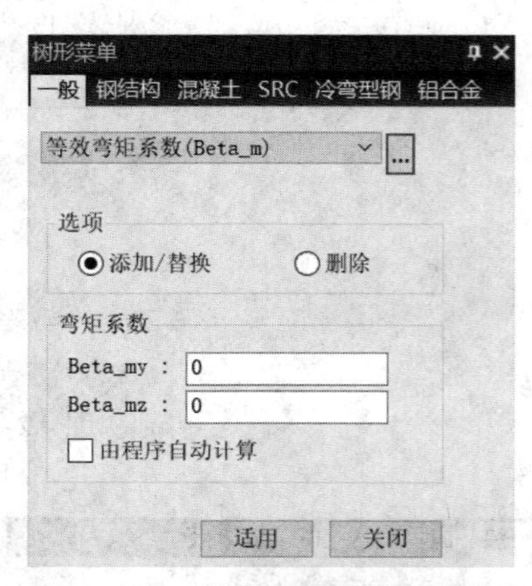

图 4.2-11　等效弯矩系数对话框

（2）“B2”表示无防侧倾支撑的结构；“B2y|Delta_sy”为承受水平荷载的构件沿强轴方向弯曲力矩的放大系数；“B2z|Delta_sz”为承受水平荷载的构件沿弱轴方向弯曲力矩的放大系数。

11）地震放大系数

此功能适用于需要调整地震作用的构件，根据《建筑抗震设计规范》（GB 50011—2010）及《高层建筑混凝土结构技术规程》（JGJ 3—2010）的有关规定，对结构的薄弱层及剪重比不满足要求的楼层构件需要调整地震作用，其对话框如图 4.2-13 所示。

12）定义抗震等级

此功能用于定义混凝土构件、钢构件、钢筋混凝土构件的抗震等级。

13）编辑构件类型

对特殊部位及特殊构件需要指定构件类型，因为此类构件设计时区别于其他构件的设计规范。编辑构件类型对话框如图 4.2-14 所示。

树形菜单
一般　钢结构　混凝土　SRC　冷弯型钢　铝合金
设计弯矩放大系数(B1|Delta_l
选项
添加/替换　删除
设计弯矩放大系数
B1y|Delta_by : 0
B1z|Delta_bz : 0
B2y|Delta_sy : 1
B2z|Delta_sz : 1
适用　关闭

图 4.2-12　设计弯矩放大系数对话框

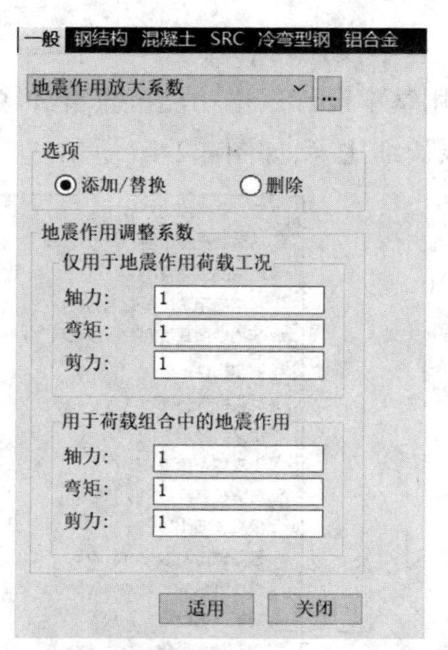

图 4.2-13　地震作用放大系数对话框

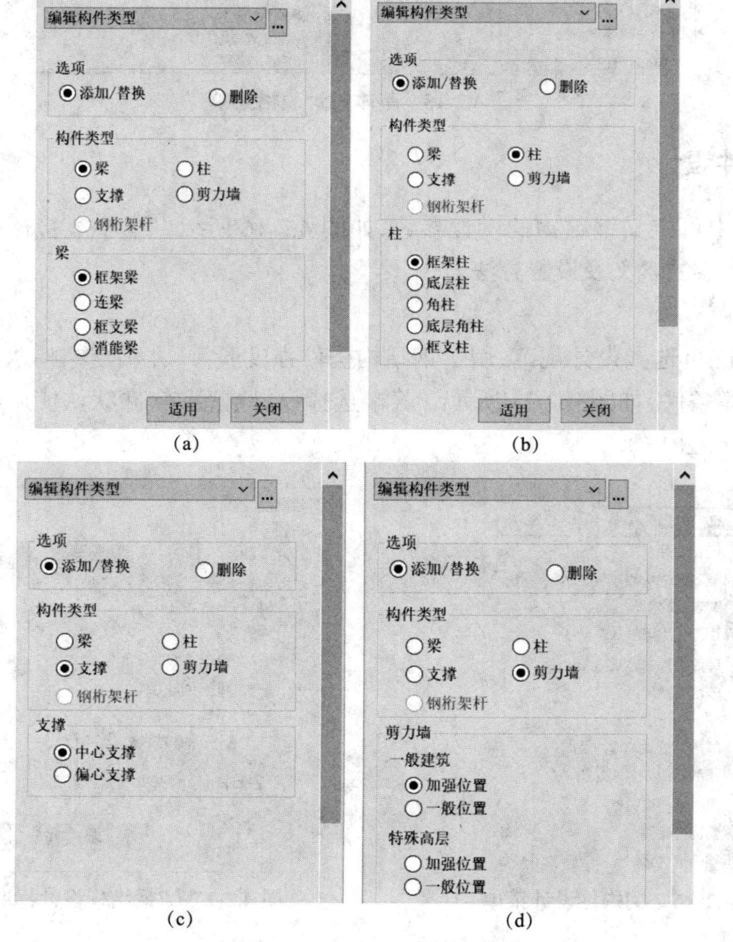

图 4.2-14　编辑构件类型对话框

(a)梁　(b)柱　(c)支撑　(d)剪力墙

14)基本设计表格

利用基本设计表格功能可查看和输出各设计参数汇总表,包括无支撑长度、计算长度系数、极限长细比等,如图 4.2-15 所示。

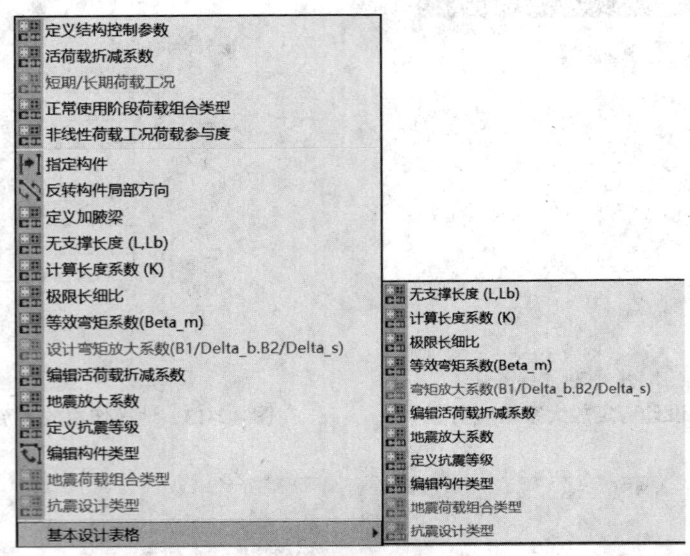

图 4.2-15 基本设计表格菜单

4.2.2 钢构件设计

在此模块中可定义钢结构的设计参数,如图 4.2-16 所示。本小节将逐一介绍"钢构件设计"中各项参数的含义及设置方法。

1)设计规范

使用此功能可选择设计规范,用于钢结构构件强度验算,并确定结构水平构件(梁和桁架)的侧向支撑条件,如图 4.2-17 所示。若未选择设计规范,软件默认使用《钢结构设计标准》(GB 50017—2017)。

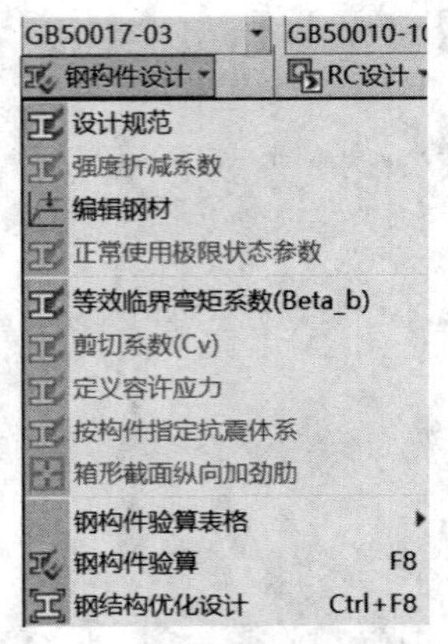

图 4.2-16 钢构件设计菜单

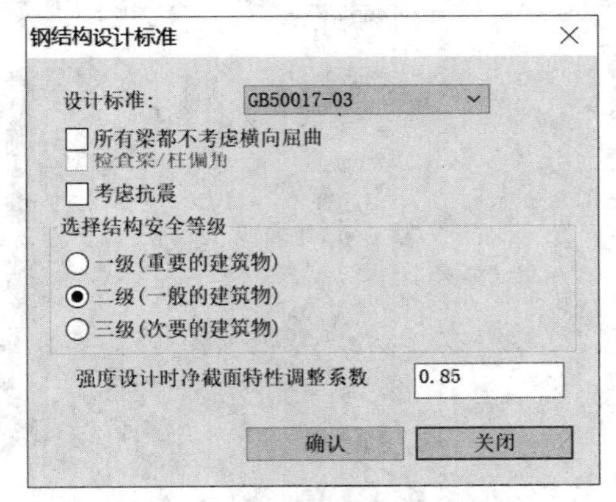

图 4.2-17 "钢结构设计标准"对话框

2)编辑钢材

使用此功能可修改建立分析模型时输入的钢结构材料的部分特性数据,或者根据特殊设计要求改变材料特性数据，如图 4.2-18 所示。在做构件强度验算时，可以采用新的材料，而不用修改模型重新分析。

3）正常使用极限状态参数

使用此功能可输入钢构件的最大挠度值。

4）等效临界弯矩系数

在计算梁的整体稳定系数时，需要用到该系数。该系数的定义方法可参见《钢结构设计标准》（GB 50017—2017）中的相关内容，软件推荐用户选择“由程序计算”，如图 4.2-19 所示。

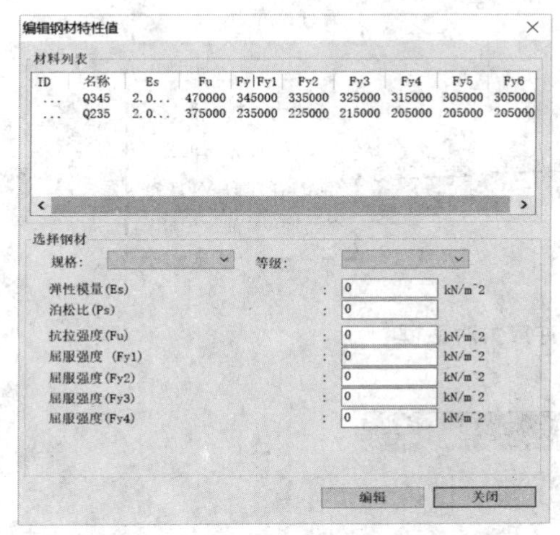

图 4.2-18　“编辑钢材特性值”对话框

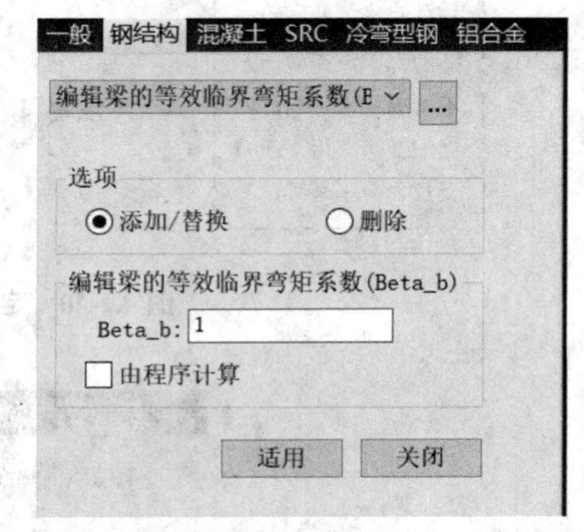

图 4.2-19　编辑梁的等效临界弯矩系数对话框

5）剪切系数

使用此功能可输入剪切应力折减系数（C_v），用来计算 I 形和 C 形截面主轴方向（z 方向）的设计剪切强度或容许剪应力。

6）定义容许应力

使用此功能可输入容许应力系数，该系数是容许应力与钢结构材料的屈服强度（F_y）的比值，如图 4.2-20 所示。

7）箱形截面纵向加劲肋

使用此功能可输入箱形截面纵向 / 横向加劲肋的间距和尺寸，如图 4.2-21 所示。

8）钢构件验算

使用此功能可校核全部钢结构构件的强度，并反映活荷载折减系数、地震荷载和移动荷载的修正系数；可对改变设计特性和标准的选定构件进行重新分析和校核；还可对构件截面进行最优化设计。验算完成后结果界面如图 4.2-22 所示。

9）钢结构优化设计

构件优化是通过迭代分析和最优设计（截面优化）得到最优截面的。

4.2.3　钢筋混凝土（RC）结构设计

在此模块中可定义钢筋混凝土结构的设计参数，如图 4.2-23 所示。本小节将逐一介绍

“RC 设计”中各项参数的含义及设置方法。

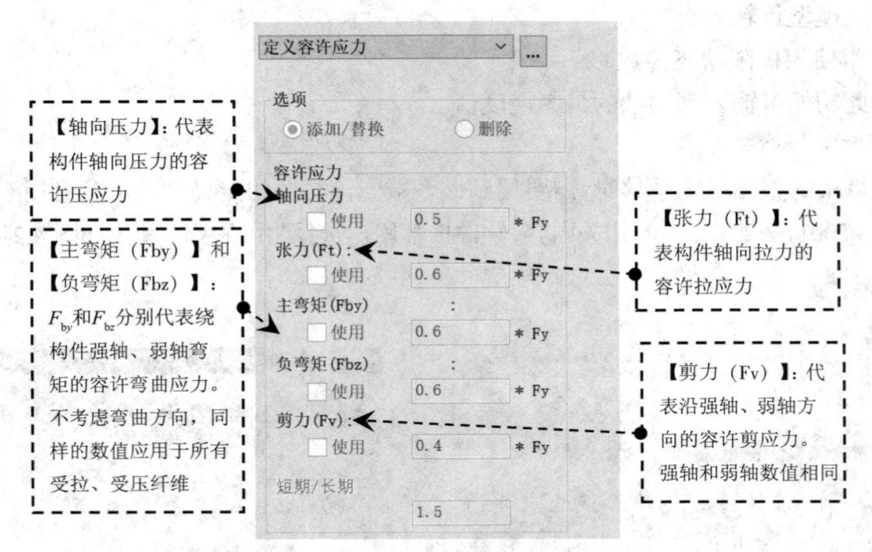

图 4.2-20　定义容许应力对话框

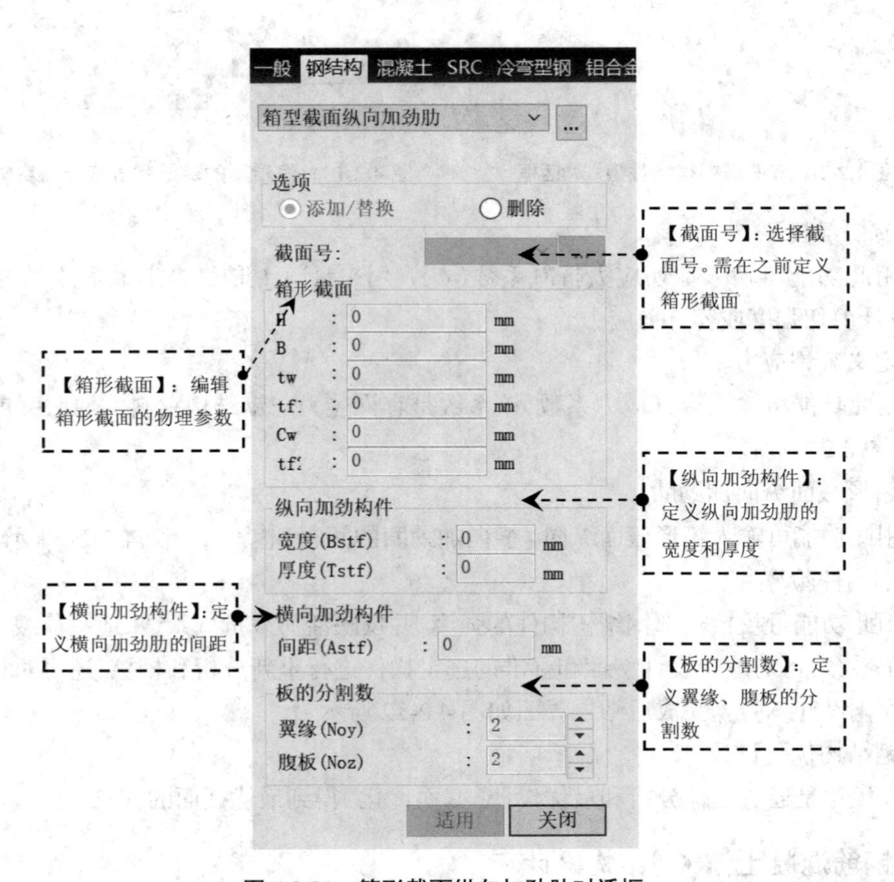

图 4.2-21　箱形截面纵向加劲肋对话框

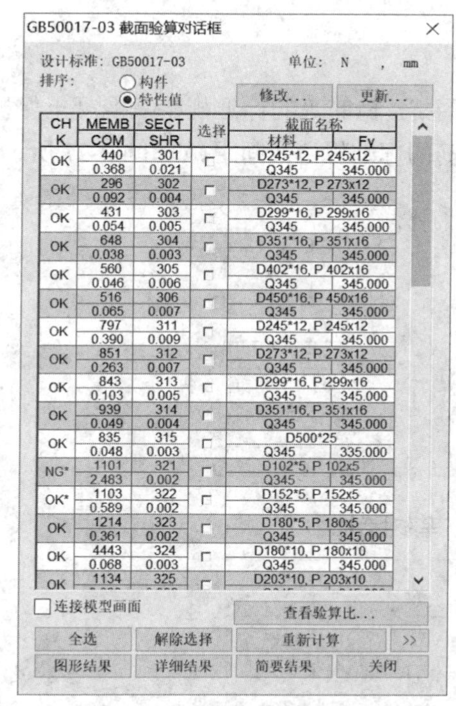

图 4.2-22　钢构件验算结果对话框

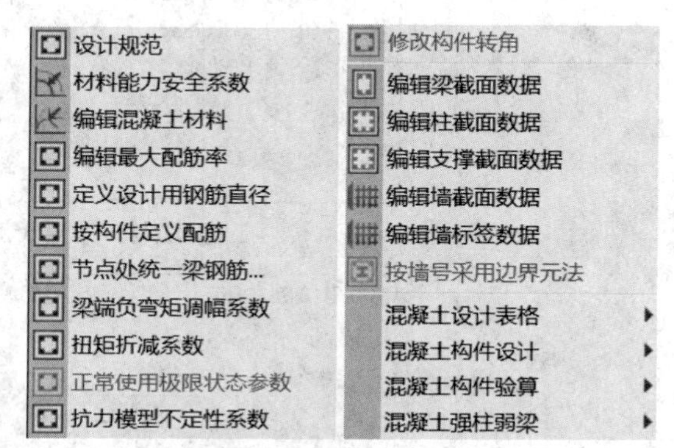

图 4.2-23　RC 设计菜单

1)设计规范

使用此功能可选择设计规范，定义构件的抗震等级，定义建筑物的安全等级，设置框架柱的计算长度及梁端弯矩调幅系数，如图 4.2-24 所示。

2)编辑混凝土材料

使用此功能可定义设计使用的钢筋强度级别，还可修改建立分析模型时输入的钢筋和混凝土材料的部分特性数据，如图 4.2-25 所示。

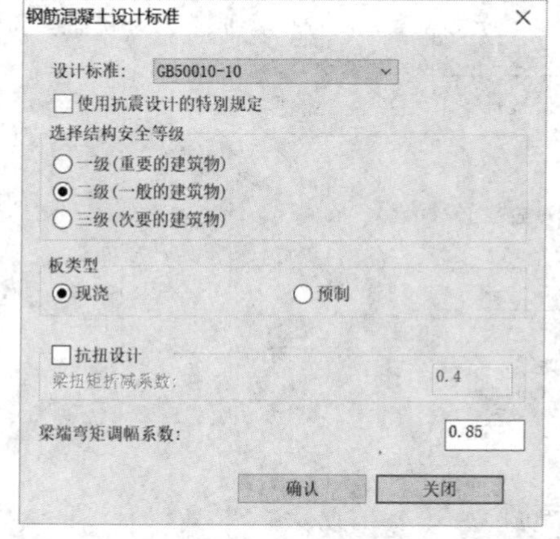

图 4.2-24　“钢筋混凝土设计标准”对话框

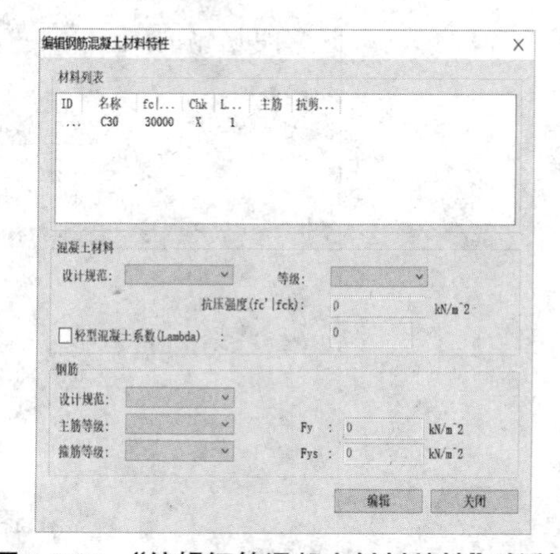

图 4.2-25　“编辑钢筋混凝土材料特性”对话框

3)编辑最大配筋率

使用此功能可输入钢筋混凝土构件的最大容许配筋率，可对剪力墙、柱截面、支撑进行设计，如图 4.2-26 所示。

4）定义设计用钢筋直径

设计梁、柱和支撑构件时使用此功能，可输入主筋、箍筋等的标准规格及混凝土保护层厚度；在设计剪力墙构件时，可输入水平和竖向钢筋的标准规格及间距，如图 4.2-27 所示。

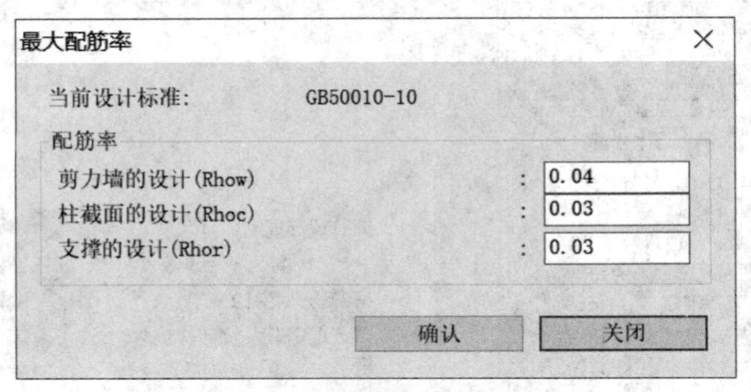

图 4.2-26 “最大配筋率”对话框

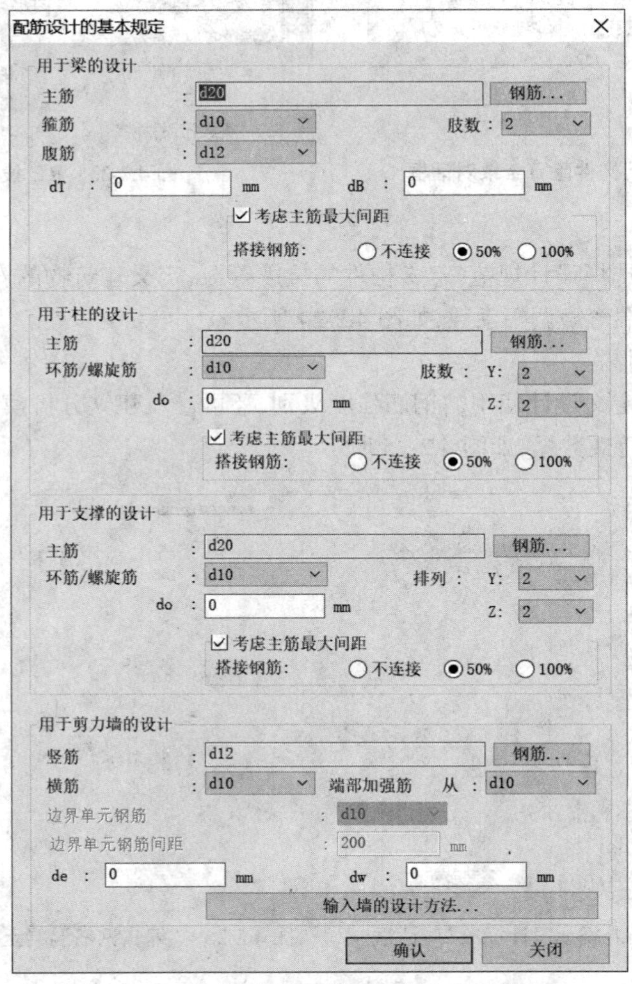

图 4.2-27 “配筋设计的基本规定”对话框

对于梁，软件可以根据用户定义的钢筋直径进行实际配筋；对于柱，软件可以根据用户定义的钢筋直径自动配筋，然后进行双偏压验算，直至满足设计要求，最后输出的配筋面积是实配的结果；对于剪力墙，软件目前的版本没有考虑边缘构件的设计要求。

5）梁端负弯矩调幅系数

在竖向荷载作用下，可考虑框架梁端塑性变形时的内力重分布，可对梁端负弯矩乘以调幅系数进行调幅。使用此功能可为模型中选择的构件定义梁端负弯矩调幅系数。

6）扭矩折减系数

使用此功能可定义钢筋混凝土梁抗扭设计时的扭矩折减系数。

7）编辑梁、柱、支撑、墙截面数据

使用这 4 项功能可编辑梁、柱、支撑、墙截面的钢筋数据，如图 4.2-28 所示。

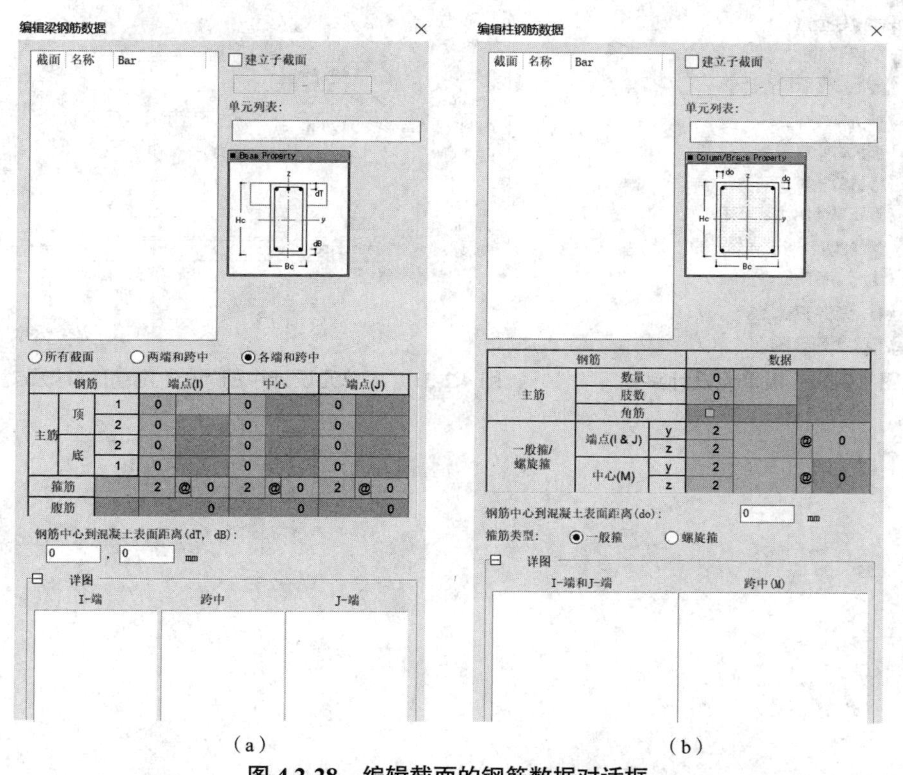

（a）　　（b）

图 4.2-28　编辑截面的钢筋数据对话框

（a）梁　（b）柱

8）截面验算

使用此功能可基于整个结构分析结果和补充设计参数，根据规范校核混凝土梁、柱、支撑、墙构件的强度，如图 4.2-29 所示。

9）板单元设计

板单元设计包括正常使用状态荷载组合类型、板荷载组合、设计用钢筋参数、验算用板钢筋、板抗剪钢筋、使用可靠性参数、板抗弯设计、板抗弯验算、板抗剪验算、板正常使用状态

梁截面验算	Ctrl+5
柱截面验算	Ctrl+6
支撑截面验算	Ctrl+7
墙截面验算	Ctrl+8

图 4.2-29　截面验算

验算、裂缝截面分析控制等。板单元设计菜单如图 4.2-30 所示；板单元设计中的“设计用钢筋参数”对话框如图 4.2-31 所示。

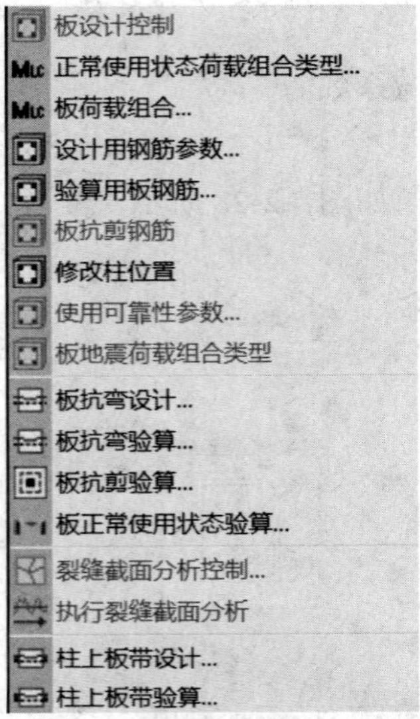

板设计控制
正常使用状态荷载组合类型...
板荷载组合...
设计用钢筋参数...
验算用板钢筋...
板抗剪钢筋
修改柱位置
使用可靠性参数...
板地震荷载组合类型
板抗弯设计...
板抗弯验算...
板抗剪验算...
板正常使用状态验算...
裂缝截面分析控制...
执行裂缝截面分析
柱上板带设计...
柱上板带验算...

图 4.2-30 板单元设计菜单

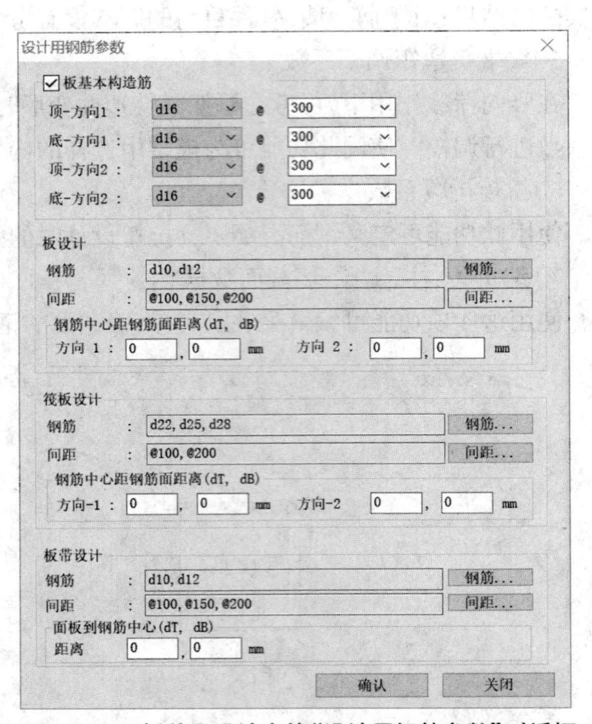

图 4.2-31 板单元设计中的“设计用钢筋参数”对话框

第 5 章　软件视图与信息查询

5.1　软件视图

MIDAS Gen 软件的“视图”菜单包括“动态视图”“渲染视图”“选择”“激活”“轴线 / 捕捉”“显示”“窗口”和“窗口布置”工具栏，如图 5.1-1 所示。本节将逐一对其进行介绍。

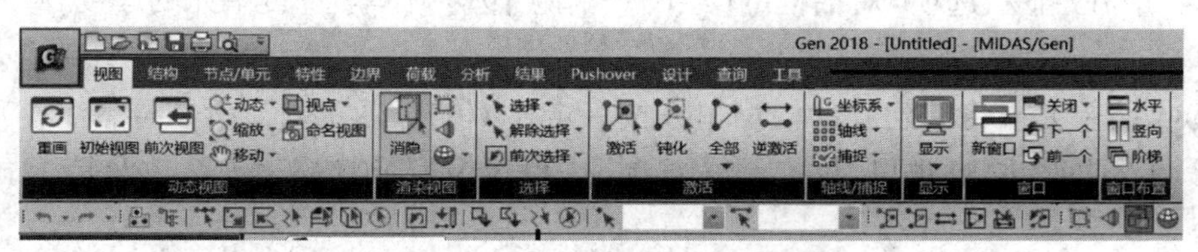

图 5.1-1　“视图”菜单下的各工具栏

5.1.1　动态视图

“视图”菜单的“动态视图”工具栏包括重画、初始视图、前次视图、动态、缩放、移动、视点、命名视图等工具。

（1）重画。用于刷新屏幕，清除所执行的命令痕迹，这些痕迹是由于 Windows 操作系统的特性而残留在屏幕上的。

（2）初始视图。用于将窗口恢复至初始状态，即第一次打开文件时的窗口状态。

（3）前次视图。用于将模型空间窗口恢复至执行视图处理操作（缩放、移动、视点、透视图等）前的状态。

（4）动态。动态视图功能是通过鼠标的移动来实现模型视图的缩放、平移和旋转，如果将其与渲染视图功能结合使用，用户可以漫游或鸟瞰的方式观察结构。点击“动态”工具按钮后，按住鼠标左键，在工作窗口中向上或向右移动鼠标将放大模型，在工作窗口中向下或向左移动鼠标将缩小模型。按住鼠标左键，移动鼠标，模型将在同一方向上以相同的距离移动。按住鼠标中键，向左或向右移动鼠标，模型将分别绕整体坐标系 Z 轴顺时针或逆时针旋转；按住鼠标中键，向上或向下移动鼠标，模型将分别绕水平方向顺时针或逆时针旋转。

（5）缩放。用于放大或缩小模型空间中的模型，包括对齐、自动对齐、窗口、放大和缩小等功能。

（6）移动。在工作窗口中上、下、左、右平动模型。

（7）视点。选定观察模型的视点。从主菜单中选择【视图→动态视图→视点→视角】即弹出“设定视点”对话框，如图 5.1-2 所示。竖直移动右边的滚动条将绕水平方向旋转；水平移动下边的滚动条将绕整体坐标系 Z 轴旋转。也可以在水平和竖直域内通过键入数值修改视点。

(8)命名视图。便于重复多次查看复杂结构中的某个视图。

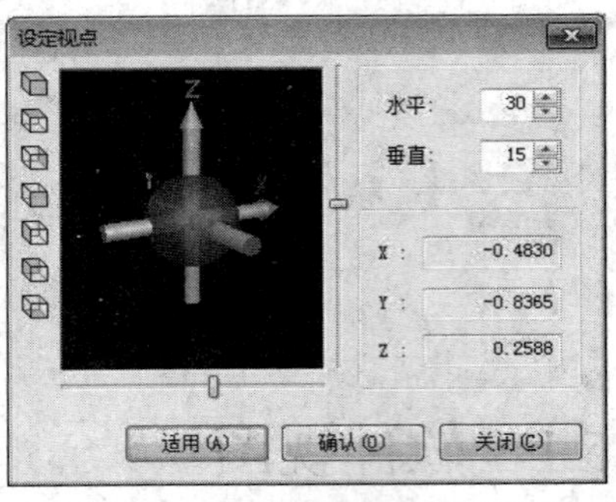

图 5.1-2 “设定视点”对话框

5.1.2 渲染视图

“视图”菜单的“渲染视图”工具栏包括消隐、收缩单元、透视图、渲染窗口等工具,如图 5.1-1 所示。

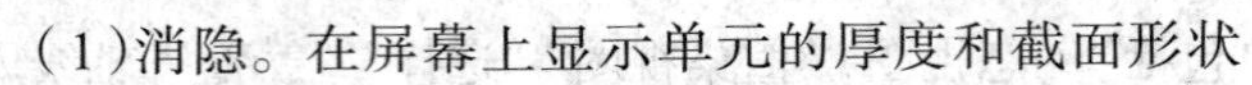

(1)消隐。在屏幕上显示单元的厚度和截面形状并消除隐藏的线,将模型显示为如同真实结构一样。要显示面单元的厚度或梁单元中板件的厚度时,应在“显示选项”对话框的【绘图→消隐】选项中勾选“板单元的厚度”或“杆系的厚度”。

(2)收缩单元。将已建立的模型单元按一定比例缩小后重新显示在屏幕上。可用“显示选项”调整收缩比例;也可以在“显示选项”中设定模型形状的表现系数及是否显示墙的厚度等。

(3)透视图。显示模型的透视图,可用“显示选项”调整透视比例。

(4)渲染窗口。将单元根据属性(材料、截面、厚度)分类后给予不同的颜色,并经透明或半透明处理后给予阴影效果,从而将实际形状呈现在模型或分析结果窗口中。此外,在透视图中与漫游模式结合,可呈现逼真的三维模型,如图 5.1-3 所示。

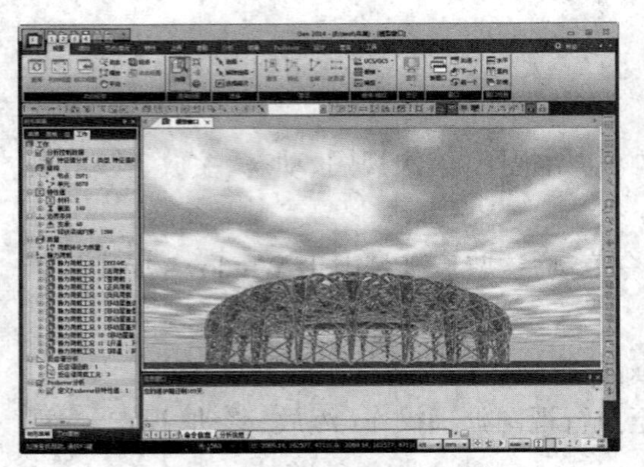

图 5.1-3 经渲染处理后的三维模型

进入渲染窗口后,工作窗口将转换为渲染窗口模式,点击相应的图标可返回建模窗口模式。用“显示选项”修改模型的表现功能选项(缩放、平移、旋转、比例等)。用“渲染选项”修改灯光选项,以产生阴影效果。渲染窗口中的视图处理命令包括缩放、平移和旋转,其用法与建模窗口模式中的命令相同。

在渲染窗口模式下,建模功能(模型数据的选择、增加、修改、删除等)及与动画生成相关的功能不起作用;软件不提供输出数值功能;其他功能,如查看结果(反力、位移、构件内力和应力等)的使用与建模窗口模式下的功能相同。

5.1.3 选择

在建模过程中,需要经常修改节点、单元和属性,因此需要经常重复使用“选择”命令。MIDAS Gen 提供了强大的选择和取消选择功能,简化并加快了建模过程,“视图”菜单的“选择”工具栏如图 5.1-1 所示。此外,通过与激活功能同时使用,可使软件只显示需要的模型区域,从而为用户提供最优的建模环境。激活是在建模窗口中选择性地显示模型的部分区域,“激活”工具栏如图5.1-1所示。注意,选择功能仅对被激活的节点和单元有效。

1)属性选择

从主菜单中选择【视图→选择→选择→属性选择】即弹出“选择属性”对话框,如图5.1-4所示。该功能支持以属性(单元类型、材料特性、截面、边界条件等)选择节点或单元。

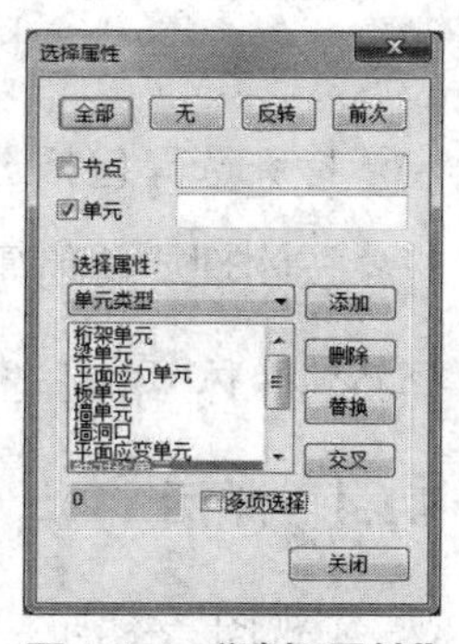

图5.1-4　“选择属性”对话框

使用该功能时,在“选择属性”对话框中选择相应的属性后,则对应于该属性的具体属性将显示在下面的子列表中,在子列表中选择具体属性后点击“添加”按钮,则模型空间窗口中具有该属性的单元或节点将被自动选择。勾选“多项选择”选项后,可以同时选择多个属性。

用对话框中的“添加”“删除”“替换”等按钮可修改已选实体。“添加”是将具有相应属性的目标添加到相应的列表中;“删除”是从列表中删除选定的实体;“替换”是在现有选择列表中用当前选定的实体内容替代已登记的内容;“交叉”是只选择既从属于当前选择的属性,又满足已选择的属性的节点或单元。

2)单选

该功能是在模型空间窗口中将鼠标光标置于要选择的节点或单元附近,单击鼠标左键,逐个选择节点或单元。重复选择已选中的实体,即解除选择。

3)窗口选择与窗口解除选择

这两个功能是在模型空间窗口中选择或解除选择一个矩形窗口。用鼠标指定包含节点或单元的矩形区域的对角,可以选择或解除选择相应的节点或单元。对矩形区域进行指定时,如将鼠标从左向右拉动,则可以选择完全包含在区域内的对象;如果将鼠标从右向左拉动,则不仅可以选择全部包含在区域内的对象,部分处于区域内的对象也会被选择。

4)多边形选择与多边形解除选择

这两个功能是用鼠标依次点击各点来指定包含欲选择对象的封闭多边形区域,从而对所需对象进行选择或解除选择。指定最后一点时,需连击鼠标左键两次,即可形成连接终点和起点的封闭多边形,多边形内完全包含的对象就会被选择。指定终点时,按“Ctrl”键并连击鼠标左键两次,则部分处于多边形内的对象也会被选择。

5)交叉线选择与交叉线解除选择

这两个功能是在模型窗口中使用鼠标绘制一系列直线,与这些直线相交的对象会被选择或解除选择。指定最后一条直线的终点时,连击鼠标左键两次就可结束选择过程。

6)选择平面

该功能用于指定任意的平面,并选择平面上的所有节点和单元。

7)选择立方体

该功能用于指定任意的立方体,并选择立方体内的所有节点和单元。

8)全选与解除全选

这两个功能用于对模型窗口中的所有对象进行选择或解除选择。

9)特殊选择

特殊选择包括选择属性、前次选择和选择新建个体功能。其中,选择属性是将欲选对象按物理或几何属性分类进行选择;前次选择是重新对此前选择的对象进行选择;选择新建个体是选择建模过程中最接近新建立的节点或单元的对象。

5.1.4 激活

"视图"菜单的"激活"工具栏包括激活、钝化、全部、逆激活等工具,如图 5.1-1 所示。

激活与钝化功能用于实现在模型窗口中只显示模型的一部分。所谓激活是可对对象进行建模操作的状态,而钝化的部分则无法进行选择、增加、修改等建模操作。这两个功能对大型建筑物的建模与后处理工作十分有效。

可通过【视图→显示→绘图窗口→钝化目标】使被钝化的部分的轮廓在画面上显示或消隐。

激活功能只激活所选部分,剩余的部分仍处于钝化状态;钝化功能只钝化所选部分,剩余的部分仍处于激活状态;全部功能把处于钝化状态的所有节点和单元转换为激活状态;逆激活功能将当前的激活部分与钝化部分对换;前次激活状态是返回此前的激活或钝化状态;按属性激活是激活在"按照属性激活"对话框中选择的节点和单元,如图 5.1-5 所示。

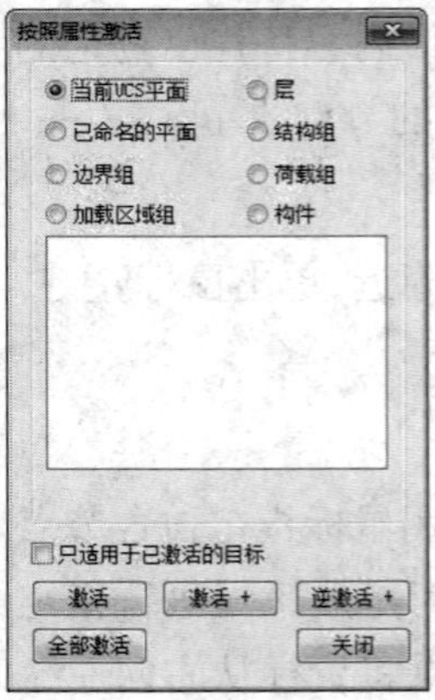

图 5.1-5 "按属性激活"对话框

5.1.5 轴线 / 捕捉

"视图"菜单的"轴线 / 捕捉"工具栏包括坐标系、轴线、捕捉等工具,如图 5.1-1 所示。

1)坐标系

MIDAS Gen 有 3 种坐标系:整体坐标系、单元坐标系和节点坐标系。整体坐标系为按"右手定则"确定的直角坐标系,其不随单元发生变化,节点和与节点相关的大部分数据、节点位移以及反力均按整体坐标系输入 / 输出。单元坐标系也为按"右手定则"确定的直角坐标系,其作用于单元上,单元内力和应力等与单元有关的大部分数据都按单元坐标系输入 / 输出。节点坐标系也为按"右手定则"确定的直角坐标系,用于给节点施加任意方向的约束条件、弹性支撑边界或强制位移等边界条件,或用于输出任意方向的反力。

2)轴线

在模型空间窗口中,可以同时显示点格和轴线。点格和轴线的间距可分别在"定义点格"和"定义轴线"中设置。

3）捕捉

捕捉功能是用鼠标光标创建单元、节点或指定属性时，鼠标的指针会自动移动到距离该点最近的栅格、节点或单元的位置上。MIDAS Gen 软件提供捕捉点、捕捉轴线、捕捉节点、捕捉单元、全部捕捉、关闭捕捉等捕捉工具。在操作界面右侧的图标菜单中点击相应的按钮，即可使用上述工具。

5.1.6　显示

通过“显示”工具，可将节点和单元编号、材料特性、截面类型、荷载、边界条件等信息显示在屏幕上，显示对话框如图 5.1-6 所示。

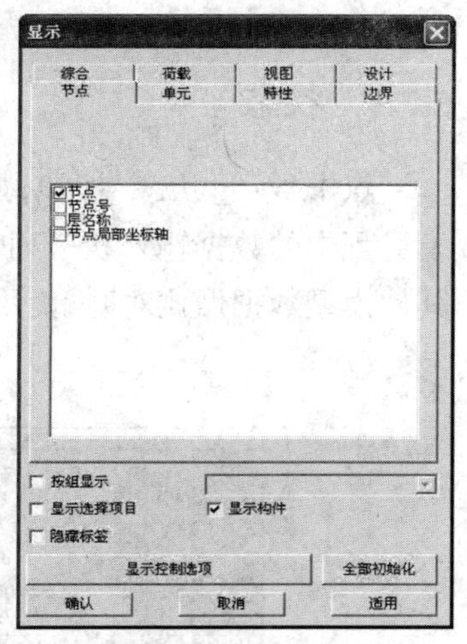

图 5.1-6　显示对话框

“显示”工具用于修改在模型窗口中显示的图形、字符串或符号的表现形式。“显示”中的设定值会添加到 Windows 操作系统的注册表中，因此即使结束或重新启动程序，这些值也将保持不变。

“显示”工具的主要功能如下：①指定字体、大小、颜色和形状等；②指定屏幕上节点、单元、各种属性（材料特性、截面类型、荷载、边界条件等）和分析结果的显示颜色；③指定打印输出时节点、单元、各种属性和分析结果的打印颜色；④指定各属性标签的显示尺寸及与视图操作相关的功能的显示状态；⑤选择各种模型的表现形式。

5.1.7　窗口与窗口布置

通过基于给定模型建立的若干模型窗口可以大大提高建模效率，可以根据需要分别控制模型窗口。窗口编号的顺序与窗口建立的顺序相同，被激活的窗口处于屏幕的前端。窗口可以按水平、竖直和阶梯等形式布置。

5.2　信息查询

可以通过 MIDAS Gen 的“查询”菜单进行节点、单元、荷载等数据的查询，如图 5.2-1 所示。

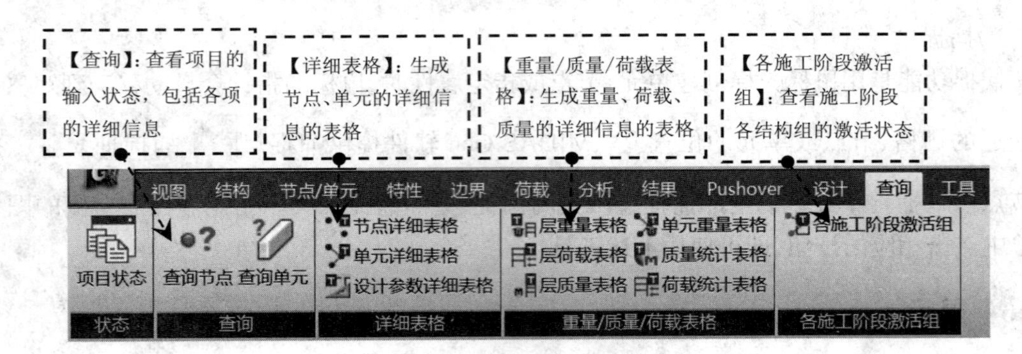

图 5.2-1 MIDAS Gen 的“查询”菜单

5.2.1 状态

点击“项目状态”按钮，弹出“项目的输入状况”对话框，如图 5.2-2 所示。该功能提供建模过程中的数据输入状态列表，以便用户快速查询。在评估建模进度，并把当前模型数据和其他模型数据做比对时，使用各种列表有利于提高效率。

项目的输入状况

名称	数量	最后号
结构类型	1	
已命名的UCS	无	
已命名的平面	无	
轴网	1	
组	25	
边界组	16	
荷载组	2	
节点	1408	1750
单元	4258	4592
材料	2	2
时间依存性材料类型	无	
时间依存性材料	无	
时间依存性材料(弹性	无	
时间依存性材料连接	无	
单元时间依存性材料特	无	
截面	49	611
截面刚度系数	无	
变截面组	无	
板厚	无	
一般支承	26	
节点弹性支承	无	
一般弹性支承类型	无	
一般弹性支承	无	
弹性连接	无	
释放梁单元约束	无	
释放板单元约束	无	
梁偏心	无	
刚性连接	无	
解除刚性板连接	无	
刚域	无	
节点局部坐标轴	无	
层刚性楼板组	无	
一般连接特性值	无	
一般连接	无	
非弹性铰特性值	无	
分配非弹性铰	无	
节点质量	无	

名称	数量
静力荷载工况	2
自重	1
节点体积力	无
节点荷载	无
强制位移	无
梁单元荷载	无
楼面荷载类型	无
楼面荷载	无
平面荷载类型	无
平面荷载	无
装饰材料荷载	无
压力荷载	无
系统温度	1
节点温度	无
单元温度	无
梁截面温度	无
温度梯度	无
预应力	无
初拉力	无
时间荷载	无
徐变系数	无
风荷载	无
静力地震荷载	无
初始荷载数据	无
几何刚度初始荷载	无
反应谱函数	无
反应谱荷载	无
时程函数	无
节点动力荷载	无
地面加速度	无
时变静力荷载	无
时程荷载	无
多支座激振	无
加载顺序	无
联合前荷载工况	无
水化热控制数据	无
环境温度函数	无

关闭

图 5.2-2 “项目的输入状况”对话框

5.2.2 查询

点击“查询节点”按钮，弹出查询对话框，默认显示“节点”选项卡，如图 5.2-3 所示。使用该功能可查询节点坐标和节点的各种属性（如荷载情况和边界条件等）。点击“单元”选项卡，显示单元查询对话框，如图 5.2-4 所示。使用该功能可查询单元信息（如连接节点、荷载情况、边界条件等）。

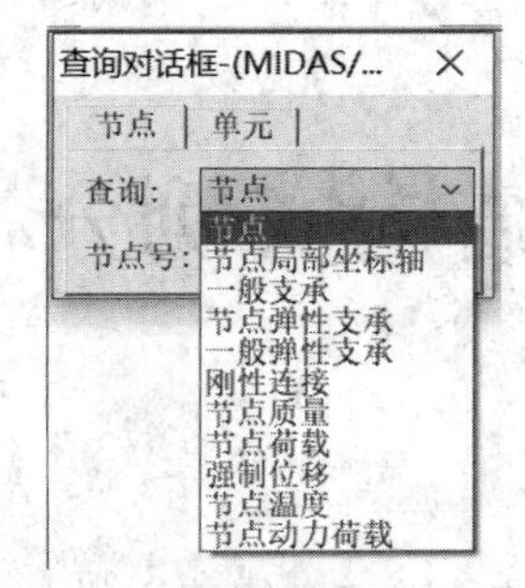

图 5.2-3　查询对话框(节点)

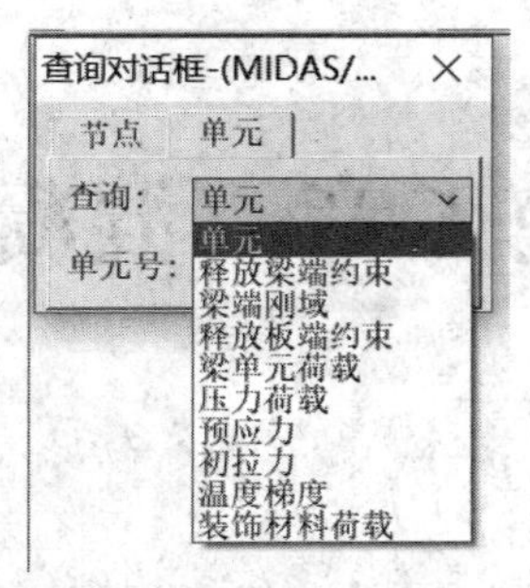

图 5.2-4　查询对话框(单元)

5.2.3　详细表格

在模型窗口中选中部分节点、单元后，可在“详细表格”工具栏中点击相应的表格查询按钮，以表格的形式查询节点、单元、设计参数等。

(1)“节点详细表格”显示的信息包括节点坐标、节点局部坐标系、节点的一般支承条件、节点的弹性支承条件、主节点和从节点之间的约束条件、节点集中质量、节点集中荷载、支点强制位移荷载、节点温度、节点动力荷载和节点固定温度。

(2)“单元详细表格”显示的信息包括单元材料属性、截面和厚度编号、连接节点、长度、面积、梁端约束情况、梁柱连接偏移量、板节点约束释放情况、梁单元荷载、单元温度、温度梯度荷载、构成几何刚度的初始荷载、分配热源、单元对流边界、时间荷载和徐变系数。

(3)“设计参数详细表格”显示的信息包括构件计算长度系数、弯矩增大系数、活荷载折减系数、容许应力、极限长细比、构件类型、编辑张拉应力、指定容许张拉应力、特殊荷载组合。

5.2.4　重量 / 质量 / 荷载表格

在此工具栏中可查询层重量、层质量、层荷载、单元重量等信息。

第 6 章　混凝土剪力墙结构实例分析与详解

使用 MIDAS Gen 进行混凝土剪力墙结构的实例分析，详细介绍建立模型、施加荷载、查看分析和设计验算结果等的步骤和方法。

6.1　模型信息

实例模型为 6 层钢筋混凝土框架－剪力墙结构，结构平面图及 *A*—*A*、*B*—*B* 立面图分别如图 6.1-1 和图 6.1-2 所示。主梁截面尺寸为 250 mm × 450 mm，曲梁截面尺寸为 250 mm × 500 mm，连梁截面尺寸为 250 mm × 1 000 mm，框架柱截面尺寸为 500 mm × 500 mm，剪力墙厚度为 250 mm，洞口宽度为 900 mm，其位置见图 6.1-1。场地为Ⅱ类，设防烈度为 7 度（0.10 g）。荷载信息见表 6.1-1。

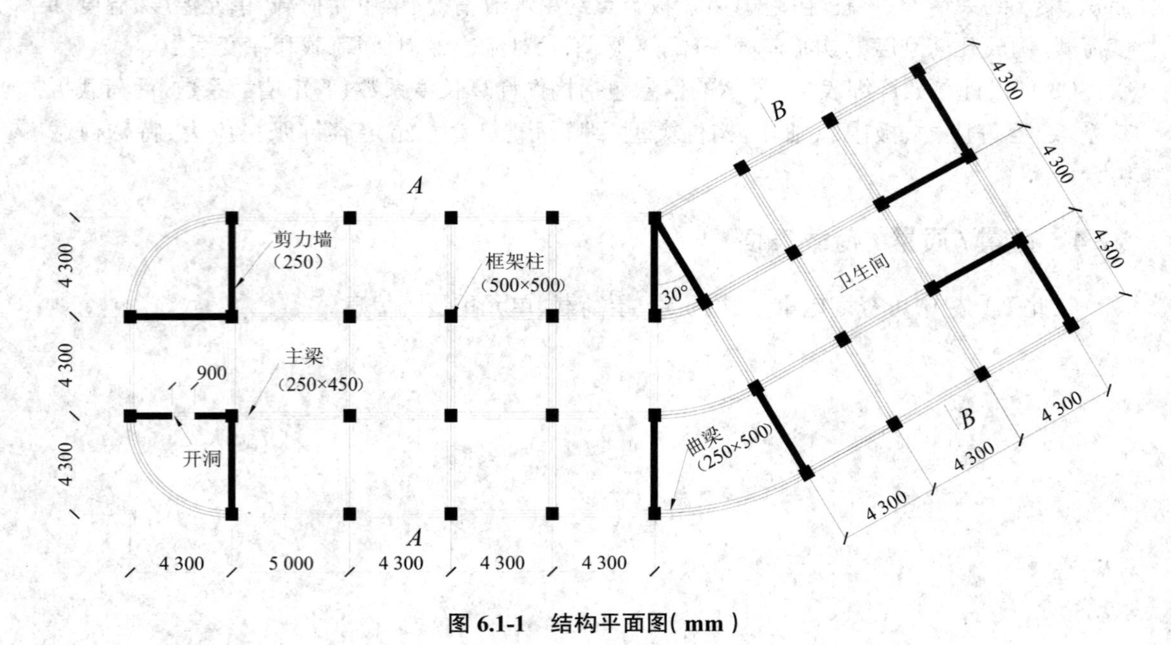

图 6.1-1　结构平面图（mm）

表 6.1-1　荷载信息

区域类型	荷载类型	数值（kN/m²）
办公室	恒荷载	–4.3
	活荷载	–2.0

续表

区域类型	荷载类型	数值（kN/m²）
卫生间	恒荷载	–6.0
	活荷载	–2.0
屋面	恒荷载	–7.0
	活荷载	–0.5

6.2　建立模型

6.2.1　设定操作环境

（1）从主菜单中选择“文件”→“新项目”，然后选择“文件”→“保存”，输入文件名并保存。

（2）从主菜单中选择“工具”→“单位体系”，“长度”：m，“力”：kN，如图 6.2-1 所示。也可在模型窗口右下角的菜单中修改单位体系。

6.2.2　定义材料和截面

（1）从主菜单中选择“特性”→“材料”→“材料特性值”→“添加”→“设计类型”：混凝土→“规范”：GB10（RC）→“数据库”：C30，如图 6.2-2 所示。

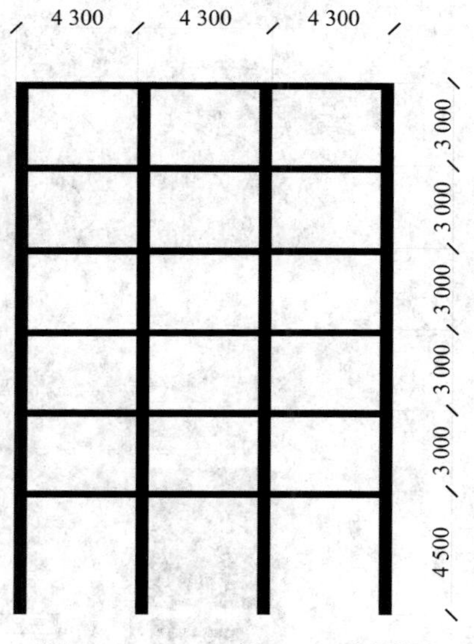

图 6.1-2　*A—A* 及 *B—B* 立面图

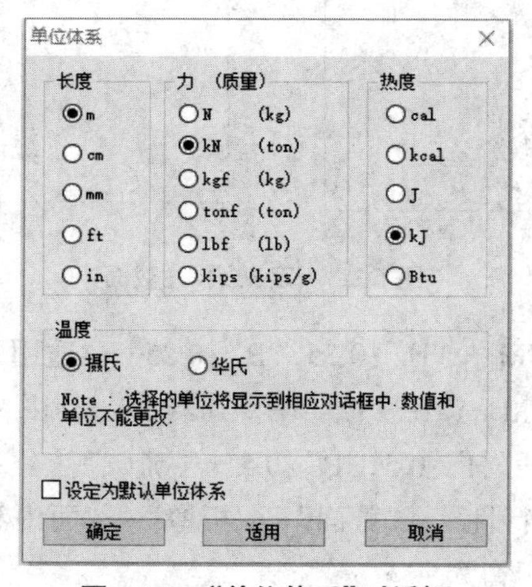

图 6.2-1　“单位体系”对话框

（2）从主菜单中选择“特性”→“截面”→“截面特性值”→“数据库 / 用户”→“实腹长方形截面”→“用户”，分别定义以下几种截面（图 6.2-3）。

主梁截面，“名称”：ZLJM →“H”：0.45，“B”：0.25 →“适用”；

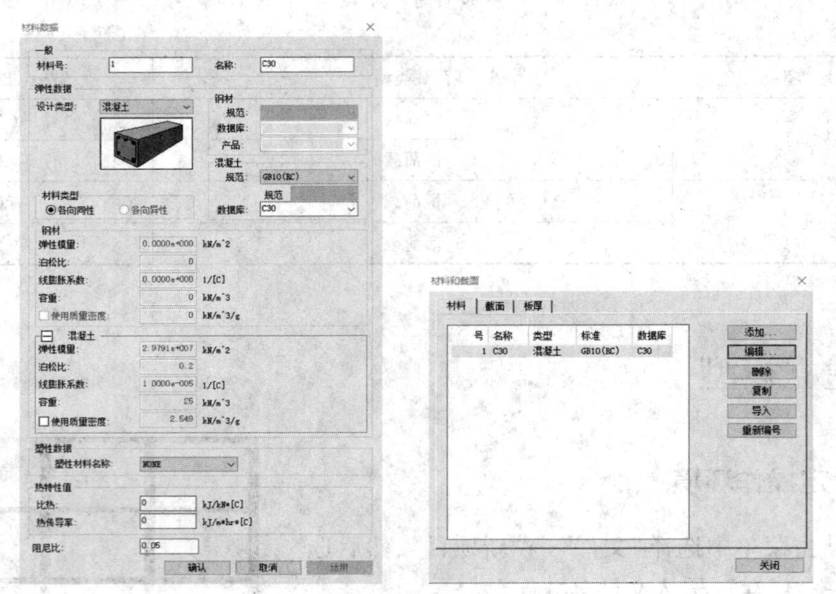

图 6.2-2　定义材料

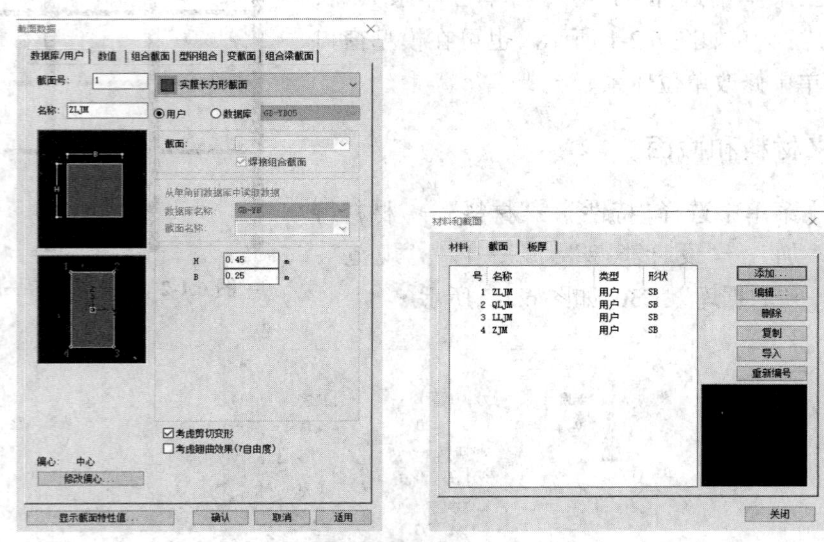

图 6.2-3　定义梁、柱截面

曲梁截面,“名称”:QLJM →“H”:0.55,“B”:0.25 →“适用”;

连梁截面,“名称”:LLJM →“H”:1.0,“B”:0.25 →“适用”;

柱截面,“名称”:ZJM →“H”:0.5,“B”:0.5 →“确认”。

(3)从主菜单中选择“特性”→“截面”→“板厚”→“面内和面外”:0.25,如图 6.2-4 所示。此步骤定义了剪力墙的厚度。

6.2.3　建立框架梁

(1)从主菜单中选择“节点 / 单元”→“节点”→“建立节点”→“坐标”:0,3.75,0 →“复制次数”:1 →“距离”:0,15,0 →“适用”,如图 6.2-5 所示。选择树形菜单“节点”右侧的“单元”→“单元类型”:一般梁 / 变截面梁→材料“名称”: C30 →截面“名称”: ZLJM →“节点连接”:1,2。从而完成第一根梁单元的建立。

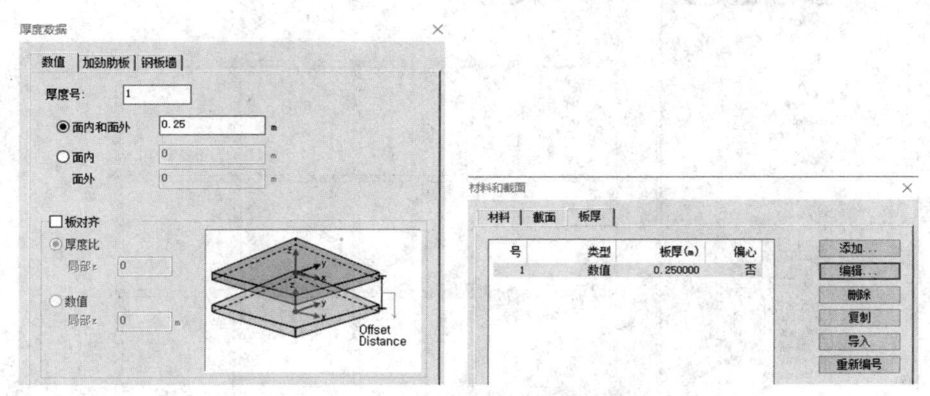

图 6.2-4　定义剪力墙的厚度

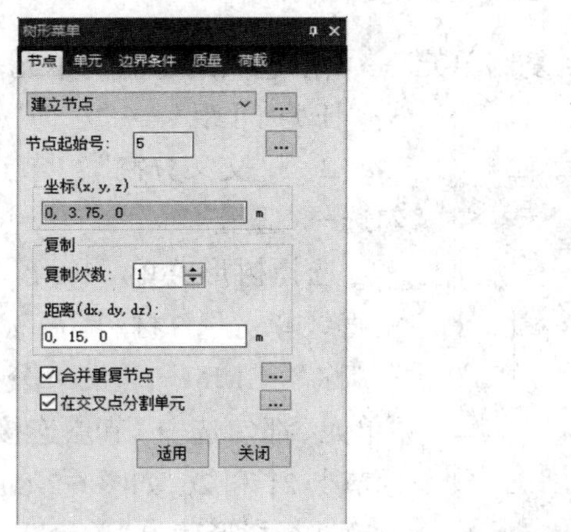

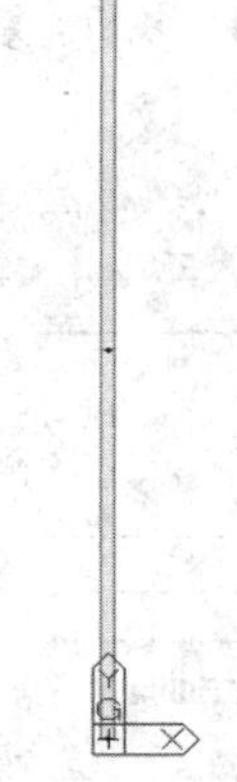

图 6.2-5　建立节点及单元

(2)选择树形菜单“单元”→“移动 / 复制单元”→点击选取刚建立的单元→“任意间距”→“方向”: x →“间距”: 5, 3@4.3 →“适用”。

选择树形菜单“单元”→“建立单元”→材料“名称”: C30 →截面“名称”: ZLJM →“交叉分割”:“节点”和“单元”都勾选→“节点连接”:在模型中点选节点 1 和 9。

选择树形菜单“单元”→“移动 / 复制单元”→点击选取刚建立的单元→“形式”:复制→“任意间距”→“方向”: y →“间距”: 3@4.3 →“交叉分割”:“节点”和“单元”都勾选→“适用”。此步骤完成后,梁单元布置如图 6.2-6 所示。

(3)定义用户坐标系。从主菜单中选择“结构”→“坐标系”→“坐标原点”:直接点选模型右上角的 10 号节点;“旋转角度”: –60 →“保存当前 UCS”→“输入名称”:用户坐标 1(可自定义)→“确认”,如图 6.2-7 所示。

(4)从主菜单中选择“节点 / 单元”→“单元”→“建立单元”→“单元类型”:一般梁 / 变截面梁→材料“名称”: C30 →截面“名称”: ZLJM →“节点连接”:在模型中选择 10 号节点

→“dx,dy”:12.9,0,0→“En”。

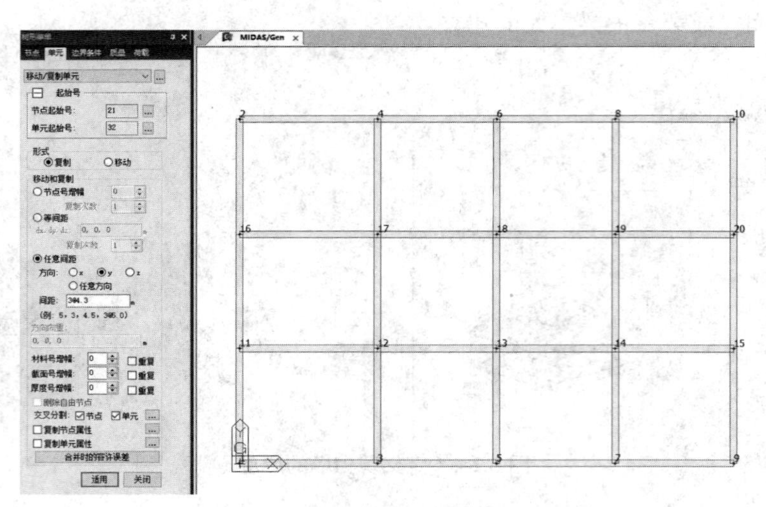

图 6.2-6　建立并复制单元

选择树形菜单“单元”→“移动/复制单元”→点击选取刚建立的单元→“形式”:复制→“任意间距”→“方向”:y→“间距”:3@4.3→“交叉分割”:“节点”和“单元”都勾选→“适用”。

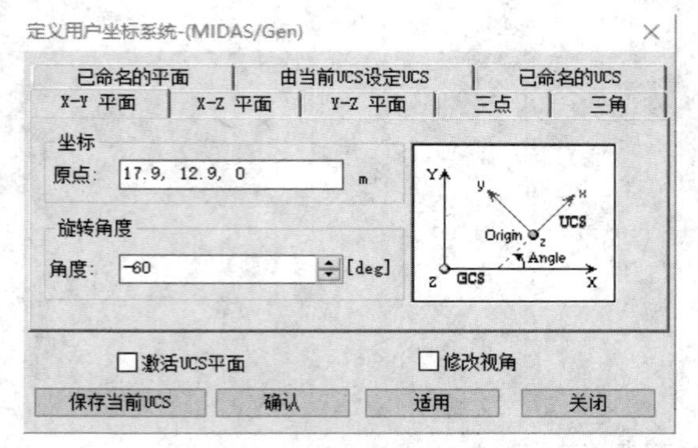

图 6.2-7　定义用户坐标系

选择树形菜单“单元”→“在曲线上建立直线单元”→材料“名称”:C30→截面“名称”:GLJM→“交叉分割”:“节点”和“单元”都勾选→“节点连接”:在模型中点选节点 21 和 26,如图 6.2-8 所示。

选择树形菜单“单元”→“移动/复制单元”→点击选取刚建立的单元→“形式”:复制→“任意间距”→“方向”:x→“间距”:3@4.3→“交叉分割”:“节点”和“单元”都勾选→“适用”。此步骤完成后,即完成梁单元的布置。

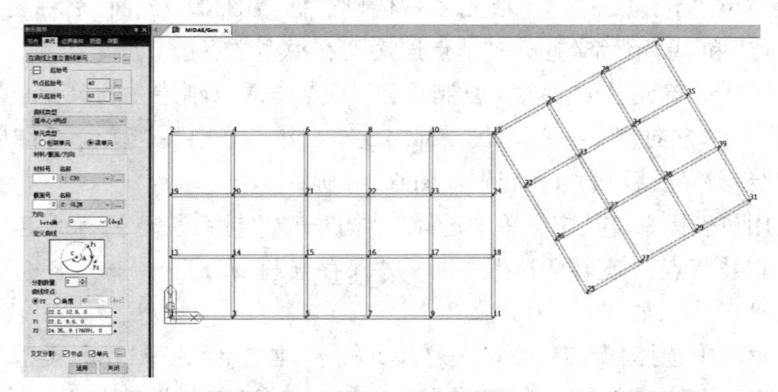

图 6.2-8　在用户坐标系下 y 方向建立单元、$-x$ 方向复制单元

（5）建立曲梁。点击视图中的坐标，切换到整体坐标系。

从主菜单中选择“节点 / 单元”→“单元”→“在曲线上建立直线单元”→“曲线类型”：弧中心 + 两点→“单元类型”：梁单元→材料“名称”：C30→截面“名称”：QLJM，之后根据分割数量，以直接点选节点的方式输入“C”“P1”和“P2”的值，如图 6.2-9 所示。

“分割数量”=2 时，“C”=12、“P1”=24、“P2”=32；

“分割数量”=3 时，“C”=12、“P1”=18、“P2”=36；

“分割数量”=4 时，“C”=12、“P1”=11、“P2”=25；

“分割数量”=5 时，“C”=20、“P1”=4、“P2”=19；

“分割数量”=6 时，“C”=14、“P1”=3、“P2”=13。

选择图 6.2-9 所示的模型中的曲梁对应的角部梁单元，即单元 24、34、1、7，然后删除，完整的框架梁模型如图 6.2-10 所示。

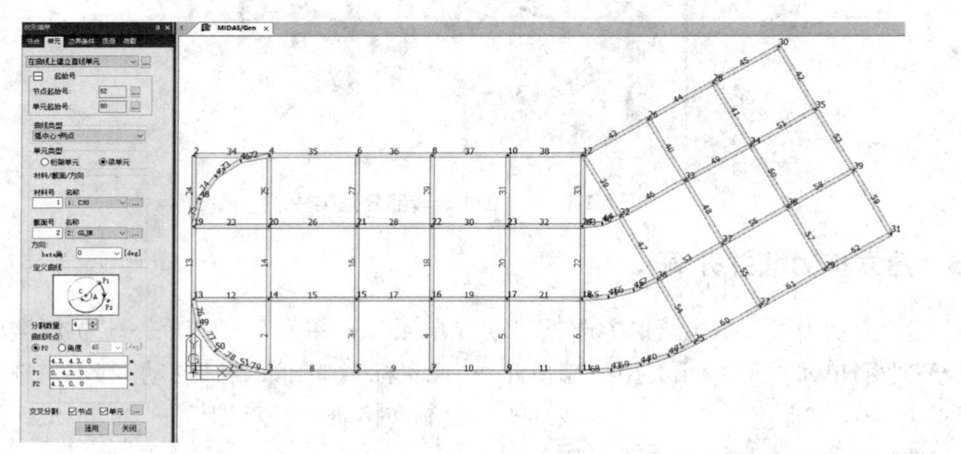

图 6.2-9　建立曲梁

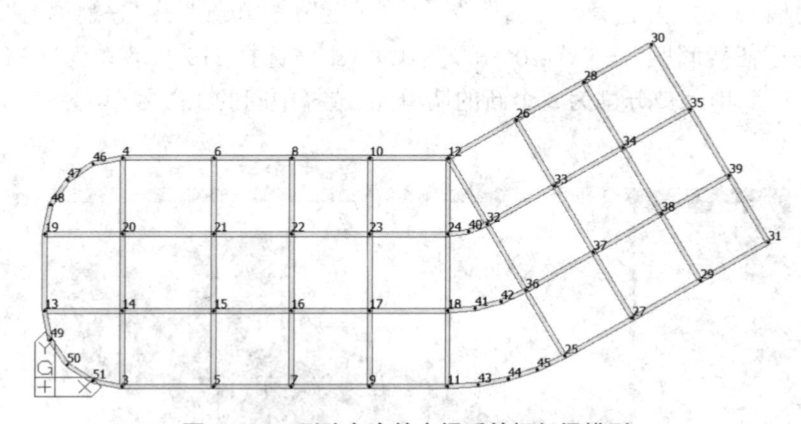

图 6.2-10　删除多余的主梁后的框架梁模型

6.2.4　建立框架柱

（1）从主菜单中选择“节点 / 单元”→“单元”→“扩展”→“扩展类型”：节点→“线单元”→“单元类型”：梁单元→材料“名称”：C30→截面“名称”：ZJM→“生成形式”：复制和

移动→“等间距”→“dx,dy,dz”: 0,0,–4.5 →“复制次数”: 1 →在模型窗口中选择生成柱的节点→“适用”。

（2）从主菜单中选择“节点 / 单元”→“单元”→“修改单元参数”→“参数类型”:单元坐标轴方向→“Beta 角”: 60 →在模型窗口中选择框架 2 部分需要旋转的框架柱→“适用”,如图 6.2-11 所示。

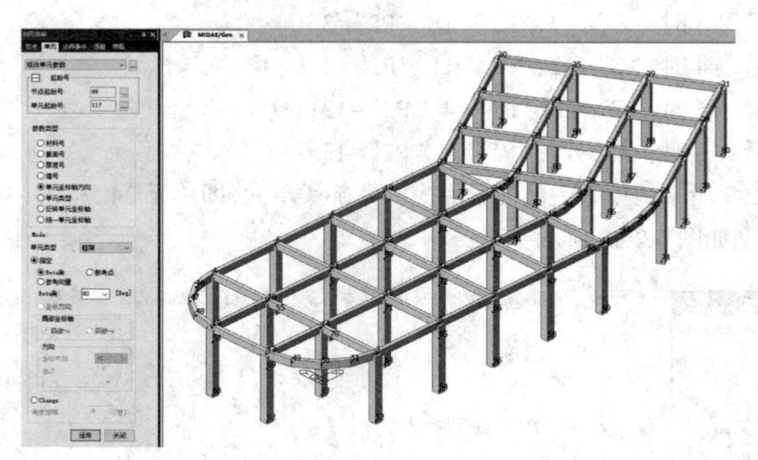

图 6.2-11　建立并旋转部分框架柱

6.2.5　建立剪力墙并开洞

（1）建立剪力墙。从主菜单中选择“节点 / 单元”→“单元”→“扩展”→“扩展类型”:线单元→“平面单元”→“单元类型”:墙单元→“原目标”:“删除”和“移动”都不勾选→材料“名称”: C30 →“厚度”: 0.25 →“生成形式”:复制和移动→“等间距”→“dx,dy,dz”: 0,0,–4.5 →选择生成墙的梁单元→“适用”。

（2）剪力墙开洞。从主菜单中选择“节点 / 单元”→“单元”→“分割单元”→“单元类型”:墙单元→“任意间距”→“x”: 0 →“z”: 1.9,1.2 →选择 119 号墙单元→“适用”,如图 6.2-12 所示。原墙单元被分割为 3 个新的墙单元,选择中间的 131 号单元并删除,如图 6.2-13 所示。

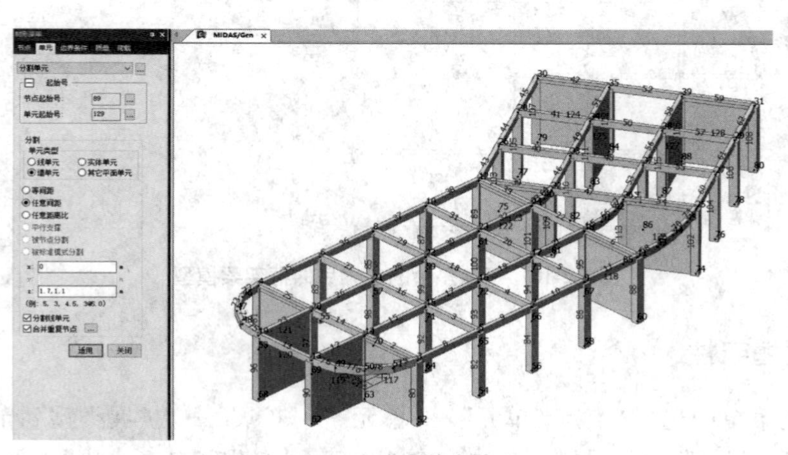

6.2-12　建立剪力墙

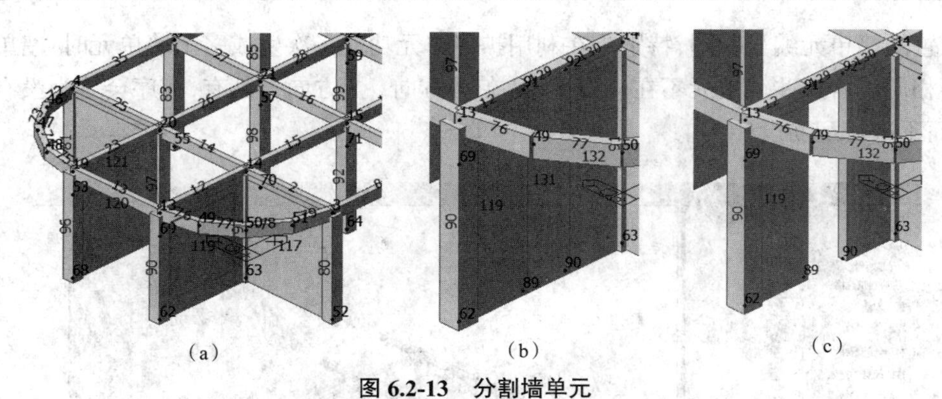

（a）　（b）　（c）

图 6.2-13　分割墙单元

（a）119 号墙单元的位置　（b）分割前　（c）分割后

原墙上的梁单元也同时被分割为 3 个单元，选择中间的 129 号单元（此单元应为连梁），在工作树中用鼠标左键点击 3 号 LLJM 截面并按住，拖放至模型窗口，完成连梁截面的修改，如图 6.2-14 所示。由于连梁截面高 1 m，而原梁高 0.45 m，不对齐，故从主菜单中选择“结构”→“结构类型”→勾选“图形显示时，使梁顶与楼面（X-Y 平面）平齐”，结果如图 6.2-15 所示。

注：此步骤未采用“剪力墙洞口”功能，这是因为底层洞口高度不变（3 m），底层高 4.5 m，其他层高 3 m，在自动计算连梁高度时，连梁高 = 层高 – 洞口高，因此，在定义层数据时，其他层自动计算出来的连梁高度为 0 m，明显有误。

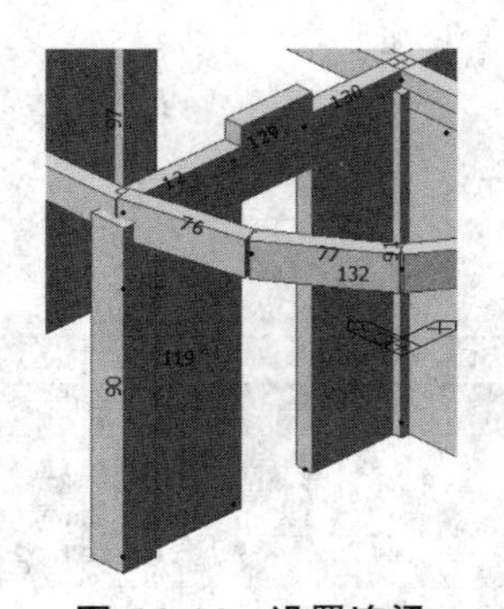

图 6.2-14　设置连梁

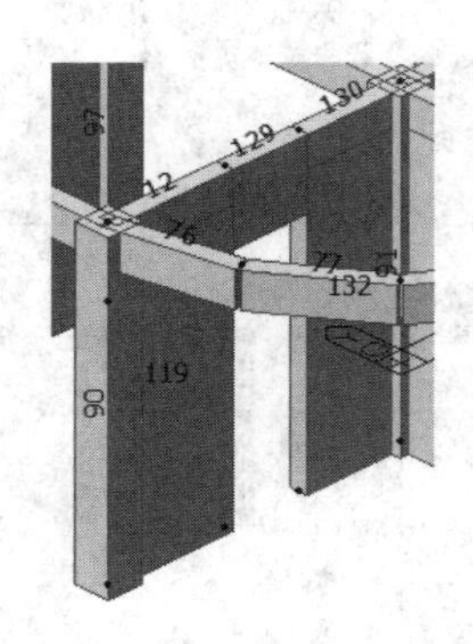

图 6.2-15　梁顶对齐

6.2.6　复制楼层及生成层数据文件

（1）从主菜单中选择“结构”→“控制数据”→“复制层数据”→“复制次数”：5 →“距离”：3 →“添加”→全选并点击“适用”，如图 6.2-16 所示。

（2）从主菜单中选择“结构”→“控制数据”→“定义层数据”→点击 ··· →勾选“层构件剪力比”→勾选“弹性板风荷载”和“静力地震作用”→“确认”。之后点击“生成层数据”→勾选“考虑 5% 偶然偏心”→“确认”。表格最后一列可设置是否考虑刚性楼板，若为弹性楼板选择不考虑，如图 6.2-17 所示。

（3）从主菜单中选择“结构”→“控制数据”→“自动生成墙号”。这样可以避免设计时不同位置的墙单元编号相同，特别是在利用扩展单元功能一次生成多个墙单元时，墙单元的编号会相同。若这些墙单元不在直线上，且在 X 方向、Y 方向上都有，程序会认为没有直线墙，从而不进行配筋设计。

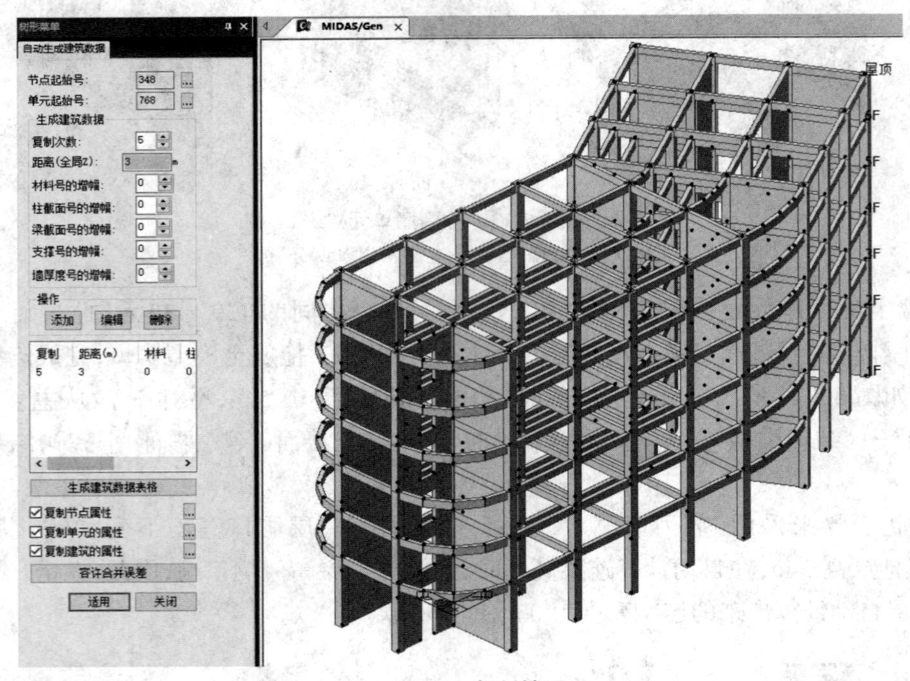

图 6.2-16　复制楼层

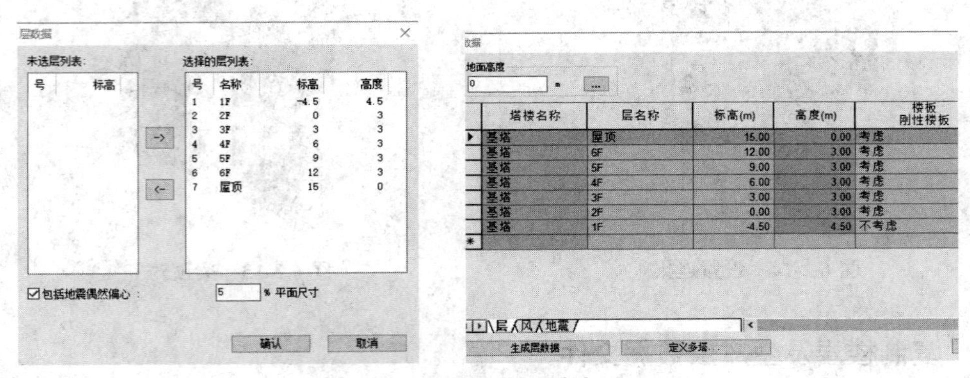

图 6.2-17　定义层数据

6.2.7　定义边界条件

从主菜单中选择“边界条件”→“一般支承”→勾选“D-ALL”→勾选“Rx”“Ry 和 Rz”→在模型窗口中选择柱底及墙底嵌固点，如图 6.2-18 所示。

注：“Rw”表示翘曲自由度。在结构分析计算中，7 自由度梁单元有别于 3 自由度（沿纵向、竖向的平动及绕截面主轴的转动）梁单元和 6 自由度（沿纵向、竖向、横向的平动与转动）梁单元。增加截面上的约束扭转双力矩作为第 7 个自由度，采用 7 自由度空间直梁单

元可计算偏心荷载下的扭矩,并可采用薄壁效应算法计算截面的弯曲剪力流和自由扭转剪力流。

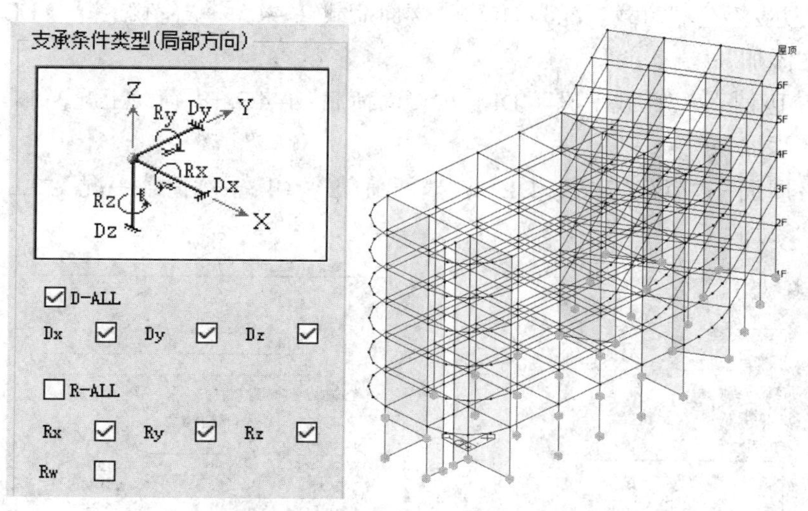

图 6.2-18　定义边界条件

6.3　荷载施加

6.3.1　输入楼面及梁单元荷载

（1）从主菜单中选择“荷载”→“荷载工况”→“静力荷载工况”,即弹出定义静力荷载工况对话框,如图 6.3-1 所示。

“名称”:DL→“类型”:恒荷载→“添加”;

“名称”:LL→“类型”:活荷载→“添加”;

“名称”:WX→“类型”:风荷载→“添加”;

“名称”:WY→“类型”:风荷载→“添加”→“关闭”。

名称: WY　添加
类型: 风荷载 (W)　编辑
说明:　删除

	号	名称	类型	说明
	1	DL	恒荷载 (D)	
	2	LL	活荷载 (L)	
	3	WX	风荷载 (W)	
▶	4	WY	风荷载 (W)	
*				

图 6.3-1　定义静力荷载工况对话框

（2）从主菜单中选择“荷载”→“荷载类型”→“静力荷载”→“初始荷载 / 其他”→“自重”→“荷载工况名称”:DL→“Z”:-1→“添加”→“关闭”（图 6.3-2）。

（3）从主菜单中选择“荷载”→“荷载类型”→“静力荷载”→“初始荷载 / 其他”→“分配楼面荷载”→“定义楼面荷载类型”，如图 6.3-3 所示。

“名称”：办公室→“荷载工况”：DL →“楼面荷载”：–4.3 →“荷载工况”：LL →“楼面荷载”：–2.0 →“添加”；

“名称”：卫生间→“荷载工况”：DL →“楼面荷载”：–4.3 →“荷载工况”：LL →“楼面荷载”：–2.0 →“添加”；

“名称”：屋面→“荷载工况”：DL →“楼面荷载”：–4.3 →“荷载工况”：LL →“楼面荷载”：–2.0 →“添加”。

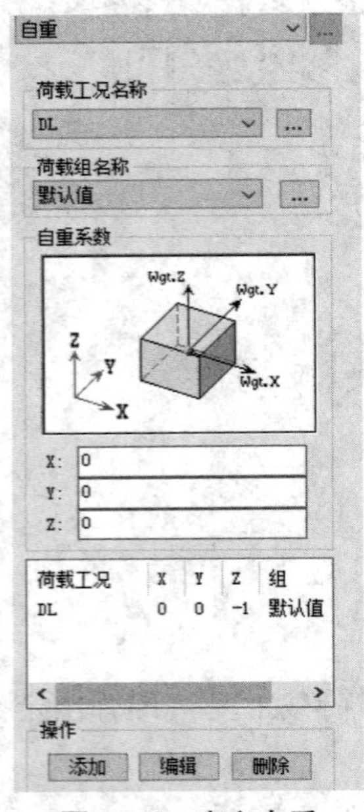

图 6.3-2 定义自重

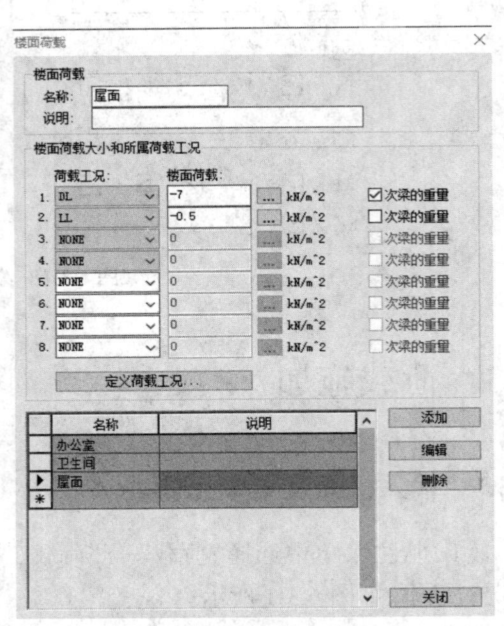

图 6.3-3 定义楼面荷载类型

（4）在快捷工具栏中选择“按照属性激活”→“层”→“2F”→“楼板”→“激活”→“关闭”，如图 6.3-4 所示。

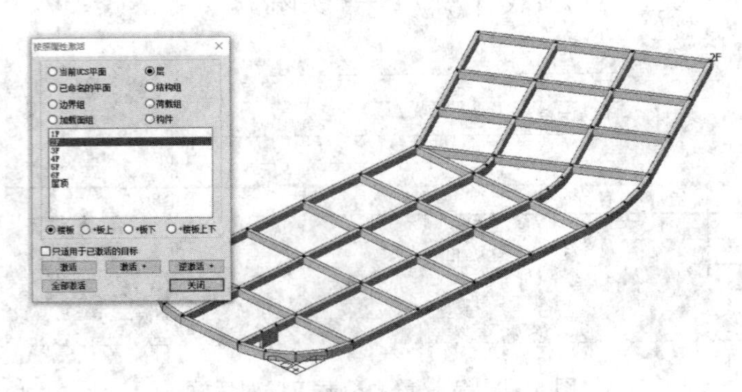

图 6.3-4 按属性激活 2F 楼板

（5）主菜单选择“荷载”→“荷载类型”→“静力荷载”→“初始荷载 / 其他”→“分配楼面荷载”。

①"楼面荷载":办公室→"分配模式":双向→"荷载方向":整体坐标系 Z →勾选"复制楼面荷载"→"方向":z,"距离":4@3 →"指定加载区域的节点",顺时针或逆时针选取节点,在一条直线上的节点只点选直线端部的两点,如图 6.3-5(a)所示。②"楼面荷载":卫生间→"指定加载区域的节点",如图 6.3-5(b)所示。③"楼面荷载":办公室→"分配模式":多边形 - 长度→"指定加载区域的节点",如图 6.3-5(c)所示。④整体效果如图 6.3-5(d)所示。

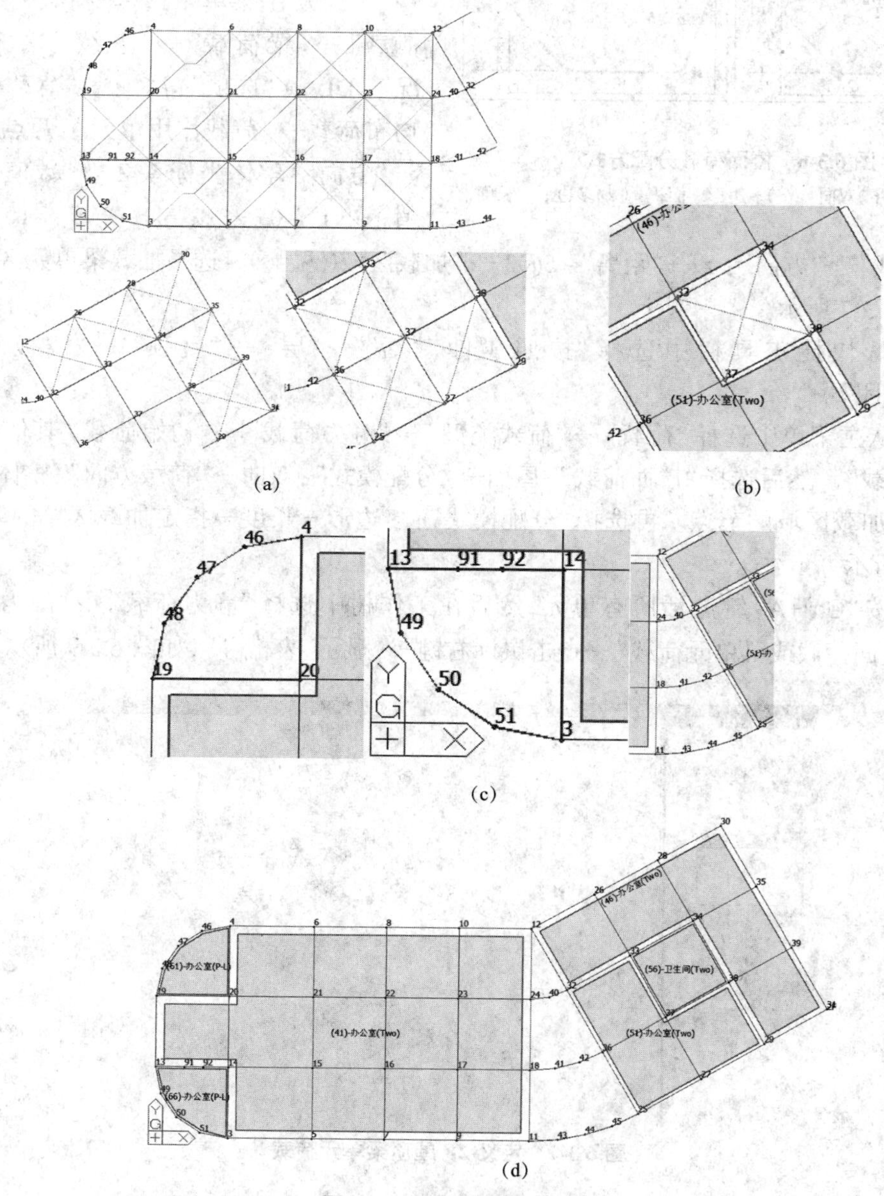

图 6.3-5　分配楼面荷载

注:将楼面荷载转为梁上或墙上荷载是一件比较烦琐的工作。MIDAS Gen 软件提供了单向、双向、多边形 - 面积、多边形 - 长度 4 种分配荷载的模式,如图 6.3-6 所示。单向及双

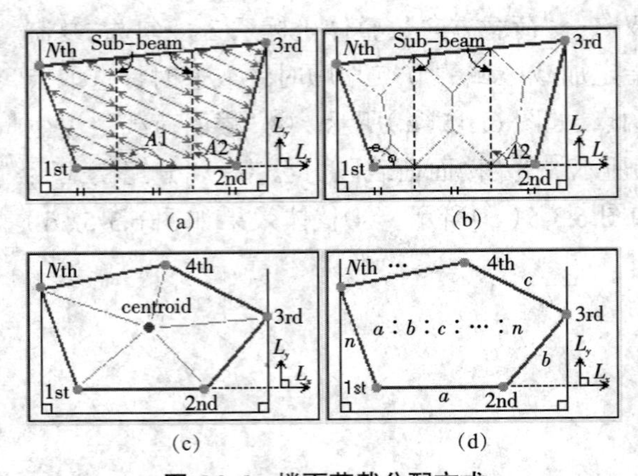

图 6.3-6 楼面荷载分配方式

(a)单向 (b)双向 (c)多边形 - 面积 (d)多边形 - 长度

向分配模式即荷载沿着单个及两个方向传递,适用于非异型板;多边形 - 面积分配模式即荷载按照面积比分配,适用于异型板,且异型板不应为凹形;多边形 - 长度分配模式即荷载按照边长比分配,适用于异型板。

(5)从主菜单中选择"荷载"→"静力荷载"→"梁荷载"→"连续"→"荷载工况":DL→"选项":添加→"荷载类型":均布荷载→"荷载作用单元":两点间直线→"方向":整体坐标系 Z→"数值":相对值→"x1":0→"x2":1,"W":-10→勾选"复制荷载"→"方向":z→"距离":5@3→"加载区域(两点)":选择加载梁单元区段的节点,如图 6.3-7 所示。

(6)从快捷工具栏中选择"按照属性激活"→"层"→"屋顶"→"楼板"→"激活"→"关闭"。

(7)从主菜单中选择"荷载"→"荷载类型"→"静力荷载"→"初始荷载 / 其他"→"分配楼面荷载"。然后选择"楼面荷载":屋面→"分配模式":双向→"荷载方向":整体坐标系 Z→指定加载区域的节点。再选择"分配模式":多边形 - 长度→指定加载区域的节点,如图 6.3-8 所示。

(8)按"Ctrl+A"键激活所有单元,然后在工作树中选择"静力荷载"→"静力荷载工况"→"楼面荷载或梁单元荷载"→点击鼠标右键→"显示、表格等",如图 6.3-9 所示。

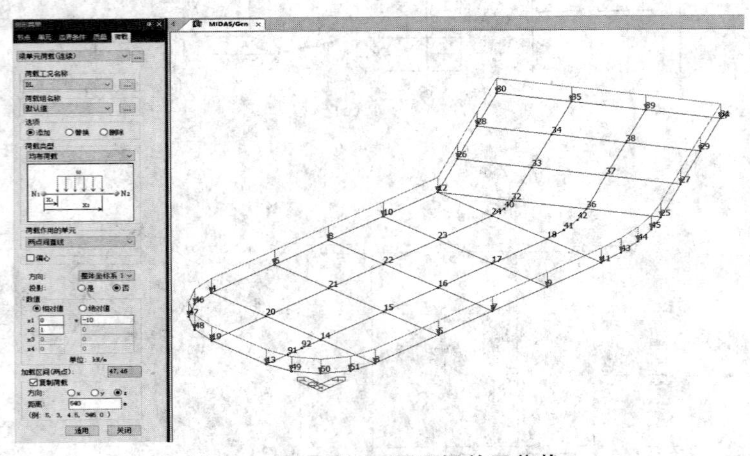

图 6.3-7 定义 2F 屋顶梁单元荷载

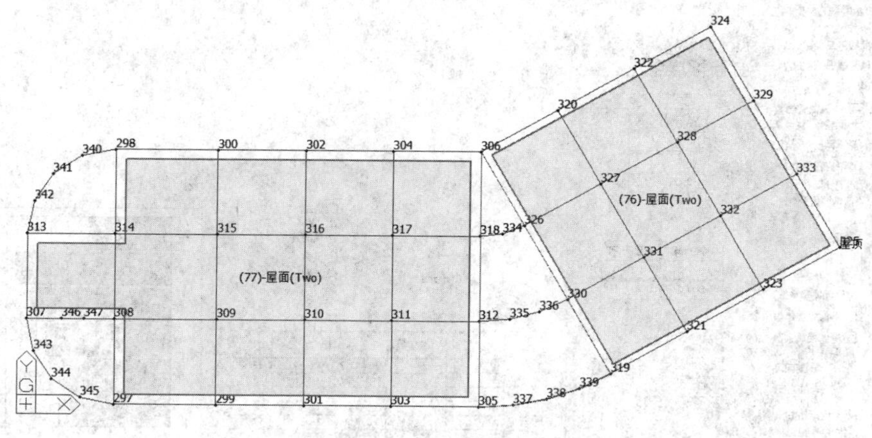

图 6.3-8　分配屋面荷载

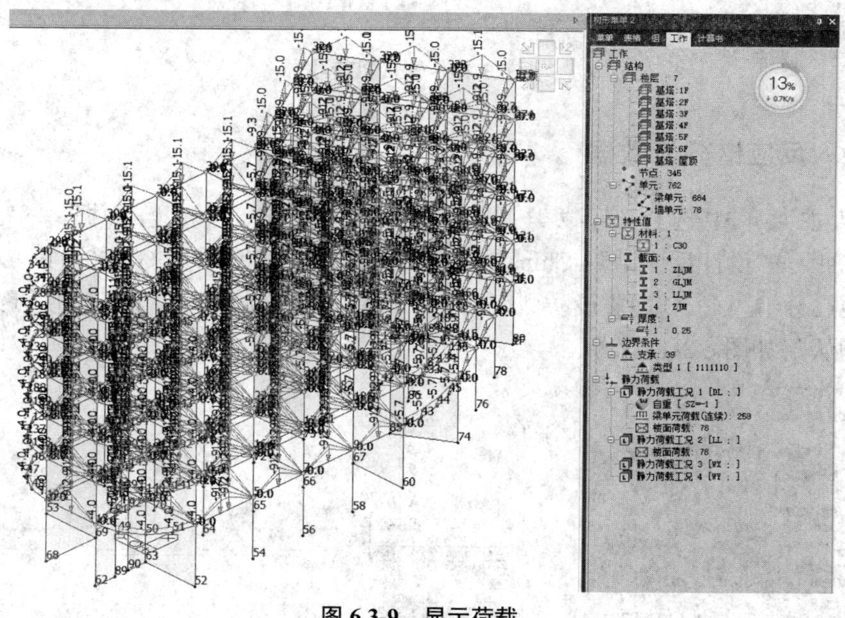

图 6.3-9　显示荷载

6.3.2　输入风荷载

从主菜单中选择“荷载”→“静力荷载”→“横向荷载”→“风荷载”→“添加”→“荷载工况名称”：WX →“风荷载规范”：China(GB50009-2012)(表示采用 GB 50009—2012 标准)→“地面粗糙度”：A →“基本风压”：0.3 →“基本周期”：自动计算→“风荷载方向系数”中“X- 轴”：1，“Y- 轴”：0 →“适用”。点击“风荷载形状”，可查看层风荷载分布(其他参数取默认值即可)。

重复上述操作，仅“风荷载方向系数”不同，“X- 轴”：0，“Y- 轴”：1，然后点击“确认”，如图 6.3-10 所示。

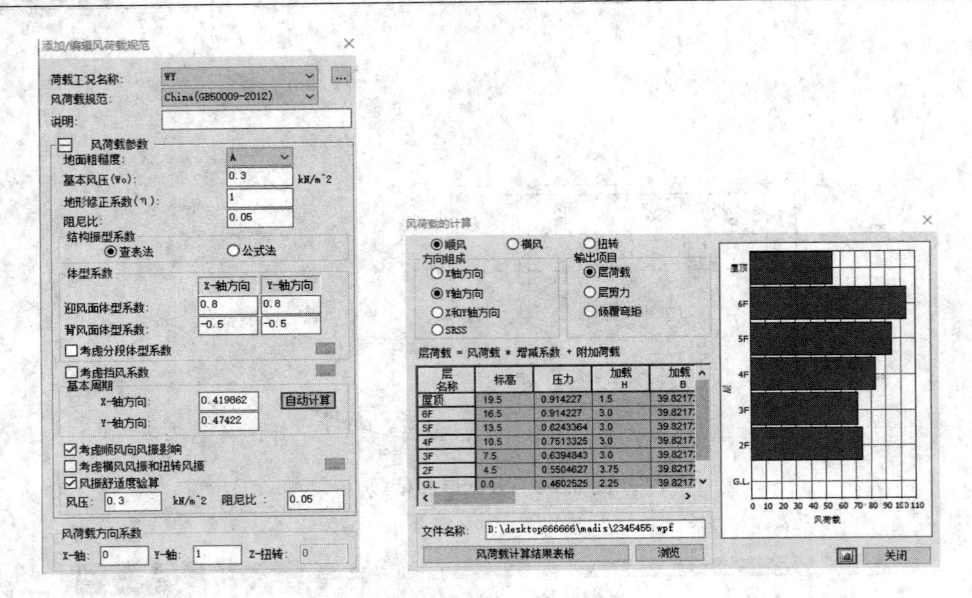

图 6.3-10　输入风荷载

6.3.3　输入反应谱分析数据

（1）从主菜单中选择“荷载类型”→“地震作用”→“反应谱数据”→“反应谱函数”→“添加”→“设计反应谱”：China（GB50011-2010）（表示采用 GB 50011—2010 标准）→“设计地震分组”：1→“地震设防烈度”：7（0.10 g）→“场地类别”：Ⅱ→“地震影响”：多遇地震→“确认”，如图 6.3-11 所示。

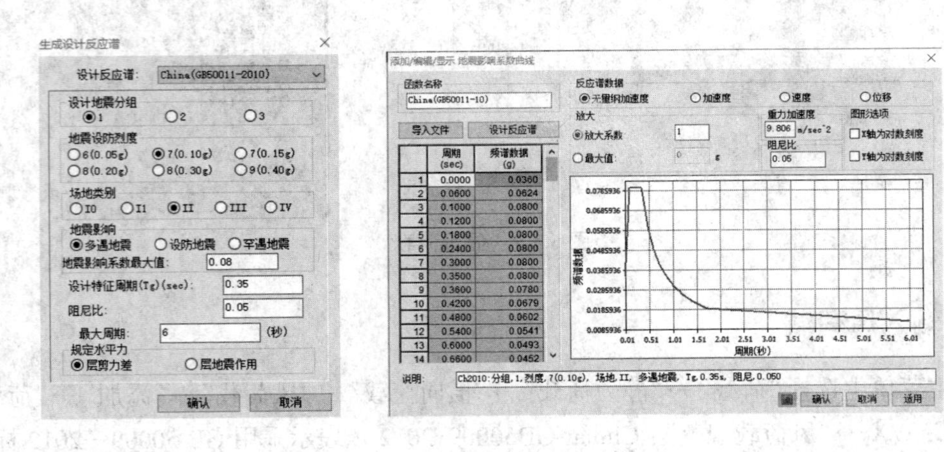

图 6.3-11　生成设计反应谱

（2）从主菜单中选择“荷载类型”→“地震作用”→“反应谱数据”→“反应谱”（定义反应谱荷载工况）→“荷载工况名称”：RX→“方向”：X-Y→“地震作用角度”：0→“系数”：1→“周期折减系数”：1→勾选谱函数“China（GB50011-10）（0.05）”（表示采用 GB 50011—2010 中规定的计算方法）→勾选“偶然偏心”→“特征值分析控制”→“分析类型”：

Lanczos →“振型数量”: 6 →“确认”→“模态组合控制”→“振型组合类型”: CQC →勾选“考虑振型正负号”→点选“沿着主振型方向”→勾选“选择振型形状”→“全部选择”→“确定”→“添加”。

（3）重复上述步骤,“荷载工况名称”: RY →“方向”: X-Y →“地震作用角度”: 90 →“添加”,如图 6.3-12 所示。

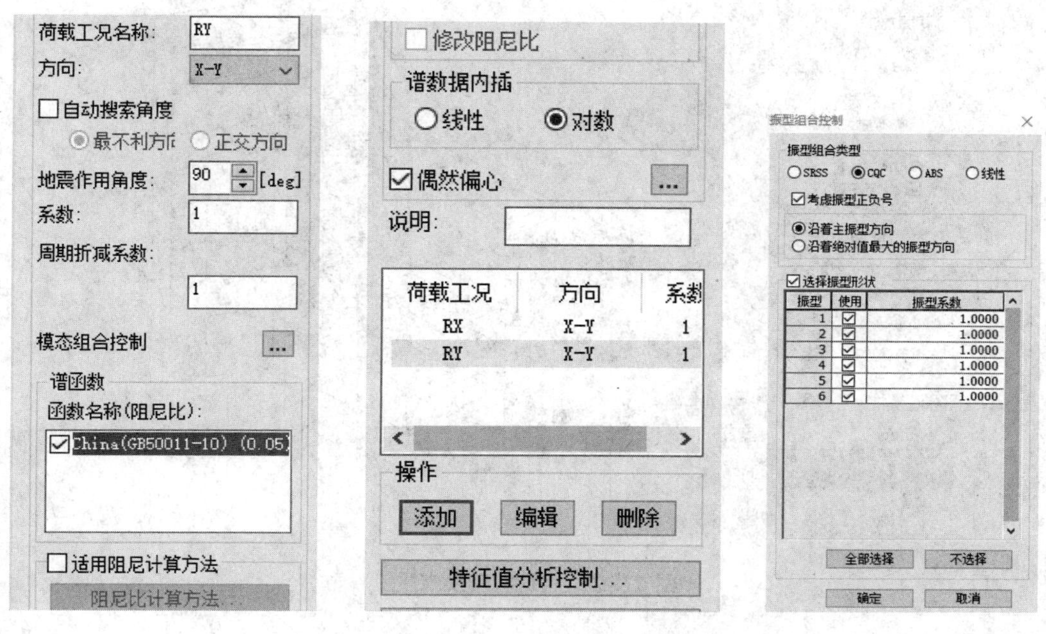

图 6.3-12　定义反应谱荷载工况

6.3.4　定义结构类型并将荷载转换为质量

（1）从主菜单中选择“结构”→“结构类型”: 3-D →“质量控制参数”:集中质量→勾选“将自重转换为质量”→“转换为 X,Y”（地震作用方向）,如图 6.3-13 所示。

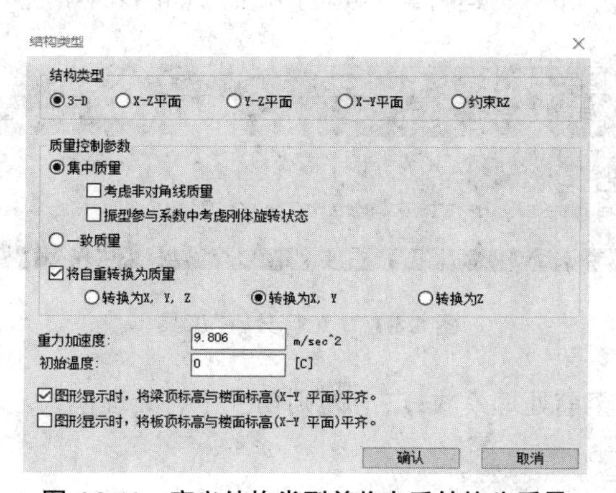

图 6.3-13　定义结构类型并将自重转换为质量

（2）从主菜单中选择“荷载”→“静力荷载”→“结构荷载/自重”→“将荷载转化成质量”→“质量方向”：X、Y→“荷载工况”：DL→“组合值系数”：1→“添加”。

（3）重复上述步骤，“荷载工况”：LL→“组合值系数”：0.5→“添加”，如图 6.3-14 所示。

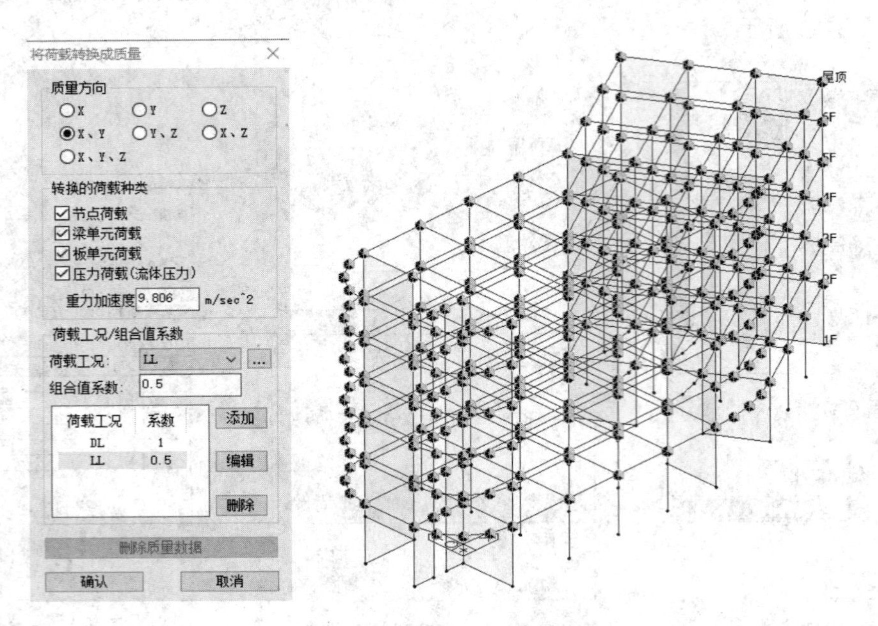

图 6.3-14 将荷载转换成质量

6.4 运行分析及结果查看

6.4.1 运行分析

从主菜单中选择“分析”→“运行”→“运行分析”，如图 6.4-1 所示。

图 6.4-1 “运行分析”工具

注：点击🔓则切换至前处理模式；点击🔒则切换至后处理模式。

6.4.2 生成荷载组合

从主菜单中选择“结果”→“荷载组合”→“混凝土设计”→“自动生成”→“设计规范”：

GB50010-10(表示采用GB 50010—2010标准)→“确认”,如图6.4-2所示。

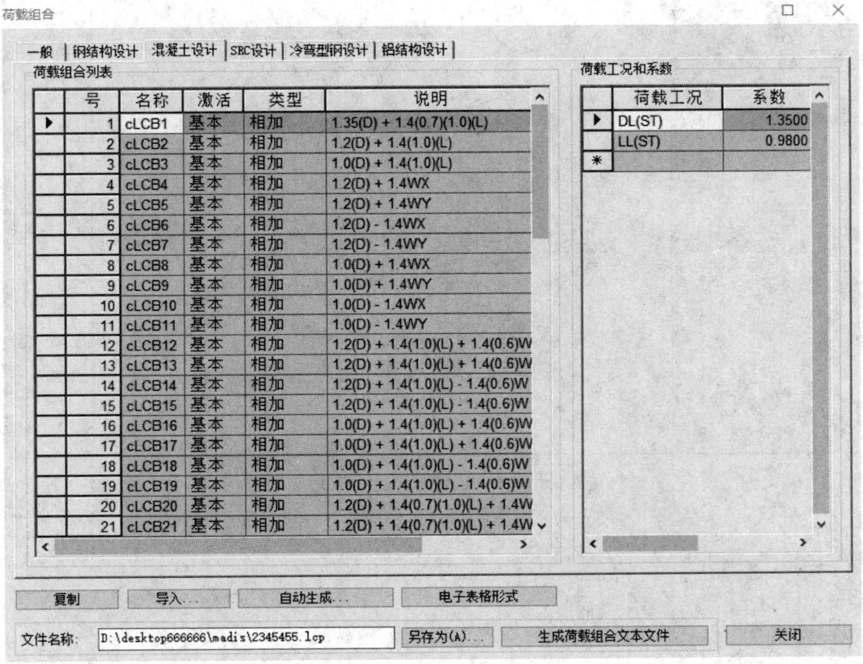

荷载组合

一般 | 钢结构设计 | 混凝土设计 | SRC设计 | 冷弯型钢设计 | 铝结构设计

荷载组合列表

	号	名称	激活	类型	说明
▶	1	cLCB1	基本	相加	1.35(D) + 1.4(0.7)(1.0)(L)
	2	cLCB2	基本	相加	1.2(D) + 1.4(1.0)(L)
	3	cLCB3	基本	相加	1.0(D) + 1.4(1.0)(L)
	4	cLCB4	基本	相加	1.2(D) + 1.4WX
	5	cLCB5	基本	相加	1.2(D) + 1.4WY
	6	cLCB6	基本	相加	1.2(D) - 1.4WX
	7	cLCB7	基本	相加	1.2(D) - 1.4WY
	8	cLCB8	基本	相加	1.0(D) + 1.4WX
	9	cLCB9	基本	相加	1.0(D) + 1.4WY
	10	cLCB10	基本	相加	1.0(D) - 1.4WX
	11	cLCB11	基本	相加	1.0(D) - 1.4WY
	12	cLCB12	基本	相加	1.2(D) + 1.4(1.0)(L) + 1.4(0.6)W
	13	cLCB13	基本	相加	1.2(D) + 1.4(1.0)(L) + 1.4(0.6)W
	14	cLCB14	基本	相加	1.2(D) + 1.4(1.0)(L) - 1.4(0.6)W
	15	cLCB15	基本	相加	1.2(D) + 1.4(1.0)(L) - 1.4(0.6)W
	16	cLCB16	基本	相加	1.0(D) + 1.4(1.0)(L) + 1.4(0.6)W
	17	cLCB17	基本	相加	1.0(D) + 1.4(1.0)(L) + 1.4(0.6)W
	18	cLCB18	基本	相加	1.0(D) + 1.4(1.0)(L) - 1.4(0.6)W
	19	cLCB19	基本	相加	1.0(D) + 1.4(1.0)(L) - 1.4(0.6)W
	20	cLCB20	基本	相加	1.2(D) + 1.4(0.7)(1.0)(L) + 1.4W
	21	cLCB21	基本	相加	1.2(D) + 1.4(0.7)(1.0)(L) + 1.4W

荷载工况和系数

	荷载工况	系数
▶	DL(ST)	1.3500
	LL(ST)	0.9800
*		

复制 导入... 自动生成... 电子表格形式

文件名称: D:\desktop666666\madis\2345455.lcp 另存为(A)... 生成荷载组合文本文件 关闭

图6.4-2 自动生成荷载组合

6.4.3 分析及设计验算结果

前处理主要通过主菜单提供的功能来实现。为全面演示MIDAS Gen操作的便捷性,后处理主要通过鼠标右键等其他方式来实现。

1)反力和位移

(1)从主菜单中选择“视图”→“窗口”→“新窗口”→“窗口布置”→“竖向”。

(2)用鼠标左键点击窗口→点击鼠标右键→“反力”→“荷载工况/荷载组合”:CBC:cLCB1→“反力”:FX(或FZ)→勾选“数值”和“图例”→“适用”。在模型窗口中查看柱脚内力情况,如图6.4-3所示。选择节点,在信息窗口中显示该节点的反力结果,如图6.4-4所示。

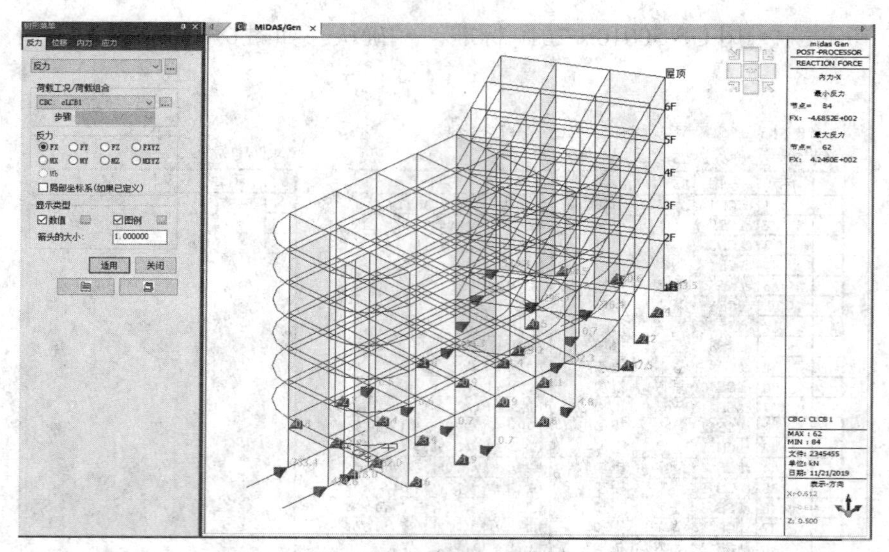

图 6.4-3　柱脚内力情况

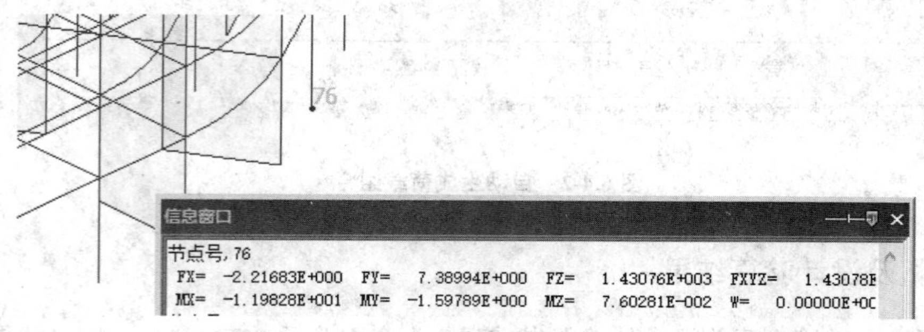

图 6.4-4　节点的反力结果

（3）选择“位移”→“位移等值线”，可以查看任意节点在各方向上的位移，如图 6.4-5 所示。

2）内力和应力

（1）选择“内力 / 应力”→“梁单元内力图”，可以查看各种工况组合下的梁单元内力，如图 6.4-6 所示。

（2）在工作树中选择“工作”→双击“结构”→双击“单元”→双击“墙单元”→按“F2”键激活墙单元→点击鼠标右键→“内力”→“墙单元内力”，可以查看各种工况组合下的墙单元内力，如图 6.4-7 所示。

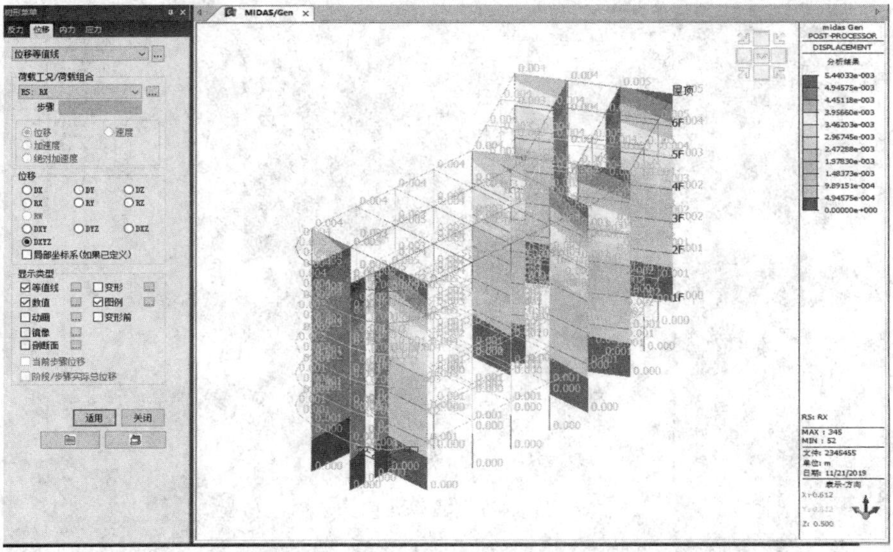

图 6.4-5　位移等值线结果

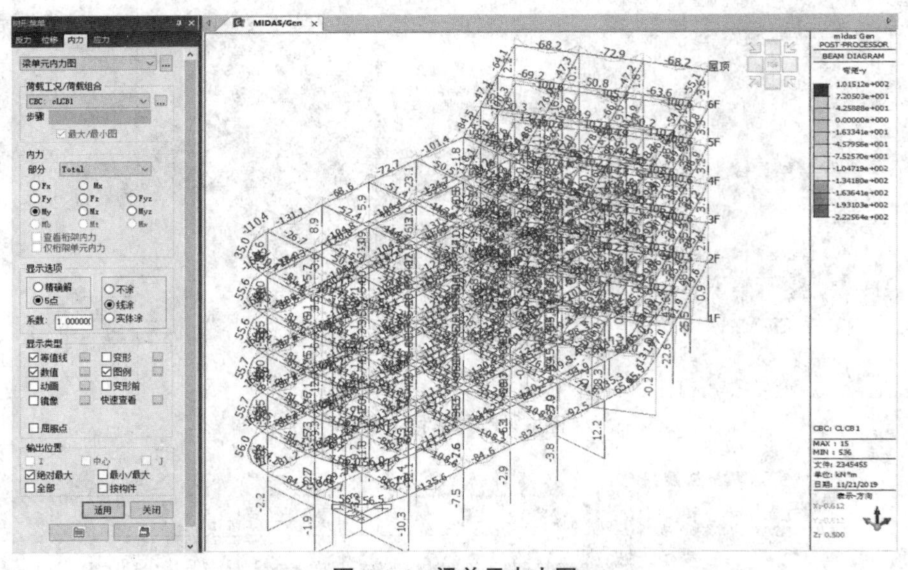

图 6.4-6　梁单元内力图

（3）选择“内力”→“构件内力图”，可以查看各种工况组合下的构件内力，如图 6.4-8 所示。

3）梁单元细部分析

在窗口中单击鼠标右键选择“梁单元细部分析”，可以查看各种工况组合下的应力及内力图，如图 6.4-9 所示。

4）层结果

从主菜单中选择“结果”→“结果表格”→“层”，选择“层间位移角”“层位移”“层剪重比”等，可以查看各种工况组合下的分析及设计验算结果，如图 6.4-10 至图 6.4-17 所示。

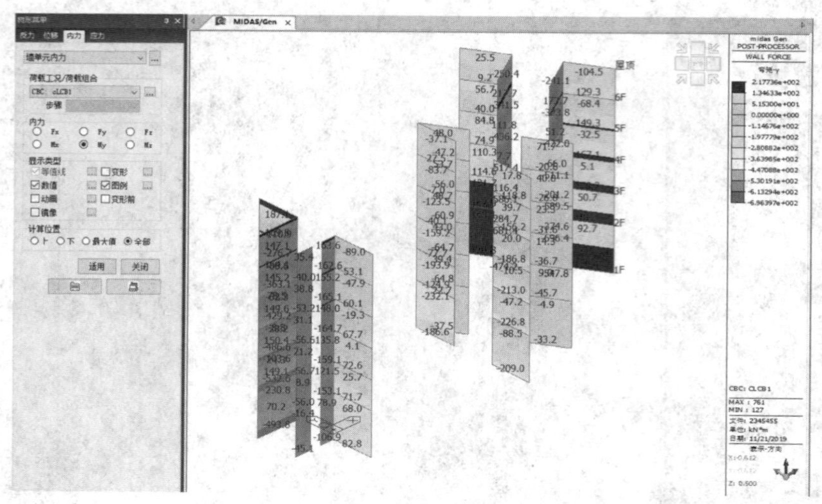

图 6.4-7　墙单元内力

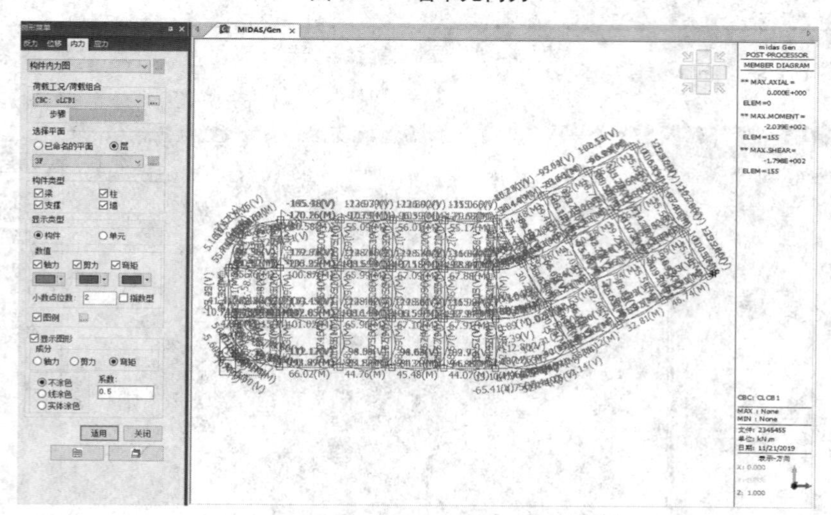

图 6.4-8　构件内力图

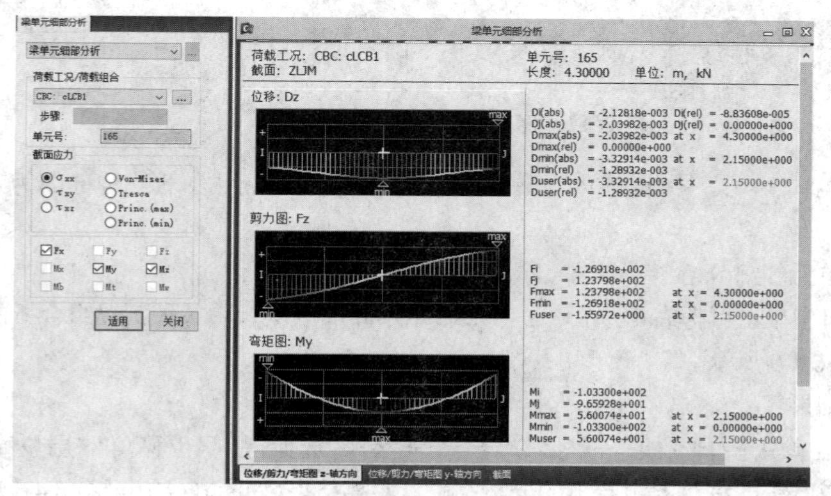

图 6.4-9　梁单元细部分析结果

荷载工况	层	层高度 (m)	层间位移角限值	全部竖向单元的最大层间位移				竖向构件平均层间位移			
				节点	层间位移 (m)	层间位移角	验算	层间位移 (m)	层间位移角(最大/当前方法)	层间位移角	验算
DL	6F	3.00	1/550	246	-0.0002	1/-12851	OK	-0.0002	1.2697	1/-16317	OK
DL	5F	3.00	1/550	195	-0.0002	1/-13369	OK	-0.0002	1.2676	1/-16946	OK
DL	4F	3.00	1/550	144	-0.0002	1/-14784	OK	-0.0002	1.2664	1/-18723	OK
DL	3F	3.00	1/550	93	-0.0002	1/-17633	OK	-0.0001	1.2649	1/-22305	OK
DL	2F	3.00	1/550	3	-0.0001	1/-23764	OK	-0.0001	1.2622	1/-29995	OK
DL	1F	4.50	1/550	52	-0.0001	1/-60738	OK	-0.0001	1.2634	1/-76735	OK
LL	6F	3.00	1/550	246	-0.0001	1/-47437	OK	-0.0001	1.2171	1/-57736	OK
LL	5F	3.00	1/550	195	-0.0001	1/-47623	OK	-0.0001	1.2167	1/-57943	OK
LL	4F	3.00	1/550	144	-0.0001	1/-51947	OK	-0.0000	1.2173	1/-63238	OK
LL	3F	3.00	1/550	93	-0.0000	1/-61340	OK	-0.0000	1.2177	1/-74692	OK
LL	2F	3.00	1/550	3	-0.0000	1/-82621	OK	-0.0000	1.2171	1/-100554	OK
LL	1F	4.50	1/550	52	-0.0000	1/-209966	OK	-0.0000	0.2190	1/-255942	OK
WX	6F	3.00	1/550	246	0.0000	1/61924	OK	0.0000	1.0105	1/62576	OK
WX	5F	3.00	1/550	195	0.0001	1/57234	OK	0.0001	1.0161	1/58155	OK
WX	4F	3.00	1/550	144	0.0001	1/55046	OK	0.0001	1.0216	1/56236	OK
WX	3F	3.00	1/550	93	0.0001	1/56121	OK	0.0001	1.0272	1/57649	OK
WX	2F	3.00	1/550	3	0.0000	1/62737	OK	0.0000	1.0330	1/64807	OK
WX	1F	4.50	1/550	52	0.0000	1/103373	OK	0.0000	1.0360	1/107089	OK
WY	6F	3.00	1/550	273	0.0000	1/446243	OK	0.0000	1.2653	1/1010872	OK
WY	5F	3.00	1/550	222	0.0000	1/392819	OK	0.0000	1.2643	1/889444	OK

图 6.4-10　层间位移角与验算结果

荷载工况	节点	层	标高 (m)	层高度 (m)	最大位移 (m)	平均位移 (m)	最大/平均	验算
DL	297	屋顶	15.00	0.00	-0.0010	-0.0008	1.3499	NG
DL	246	6F	12.00	3.00	-0.0008	-0.0006	1.3486	NG
DL	195	5F	9.00	3.00	-0.0006	-0.0004	1.3474	NG
DL	144	4F	6.00	3.00	-0.0004	-0.0003	1.3461	NG
DL	93	3F	3.00	3.00	-0.0002	-0.0001	1.3446	NG
DL	3	2F	0.00	3.00	-0.0001	-0.0001	1.3457	NG
DL	0	1F	-4.50	4.50	0.0000	0.0000	0.0000	OK
LL	297	屋顶	15.00	0.00	-0.0003	-0.0002	1.2820	NG
LL	246	6F	12.00	3.00	-0.0002	-0.0002	1.2820	NG
LL	195	5F	9.00	3.00	-0.0002	-0.0001	1.2824	NG
LL	144	4F	6.00	3.00	-0.0001	-0.0001	1.2826	NG
LL	93	3F	3.00	3.00	-0.0001	-0.0000	1.2826	NG
LL	3	2F	0.00	3.00	-0.0000	-0.0000	0.2843	OK
LL	0	1F	-4.50	4.50	0.0000	0.0000	0.0000	OK
WX	297	屋顶	15.00	0.00	0.0003	0.0003	1.0293	OK
WX	246	6F	12.00	3.00	0.0003	0.0002	1.0325	OK
WX	195	5F	9.00	3.00	0.0002	0.0002	1.0359	OK
WX	144	4F	6.00	3.00	0.0001	0.0001	1.0394	OK
WX	93	3F	3.00	3.00	0.0001	0.0001	1.0427	OK
WX	3	2F	0.00	3.00	0.0000	0.0000	1.0447	OK
WX	0	1F	-4.50	4.50	0.0000	0.0000	0.0000	OK
WY	324	屋顶	15.00	0.00	0.0000	0.0000	1.8385	NG
WY	273	6F	12.00	3.00	0.0000	0.0000	0.8309	OK
WY	222	5F	9.00	3.00	0.0000	0.0000	0.8187	OK
WY	171	4F	6.00	3.00	0.0000	0.0000	0.7966	OK
WY	120	3F	3.00	3.00	0.0000	0.0000	0.7547	OK
WY	30	2F	0.00	3.00	0.0000	0.0000	0.6879	OK
WY	0	1F	-4.50	4.50	0.0000	0.0000	0.0000	OK
RX(RS)	297	屋顶	15.00	0.00	0.0053	0.0044	1.1827	OK

图 6.4-11　层位移与验算结果

层	标高 (m)	反应谱	地震反应力		楼层剪力						偶然偏心 (m)	层剪力 (kN)	偶然偏心弯矩 (kN*m)
					弹性支承反力		除弹性支承外		包含弹性支承				
			X (kN)	Y (kN)	X (kN)	Y (kN)	X (kN)	Y (kN)	X (kN)	Y (kN)			
屋顶	15.0000	RX(RS)	6.3265e+002	1.0910e+002	0.0000e+000	0.0000e+000	0.0000e+000	0.0000e+000	0.0000e+000	0.0000e+000	9.6750e-001	6.3265e+002	6.1209e+002
6F	12.0000	RX(RS)	8.3327e+002	1.1896e+002	0.0000e+000	0.0000e+000	6.3265e+002	1.0910e+002	6.3265e+002	1.0910e+002	9.6750e-001	8.3327e+002	8.0619e+002
5F	9.0000	RX(RS)	6.5330e+002	9.3636e+001	0.0000e+000	0.0000e+000	1.4524e+003	2.2524e+002	1.4524e+003	2.2524e+002	9.6750e-001	6.5330e+002	6.3207e+002
4F	6.0000	RX(RS)	6.1246e+002	9.1447e+001	0.0000e+000	0.0000e+000	2.0220e+003	3.0271e+002	2.0220e+003	3.0271e+002	9.6750e-001	6.1246e+002	5.9256e+002
3F	3.0000	RX(RS)	5.4320e+002	8.2037e+001	0.0000e+000	0.0000e+000	2.4443e+003	3.6023e+002	2.4443e+003	3.6023e+002	9.6750e-001	5.4320e+002	5.2555e+002
2F	0.0000	RX(RS)	3.5733e+002	5.4606e+001	0.0000e+000	0.0000e+000	2.7733e+003	4.0654e+002	2.7733e+003	4.0654e+002	9.6750e-001	3.5733e+002	3.4572e+002
1F	-4.5000	RX(RS)	-2.9826e+00	-4.3698e+00	0.0000e+000	0.0000e+000	2.9826e+003	4.3698e+002	2.9826e+003	4.3698e+002	9.6750e-001	2.9826e+003	2.8856e+003
屋顶	15.0000	RY(RS)	9.5586e+001	6.6153e+002	0.0000e+000	0.0000e+000	0.0000e+000	0.0000e+000	0.0000e+000	0.0000e+000	1.9911e+000	6.6153e+002	1.3172e+003
6F	12.0000	RY(RS)	1.2266e+002	9.0064e+002	0.0000e+000	0.0000e+000	9.5586e+001	6.6153e+002	9.5586e+001	6.6153e+002	1.9911e+000	9.0064e+002	1.7933e+003
5F	9.0000	RY(RS)	9.4855e+001	6.9815e+002	0.0000e+000	0.0000e+000	2.1603e+002	1.5509e+003	2.1603e+002	1.5509e+003	1.9911e+000	6.9815e+002	1.3901e+003
4F	6.0000	RY(RS)	9.1646e+001	6.0108e+002	0.0000e+000	0.0000e+000	2.9682e+002	2.1866e+003	2.9682e+002	2.1866e+003	1.9911e+000	6.0108e+002	1.1968e+003
3F	3.0000	RY(RS)	8.4663e+001	4.9306e+002	0.0000e+000	0.0000e+000	3.5601e+002	2.6461e+003	3.5601e+002	2.6461e+003	1.9911e+000	4.9306e+002	9.8172e+002
2F	0.0000	RY(RS)	5.9132e+001	3.0941e+002	0.0000e+000	0.0000e+000	4.0400e+002	2.9707e+003	4.0400e+002	2.9707e+003	1.9911e+000	3.0941e+002	6.1606e+002
1F	-4.5000	RY(RS)	-4.3698e+00	-3.1567e+00	0.0000e+000	0.0000e+000	4.3698e+002	3.1567e+003	4.3698e+002	3.1567e+003	1.9911e+000	3.1567e+003	6.2853e+003

图 6.4-12　层剪力结果

层	反应谱	楼层剪力 X (kN)	楼层剪力 Y (kN)	重量合计 X (kN)	重量合计 Y (kN)	层剪重比 X	层剪重比 Y
6F	RX(RS)	6.3265e+002	1.0910e+002	6.3457e+003	6.3457e+003	0.0997	0.01719
5F	RX(RS)	1.4524e+003	2.2524e+002	1.7576e+004	1.7576e+004	0.08264	0.01282
4F	RX(RS)	2.0220e+003	3.0271e+002	2.8806e+004	2.8806e+004	0.07019	0.01051
3F	RX(RS)	2.4443e+003	3.6023e+002	4.0036e+004	4.0036e+004	0.06105	0.008998
2F	RX(RS)	2.7733e+003	4.0654e+002	5.1266e+004	5.1266e+004	0.0541	0.00793
1F	RX(RS)	2.9826e+003	4.3698e+002	6.2906e+004	6.2906e+004	0.04741	0.006947
6F	RY(RS)	9.5586e+001	6.6153e+002	6.3457e+003	6.3457e+003	0.01506	0.1042
5F	RY(RS)	2.1603e+002	1.5509e+003	1.7576e+004	1.7576e+004	0.01229	0.08824
4F	RY(RS)	2.9682e+002	2.1866e+003	2.8806e+004	2.8806e+004	0.0103	0.07591
3F	RY(RS)	3.5601e+002	2.6461e+003	4.0036e+004	4.0036e+004	0.008892	0.06609
2F	RY(RS)	4.0400e+002	2.9707e+003	5.1266e+004	5.1266e+004	0.007881	0.05795
1F	RY(RS)	4.3698e+002	3.1567e+003	6.2906e+004	6.2906e+004	0.006947	0.05018

图 6.4-13　层剪重比结果

层	标高 (m)	荷载	类型	号	角度1 ([deg])	内力1 (kN)	比率1	角度2 ([deg])	内力2 (kN)	比率2
静力荷载工况结果角度: 0 [度]										
输入角度后请按'适用'键。					0.00	适用				
3F	3.0000	DL	杆系(梁)	337	0.00	0.8407	0.00	90.00	-21.7760	0.00
3F	3.0000	DL	杆系(梁)	366	0.00	2.9101	0.00	90.00	-3.0121	0.00
3F	3.0000	DL	杆系(梁)	360	0.00	-5.8560	0.00	90.00	15.0044	0.00
3F	3.0000	DL	杆系(梁)	354	0.00	-1.4602	0.00	90.00	0.4537	0.00
3F	3.0000	DL	杆系(梁)	348	0.00	-1.7296	0.00	90.00	-2.1442	0.00
3F	3.0000	DL	墙	10	0.00	21.7954	0.00	90.00	-22.0961	0.00
3F	3.0000	DL	墙	5	0.00	-14.3898	0.00	90.00	7.8816	0.00
3F	3.0000	DL	杆系(梁)	342	0.00	4.1708	0.00	90.00	20.1537	0.00
3F	3.0000	DL	墙	4	0.00	-84.6201	0.00	90.00	-7.6994	0.00
3F	3.0000	DL	杆系(梁)	336	0.00	0.2734	0.00	90.00	0.0039	0.00
3F	3.0000	DL	杆系(梁)	371	0.00	1.3383	0.00	90.00	0.2685	0.00
3F	3.0000	DL	杆系(梁)	365	0.00	-1.3577	0.00	90.00	-7.1062	0.00
3F	3.0000	DL	杆系(梁)	343	0.00	-9.7206	0.00	90.00	-0.8934	0.00
3F	3.0000	DL	杆系(梁)	359	0.00	1.2936	0.00	90.00	-14.4395	0.00
3F	3.0000	DL	杆系(梁)	353	0.00	2.5093	0.00	90.00	0.7521	0.00
3F	3.0000	DL	杆系(梁)	347	0.00	2.5342	0.00	90.00	-1.9800	0.00
3F	3.0000	DL	墙	9	0.00	-13.1225	0.00	90.00	18.4529	0.00
3F	3.0000	DL	杆系(梁)	341	0.00	1.8086	0.00	90.00	-21.8576	0.00
3F	3.0000	DL	墙	11	0.00	43.3407	0.00	90.00	24.9243	0.00
3F	3.0000	DL	墙	3	0.00	-0.9720	0.00	90.00	-47.7366	0.00
3F	3.0000	DL	杆系(梁)	335	0.00	5.1532	0.00	90.00	-0.2965	0.00
3F	3.0000	DL	杆系(梁)	370	0.00	0.3618	0.00	90.00	0.5433	0.00
3F	3.0000	DL	杆系(梁)	364	0.00	-13.4246	0.00	90.00	-7.6882	0.00
3F	3.0000	DL	杆系(梁)	358	0.00	-15.3178	0.00	90.00	14.8068	0.00
3F	3.0000	DL	杆系(梁)	349	0.00	4.1072	0.00	90.00	-2.3291	0.00
3F	3.0000	DL	杆系(梁)	352	0.00	-1.9486	0.00	90.00	-0.3682	0.00
3F	3.0000	DL	杆系(梁)	346	0.00	-3.4562	0.00	90.00	0.1920	0.00
3F	3.0000	DL	墙	8	0.00	10.1959	0.00	90.00	-0.5845	0.00

图 6.4-14　层构件剪力比结果（框架柱和剪力墙的地震剪力和比率）

荷载工况	层	标高 (m)	层高度 (m)	角度1 ([deg])	竖向构件的倾覆弯矩 (kN*m) 框架 Value	框架 比值	墙单元 Value	墙单元 比值	角度2 ([deg])	竖向构件的倾覆弯矩 (kN*m) 框架 Value	框架 比值	墙单元 Value	墙单元 比值
静力荷载工况结果角度: 0 [度]													
输入角度后请按'适用'键。				0.00	适用								
DL	6F	12.00	3.00	0.00	-	-	-	-	90.00	-	-	-	-
DL	5F	9.00	3.00	0.00	-	-	-	-	90.00	-	-	-	-
DL	4F	6.00	3.00	0.00	-	-	-	-	90.00	-	-	-	-
DL	3F	3.00	3.00	0.00	-	-	-	-	90.00	-	-	-	-
DL	2F	0.00	3.00	0.00	-	-	-	-	90.00	-	-	-	-
DL	1F	-4.50	4.50	0.00	-	-	-	-	90.00	-	-	-	-
LL	6F	12.00	3.00	0.00	-	-	-	-	90.00	-	-	-	-
LL	5F	9.00	3.00	0.00	-	-	-	-	90.00	-	-	-	-
LL	4F	6.00	3.00	0.00	-	-	-	-	90.00	-	-	-	-
LL	3F	3.00	3.00	0.00	-	-	-	-	90.00	-	-	-	-
LL	2F	0.00	3.00	0.00	-	-	-	-	90.00	-	-	-	-
LL	1F	-4.50	4.50	0.00	-	-	-	-	90.00	-	-	-	-
WX	6F	12.00	3.00	0.00	61.39	0.76	19.57	0.24	90.00	-	-	-	-
WX	5F	9.00	3.00	0.00	114.66	0.36	201.09	0.64	90.00	-	-	-	-
WX	4F	6.00	3.00	0.00	177.16	0.26	512.53	0.74	90.00	-	-	-	-
WX	3F	3.00	3.00	0.00	241.83	0.20	944.36	0.80	90.00	-	-	-	-
WX	2F	0.00	3.00	0.00	306.63	0.17	1480.36	0.83	90.00	-	-	-	-
WX	1F	-4.50	4.50	0.00	363.65	0.13	2487.96	0.87	90.00	-	-	-	-
WY	6F	12.00	3.00	0.00	-	-	-	-	90.00	74.15	0.45	89.67	0.55
WY	5F	9.00	3.00	0.00	-	-	-	-	90.00	138.41	0.22	500.79	0.78
WY	4F	6.00	3.00	0.00	-	-	-	-	90.00	215.07	0.15	1181.86	0.85
WY	3F	3.00	3.00	0.00	-	-	-	-	90.00	295.37	0.12	2103.53	0.88
WY	2F	0.00	3.00	0.00	-	-	-	-	90.00	376.20	0.10	3247.89	0.90
WY	1F	-4.50	4.50	0.00	-	-	-	-	90.00	443.93	0.08	5343.99	0.92
RX(RS)	6F	12.00	3.00	0.00	1052.77	0.55	845.19	0.45	90.00	183.31	0.56	143.96	0.44
RX(RS)	5F	9.00	3.00	0.00	1964.37	0.31	4290.71	0.69	90.00	337.89	0.34	665.13	0.66
RX(RS)	4F	6.00	3.00	0.00	2984.05	0.24	9336.96	0.76	90.00	507.01	0.27	1404.13	0.73
RX(RS)	3F	3.00	3.00	0.00	3986.69	0.20	15667.35	0.80	90.00	670.40	0.22	2321.46	0.78
RX(RS)	2F	0.00	3.00	0.00	4952.71	0.18	23021.18	0.82	90.00	823.85	0.20	3387.64	0.80
RX(RS)	1F	-4.50	4.50	0.00	5705.43	0.14	35689.99	0.86	90.00	950.17	0.15	5227.75	0.85
RY(RS)	6F	12.00	3.00	90.00	665.59	0.34	1319.00	0.66	180.00	-239.07	0.83	-47.69	0.17
RY(RS)	5F	9.00	3.00	90.00	1244.00	0.19	5393.16	0.81	180.00	-438.40	0.47	-496.47	0.53
RY(RS)	4F	6.00	3.00	90.00	1903.79	0.14	11293.23	0.86	180.00	-656.99	0.36	-1168.34	0.64
RY(RS)	3F	3.00	3.00	90.00	2559.69	0.12	18575.57	0.88	180.00	-866.78	0.30	-2026.57	0.70
RY(RS)	2F	0.00	3.00	90.00	3188.48	0.11	26858.93	0.89	180.00	-1063.95	0.26	-3041.41	0.74
RY(RS)	1F	-4.50	4.50	90.00	3654.77	0.08	40597.86	0.92	180.00	-1230.00	0.20	-4841.80	0.80
RX(ES)	6F	12.00	3.00	0.00	-	-	-	-	90.00	-	-	-	-
RX(ES)	5F	9.00	3.00	0.00	-	-	-	-	90.00	-	-	-	-
RX(ES)	4F	6.00	3.00	0.00	-	-	-	-	90.00	-	-	-	-
RX(ES)	3F	3.00	3.00	0.00	-	-	-	-	90.00	-	-	-	-
RX(ES)	2F	0.00	3.00	0.00	-	-	-	-	90.00	-	-	-	-
RX(ES)	1F	-4.50	4.50	0.00	-	-	-	-	90.00	-	-	-	-

倾覆弯矩

图 6.4-15　倾覆弯矩结果（框架柱和剪力墙的倾覆弯矩）

荷载工况	层	标高 (m)	层高度 (m)	层间位移 (m)	层剪力 (kN)	层刚度 (kN/m)	上部层刚度 0.7Ku1	上部层刚度 0.8Ku123	层刚度比	验算
DL	6F	12.00	3.00	-0.0002	0.00	-	0.00	0.00	0.000	规则
DL	5F	9.00	3.00	-0.0002	0.00	-	-0.00	0.00	2.040	规则
DL	4F	6.00	3.00	-0.0002	0.00	-	-0.00	0.00	2.466	规则
DL	3F	3.00	3.00	-0.0001	0.00	-	-0.00	-	2.388	规则
DL	2F	0.00	3.00	-0.0001	0.00	-	-0.00	-	1.859	规则
DL	1F	-4.50	4.50	-0.0001	0.00	-	-0.00	-	2.386	规则
LL	6F	12.00	3.00	-0.0001	0.00	-	0.00	0.00	0.000	规则
LL	5F	9.00	3.00	-0.0001	0.00	-	-0.00	0.00	3.325	规则
LL	4F	6.00	3.00	-0.0000	0.00	-	-0.00	0.00	2.168	规则
LL	3F	3.00	3.00	-0.0000	0.00	-	-0.00	-	1.898	规则
LL	2F	0.00	3.00	-0.0000	0.00	-	-0.00	-	2.026	规则
LL	1F	-4.50	4.50	-0.0000	0.00	-	-0.00	-	2.033	规则
WX	6F	12.00	3.00	0.0000	26.99	562919.25	0.00	0.00	0.000	规则
WX	5F	9.00	3.00	0.0001	78.26	1517082.71	394043.47	0.00	3.850	规则
WX	4F	6.00	3.00	0.0001	124.65	2336613.77	1061957.90	0.00	2.200	规则
WX	3F	3.00	3.00	0.0001	165.50	3180242.44	1635629.64	1177764.19	1.944	规则
WX	2F	0.00	3.00	0.0000	200.33	4327658.73	2226169.71	1875717.04	1.944	规则
WX	1F	-4.50	4.50	0.0000	236.54	5629048.40	3029361.11	2625203.98	1.858	规则
WY	6F	12.00	3.00	0.0000	-0.00	-0.00	0.00	0.00	0.000	规则
WY	5F	9.00	3.00	0.0000	0.00	0.00	-0.00	0.00	0.237	不规则
WY	4F	6.00	3.00	0.0000	0.00	0.00	0.00	0.00	5.931	规则
WY	3F	3.00	3.00	0.0000	0.00	0.00	0.00	-0.00	3.039	规则
WY	2F	0.00	3.00	0.0000	0.00	0.00	0.00	0.00	1.113	规则
WY	1F	-4.50	4.50	0.0000	0.00	0.00	0.00	0.00	1.674	规则
RX(RS)	6F	12.00	3.00	0.0008	632.65	804198.45	0.00	0.00	0.000	规则
RX(RS)	5F	9.00	3.00	0.0008	1452.37	1721571.85	562938.91	0.00	3.058	规则
RX(RS)	4F	6.00	3.00	0.0009	2021.97	2363201.50	1205100.30	0.00	1.961	规则
RX(RS)	3F	3.00	3.00	0.0008	2444.35	3016698.31	1654241.05	1303725.81	1.824	规则
RX(RS)	2F	0.00	3.00	0.0007	2773.28	3994177.03	2111688.81	1893725.78	1.891	规则
RX(RS)	1F	-4.50	4.50	0.0006	2982.56	5034322.68	2795923.92	2499753.82	1.801	规则
RY(RS)	6F	12.00	3.00	0.0001	95.59	801816.69	0.00	0.00	0.000	规则
RY(RS)	5F	9.00	3.00	0.0001	216.03	1724372.05	561271.68	0.00	3.072	规则
RY(RS)	4F	6.00	3.00	0.0001	296.82	2374879.76	1207060.43	0.00	1.967	规则
RY(RS)	3F	3.00	3.00	0.0001	356.01	3060428.95	1662415.83	1306951.60	1.841	规则
RY(RS)	2F	0.00	3.00	0.0001	404.00	4137542.81	2142300.26	1909248.20	1.931	规则
RY(RS)	1F	-4.50	4.50	0.0001	436.98	5285420.08	2896279.97	2552760.40	1.825	规则
RX(ES)	6F	12.00	3.00	0.0000	0.00	0.00	0.00	0.00	0.000	规则
RX(ES)	5F	9.00	3.00	0.0000	0.00	0.00	0.00	0.00	0.000	规则
RX(ES)	4F	6.00	3.00	0.0000	0.00	0.00	0.00	0.00	0.000	规则
RX(ES)	3F	3.00	3.00	0.0000	0.00	0.00	0.00	0.00	0.000	规则
RX(ES)	2F	0.00	3.00	0.0000	0.00	0.00	0.00	0.00	0.000	规则
RX(ES)	1F	-4.50	4.50	0.0000	0.00	0.00	0.00	0.00	0.000	规则
RY(ES)	6F	12.00	3.00	0.0000	0.00	0.00	0.00	0.00	0.000	规则
RY(ES)	5F	9.00	3.00	0.0000	0.00	0.00	0.00	0.00	0.000	规则
RY(ES)	4F	6.00	3.00	0.0000	0.00	0.00	0.00	0.00	0.000	规则
RY(ES)	3F	3.00	3.00	0.0000	0.00	0.00	0.00	0.00	0.000	规则

刚度不规则(X)　刚度不规则(Y)

图 6.4-16　侧向刚度不规则验算结果(输出各层的刚度比,并验算是否规则)

层	标高 (m)	层高度 (m)	角度1 ([deg])	层剪力1 (kN)	上部层剪力1 (kN)	层剪力比1	注释1	角度2 ([deg])	层剪力2 (kN)	上部层剪力2 (kN)	层剪力比2	注释2
角度 = 0 [Deg]												
输入角度后请按'适用'键。			0.00	适用								
6F	12.00	3.00	0.00	11161.9760	0.0000	0.0000	规则	90.00	12957.8498	0.0000	0.0000	规则
5F	9.00	3.00	0.00	11688.7322	11161.9760	1.0472	规则	90.00	13512.8373	12957.8498	1.0428	规则
4F	6.00	3.00	0.00	12258.6310	11688.7322	1.0488	规则	90.00	14142.7533	13512.8373	1.0466	规则
3F	3.00	3.00	0.00	12789.3705	12258.6310	1.0433	规则	90.00	14773.1411	14142.7533	1.0446	规则
2F	0.00	3.00	0.00	13165.2218	12789.3705	1.0294	规则	90.00	15150.3399	14773.1411	1.0255	规则
1F	-4.50	4.50	0.00	12546.1171	13165.2218	0.9530	规则	90.00	14360.1320	15150.3399	0.9478	规则

图 6.4-17　楼层承载力突变(薄弱层)验算结果(输出各层的抗剪承载力,并验算是否规则)

5)振型、周期及稳定验算

(1)点击鼠标右键选择“周期与振型”,可以查看不同模态下的结构振型及自振周期,如图 6.4-18 所示。点击“...”可以输出各振型的周期及有效参与质量等数据表格,如图 6.4-19 所示。

(2)从主菜单中选择“结果”→“其他”→“稳定验算”(刚重比验算)→“结构类型”:剪力墙、框-剪、简体结构→“荷载工况”:全部选择→“适用”,如图 6.4-20 所示。

6)构件配筋设计

(1)从主菜单中选择“设计”→“通用”→“一般设计参数”→“指定构件”→“分配类型”:自动→“选择类型”:全部。

(2)从主菜单中选择“设计”→“RC 设计”→“设计规范”→“设计标准”:GB50010-10(表示采用 GB 50010—2010 标准)→勾选“使用抗震设计的特别规定”→“选择设计抗震等级”:三级→“板类型”:现浇→勾选“抗扭设计”→“梁扭矩折减系数”:0.7→“梁端弯矩调幅

系数”:0.85,如图 6.4-21 所示。

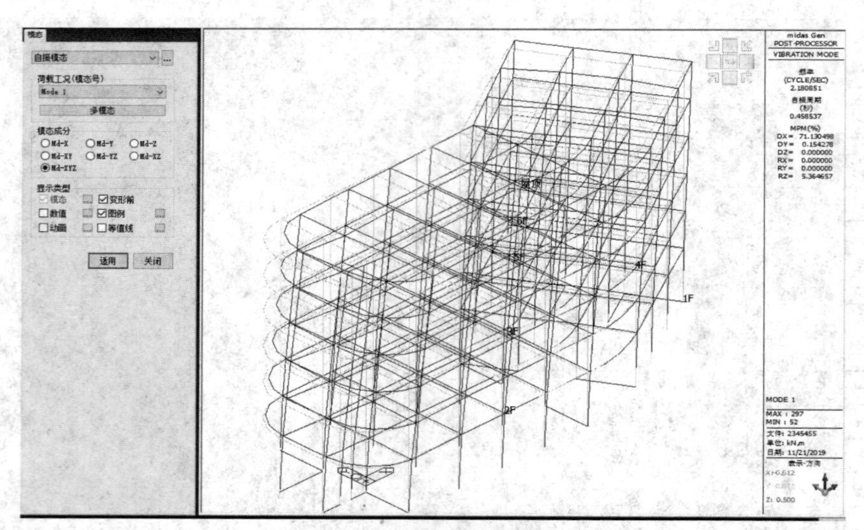

图 6.4-18 特征值、振型及周期

节点	模态	UX	UY	UZ	RX	RY	RZ

特征值分析

模态号	频率 (rad/sec)	频率 (cycle/sec)	周期 (sec)	容许误差
1	13.7027	2.1809	0.4585	9.2083e-081
2	15.8470	2.5221	0.3965	3.1214e-078
3	18.6782	2.9727	0.3364	3.6092e-076
4	55.1652	8.7798	0.1139	2.6182e-058
5	68.0020	10.8229	0.0924	2.7385e-055
6	81.7001	13.0030	0.0769	1.3946e-053

振型参与质量

模态号	TRAN-X 质量(%)	TRAN-X 合计(%)	TRAN-Y 质量(%)	TRAN-Y 合计(%)	TRAN-Z 质量(%)	TRAN-Z 合计(%)	ROTN-X 质量(%)	ROTN-X 合计(%)	ROTN-Y 质量(%)	ROTN-Y 合计(%)	ROTN-Z 质量(%)	ROTN-Z 合计(%)
1	71.1305	71.1305	0.1543	0.1543	0.0000	0.0000	0.0000	0.0000	0.0000	0.0000	5.3647	5.3647
2	0.3265	71.4570	63.3033	63.4576	0.0000	0.0000	0.0000	0.0000	0.0000	0.0000	11.6127	16.9774
3	5.0321	76.4891	11.3569	74.8145	0.0000	0.0000	0.0000	0.0000	0.0000	0.0000	58.4769	75.4543
4	17.2925	93.7816	0.0901	74.9046	0.0000	0.0000	0.0000	0.0000	0.0000	0.0000	1.2864	76.7407
5	0.1574	93.9389	14.3445	89.2491	0.0000	0.0000	0.0000	0.0000	0.0000	0.0000	5.2722	82.0129
6	1.4095	95.3484	5.5971	94.8462	0.0000	0.0000	0.0000	0.0000	0.0000	0.0000	13.1781	95.1910

模态号	TRAN-X 质量	TRAN-X 合计	TRAN-Y 质量	TRAN-Y 合计	TRAN-Z 质量	TRAN-Z 合计	ROTN-X 质量	ROTN-X 合计	ROTN-Y 质量	ROTN-Y 合计	ROTN-Z 质量	ROTN-Z 合计
1	4563.0674	4563.0674	9.8970	9.8970	0.0000	0.0000	0.0000	0.0000	0.0000	0.0000	53147.028	53147.028
2	20.9457	4584.0131	4060.9493	4070.8463	0.0000	0.0000	0.0000	0.0000	0.0000	0.0000	115045.73	168192.75
3	322.8097	4906.8228	728.5552	4799.4015	0.0000	0.0000	0.0000	0.0000	0.0000	0.0000	579324.01	747516.77
4	1109.3244	6016.1473	5.7800	4805.1815	0.0000	0.0000	0.0000	0.0000	0.0000	0.0000	12744.434	760261.20
5	10.0955	6026.2428	920.2065	5725.3880	0.0000	0.0000	0.0000	0.0000	0.0000	0.0000	52230.812	812492.01
6	90.4204	6116.6632	359.0585	6084.4466	0.0000	0.0000	0.0000	0.0000	0.0000	0.0000	130554.33	943046.34

振型参与系数 (kN,m)

模态号	TRAN-X Value	TRAN-Y Value	TRAN-Z Value	ROTN-X Value	ROTN-Y Value	ROTN-Z Value
1	67.5505	3.1460	0.0000	0.0000	0.0000	229.9302
2	4.5767	63.7256	0.0000	0.0000	0.0000	-344.2411
3	-17.9669	26.9918	0.0000	0.0000	0.0000	758.0992
4	-33.3065	-2.4042	0.0000	0.0000	0.0000	-114.1353
5	3.1773	30.3349	0.0000	0.0000	0.0000	-216.6290
6	-9.5090	18.9488	0.0000	0.0000	0.0000	369.4314

振型方向因子

模态号	TRAN-X Value	TRAN-Y Value	TRAN-Z Value	ROTN-X Value	ROTN-Y Value	ROTN-Z Value
1	92.7998	0.2013	0.0000	0.0000	0.0000	6.9990
2	0.4339	84.1324	0.0000	0.0000	0.0000	15.4337
3	6.7214	15.1697	0.0000	0.0000	0.0000	78.1089
4	92.6267	0.4826	0.0000	0.0000	0.0000	6.8907
5	0.7959	72.5420	0.0000	0.0000	0.0000	26.6621
6	6.9830	27.7294	0.0000	0.0000	0.0000	65.2876

振型向量 (kN,m)

特征值模态 / 振型参与向量

图 6.4-19 特征值、振型及周期表格

(3)从主菜单中选择“设计”→“RC 设计”→“编辑钢筋混凝土材料特性”→在“材料列表”中选择钢筋混凝土材料→“编辑”,如图 6.4-22 所示。

(4)从主菜单中选择“设计”→“RC 设计”→“定义设计用筋直径”,可以选择梁、柱、支撑、剪力墙的钢筋直径，确定钢筋中心至混凝土边缘的距离，如图 6.4-23 所示。

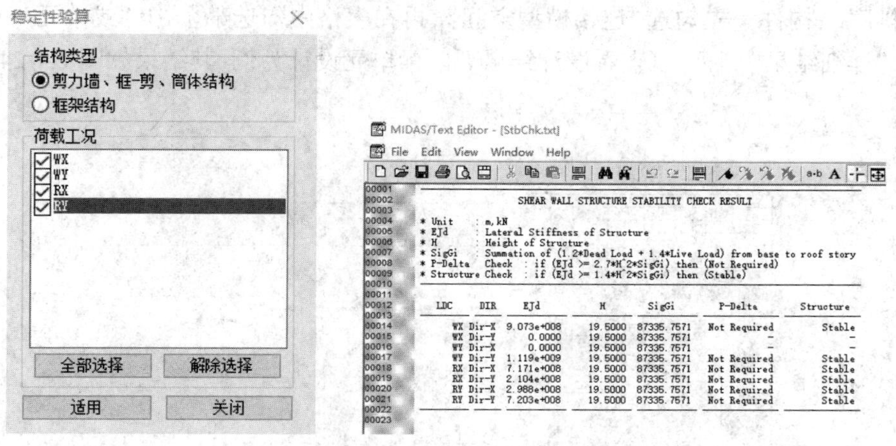

SHEAR WALL STRUCTURE STABILITY CHECK RESULT

```
* Unit        : m, kN
* EJd         : Lateral Stiffness of Structure
* H           : Height of Structure
* SigGi       : Summation of (1.2*Dead Load + 1.4*Live Load) from base to roof story
* P-Delta     Check  : if (EJd >= 2.7*H^2*SigGi) then (Not Required)
* Structure Check    : if (EJd >= 1.4*H^2*SigGi) then (Stable)
```

LDC	DIR	EJd	H	SigGi	P-Delta	Structure
WX	Dir-X	9.073e+008	19.5000	87335.7571	Not Required	Stable
WX	Dir-Y	0.0000	19.5000	87335.7571	-	-
WY	Dir-X	0.0000	19.5000	87335.7571	-	-
WY	Dir-Y	1.119e+009	19.5000	87335.7571	Not Required	Stable
RX	Dir-X	7.171e+008	19.5000	87335.7571	Not Required	Stable
RX	Dir-Y	2.104e+008	19.5000	87335.7571	Not Required	Stable
RY	Dir-X	2.988e+008	19.5000	87335.7571	Not Required	Stable
RY	Dir-Y	7.203e+008	19.5000	87335.7571	Not Required	Stable

图 6.4-20　稳定性验算

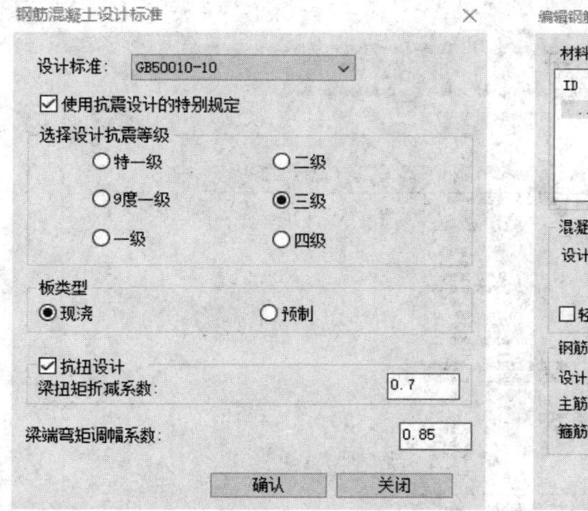

图 6.4-21　钢筋混凝土设计标准

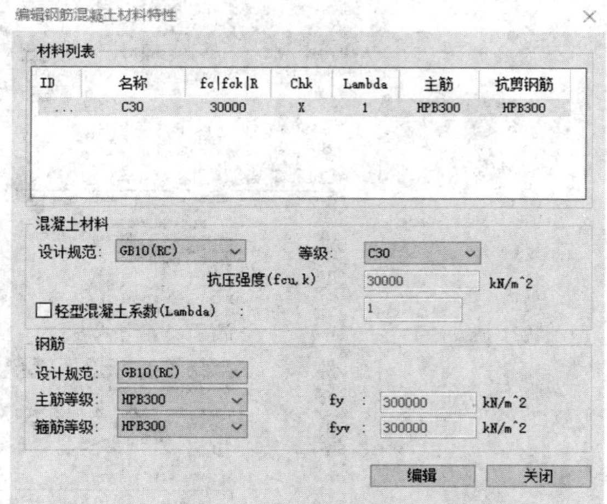

图 6.4-22　编辑钢筋混凝土材料特性

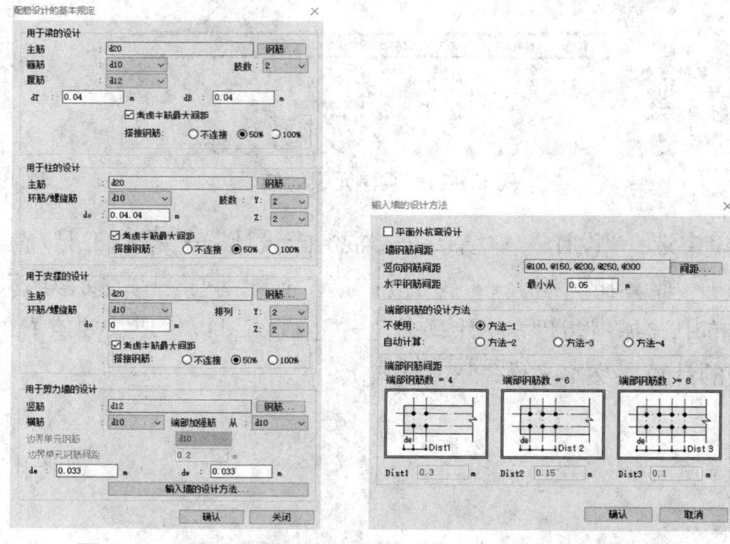

图 6.4-23　定义钢筋直径及钢筋中心至混凝土边缘的距离

（5）从主菜单中选择“设计”→“RC 设计”→“混凝土构件设计”→“梁、柱、墙设计”→“排序”：构件→先勾选“连接模型空间”，再在表格中勾选某个构件或单元→点击“图形结果”“详细结果”等，可以查看设计结果。以梁单元设计为例，其结果如图 6.4-24 所示。

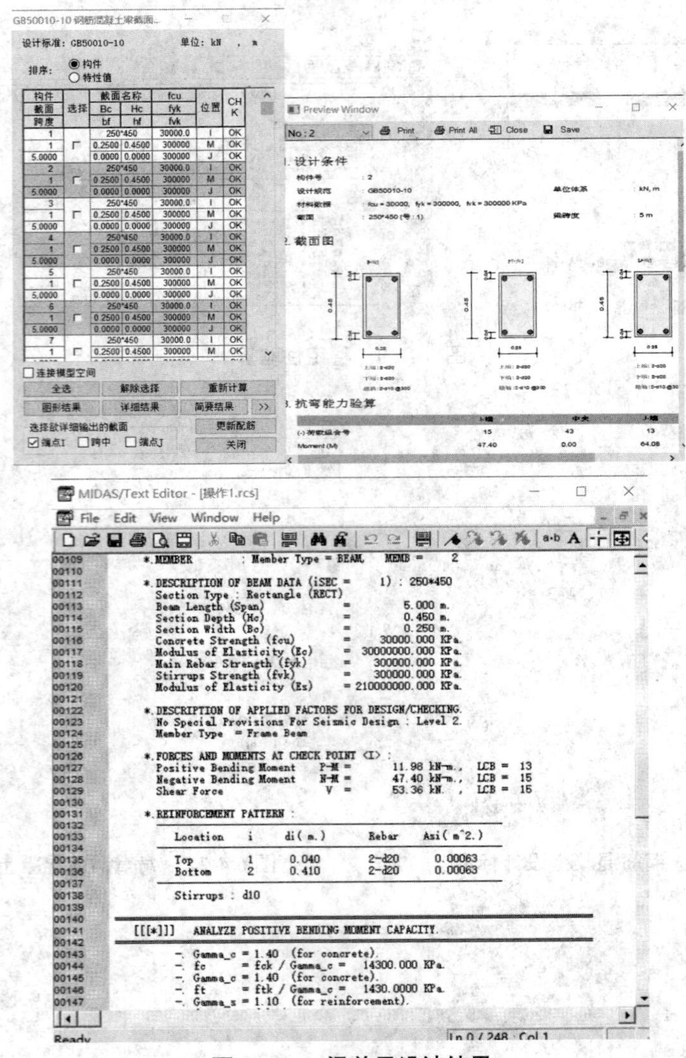

图 6.4-24 梁单元设计结果

（6）从主菜单中选择“设计”→“结果”→“混凝土设计”→“荷载工况 / 荷载组合”：ALL COMBINATION→“验算比”：组合→“钢筋”：勾选“实配钢筋”→“显示类型”：梁、柱、墙。

（7）从主菜单中选择“设计”→“计算书”→“生成”，可以生成需要查看的计算书，也可以直接查看对应的计算书文本文件（TXT 格式）。

第 7 章　钢框架结构的分析及设计验算

本章通过建立 4 层钢框架结构模型，详细介绍 MIDAS Gen 软件的框架建模助手、施加荷载、设置边界条件、查看分析结果、钢结构构件设计验算的步骤和方法。

7.1　模型信息

某办公楼为 4 层钢框架结构，平面尺寸为 80 m × 80 m，*A~E* 轴方向柱距为 20 m，1~11 轴方向柱距为 8 m。1~4 层楼盖结构平面布置图如图 7.1-1（a）所示；*A~E* 轴立面图如图 7.1-1（b）所示；1~11 轴立面图如图 7.1-1（c）所示。

1）模型的基本数据

轴网尺寸见图 7.1-1（a）结构平面布置图。

（1）柱：箱形钢柱（B），截面尺寸为 650 mm × 550 mm 18 mm × 16 mm（高 × 宽 × 腹板厚度 × 翼缘厚度）。

（2）主梁：H 型钢（H），截面尺寸为 500 mm × 400 mm × 14 mm × 20 mm（高 × 宽 × 腹板厚度 × 翼缘厚度）。

（3）次梁：H 型钢（H），截面尺寸为 450 mm × 220 mm × 8 mm × 12 mm。

（4）支撑：圆形钢管（P），截面尺寸为 ϕ140 mm × 4 mm（外径 × 壁厚）。

（5）材料：Q345 用于梁、柱；Q235 用于柱间支撑。

2）荷载条件

（1）恒荷载：4.0 kN/m²（楼面），0.35 kN/m²（屋面）。

（2）活荷载：3.5 kN/m²（2 层楼面）；2.0 kN/m²（3、4 层楼面）；0.35 kN/m²（屋面）。

（3）基本风压：0.40 kN/m²（标准值）。

（4）地面粗糙度：B 类。

（5）基本雪压：0.35 kN/m²（标准值）。

（6）抗震设防烈度为 7 度，设计基本地震加速度 0.10 g，设计地震分组为第一组，场地类别为Ⅲ类。

（7）地基不均匀沉降：A 轴为 55.0 mm；B 轴为 97.5 mm；C 轴为 120.5 mm；D 轴为 102.5 mm；E 轴为 32.5 mm。

7.2　建立模型（前处理）

7.2.1　设定操作环境及定义材料和截面

（1）双击 MIDAS Gen 图标，从主菜单中选择“新项目”→“保存”→“输入文件名”:钢框架结构分析及设计验算→“保存”。

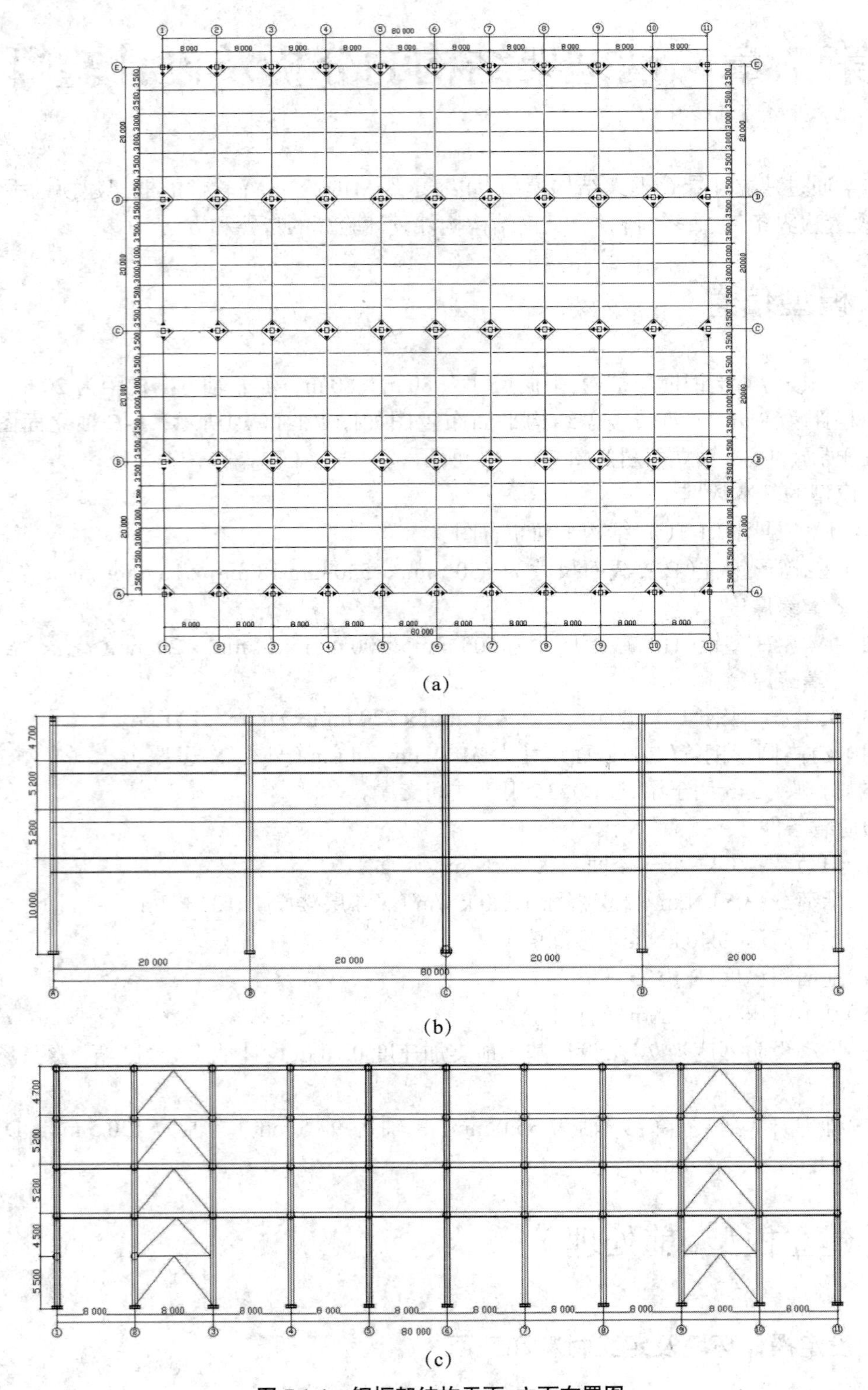

图 7.1-1 钢框架结构平面、立面布置图

(a)1~4 层楼盖结构平面布置图 (b)A~E 轴立面图 (c)1~11 轴立面图

（2）从主菜单中选择“工具”→“单位体系”→“长度”：mm，“力”：N→“确定”，或在模型窗口右下角点击单位体系下拉菜单 N mm，修改单位体系，如图 7.2-1 所示。

（3）从主菜单中选择“特性”→“材料”→“材料特性值”→“添加”→“设计类型”：钢材→“规范”：GB12（S）→“数据库”：Q345 或 Q235→“确认”，如图 7.2-2 所示。

（4）从主菜单中选择“特性”→“截面”→“截面特性值”→“添加”→“数据库 / 用户”→“用户”→选择截面类型→输入截面数据→“确认”，如图 7.2-3 所示。

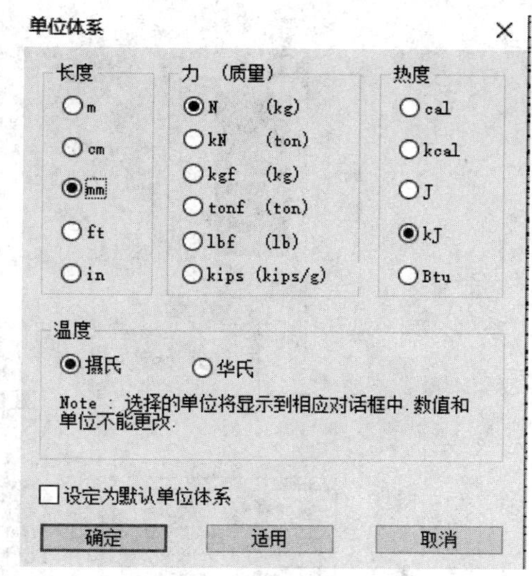

图 7.2-1　“单位体系”对话框

7.2.2　建立框架梁、柱及斜撑

（1）从主菜单中选择“模型”→“结构建模助手”→“框架”。“输入”选项卡，“X 坐标”，“距离”：8000 mm，“重复”：10，“添加 X 坐标”；“Z 坐标”，“距离”：20000 mm，“重复”：4，“添加 Z 坐标”。“编辑”选项卡，“Beta 角”：90 度→“材料”：Q345→“截面”：主梁→“生成框架”。“插入”选项卡，“插入点”：0，0，0→“Alpha”：−90→“适用”→“关闭”。框架建模助手如图 7.2-4 所示。

注：框架建模助手默认在 *X-Z* 平面生成框架，插入时需将其旋转至 *X-Y* 平面，故在“插入”选项卡中将“Alpha”设置为全角 −90 度，即按右手定则绕 *X* 轴旋转 90°。为了保持梁高方向仍为 *Z* 方向，在“编辑”选项卡中将“Beta 角”设置为 90 度即可。

点击“消隐”进行查看。

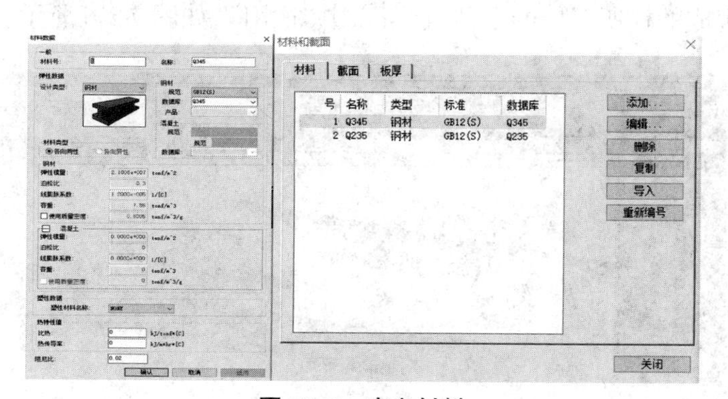

图 7.2-2　定义材料

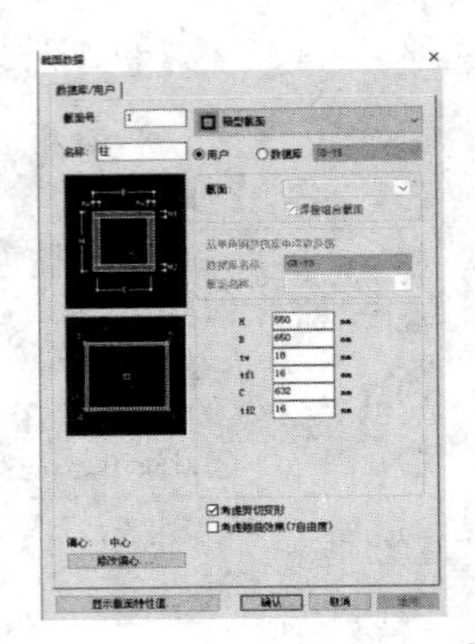
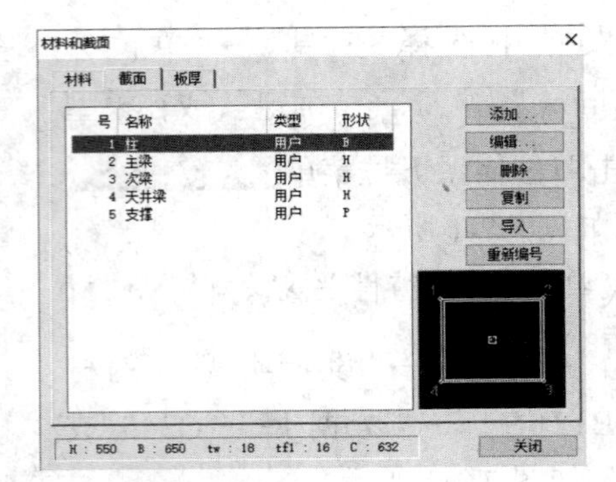

图 7.2-3 定义截面

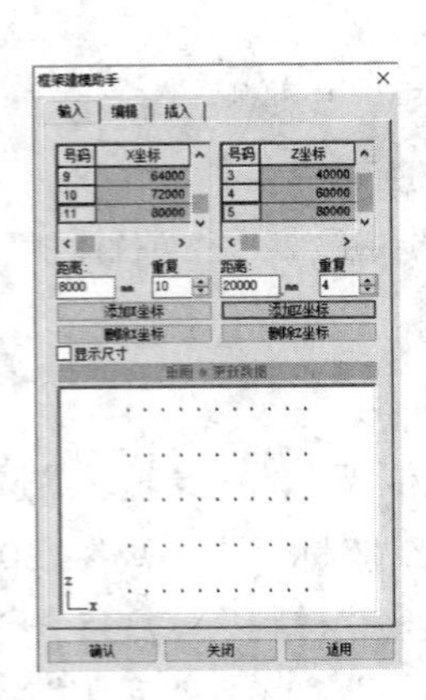
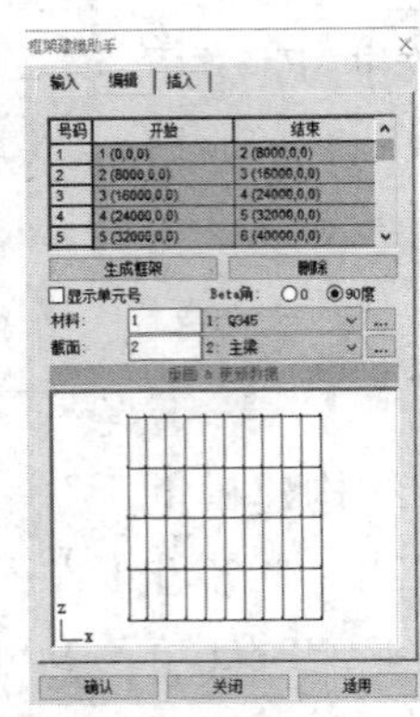
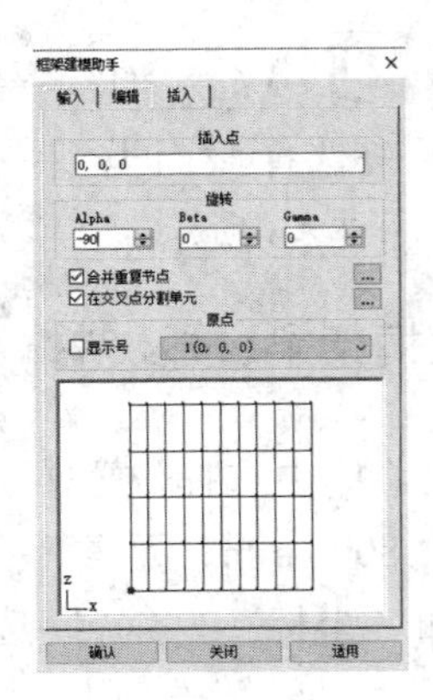

图 7.2-4 框架建模助手

注:在本例中沿 *X* 方向从左到右依次为 1~11 轴,沿 *Y* 方向从下到上依次为 *A~E* 轴。

(2)建立第 1 层的框架柱。从主菜单中选择"节点 / 单元"→"单元"→"扩展"→"扩展类型":节点 -> 线单元→"单元类型":梁单元→"材料":Q345→"截面":柱→"生成形式":复制和移动→"等间距"→"dx, dy, dz":0, 0, -10 000→"复制次数":1,在窗口中选择图 7.2-5 中生成的柱所对应的上节点,再点击"适用",如图 7.2-6 所示。

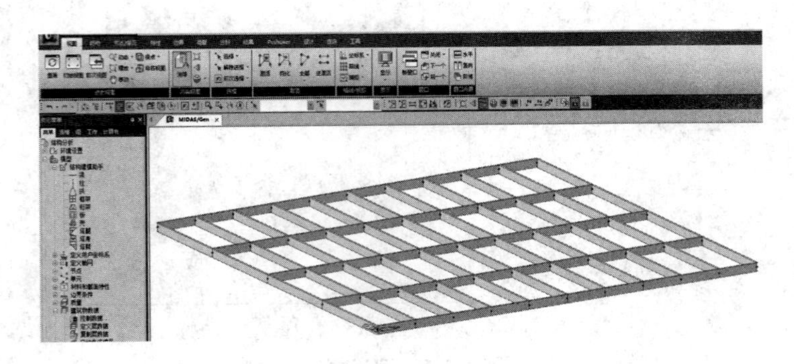

图 7.2-5 第 2 层的框架梁

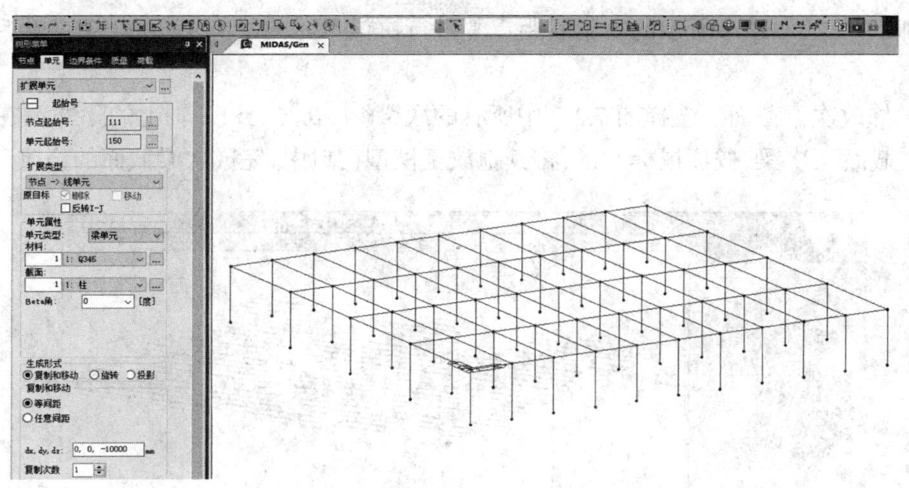

图 7.2-6　建立第 1 层的框架柱

（3）建立次梁。点击“右视图”→“选择”：选择二层楼板→“激活”→点击“俯视图”→选择图 7.2-7 中的 1~10 号梁单元→“节点 / 单元”→“单元”→“移动 / 复制单元”→“形式”：复制→“任意间距”→“方向”：y→“间距”：2@3500→“交叉分割”：勾选“节点”和“单元”→“适用”，如图 7.2-8 所示。

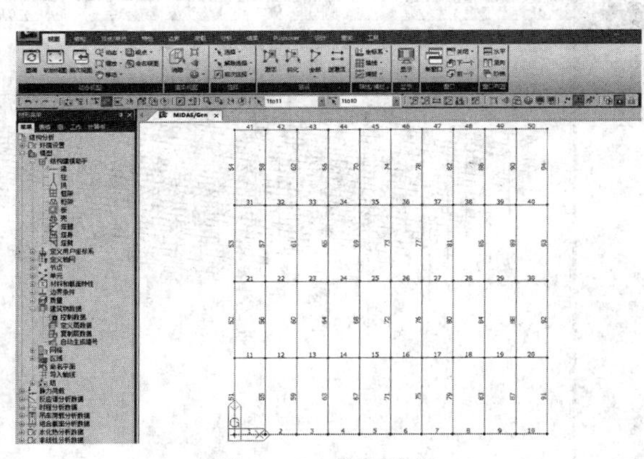

图 7.2-7　选择次梁

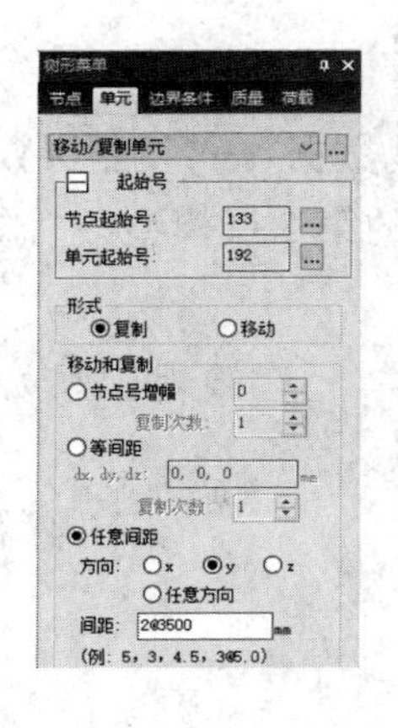

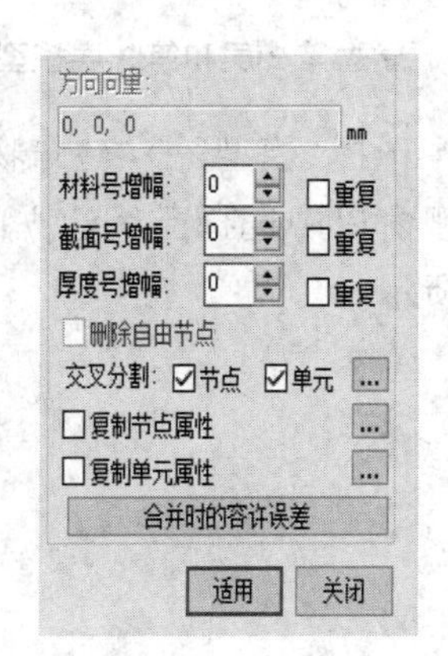

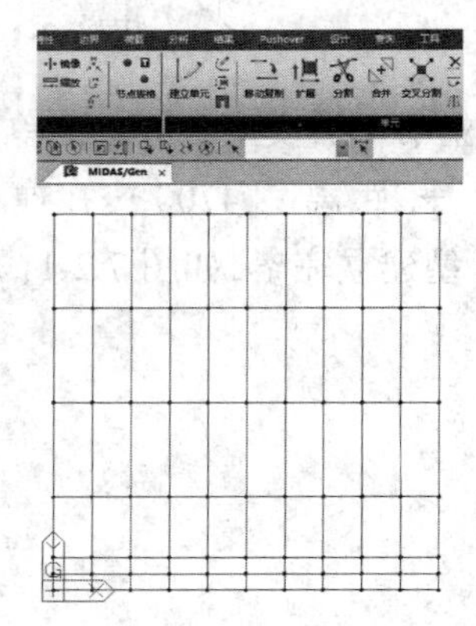

图 7.2-8　移动 / 复制单元

按照图 7.1-1(a)中所示的次梁间距重复进行次梁单元的复制,完成第 2 层楼板次梁的建立。

(4)修改次梁截面。选择图 7.2-9 中所有的次梁(A、B、C、D、E 轴上的除外),在工作树中选择“截面”:次梁,按住鼠标左键,将其拖放至模型窗口中,完成次梁截面的修改。

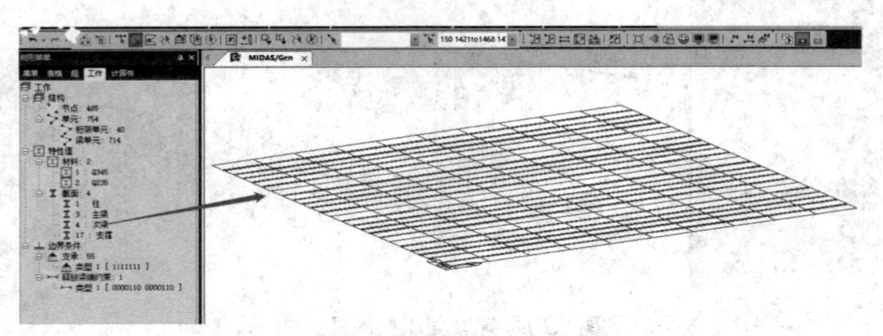

图 7.2-9 修改次梁截面

(5)建立第 2 层和第 3 层模型。从主菜单中选择“模型”→“建筑物数据”→“复制层数据”→“复制次数”:2→“距离”:5200→在模型窗口中选择已经建立的第 1 层模型→“添加”→“适用”,从而建立第 2 层和第 3 层模型,如图 7.2-10 所示。

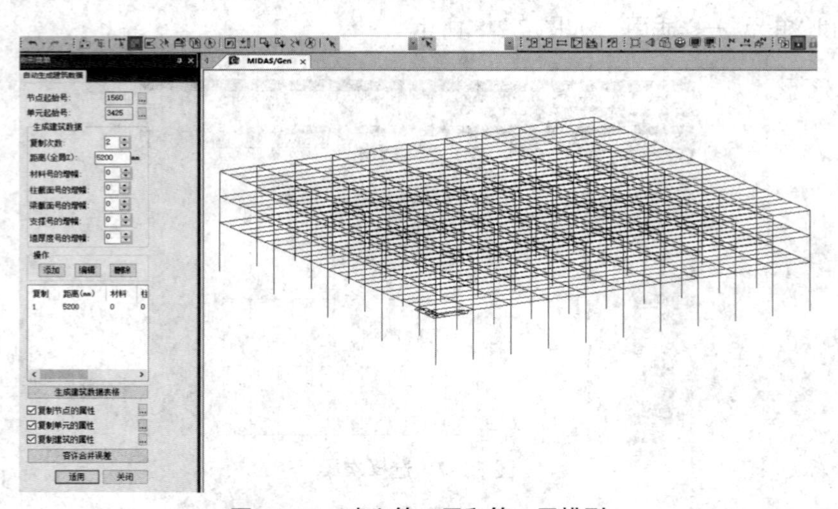

图 7.2-10 建立第 2 层和第 3 层模型

(6)建立第 4 层模型。从主菜单中选择“模型”→“建筑物数据”→“复制层数据”→“复制次数”:1→“距离”:4700→在模型窗口中选择已经建立的第 3 层模型→“添加”→“适用”,至此模型建立完毕,如图 7.2-11 所示。

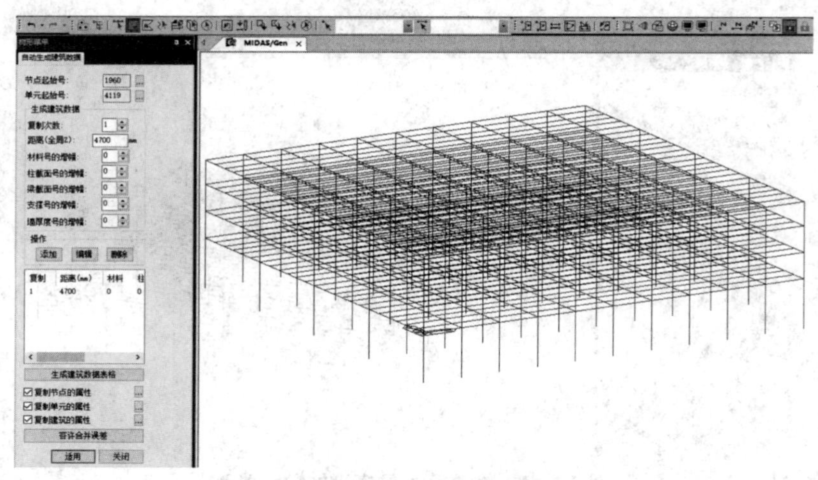

图 7.2-11　钢框架整体模型

(7)建立柱间支撑。按“Ctrl+A”键激活全部对象,点击“右视图”,选择 *A* 轴框架,激活,建立柱间支撑。然后从主菜单中选择“节点 / 单元”→“建立单元”→“单元类型”:一般梁 / 变截成梁→“材料”:Q235→“截面”:支撑→将鼠标光标移动至“节点连接”输入框中,点取各支撑的 2 个端节点,如图 7.2-12 所示。

> **注:**若在软件窗口右下角的“单元捕捉控制”中输入“2” 1 / 2 ,则建立节点或单元时可自动捕捉单元的二等分点,无须先执行分割单元的相关操作。

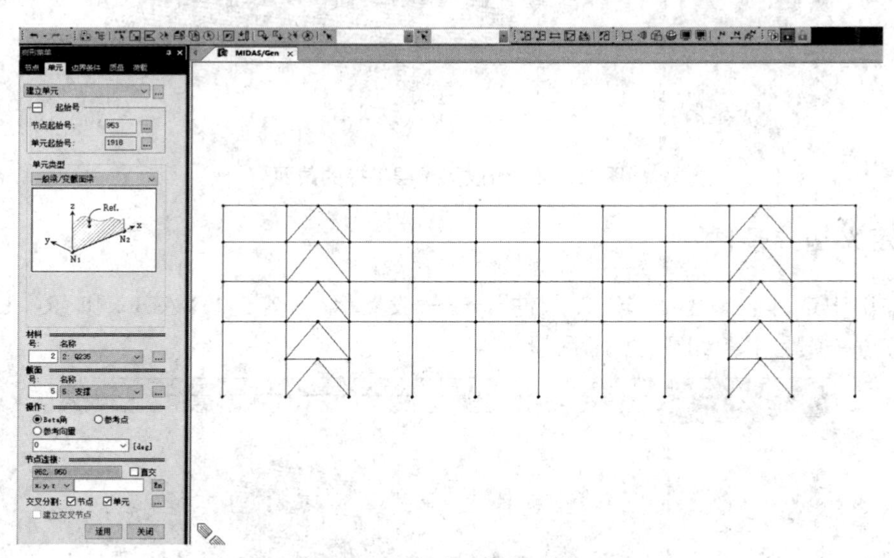

图 7.2-12　建立柱间支撑

重复以上操作,依次激活 *B*、*C*、*D*、*E* 轴,完成柱间支撑的建立。

(8)修改第 1 层横撑的单元类型和截面。第 1 层横撑为梁单元,截面同次梁截面。选择所有第 1 层横撑,从主菜单中选择“单元”→“修改单元参数”→“参数类型”:单元类型→“原类型”:桁架单元→“修改为”:一般梁 / 变截面梁→“适用”,如图 7.2-13 所示。

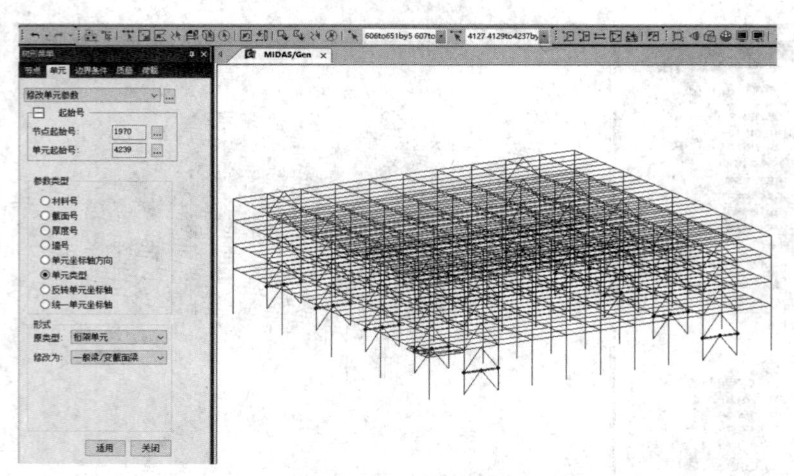

图 7.2-13　修改第 1 层横撑的单元类型

修改第 1 层横撑的截面，选择所有第 1 层横撑，在工作树中选择“截面”：次梁，按住鼠标左键，将其拖放至模型窗口中，完成第 1 层横撑截面的修改，如图 7.2-14 所示。

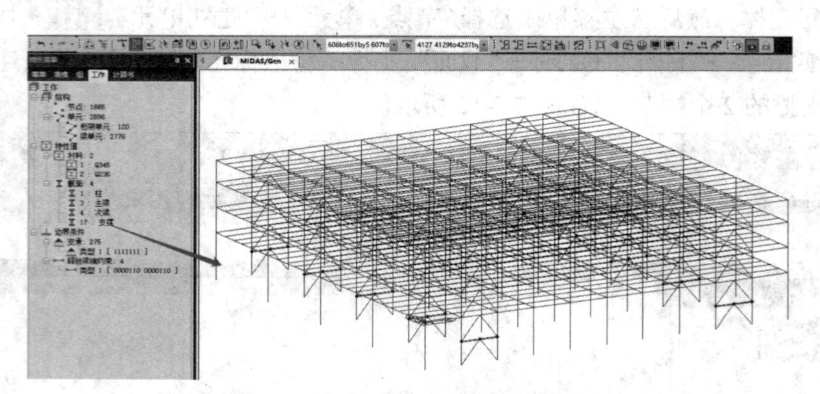

图 7.2-14　修改第 1 层横撑的截面

7.2.3　定义边界条件

从菜单中选择“模型”→“边界条件”→“一般支承”→勾选“D-ALL”和“R-ALL”→选中柱脚节点→“适用”，如图 7.2-15 所示。

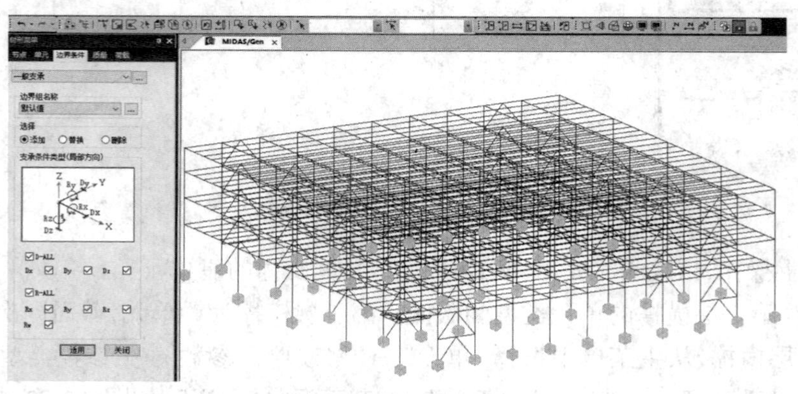

图 7.2-15　定义边界条件

7.2.4　释放梁端约束

在本例的 4 层结构中，主梁和次梁为铰接的，在 MIDAS Gen 中默认是刚接的，需要通过释放梁端约束来实现铰接，分层进行操作。

激活第 2 层楼板，从主菜单中选择“模型”→“边界条件”→“释放梁端约束”→“铰-铰”→选择第 2 层楼板的次梁→“适用”。

释放第 3 层、第 4 层楼板次梁的梁端约束，操作同上，如图 7.2-16 所示。

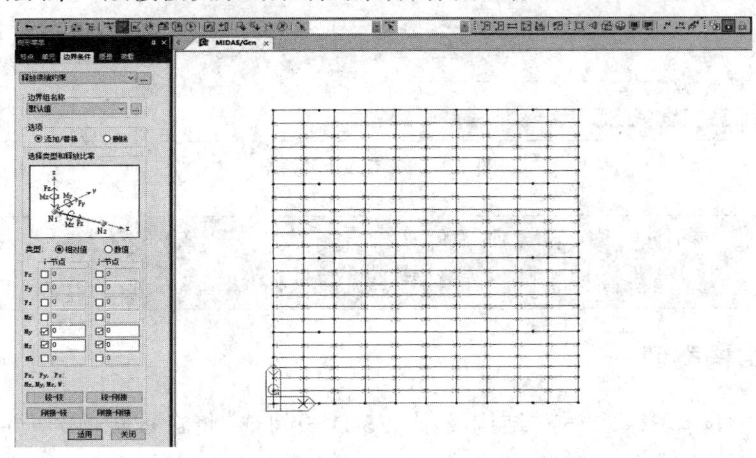

图 7.2-16　释放次梁的梁端约束

7.2.5　定义层数据

从主菜单中选择“模型”→“建筑物数据”→“定义层数据”→点击 ... →勾选“使用地面标高”→“地面标高”：-10000 →“确认”，如图 7.2-17 所示。点击“生成层数据”→选择不位于层高位置的数据→“确认”，如图 7.2-18 所示。

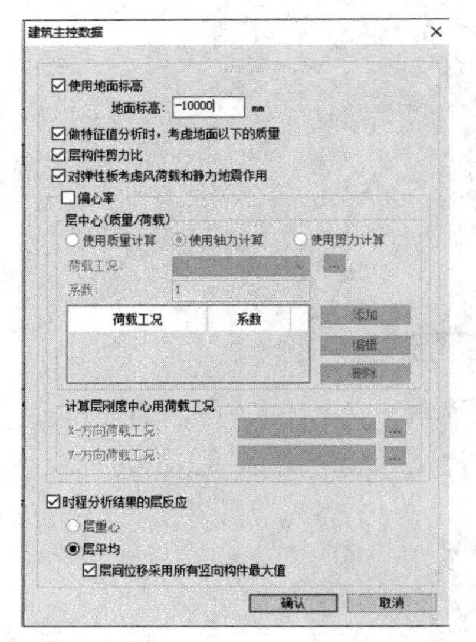

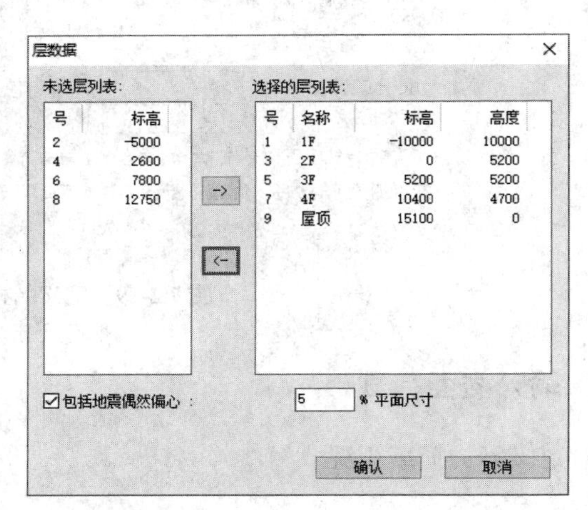

图 7.2-17　定义层数据

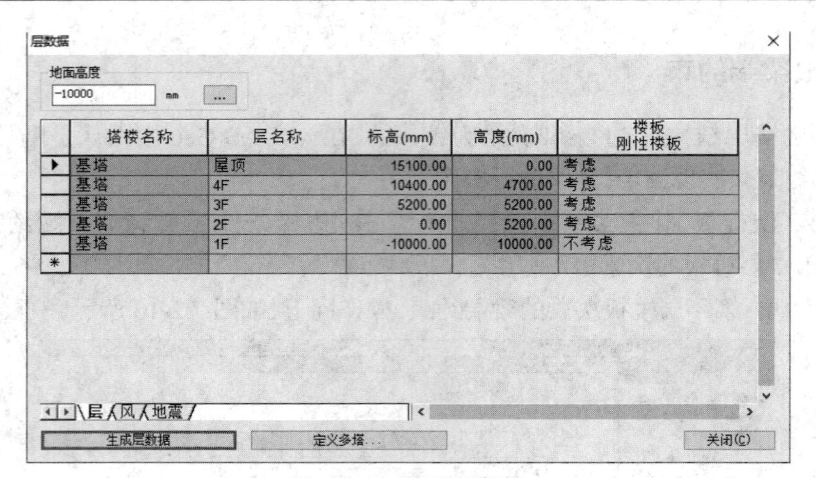

图 7.2-18 定义层数据

注:若勾选“使用地面标高”,则软件认定此标高以下为地下室。软件自动计算风荷载时,将自动认定地面标高以下的楼层不考虑风荷载作用。

7.2.6 定义结构类型

从主菜单中选择“结构”→“结构类型”:3-D→勾选“将自重转换为质量”→“转换为X,Y”→“初始温度”:15→“确认”。

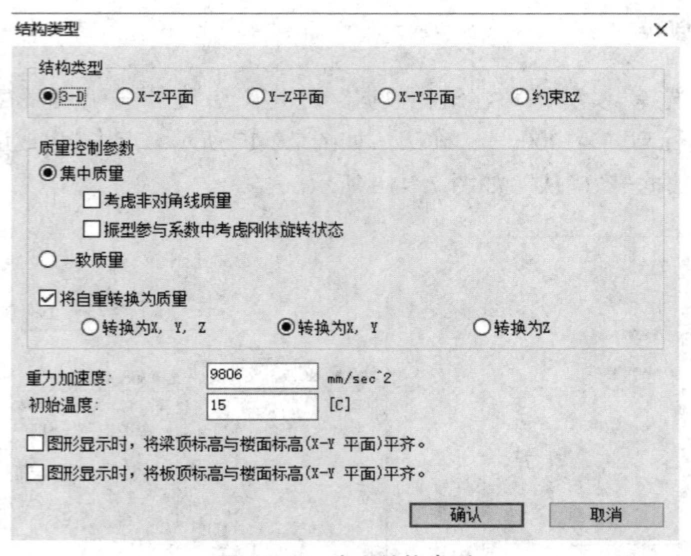

图 7.2-19 定义结构类型

7.2.7 输入楼面荷载

1)定义静力荷载工况

从主菜单中选择“荷载”→“荷载类型”→“静力荷载”→“静力荷载工况”,如图

7.2-20 所示。

"名称":D→"类型":恒荷载→"添加";

"名称":L→"类型":活荷载→"添加";

"名称":S→"类型":雪荷载→"添加";

"名称":WX→"类型":风荷载→"添加";

"名称":WY→"类型":风荷载→"添加";

"名称":升温→"类型":温度荷载→"添加";

"名称":降温→"类型":温度荷载→"添加";

"名称":CJ→"类型":用户定义的荷载(USER)→"添加"→"关闭"。

2)定义楼面荷载

恒荷载、活荷载、雪荷载均为楼面荷载,其大小可能不同,但是加载区域可能相同。为简化荷载数据的输入过程,可通过楼面荷载的定义与分配来施加荷载。从主菜单中选择"荷载"→"荷载类型"→"静力荷载"→"定义楼面荷载类型",如图 7.2-21 所示。

"名称":二层楼板→"荷载工况":D→"楼面荷载":–4.0→"荷载工况":L→"楼面荷载":–3.5;

"名称":三、四层楼板→"荷载工况":D→"楼面荷载":–4.0→"荷载工况":L→"楼面荷载":–2.0;

"名称":屋面→"荷载工况":D→"楼面荷载":–0.35→"荷载工况":L→"楼面荷载":–0.35→"荷载工况":S→"楼面荷载":–0.35。

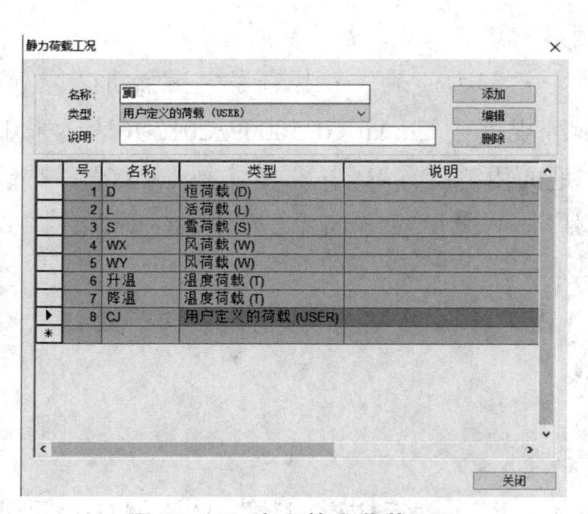

图 7.2-20　定义静力荷载工况

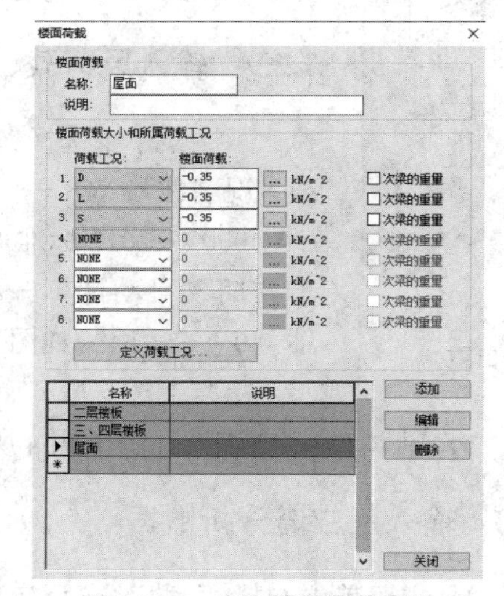

图 7.2-21　定义楼面荷载类型

3)分配楼面荷载

激活第 2 层楼板,在主菜单中选择"静力荷载"→"分配楼面荷载"→"楼面荷载":二层楼板→"分配模式":双向→"荷载方向":整体坐标系 Z→"指定加载区域的节点":顺时针或逆时针选取节点 1,11,55,45,1 即可,如图 7.2-22 所示。

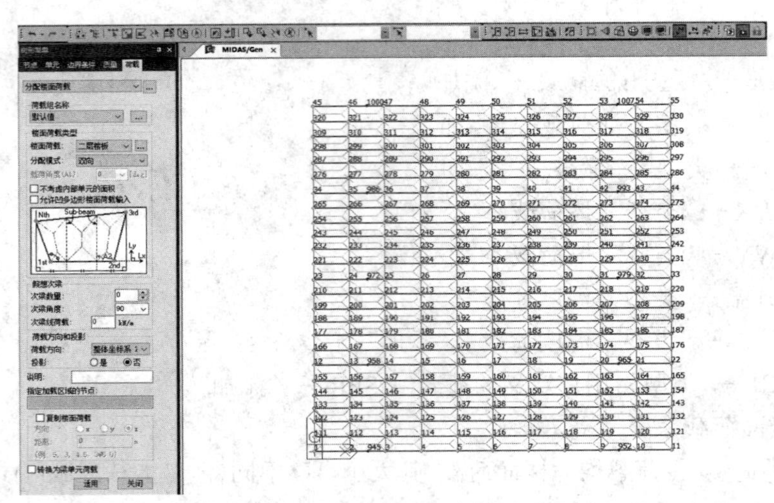

图 7.2-22　分配二层楼板荷载

第 3 层和第 4 层楼板及屋面分配楼面荷载的操作同上。

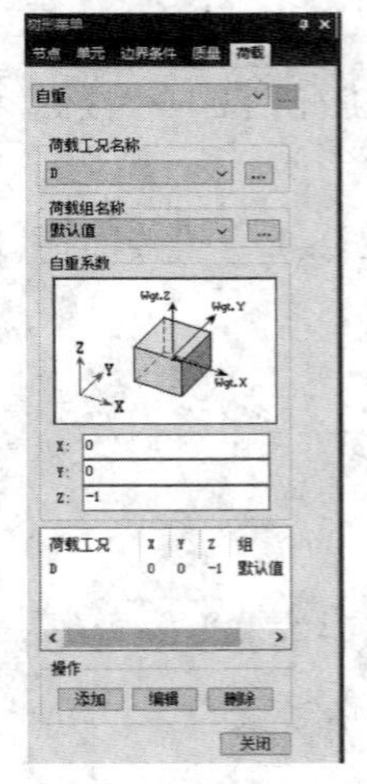

图 7.2-23　输入自重

7.2.8　输入结构自重

从主菜单中选择“荷载”→“静力荷载”→“自重”→“荷载工况名称”: D →“自重系数”中“Z”: -1 →“添加”→“关闭”,如图 7.2-23 所示。软件会根据单元的体积和密度自动计算模型的自重,结构自重是沿着整体坐标系的 -Z 方向的。

7.2.9　输入风荷载

从主菜单中选择“荷载”→“静力荷载”→“风荷载”→“添加”→“荷载工况名称”: WX →“风荷载规范”: China(GB50009-2012)(表示采用 GB 50009—2012 标准)→“地面粗糙度”: B 类→“基本风压”: 0.4 →“基本周期”: 自动计算→“适用”→“风荷载方向系数”中“X- 轴”: 1,“Y- 轴”: 0 →“适用”,如图 7.2-24 所示。

重复上述步骤,“荷载工况名称”: WY →“风荷载方向系数”中“X- 轴”: 0,“Y- 轴”: 1 →“确认”,如图 7.2-24 所示。

7.2.10　输入反应谱分析数据

(1)从主菜单中选择“荷载”→“反应谱分析数据”→“反应谱函数”→“添加”→“设计反应谱”: China(GB50011-2010)”(表示采用 GB 50011—2010 标准)→“设计地震分组”: 1 →“地震设防烈度”: 7(0.10 g)→“场地类别”: Ⅲ→“地震影响”: 多遇地震→“确认”,如图 7.2-25 所示。

(2)从主菜单中选择“荷载”→“反应谱分析数据”→“反应谱荷载工况”→“荷载工况名称”: EX →“方向”: X-Y →“地震作用角度”: 90 →勾选谱函数“China(GB50011-10)

（0.05）”（表示采用 GB 50011—2010 中规定的计算方法）→勾选“偶然偏心”→“特征值分析控制”→“分析类型”：Lanczos →“振型数量”：15 →“确认”，如图 7.2-26 所示。

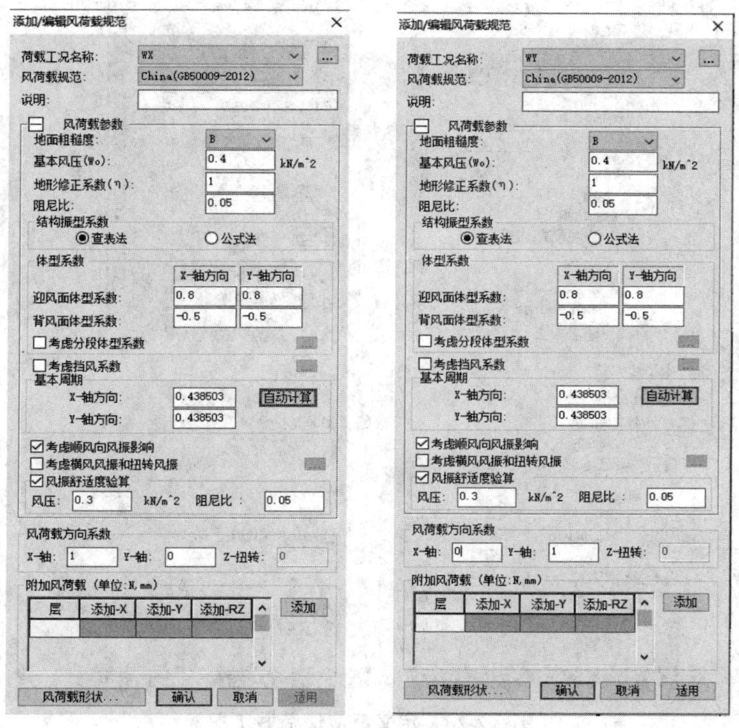

图 7.2-24　输入风荷载

7.2.11　将荷载转换为质量

从主菜单中选择“模型”→“质量”→“将荷载转化成质量”→“质量方向”：X、Y→“荷载工况”：D →“组合值系数”：1 →“添加”，如图 7.2-27 所示。

重复上述步骤，“荷载工况”：EY →“质量方向”：X、Y →“地震作用角度”：90 →“添加”。

重复上述步骤，“荷载工况”：L →“组合值系数”：0.5 →“添加”。

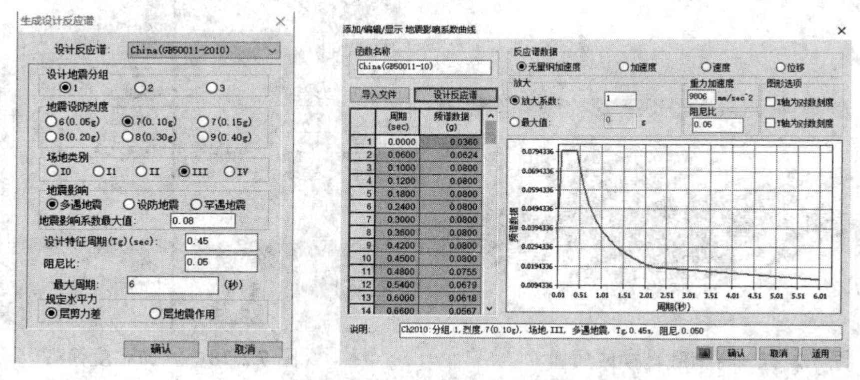

图 7.2-25　生成设计反应谱

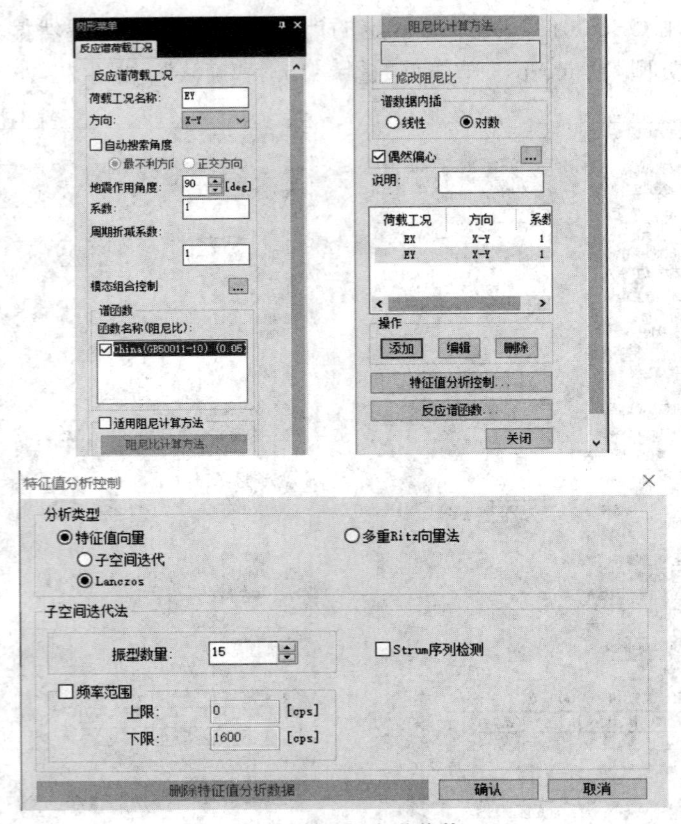

图 7.2-26　定义反应谱荷载工况

7.2.12　施加温度荷载

从主菜单中选择“静力荷载”→“温度荷载”→“系统温度”→“荷载工况名称”:升温→“初始温度”:15→“最终温度”:35→“添加”,如图 7.2-28 所示。

重复上述步骤,“荷载工况名称”:降温→“初始温度”:15→“最终温度”:-12→“添加”。

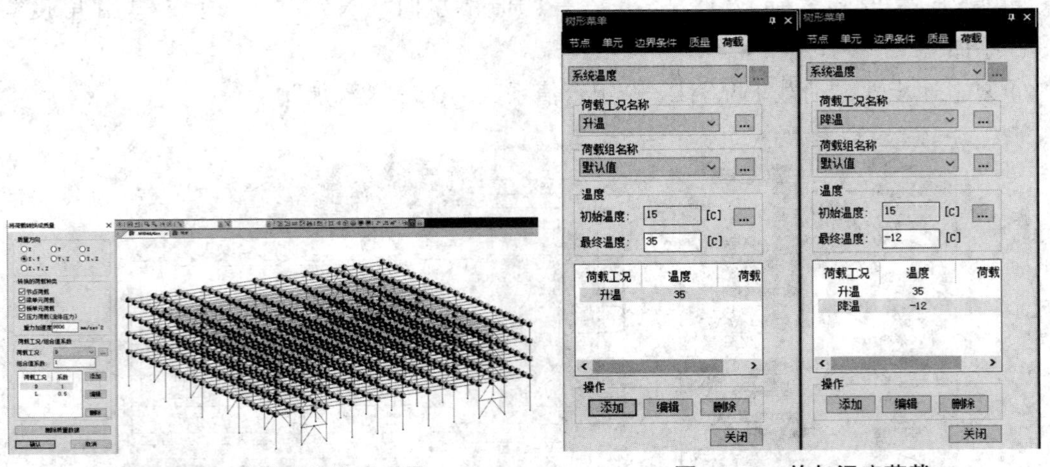

图 7.2-27　将荷载转换成质量　　　　图 7.2-28　施加温度荷载

7.2.13　施加地基不均匀沉降

从主菜单中选择“静力荷载”→“支座强制位移”→“荷载工况名”: CJ →“位移”中“Dz”: -55.0 →选择 *A* 轴节点→“适用”,如图 7.2-29 所示。

重复上述操作,依次添加 *B~E* 轴的地基不均匀沉降值,为支座输入对应的支座强制位移。按“Ctrl+A”键激活所有单元,然后在树形菜单中选择“静力荷载”→“静力荷载工况”: CJ →点击鼠标右键,弹出“显示 / 表格”,如图 7.2-30 所示。

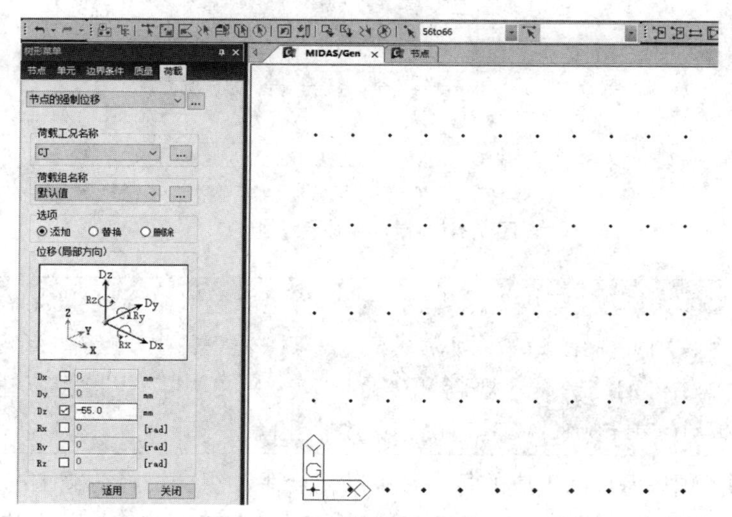

图 7.2-29　施加地基不均匀沉降

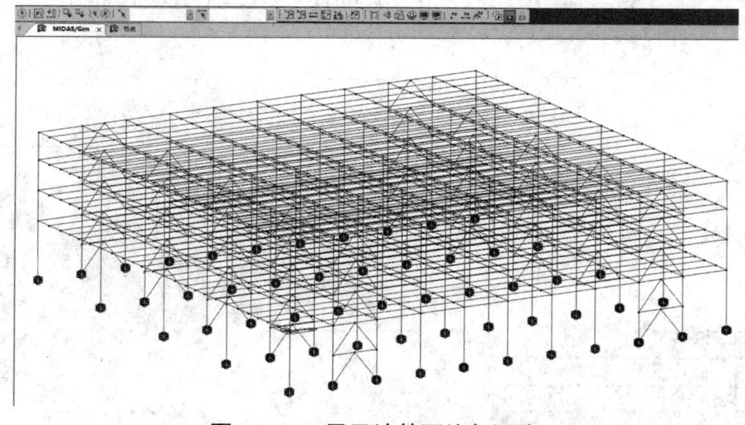

图 7.2-30　显示地基不均匀沉降

7.3　运行分析及结果查看

从主菜单中选择“结果”→“荷载组合”→“钢结构设计”→“自动生成”→“设计规范”: GB 50017-03”(表示采用 GB 50017—2003 标准)→“确认”,完成荷载组合的生成,如图 7.3-1 所示。

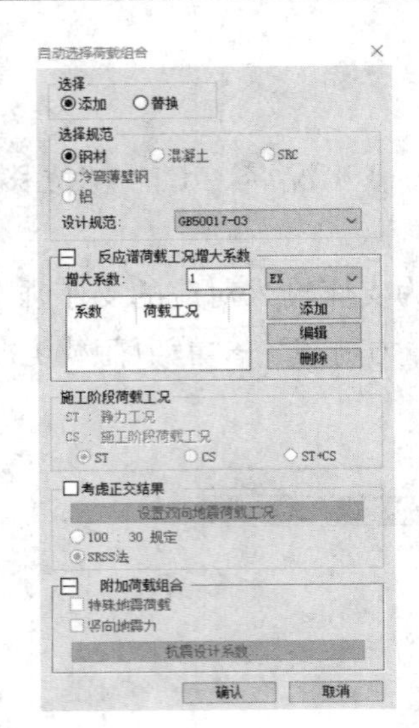

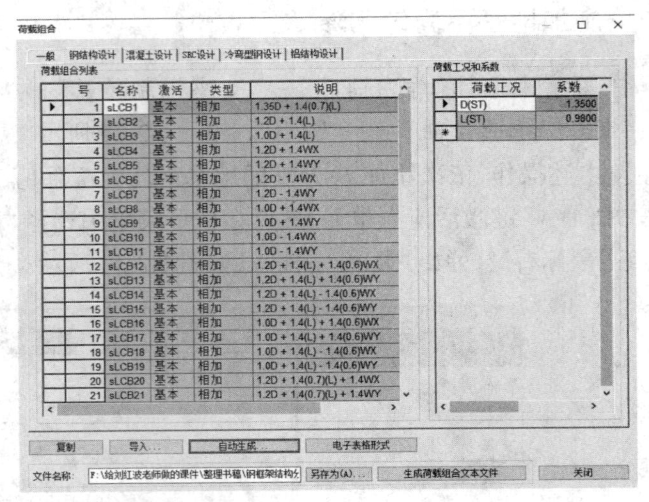

图 7.3-1　自动生成荷载组合

注:“一般”选项卡可用于查看内力、变形等,可生成包络组合,自动生成荷载组合时,软件无法自动组合用户自定义的沉降荷载工况“CJ”(地基不均匀沉降)和温度作用。在本功能中,软件采用《钢结构设计规范》(GB 50017—2003)作为设计规范,所涉及内容与该规范的现行版本(GB 50017—2017)的相关内容相同。

在本章的实例中,为自动生成的每一种荷载组合手动组合沉降荷载工况“CJ”。可通过修改“荷载工况和系数”将沉降荷载工况手动组合;或者点击“电子表格形式”,在“CJ(ST)”列中为每一种工况都输入系数 1.0000,如图 7.3-2 所示。如需组合温度作用,操作同上。

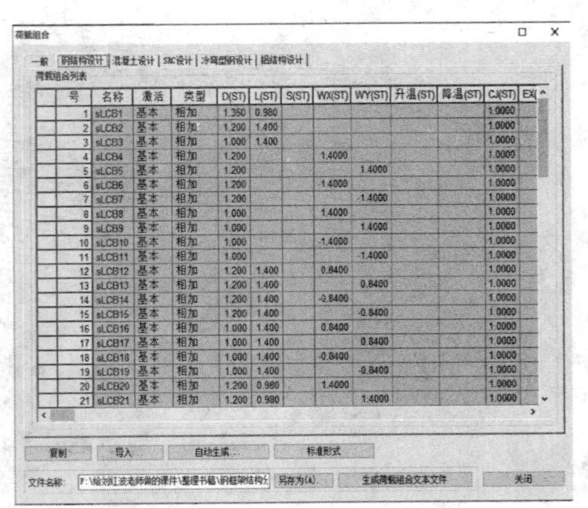

图 7.3-2　手动组合沉降荷载工况

7.3.1　运行分析

从主菜单中选择“分析”→“运行”→“运行分析”,或直接点击快捷菜单中的“运行分析”，软件将开始分析计算，如图 7.3-3 所示。计算完成后可进入后处理模式；如果想切换至前处理模式，可点击快捷菜单中的。

图 7.3-3　“运行分析”工具

7.3.2　查看分析结果

（1）从主菜单中选择“结果”→“反力”→“反力”→在“荷载工况 / 荷载组合”中选择荷载组合，如 CB: gLCB1 →勾选要查看的“反力”分量→勾选“图例”→“适用”，如图 7.3-4 所示。

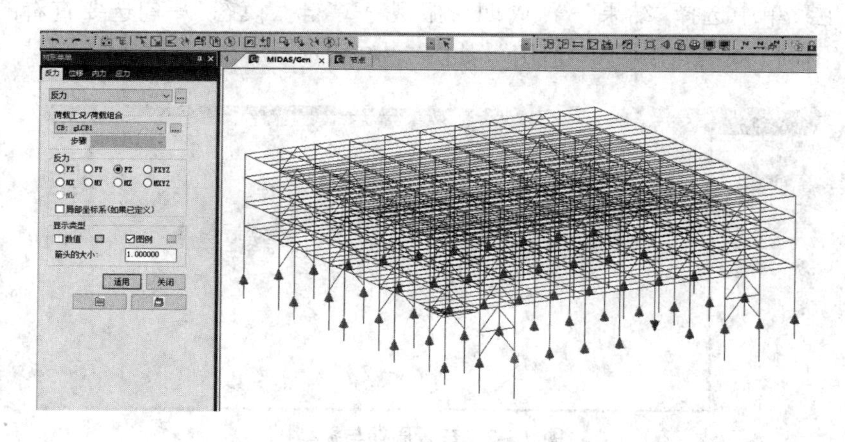

图 7.3-4　查看反力

（2）从主菜单中选择“结果”→“变形”→“位移等值线”→在“荷载工况 / 荷载组合”中选择荷载组合，如 CB: gLCB1 →勾选要查看的“位移”分量→勾选“等值线”、“变形”和“图例”→“适用”，如图 7.3-5 所示。

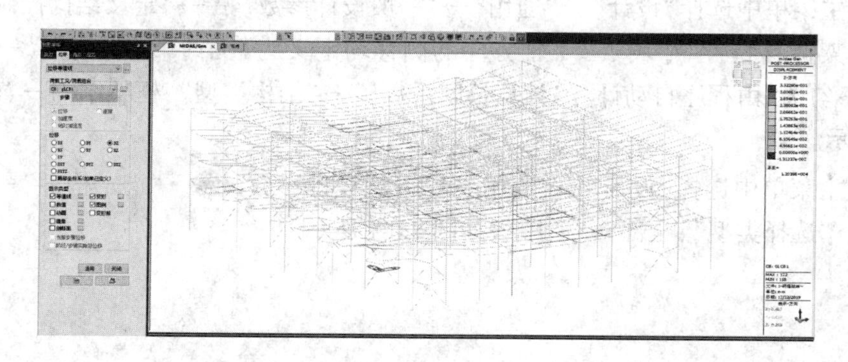

图 7.3-5　查看位移

（3）从主菜单中选择“结果”→“内力”→“梁单元内力”（或“桁架单元内力”）→在“荷载工况 / 荷载组合”中选择荷载组合，如 CB：gLCB1 →勾选要查看的“内力”分量→勾选“等值线”、“变形”和“图例”→“适用”，如图 7.3-6 所示。

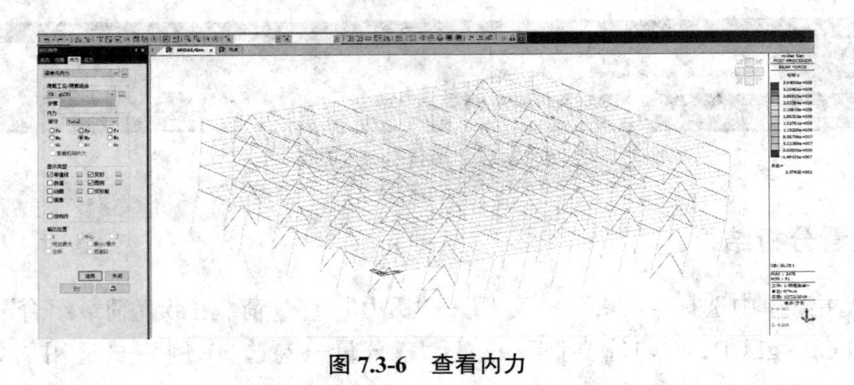

图 7.3-6　查看内力

（4）从主菜单中选择“结果”→“周期与振型”→“自振模态”→勾选要查看的“模态成分”→勾选“图例”和“等值线”→“适用”，如图 7.3-7 所示。

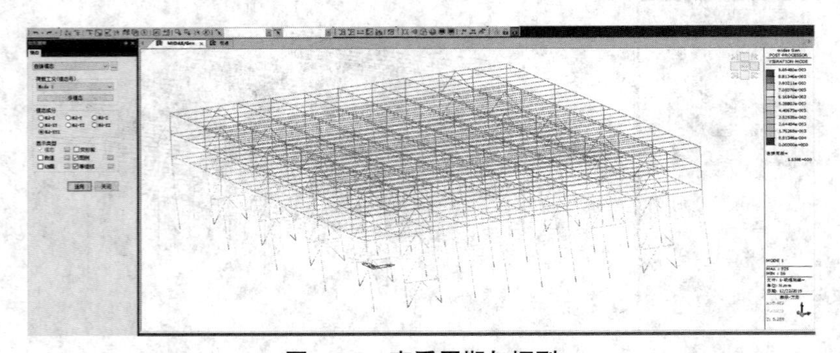

图 7.3-7　查看周期与振型

7.4　设计验算

（1）从主菜单中选择“设计”→“通用”→“一般设计参数”→“定义结构控制参数”→在“定义框架侧移特性”中将 *X*、*Y* 轴方向的侧移均定义为“无约束 | 有侧移”→“设计类型”：三维→勾选“由程序自动计算‘计算长度系数’”→“结构类型”：框架结构→“确认”，如图 7.4-1 所示。

（2）从主菜单中选择“设计”→“通用”→“一般设计参数”→“指定构件”→“分配类型”：自动→“选择类型”：全部→“适用”，如图 7.6-1 所示。

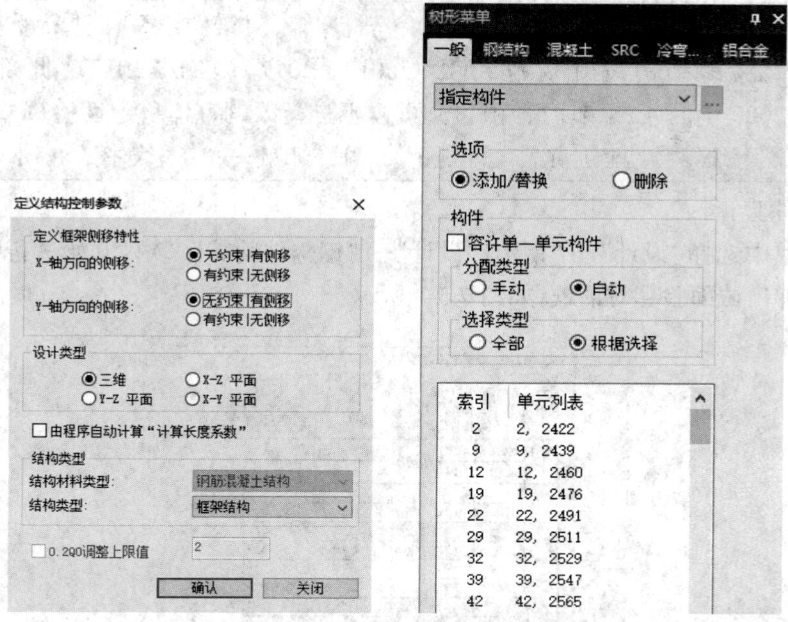

图 7.4-1　定义结构控制参数和指定构件

注:分析是按单元进行的,设计是按构件进行的。对梁单元或桁架单元,当某构件由几个线单元组成时,需要将其定义为一个构件,这样才能准确计算构件的计算长度。

7.5　钢构件设计

1)选择设计标准

从主菜单中选择"设计"→"钢构件设计"→"设计规范"→"设计标准":GB50017-03(表示采用 GB 50017—2003 标准)→勾选"所有梁都不考虑横向屈曲"→"选择结构安全等级":二级(一般的建筑物)→勾选"考虑抗震"→"选择抗震等级":四级→"确认",如 7.5-1 所示。

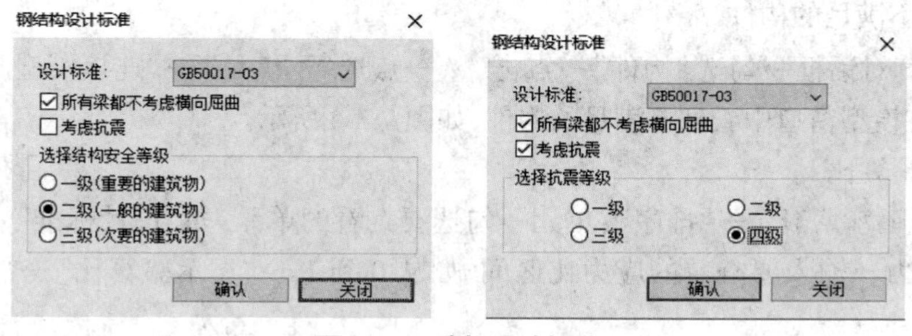

图 7.5-1　选择设计标准

注：勾选“所有梁都不考虑横向屈曲”后，软件将不对梁（或桁架）进行整体稳定性验算。如果满足《钢结构设计规范》（GB 50017—2017）中的 7.2.1 节（此部分内容与 GB 50017—2003 中的 4.2.1 节内容相同），可以不进行梁的整体稳定性验算。勾选“考虑抗震”时，抗震等级参考《建筑抗震设计规范》（GB 50011—2010）表中的 8.1.3。

2）钢构件验算

从主菜单中选择“设计”→“钢构件设计”→“钢构件验算”，软件开始进行钢构件验算，完成后自动弹出截面验算对话框，如图 7.5-2 所示。

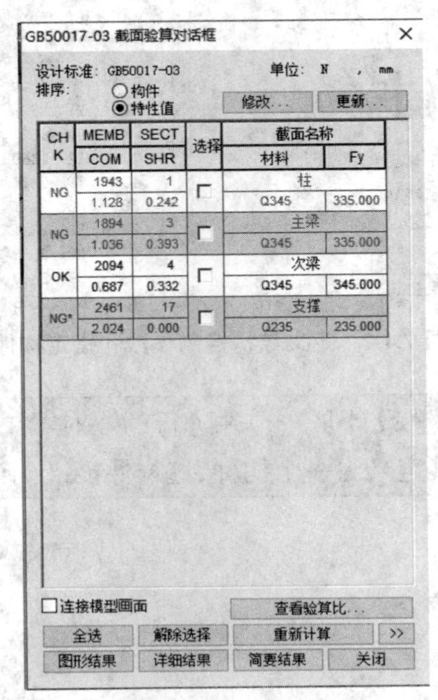

图 7.5-2　截面验算对话框

3）生成验算结果

勾选要查看的截面特性，点击“图形结果”，软件将以图形方式输出验算结果；点击“详细结果”，软件将以文本方式输出详细的验算结果，如图 7.7-3 所示。

4）查看不满足的构件

截面验算对话框→勾选“构件”→点击 >> →点选“不满足”→“连接模型画面”→点击“全选”，可在模型窗口中看到不满足的构件，如图 7.5-4 所示。

5）查看验算比

点击“查看验算比”→“排序”：单元→勾选要查看的单元，如“设计标准”：全部，“应力比”：组合应力→输入要查看的应力比区间，如从 0 到 1→“显示验算比”→“关闭”，如图 7.5-5 所示。

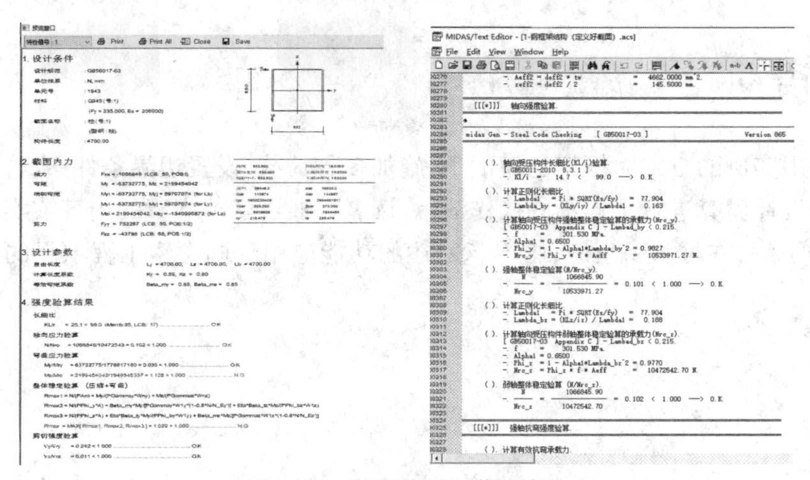

图 7.5-3　图形结果和详细结果

注: 在“特性”排序下,“图形结果”和“详细结果”中所显示的杆件为本组中特性值验算比最大的,如果想查看指定杆件的结果,在“排序”中选择“构件”即可。

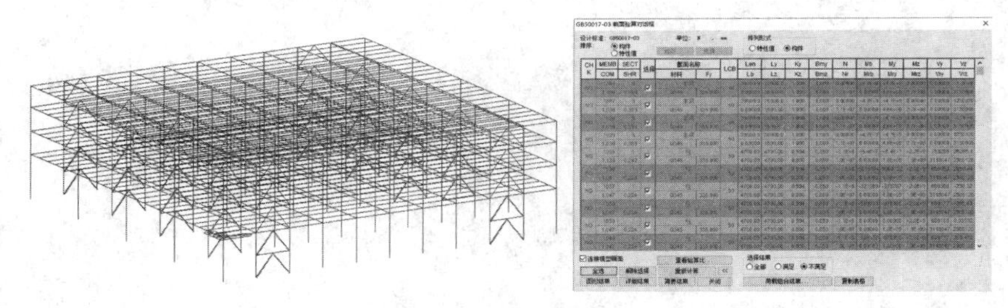

图 7.5-4　查看不满足的构件

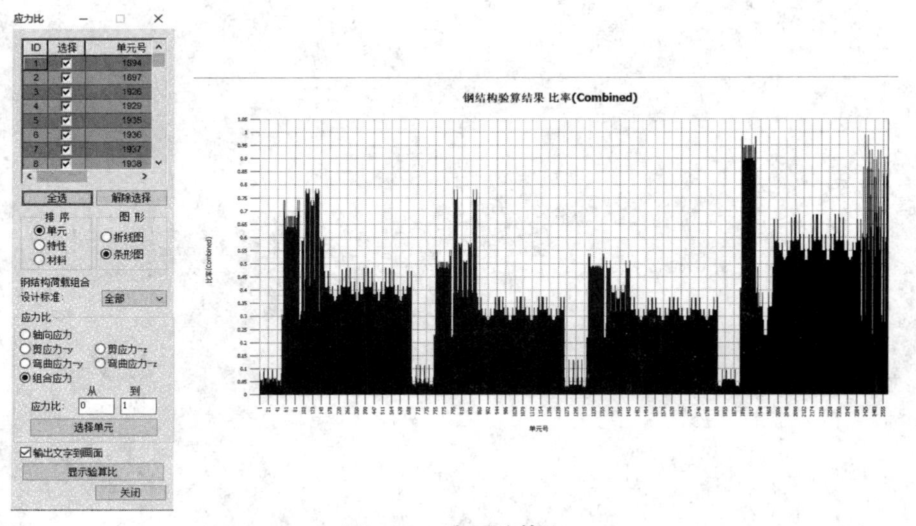

图 7.5-5　查看验算比

7.6 结语

本章采用实例的方式对框架建模助手、施加多种荷载、设置边界条件、查看分析结果和钢结构构件设计验算进行了详细的操作演示，读者可通过学习本章的内容或实操对这些功能有深入的了解，亦可举一反三，将本章所述的功能应用于同类型工程项目的分析与设计中。

第8章　网壳结构实例分析与详解

本章结合实例分析讲解 MIDAS Gen 软件在网壳结构中的应用，重点讲解利用建模助手建立结构模型，以及如何进行网壳结构稳定性分析。

8.1　模型信息

单层球面网壳结构，采用扇形三向网格。结构材料采用 Q235 钢，杆件采用 P 型圆钢管（P）ϕ140 mm × 8 mm。结构跨度为 60 m，弦高 10 m，网格尺寸为 1.5~4.0 m。节点采用焊接空心球连接。单层球面网壳结构布置形式如图 8.1-1 所示。

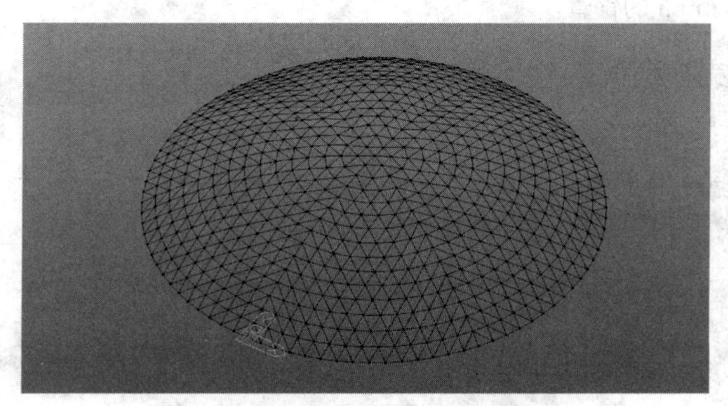

图 8.1-1　单层球面网壳结构布置形式

本章主要讲解结构的稳定性分析，不考虑地震荷载、温度荷载和支座沉降的计算，即仅考虑恒荷载、活荷载和风荷载，并进行静力荷载分析和结构稳定性分析。屋面恒荷载为 0.2 kN/m^2，等效节点集中荷载为 1 200 N；活荷载为 0.5 kN/m^2，等效节点集中荷载为 3 000 N；风荷载基本风压取 0.5 kN/m^2，地面粗糙度为 B，体型系数依照《建筑结构荷载规范》（GB 50009—2012）中的拱形屋面体型系数选取。

8.2　建立模型（前处理）

8.2.1　设定操作环境及定义材料和截面

1）新建项目

从主菜单中选择“文件”→“新项目”→“文件”→“保存”→输入文件名“单层球面网壳结构设计与分析”→选择保存位置为桌面→“确定”。

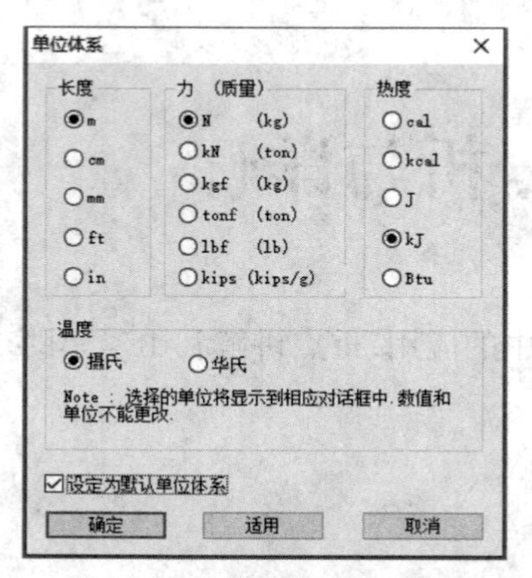

图 8.2-1 “单位体系”对话框

2)设置单位体系

从主菜单中选择“工具”→“单位体系”→“长度”：m→“力”：N→勾选“设定为默认单位体系”→“确定”，如图 8.2-1 所示；或点击模型窗口右下角的“单位体系”图标选择或修改单位体系。

3)定义材料

从主菜单中选择“特性”→“材料”→“材料特性值”→“添加”→“设计类型”：钢材→“规范”：GB 12（S）→“数据库”：Q235→“确认”，如图 8.2-2 所示。

4)定义截面

从主菜单中选择“特性”→“截面”→“截面特性值”→“添加”→“数据库 / 用户”→选择截面类型→输入截面数据→“确认”，如图 8.2-3 所示。根据实际的截面情况进行定义，本模型所用杆件初步选用圆钢管“P140 × 8”，即外径为 140 mm，壁厚为 8 mm 的钢管。

8.2.2 建立网壳模型

1)建模方法

建立网壳模型有 3 种方法。

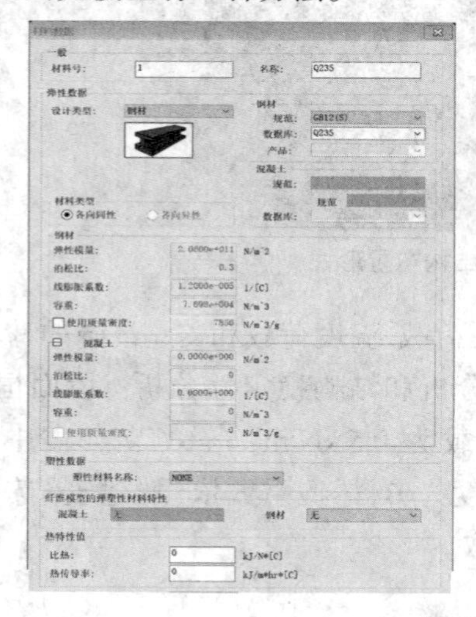

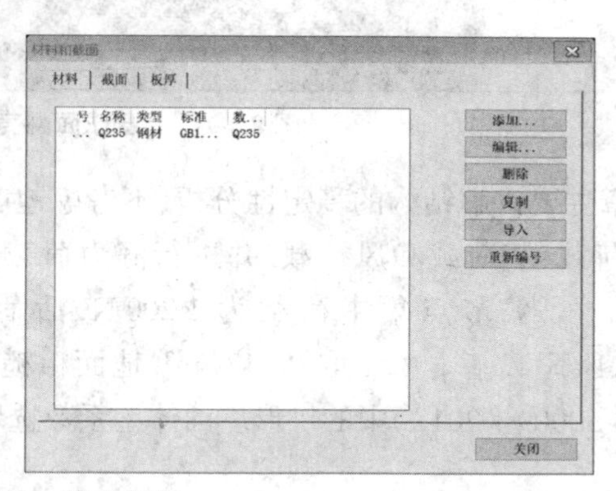

图 8.2-2 定义材料

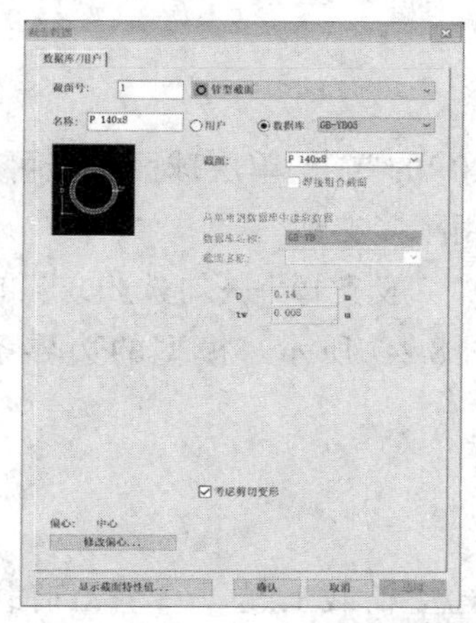

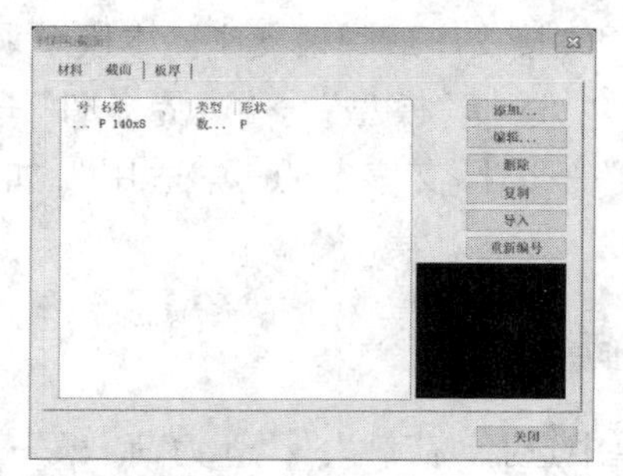

图 8.2-3　定义截面

（1）程序接口导入。导入由其他软件建立的模型。

（2）快速建模。从主菜单中选择“建模助手”→“空间桁架”，运用“建模助手”可以快速创建具有简单的肋环形网格的网壳结构。

（3）直接建模。在软件中手动建立结构杆件。

2）快速建模

从主菜单中选择“建模助手”→“空间桁架”→“空间桁架建模助手”→“球面空间网架”，如图 8.2-4 所示。根据“空间桁架建模助手”填写网壳的基本信息，如图 8.2-5 所示。其中，结构选用“单层凯威特型网壳”，“外径”（即跨度）为 60 m，“弦高”为 10 m，建立的网壳模型如图 8.2-6 所示。

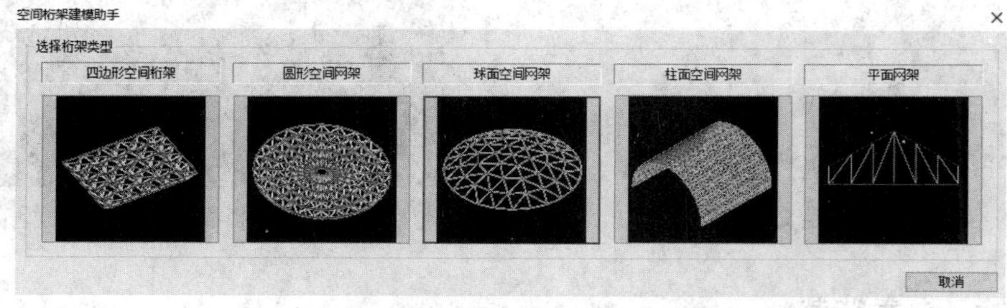

图 8.2-4　“空间桁架建模助手”对话框

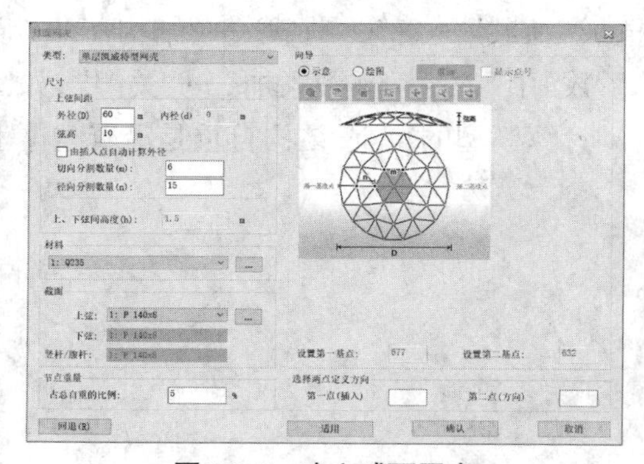

图 8.2-5　建立球面网壳

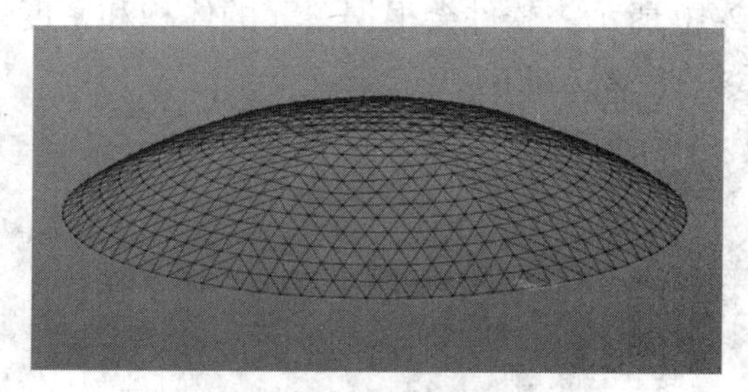

图 8.2-6　建立的网壳模型

8.2.3 定义边界条件

根据《空间网格结构技术规程》(JGJ 7—2010)的要求,单层球面网壳可采用不动铰支座,也可以采用刚接支座或弹性支座。本模型采用刚接支座。

从主菜单中选择“模型”→“边界条件”→“一般支撑”→勾选“Dx”“Dy”“Dz”“Rx-”“Ry”和“Rz”→选择支座节点→“适用”,如图 8.2-7 所示。模型的边界条件如图 8.2-8 所示。

8.2.4 定义荷载工况

从主菜单中选择“荷载”→“静力荷载”→“建立荷载工况”→“静力荷载工况”→填写“恒荷载(D)”“活荷载(L)”和“风荷载(W)”,如图 8.2-9 所示。

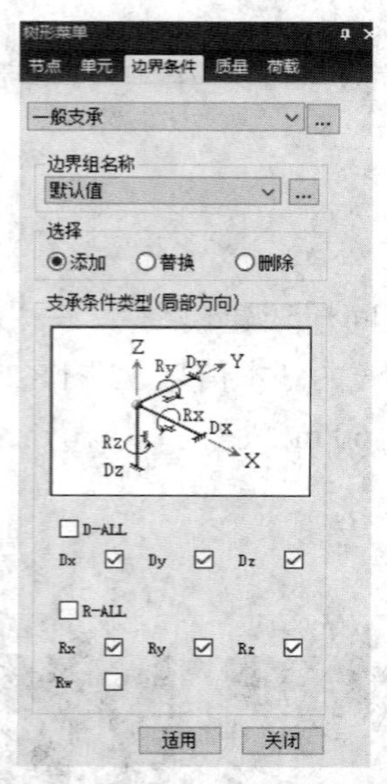

图 8.2-7 定义边界条件

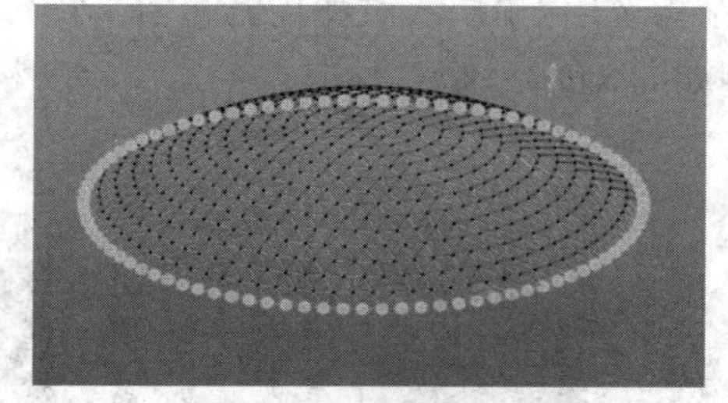

图 8.2-8 模型的边界条件

8.2.5 输入自重荷载

自重荷载由软件自行计算。从主菜单中选择“荷载”→“静力荷载”→“结构荷载/质量”→“自重”→“荷载工况名称”:D→“自重系数”中“Z”:-1→“添加”→“关闭”,如图 8.2-10 所示。软件会根据单元的体积和密度自动计算模型的自重,结构自重是沿着整体坐标系的 -*Z* 方向的。

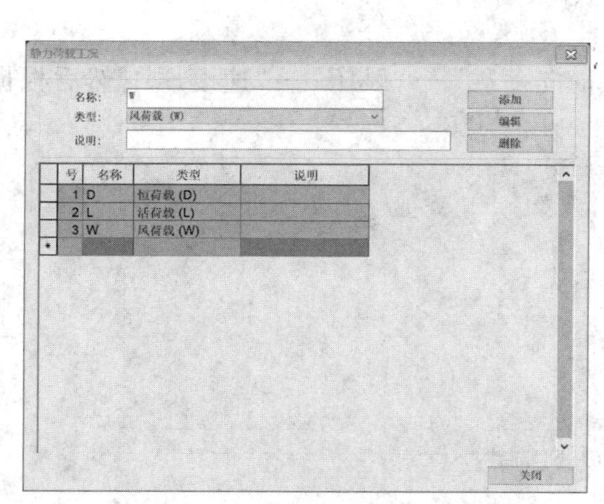

图 8.2-9　定义荷载工况

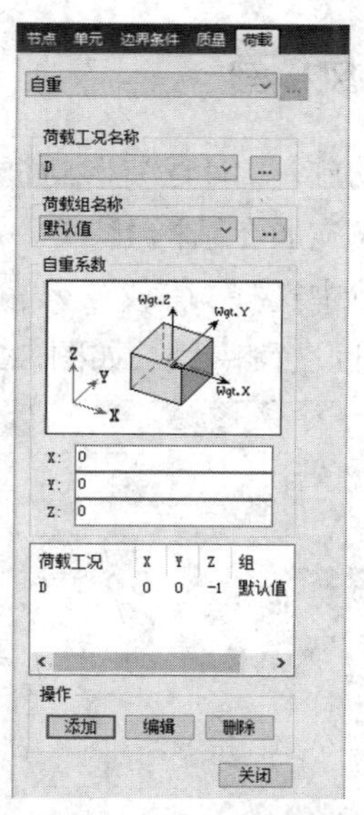

图 8.2-10　输入自重荷载

8.2.6　输入节点恒、活荷载

从主菜单中选择“荷载”→“静力荷载”→“结构荷载 / 质量：节点荷载”→“荷载工况名称”：D（或 L）→“FZ”：–1 200（或 –3 000）→选中除底层的节点→“适用”，如图 8.2-11 所示。

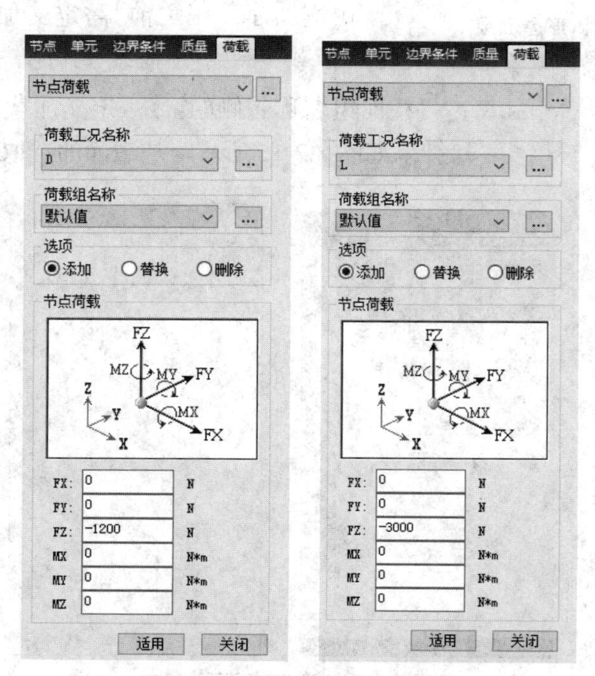

图 8.2-11　输入节点恒、活荷载

8.2.7 输入风荷载

风荷载的施加，网壳结构与框架结构有所不同。网壳模型不采用“风荷载”选项，而是以风压的形式施加在结构上。

从主菜单中选择“荷载”→“静力荷载”→“横向荷载”→“风压”→“速度压”，然后根据风荷载的信息设置各参数，如图 8.2-12 所示。

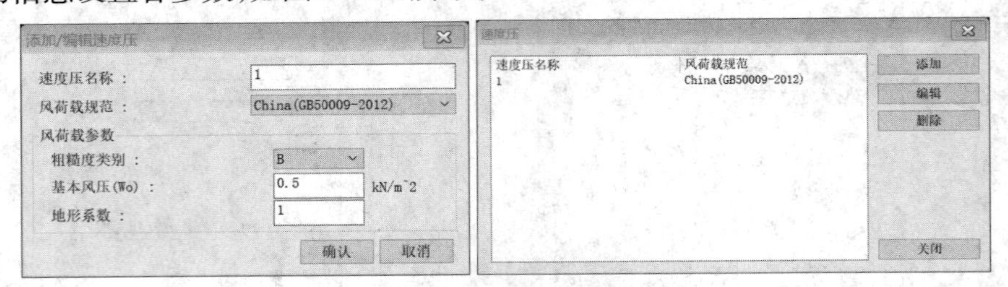

图 8.2-12 输入风荷载

风压的施加可以采用风压函数、面风压和梁单元风压等。对于封闭型空间结构，软件自动计算各作用面上的风荷载，并将其转化为作用在周端节点上的节点荷载。

《空间网格结构技术规程》（JGJ 7—2010）规定，单个球面网壳和圆柱面网壳的风载体型系数可按《建筑结构荷载规范》（GB 50009—2012）取值，其中规定的相关体型系数如图 8.2-13 所示。

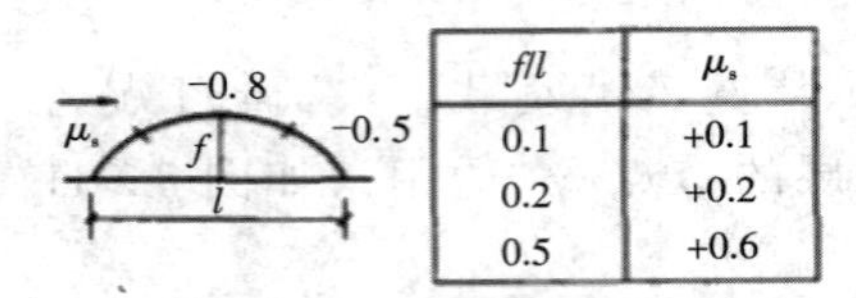

f/l	μ_s
0.1	+0.1
0.2	+0.2
0.5	+0.6

图 8.2-13 封闭式落地拱形屋面风荷载体型系数

在施加面风压之前，需定义加载面。从主菜单中选择“荷载”→“初始荷载 / 其他”→“加载面”，点击加载面组名称右侧的 ... ，定义加载面组（图 8.2-14），分别命名为“面 1”“面 2”和“面 3”，结果如图 8.2-15 所示。加载面的选取采用多边形选择法。

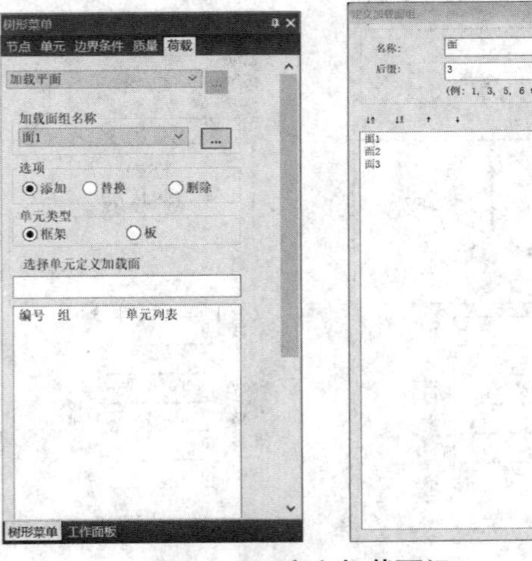

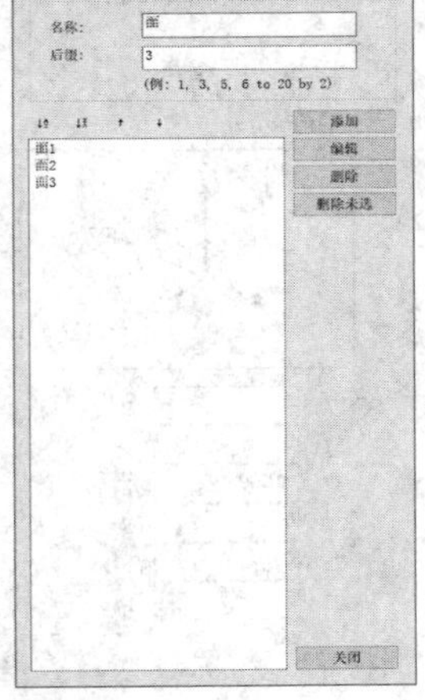

图 8.2-14 定义加载面组

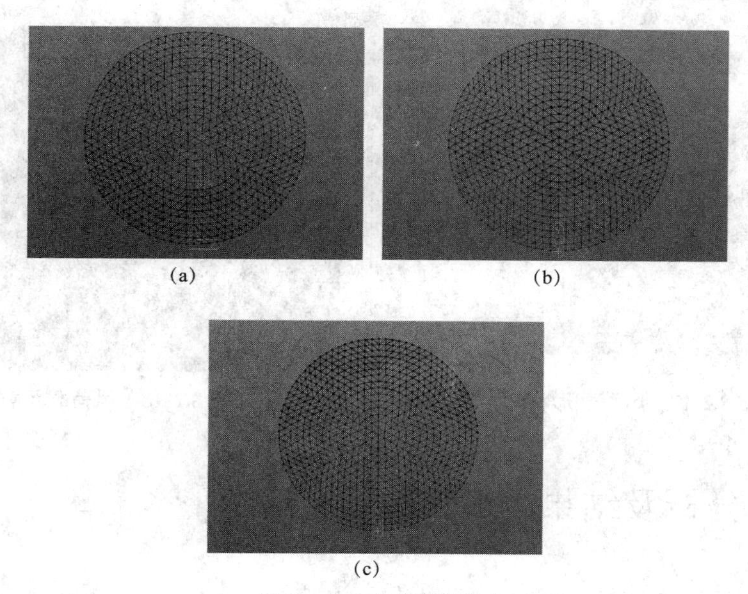
(a)　(b)　(c)

图 8.2-15　各加载面组

(a)面 1　(b)面 2　(c)面 3

对风荷载工况施加风压。从主菜单中选择“荷载”→“横向荷载”→“风压”→“面风压”→“内部节点”：0, 30, 0。使风压方向与加载面垂直，基本周期由软件自动计算，不考虑结果的横向风振及扭转风振。风荷载参数如图 8.2-16 所示；风荷载形状如图 8.2-17 所示；风荷载示意如图 8.2-18 所示。

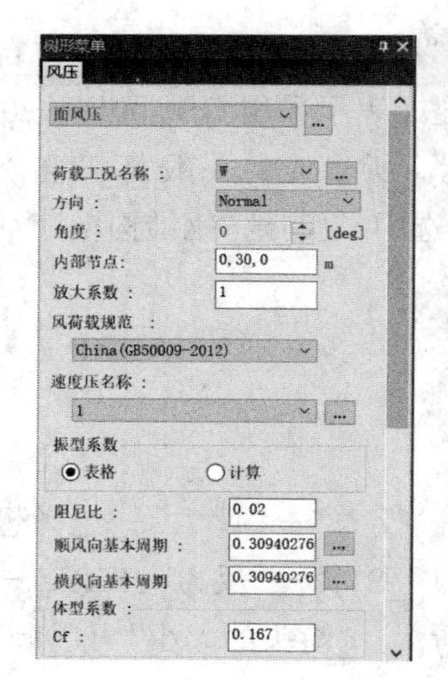

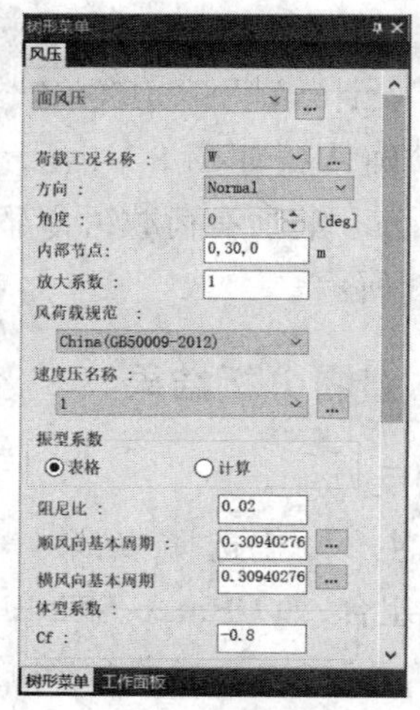

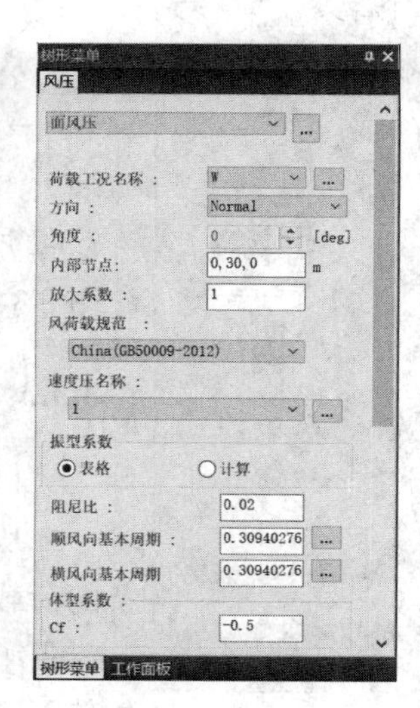

图 8.2-16　风荷载参数

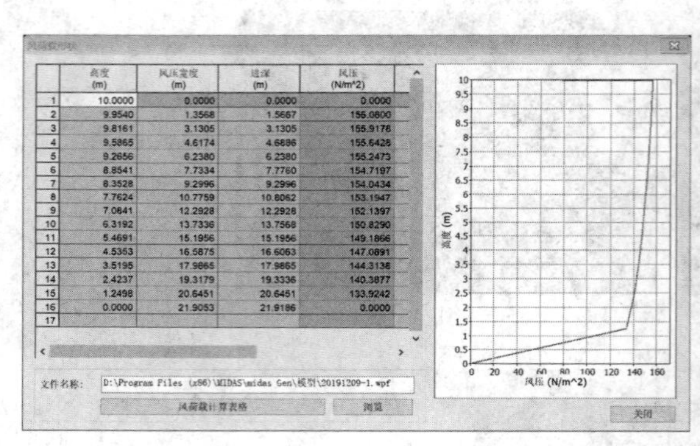

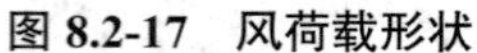

图 8.2-17 风荷载形状

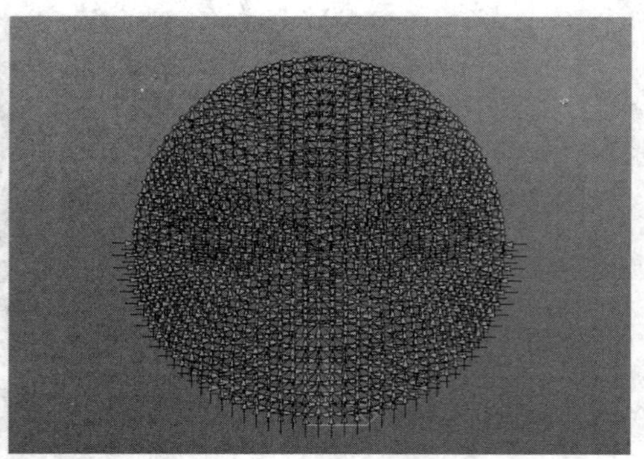

图 8.2-18 风荷载示意

8.3 运行分析及结果查看

8.3.1 运行分析

从主菜单中选择“分析”→“运行”→“运行分析”，或者直接点击快捷菜单中的“运行分析”。软件在计算完成后自动进入后处理模式，如果想要切换到前处理模式，需要点击快捷菜单中的“前处理”图标。

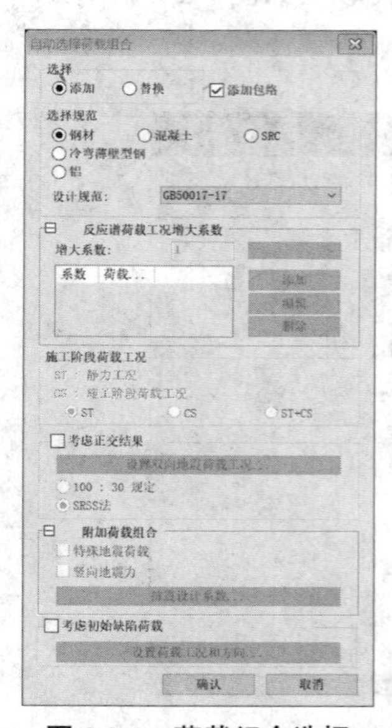

图 8.3-1 荷载组合选择

8.3.2 生成荷载组合

从主菜单中选择“结果”→“荷载组合”→“一般”→“自动生成”→“设计规范”：GB50017-17（表示采用 GB 50017—2017 标准）→“确认”，如图 8.3-1 所示。所生成的一般荷载组合如图 8.3-2 所示。将所有荷载组合都选中，复制到“钢结构设计”中，如图 8.3-3 所示。

8.3.3 查看分析结果

1）反力

从主菜单中选择“结果”→“反力”→“反力”→选择想查看的荷载组合，如 CBmax：STL ENV_STR →“反力”：FXYZ →勾选“图例”→“适用”，如图 8.3-4 所示。“箭头的大小”可以调整，以使图形更加美观。

2）位移

从主菜单中选择“结果”→“变形”→“位移等值线”→选择荷载组合→勾选要查看的位移分量，如“DZ”→勾选“等值线”“变形”和“图例”→“适用”，如图 8.3-5 所示。

3）内力

从主菜单中选择“结果”→“内力”→“梁单元内力”→选择荷载组合→勾选要查看的内

力分量→勾选“等值线”“变形”和“图例”→“适用”，如图 8.3-6 所示。

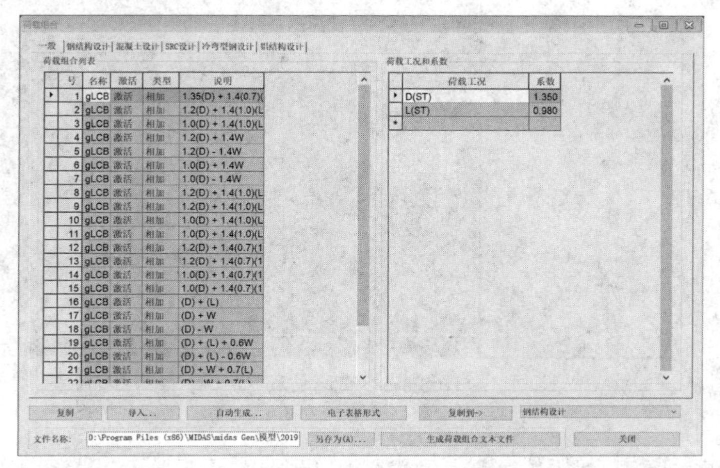

图 8.3-2　一般荷载组合

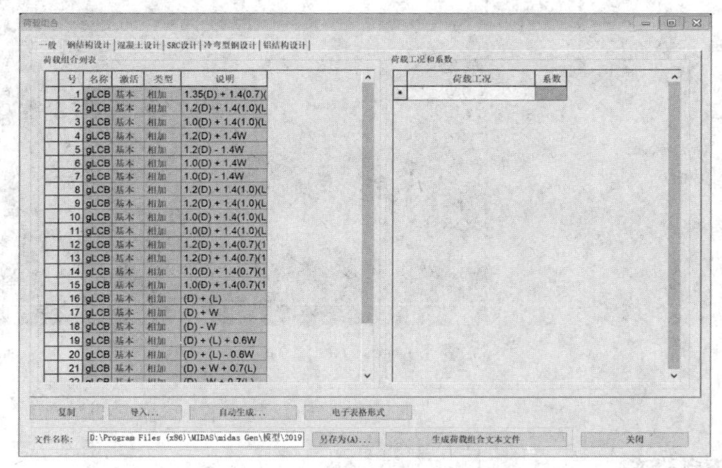

图 8.3-3　钢结构设计荷载组合

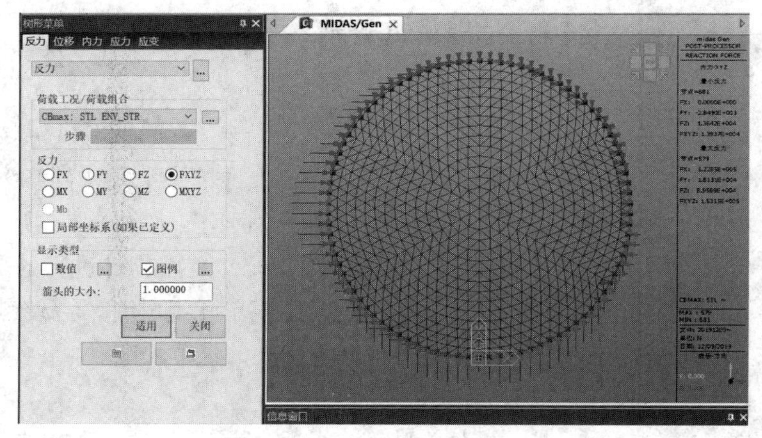

图 8.3-4　查看反力

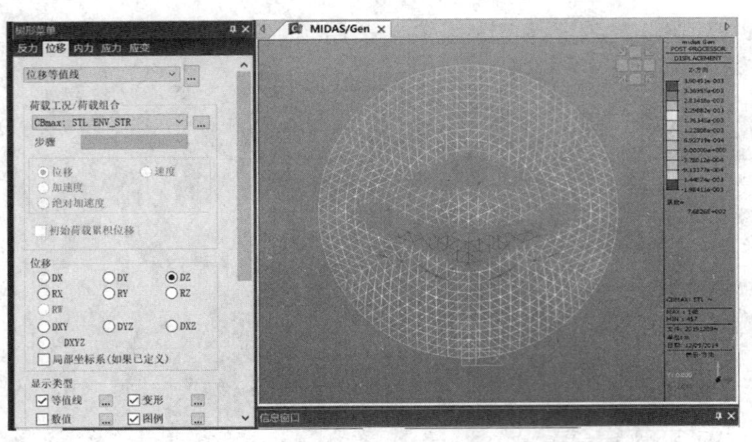

图 8.3-5　查看位移

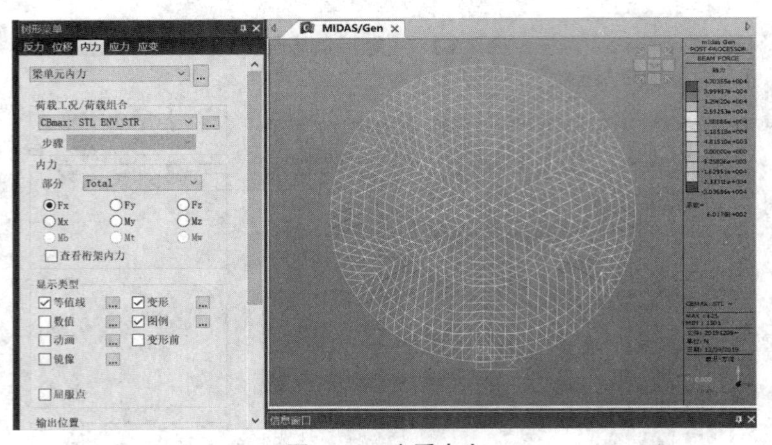

图 8.3-6　查看内力

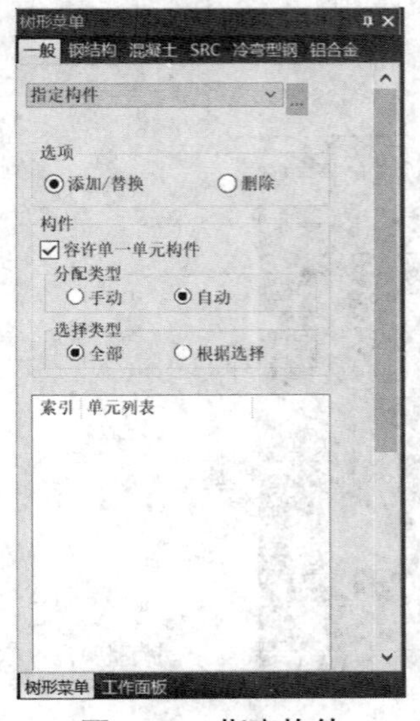

图 8.4-1　指定构件

8.4　设计验算

8.4.1　一般设计参数

1)指定构件

从主菜单中选择“设计”→“通用”→“一般设计参数”→“指定构件”→勾选“容许单一单元构件”→“分配类型”:自动→“选择类型”:全部→“适用”,如图 8.4-1 所示。

分析是按单元进行的,设计是按构件进行的。对梁单元或桁架单元,当某构件由几个线单元组成时,需要将其定义为一个构件,这样才能准确计算构件的计算长度。

2)计算长度系数

从主菜单中选择“设计”→“通用”→“一般设计参

数”→“计算长度系数”。根据《空间网格结构技术规程》(JGJ 7—2010)的第 5.1.2 条可知杆件的计算长度系数,见表 8.4-1。对于焊接空心球节点的单层网壳计算长度,在壳体曲面内“Ky”取 0.9*l*,在壳体曲面外“Kz”取 1.6*l*(1.6),如图 8.4-2 所示。

表 8.4-1　计算长度系数

结构体系	杆件形式	节点形式				
		螺栓球	焊接空心球	板节点	毂节点	相贯节点
网架	弦杆及支座腹杆	1.0*l*	0.9*l*	1.0*l*	—	—
	腹杆	1.0*l*	0.8*l*	0.8*l*		
双层网壳	弦杆及支座腹杆	1.0*l*	1.0*l*	1.0*l*	—	—
	腹杆	1.0*l*	0.9*l*	0.9*l*		
单层网壳	壳体曲面内	—	0.9*l*	—	1.0*l*	0.9*l*
	壳体曲面外		1.6*l*		1.6*l*	1.6*l*
立体桁架	弦杆及支座腹杆	1.0*l*	1.0*l*	—	—	1.0*l*
	腹杆	1.0*l*	0.9*l*			0.9*l*

注:*l* 为杆件的几何长度(即节点中心间距)。

3)极限长细比

从主菜单中选择“设计”→“通用”→“一般设计参数”→“极限长细比”。根据《空间网格结构技术规程》(JGJ 7—2010)的第 5.1.3 条可知杆件的容许长细比,见表 8.4-2。对于单层网壳的极限长细比,受压 / 压弯杆件为 150,受拉 / 拉弯杆件为 250,如图 8.4-3 所示。

表 8.4-2　杆件的容许长细比

结构体系	杆件形式	杆件受拉 \ 拉弯	杆件受压 / 压弯
网架; 立体桁架; 双层网壳	一般杆件	300	180
	支座附近杆件	250	
	直接承受动力荷载杆件	250	
单层网壳	一般杆件	250	150

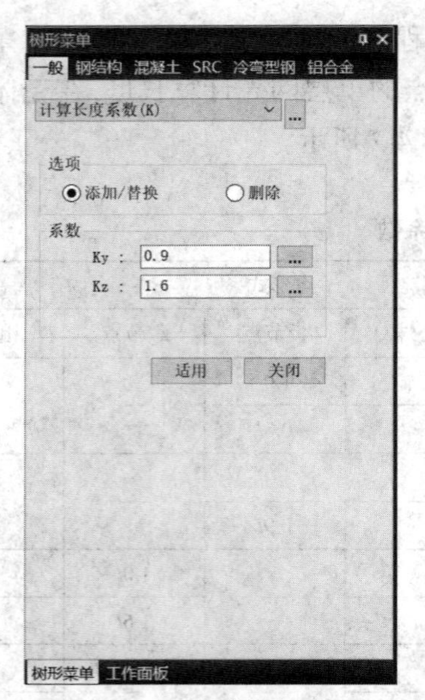

图 8.4-2 设置计算长度系数

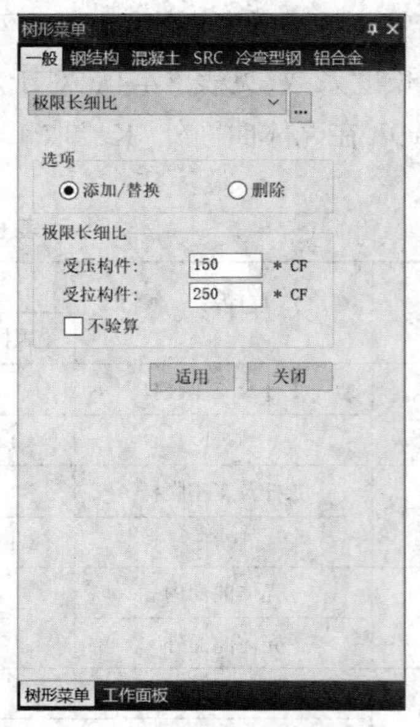

图 8.4-3 设置极限长细比

8.4.2 钢构件设计

1)选择设计标准

从主菜单中选择"设计"→"钢构件设计"→"设计规范"→"设计标准":GB50017-17(表示采用 GB 50017—2017 标准)→勾选"考虑抗震"→"强度设计时净截面特性调整系数":0.85→"确认",如图 8.4-4 所示。

2)钢构件设计验算

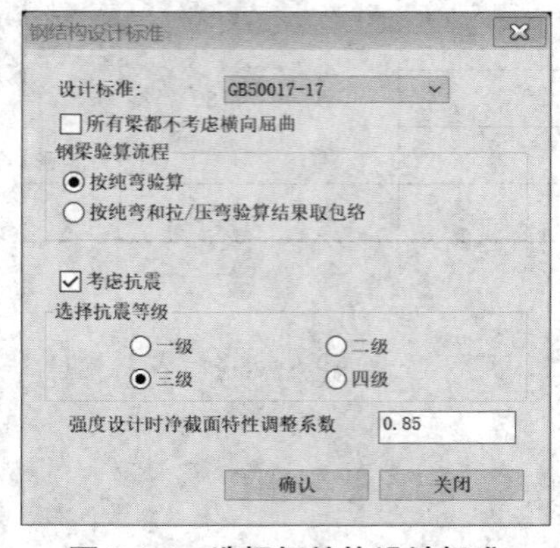

图 8.4-4 选择钢结构设计标准

从主菜单中选择"设计"→"钢构件设计"→"钢构件验算",软件开始进行钢构件设计,底部信息窗口中的"分析信息"显示设计结束,则表示设计完成。

3)构件设计的内力验算及构造结果

从主菜单中选择"设计"→"钢构件设计"→"构件验算结果与截面优化",在"截面验算对话框"中可以查看各构件的内力验算结果(强度、稳定性、抗剪)和构造结果(长细比、宽厚比、挠度),如图 8.4-5 所示。点选"特性值"→点击"修改"→输入极限验算比范围,可以针对截面类型进行优化设计,如图 8.4-6 所示。为了简化设计,本实例将所有构件截面调整为"P 121×7"。

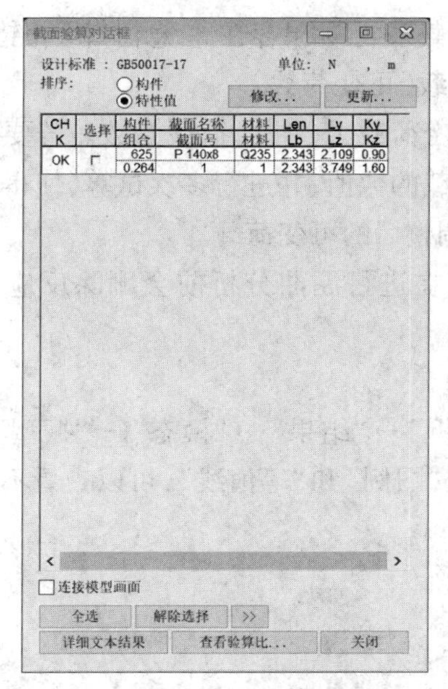

图 8.4-5 内力验算结果

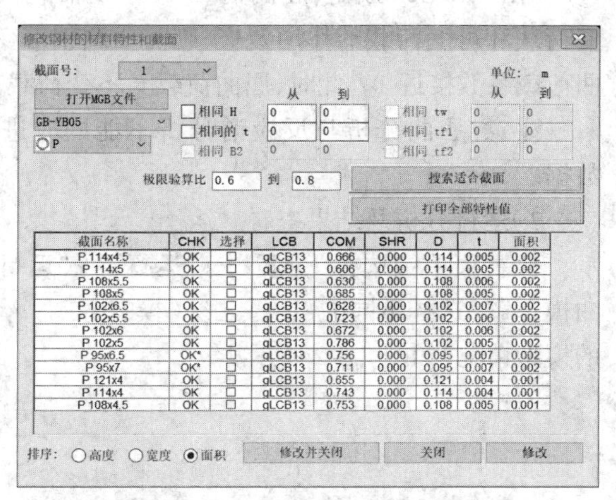

图 8.4-6 修改钢材的材料特性和截面

8.5 稳定性验算

单层网壳和厚度小于跨度的 1/50 的双层网壳,均应进行稳定性分析验算。稳定性分析包括屈曲分析和非线性分析。根据《空间网格结构技术规程》(JGJ 7—2010)第 4.3.3 条,在进行网壳结构的全过程分析时要考虑初始缺陷。网壳结构尤其是单层网壳结构对初始缺陷十分敏感,初始缺陷的存在会大大降低结构的稳定性和承载能力。初始缺陷包括几何缺陷、初弯曲和初始残余应力,其中几何缺陷对结构的影响较大,后两种缺陷的影响较小。根据《空间网格结构技术规程》(JGJ 7—2010),初始几何缺陷分布可采用结构的最低阶屈曲模态,缺陷最大计算值取网壳跨度的 1/300 即可。

根据《空间网格结构技术规程》(JGJ 7—2010)第 4.3.4 条,网壳稳定容许承载力(荷载取标准值)应等于网壳稳定极限承载力除以安全系数 K。对单层球面网壳、柱面网壳和椭圆抛物面网壳进行全过程分析时,安全系数 K 取 4.2。

8.5.1 屈曲分析

根据《空间网格结构技术规程》(JGJ 7—2010),球面网壳的全过程分析可按满跨均布荷载进行。

1)定义屈曲分析

从主菜单中选择“分析”→“分析控制”→“屈曲”,弹出如图 8.5-1 所示的对话框。

(1)屈曲模态。自行确定即可,本模型选择 15 个。

(2)荷载系数范围。本模型仅考虑正值。屈曲荷载系数即为特征值,软件只输出荷载方向的特征值。如果点选“搜索”,则需要给定范围,出现负值表示结构在相反的方向承受荷载。

(3)检查斯图姆序列。可检查任何丢失的屈曲荷载系数,如果存在,信息窗口会报错提示。

(4)荷载。输入自重荷载(不变荷载)和附加荷载(可变荷载)。

MIDAS Gen 规定,屈曲荷载 =(不变荷载 + 可变荷载)× 屈曲荷载系数。若要区分不变荷载和可变荷载的作用效应,则需要调整可变荷载的数值,并进行多次试算,使得到的屈曲荷载系数接近 1。此时,屈曲荷载 = 不变荷载 + 调整后的可变荷载。

注意:屈曲分析与反应谱分析不能同时进行,在进行屈曲分析前会删除反应谱分析数据。

2)运行分析及结果查看

从主菜单中选择“分析”→“运行”→“运行分析”→“结果”→“模态”→“振型”→“屈曲模态”→选择不同的“荷载工况(模态号)”→勾选“图例”和“等值线”,可以查看不同模态的模型情况,如图 8.5-2 所示。

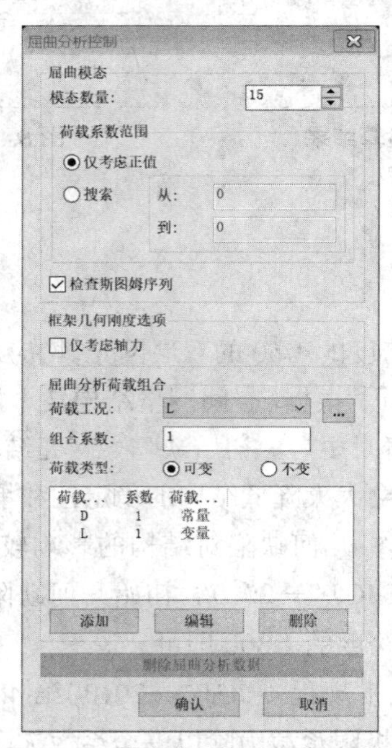

图 8.5-1 “屈曲分析控制”对话框

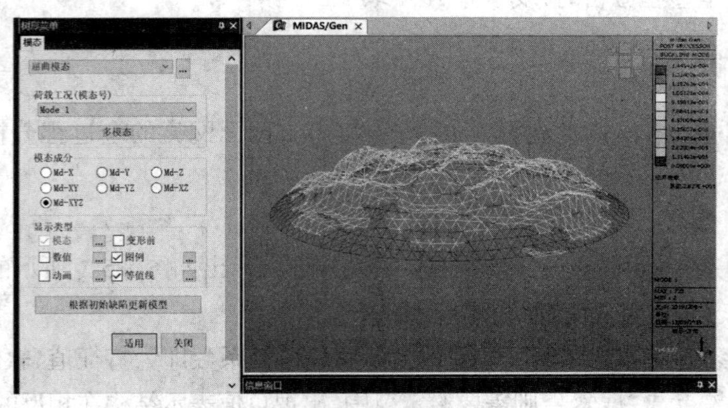

图 8.5-2 第一阶屈曲模态图

点击“屈曲模态”右侧的 ... ,可以查看屈曲结果表格。第一阶模态的特征值即为屈曲荷载系数,如图 8.5-3 所示。若屈曲荷载系数大于 1,说明结构在该荷载工况下不会发生线性屈曲。

节点	模态	UX	UY	UZ	RX	RY	RZ
屈曲分析							
	模态	特征值	容许误差				
	1	28.270664	3.0787e-0				
	2	28.270664	2.0557e-0				
	3	28.362087	3.9499e-0				
	4	28.395600	1.0128e-0				
	5	28.413261	1.3802e-0				
	6	28.413261	7.8564e-0				
	7	28.594516	2.3925e-0				
	8	28.595227	8.6496e-0				
	9	28.595227	1.1551e-0				
	10	28.667990	6.4896e-0				
	11	28.667990	7.0625e-0				
	12	28.873640	2.3346e-0				
	13	28.917458	1.4328e-0				
	14	28.917930	8.8203e-0				
	15	29.091446	8.1652e-0				
屈曲向量							

图 8.5-3　第一阶模态的特征值

8.5.2　非线性分析

非线性分析考虑了几何非线性。根据《空间网格结构技术规程》(JGJ 7—2010),进行网壳的全过程分析时应考虑初始缺陷的影响,初始缺陷可采用结构的最低阶模态,缺陷最大值可按网壳跨度的 1/300 取值。进行非线性稳定性分析时,主要关注安全系数 K,其为极限承载力和容许承载力的比值。故在安全系数图中,转折点处为结构失稳的安全系数 K,保证其大于 4.2 即满足要求。

1)非线性分析模型

点击“根据初始缺陷更新模型”,荷载工况为“Mode1”,放大有 2 种方式。

(1)比例系数:初始缺陷最大值 / 屈曲向量最大值。

(2)最大值:网壳跨度的 1/300,用户自行确定。

从主菜单中选择“分析”→“运行”→“运行分析”→“结果”→“模态”→“振型”→“屈曲模态”→“根据初始缺陷更新模型”。该模型跨度为 60 m,取其 1/300 为缺陷最大值,在“考虑初始缺陷更新模型”对话框中,“最大值”输入 0.2,点击“Update”,如图 8.5-4 所示。软件可以根据屈曲模态的分析结果,按照用户的要求考虑初始缺陷并自动更新模型,减少了大跨度结构进行非线性稳定性分析时的模型准备工作。

2)非线性分析工况

(1)建立非线性荷载组合。从主菜单中选择“结果”→“荷载组合”→“一般”,在“荷载组合列表”中增加一组非线性荷载工况的荷载组合,如图 8.5-5 所示。

(2)生成非线性荷载组合工况。从主菜单中选择“荷载”→“使用荷载组合”,选择刚刚建立的组合进行生成。由于非线性分析无法与温度荷载分析等同时进行,所以可以删除其他荷载工况。本模型仅进行非线性荷载工况分析,如图 8.5-6 所示。

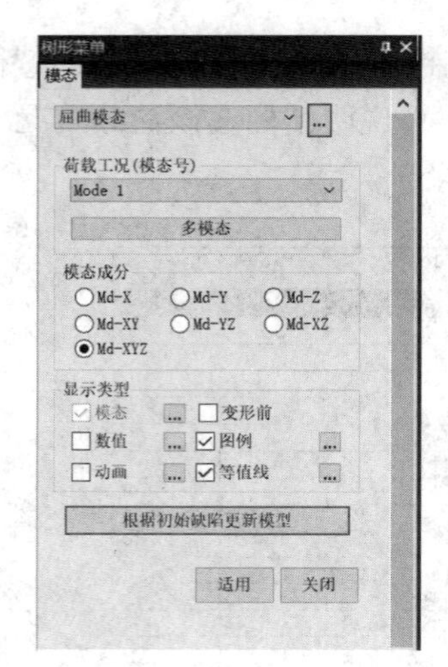

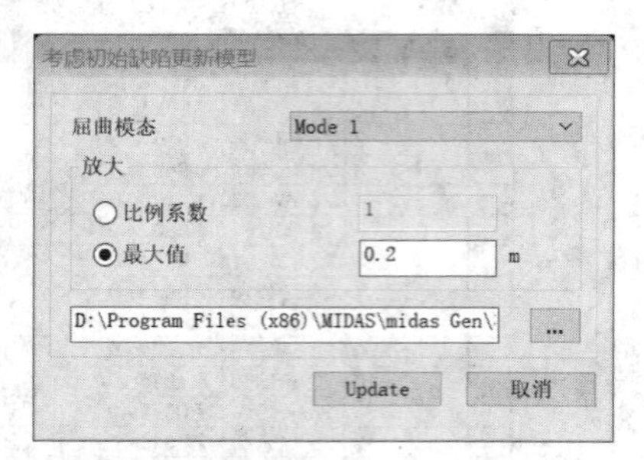

图 8.5-4 根据初始缺陷更新模型

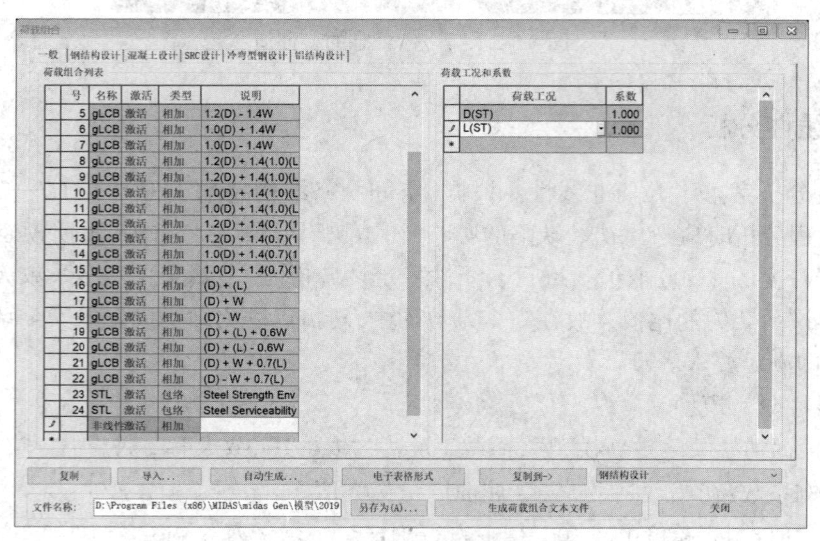

图 8.5-5 建立非线性荷载组合

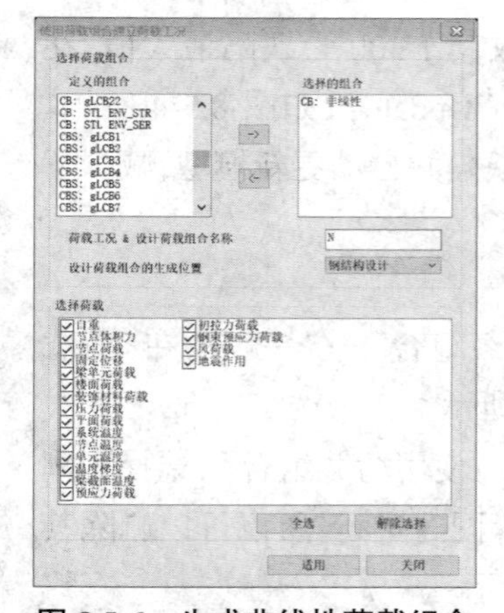

图 8.5-6 生成非线性荷载组合工况

（3）查找控制节点。从主菜单中选择“分析”→“运行”→“运行分析”，分析成功后选择“结果”→“变形”→“位移等值线”→选择非线性荷载组合工况→“位移”：DZ→勾选“等值线”“变形”“图例”和“数值”。

在进行非线性分析前，先对非线性荷载组合工况进行线性分析。在分析结果中，查找模型在非线性荷载组合工况下位移最大的点，初步将其作为后面进行非线性分析时的控制节点。

在图 8.5-7 中，可以看出模型的位移最大值发生在 328 号节点，值为 –0.030 m，该节点可作为非线性分析的控制节点。

（4）非线性分析控制。从主菜单中选择“分析”→“非线性”→勾选“几何非线性”，“计算方法”采用位移控制法，“位移步骤数量”和“子步骤内迭代次数”可自行设置，参照步骤（3）所得到的结果设置主节点和最大控制位移。

位移步骤数量、子步骤内迭代次数、主节点和最大控制位移需要不断地调试，以得到理想的位移控制曲线，如图 8.5-8 所示。图中的“非线性分析荷载工况”通过如下方式确定：对于所有工况均考虑非线性的分析，不需要添加；对于需要定义计算方法的独立荷载工况，需要添加。

（5）运行非线性分析。由于非线性分析与地震作用的反应谱分析不能同时进行，因此进行非线性分析时取消勾选“层中心”和“层剪力”。从主菜单中选择“结构”→“建筑”→“控制数据”→取消勾选“层构件剪力比”和“时程分析结果的层反应”，如图 8.5-9 所示。然后从主菜单中选择“分析”→“运行”→“运行分析”。

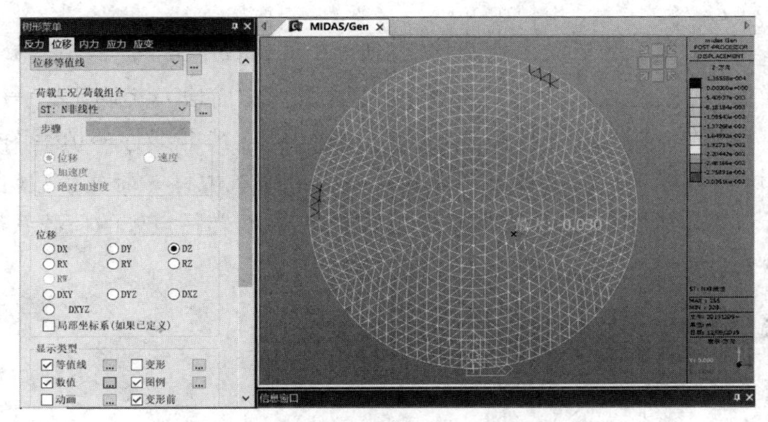

图 8.5-7　非线性荷载组合工况下的位移

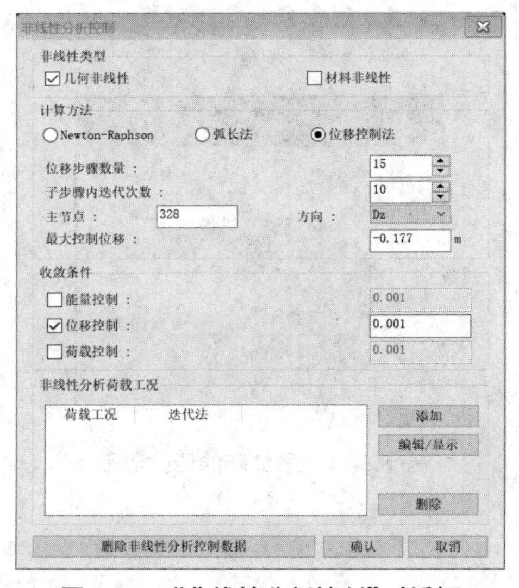

图 8.5-8　“非线性分析控制”对话框

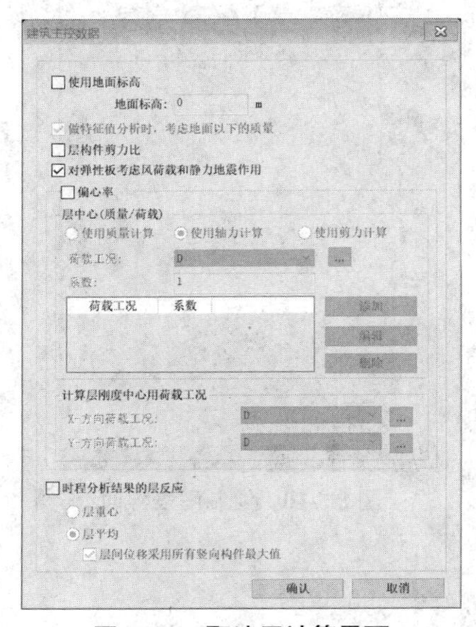

图 8.5-9　取消层计算界面

计算结束后,可查看信息窗口内的运算输出过程,检查每一个位移步骤的“子步骤内迭代次数”。若该值未达到设置值 10,表示结构收敛;若该值达到设置值 10,表示结构收敛临界或未收敛。在一般情况下,需要调整至使最后一个位移步骤的“子步骤内迭代次数”达到 10,此时结构处于收敛临界状态。如果随着计算的进行,后面较多位移步骤的“子步骤内迭代次数”达到 10,则需要进入结果分析界面,重复步骤(3)“查找控制节点”。

从主菜单中选择“结果”→“变形”→“位移等值线”→选择非线性荷载工况→在“步骤”中输入最后一个收敛的步骤数→“位移”: DZ →勾选“等值线”“变形”“图例”和“数值”。

查看最后收敛的步骤中结构的最大位移点和位移值,将其作为新的控制点和控制位移,重新填写到“非线性分析控制”对话框中。从主菜单中选择“分析”→“运行”→“运行分析”。

经过对非线性分析参数进行多次调整,得到理想的计算结果。

(6)查看结果。从主菜单中选择“结果”→“时程”→“阶段 / 步骤图表”→“添加新的函数”→输入函数参数→“确定”→“荷载工况 / 荷载组合”: N 非线性→填写图形标题→“名称”: 1 →“确认”,如图 8.5-10 和图 8.5-11 所示。可以查看位移 - 荷载系数(图 8.5-12),并根据图表不断调整非线性参数,从而得到理想的曲线,曲线转折点处的荷载系数对应的安全系数 K 大于 4.2,即安全。

图 8.5-10　绘制图表界面

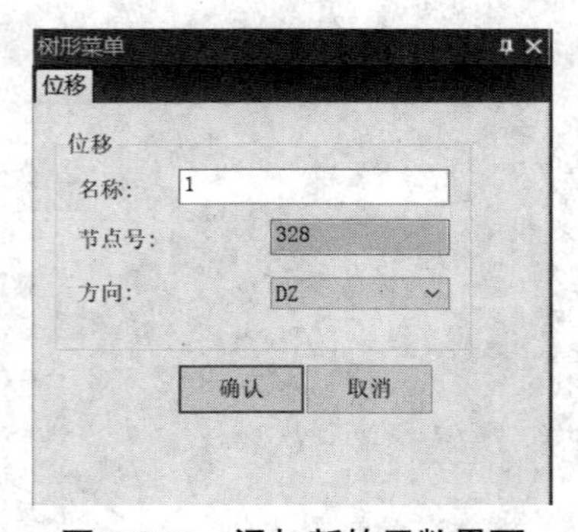

图 8.5-11　添加新的函数界面

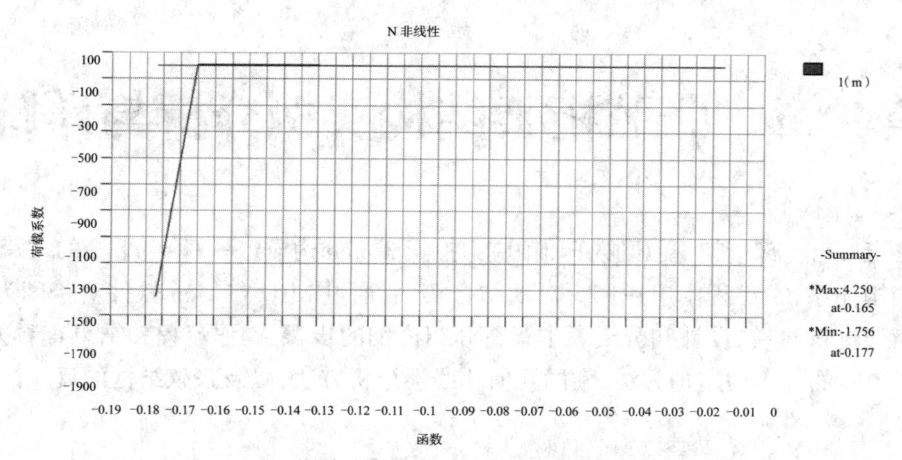

图 8.5-12　位移 - 荷载系数曲线

8.6　结语

本章简单介绍了利用 MIDAS Gen 软件对单层网壳进行静力分析和稳定性验算的部骤。对于网壳结构,失稳破坏的影响十分严重。因此,应熟练地掌握网壳结构的稳定性验算。

第 9 章　张弦桁架结构实例分析与详解

张弦桁架由上部桁架、受压腹杆和预应力拉索 3 部分构成，是一种自平衡的大跨度预应力空间结构体系，在工程中应用广泛。现结合实例，通过 MIDAS Gen 软件对跨度为 100 m 的张弦桁架进行建模、设计和分析。本章将介绍详细的步骤、操作流程和结果查看方法，重点讲述索单元的预应力施加方法、索的几何非线性分析方法，以及张弦结构的反应谱分析方法等操作。

9.1　模型信息

本实例中的张弦桁架上弦梁圆弧半径为 180 m，上下弦间距为 2 m。桁架部分构件均采用圆钢管，上下弦主梁尺寸为 ϕ325 mm × 16 mm，腹杆尺寸为 ϕ159 mm × 10 mm，上弦撑杆尺寸为 ϕ127 mm × 8 mm。受压腹杆采用圆钢管 ϕ168 mm × 10 mm，拉索直径为 120 mm，整体模型如图 9.1-1 所示。钢材采用 Q345 钢；拉索材料的弹性模量取 185 GPa，泊松比为 0.3，线膨胀系数为 1.2×10^{-5} /℃，容重取 76.98 kN/m^3。

边界条件：一端为铰接支座，另一端为滑动支座。

荷载条件：考虑张弦桁架的自重；将屋面荷载等效为节点荷载施加在结构上，屋面恒荷载为 15 kN，活荷载为 5 kN；拉索的初张力预设为 300 kN。

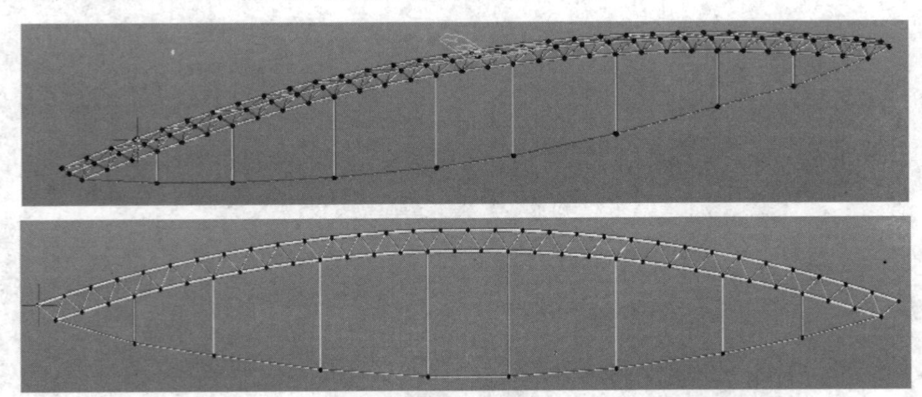

图 9.1-1　张弦桁架整体模型示意

9.2　建立模型

采用 MIDAS Gen 软件建立模型，主要流程如下：

（1）设定操作环境，定义材料属性、构件截面尺寸等；

（2）建立桁架的一个单元，并根据单元建立整个桁架模型；

（3）建立受压撑杆和拉索单元，索单元施加初拉力，形成张弦桁架；

（4）设置张弦桁架的边界条件；

（5）定义荷载工况，施加重力荷载，屋面恒、活荷载；

（6）定义几何非线性分析的参数；

（7）运行分析，查看结果；

（8）调整索单元的初拉力，进行挠度控制，重复上述流程。

9.2.1　设定操作环境，定义材料和截面

（1）双击 MIDAS Gen 图标，从主菜单中选择“文件”→“新项目”→“保存”→输入文件名“100 米张弦桁架结构的分析与设计”→“确定”。

（2）从主菜单中选择“工具”→“单位体系”→“长度”：m→“力”：kN→“确定”，如图 9.2-1 所示；或在模型窗口右下角点击“单位体系”修改单位体系。

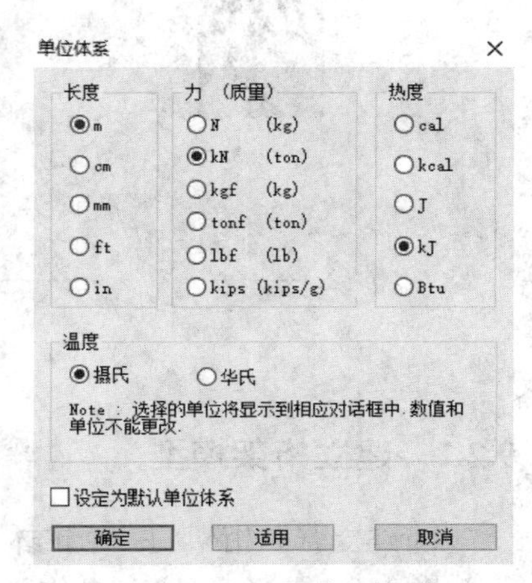

图 9.2-1　设置单位体系

（3）从主菜单中选择“特性”→“材料”→“材料特性值”→“添加”→“设计类型”：钢材→“规范”：GB12（S）→“数据库”：Q345→“确认”。用户需自定义拉索的材料，命名为“cable”，主要修改弹性模量、泊松比、线膨胀系数、容重等内容。钢材与拉索的具体设置如图 9.2-2 所示。

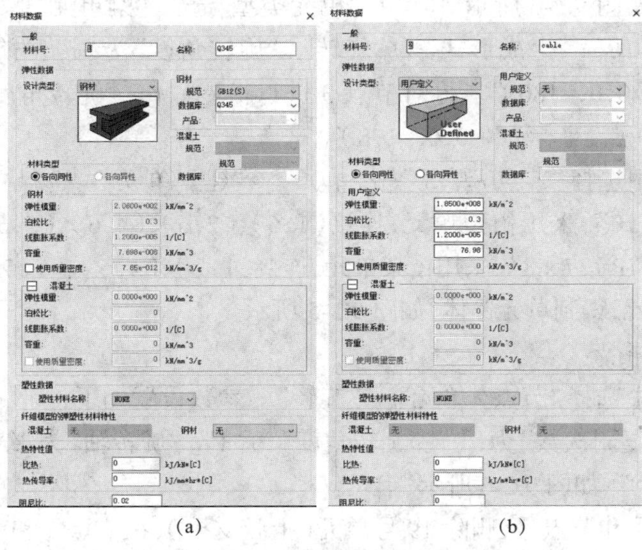

（a）　（b）

图 9.2-2　定义材料

（a）钢材　（b）拉索

（4）从主菜单中选择“特性”→“截面”→“截面特性值”→“添加”→“数据库 / 用

户”→“用户”→选择截面类型→输入截面数据→“确认”。分别建立桁架上下弦梁、腹杆、上弦撑杆、受压腹杆和拉索的截面，如图 9.2-3 所示。

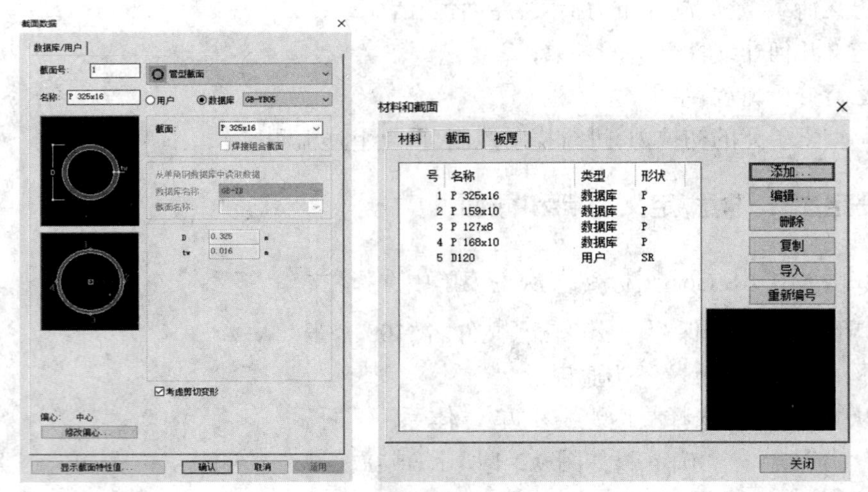

图 9.2-3 定义截面

9.2.2 建立桁架模型

1）建立张弦桁架的一个锥体

（1）从主菜单中选择“节点 / 单元”→“节点”→“建立节点”，建立节点 1（0，1，0）、节点 2（0，–1，0）、节点 3（0，0，–2）。

（2）从主菜单中选择“节点 / 单元”→“单元”→“扩展”。先对节点 1 和节点 2 进行扩展操作，操作参数如图 9.2-4 所示。其中，“单元类型”选择“梁单元”，“材料”为“Q345”，“截面”为“P 325 × 16”；“生成形式”为“旋转”，“旋转角度”为“1”，“旋转轴”为“y 轴”，“第一点”坐标为“（0，0，–180）”。再对节点 3 进行扩展操作，“旋转角度”为“0.5”，“旋转轴”为“y 轴”，“第一点”坐标为“（0，0，–178）”。

（3）从主菜单中选择“节点 / 单元”→“单元”→“建立单元”。选择“材料“为“Q345”，“截面”为“P 159 × 10”，采用桁架单元，连接（1，6）、（2，6）、（4，6）、（5，6）；选择“材料”为“Q345”，“截面”为“P 127 × 8”，采用桁架单元，连接（1，2）、（4，5）、（1，5）；然后删除节点 3 与节点 6 之间的单元，得到单元锥体，如图 9.2-5 所示。

2）建立完整的桁架

（1）从主菜单中选择“节点 / 单元”→“旋转”。参数设置如下：“形式”为“复制”，“旋转”为“等角度”，“复制次数”为“1”，“旋转角度”为“1”，“旋转轴”为“绕 y 轴”，“第一点”坐标为“（0，0，–180）”，如图 9.2-6 所示。

（2）显示单元号和节点号，删除 19 号单元（上弦支撑）；在节点 5 和节点 7 之间建立上弦支撑，采用桁架单元，截面为“P 127 × 8”；在节点 6 和节点 9 之间建立下弦梁，采用梁单元，截面为“P 325 × 16”。得到桁架的一个基本单元，如图 9.2-7 所示。

（3）通过旋转操作形成桁架，选择所有单元，“复制次数”为“7”，“旋转角度”为“2”，

“旋转轴”为“绕 y 轴”，“第一点”坐标为“(0，0，-180)”，连接缺少的下弦梁，得到一半桁架，如图 9.2-8 所示。

（4）通过镜像操作得到完整的桁架，如图 9.2-9 所示。连接缺少的下弦梁，如图 9.2-10 所示。

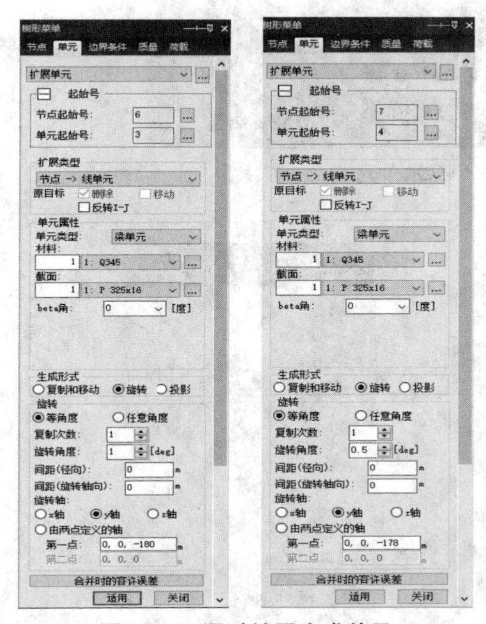

图 9.2-4　通过扩展生成单元

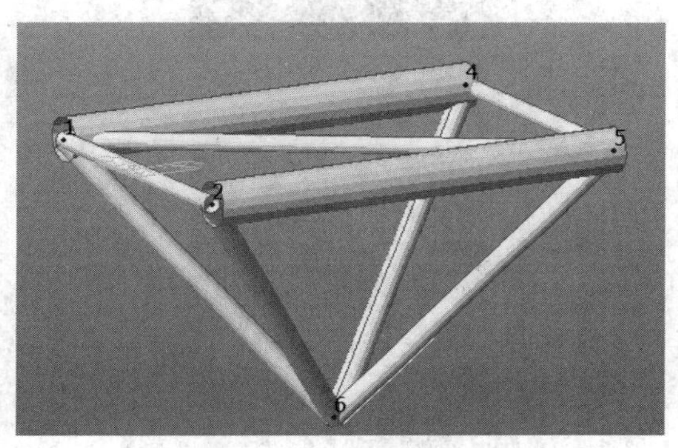

图 9.2-5　单元锥体示意

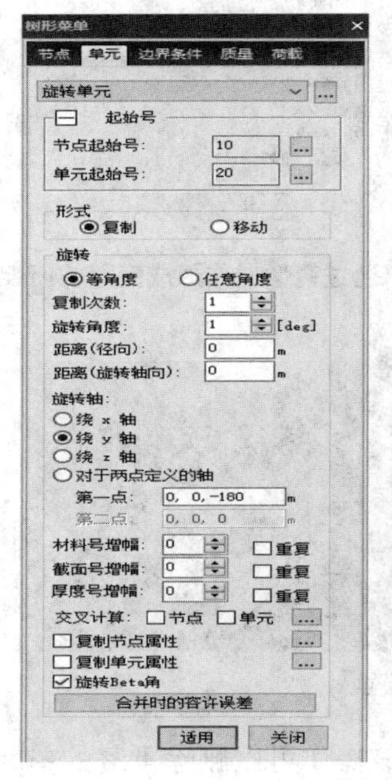

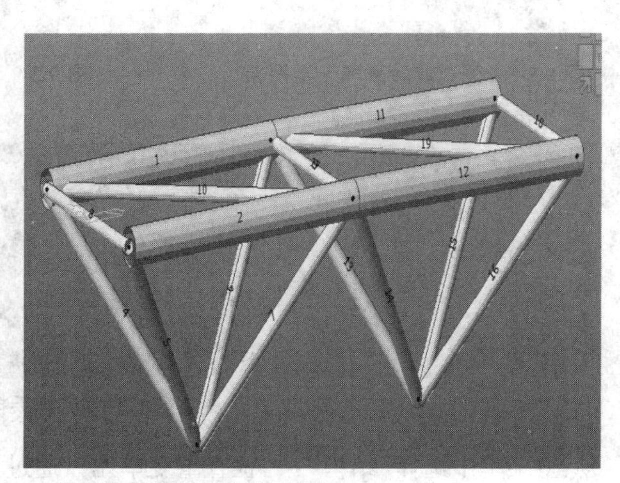

图 9.2-6　通过旋转复制一个单元锥体

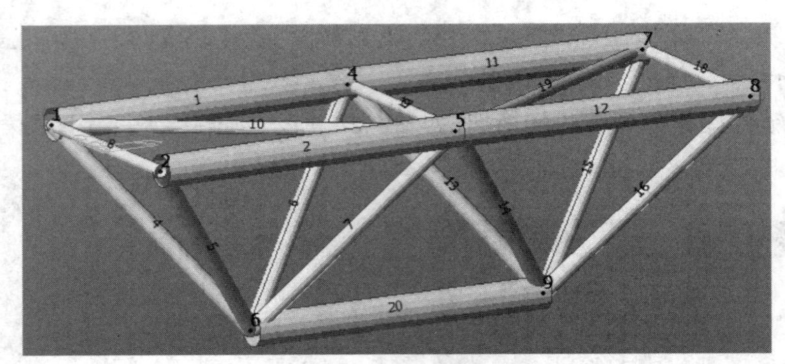

图 9.2-7　桁架的一个基本单元

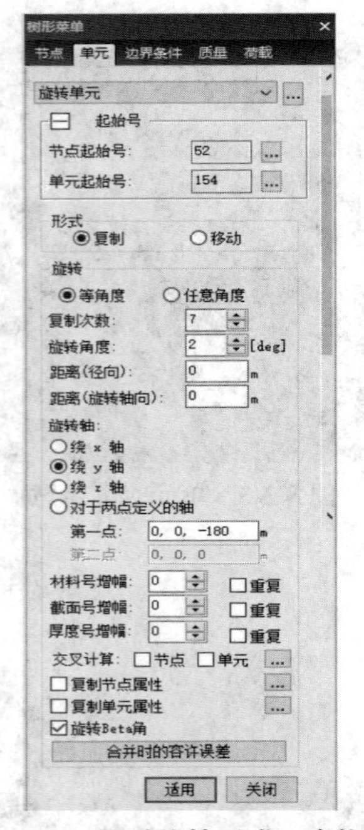

图 9.2-8　通过旋转形成一半桁架

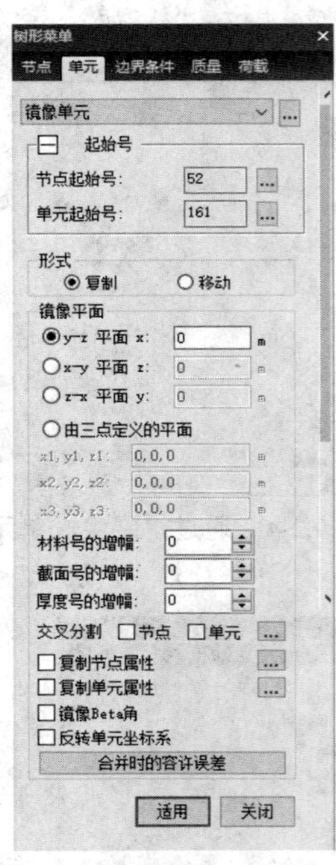

图 9.2-9　通过镜像操作形成完整的桁架

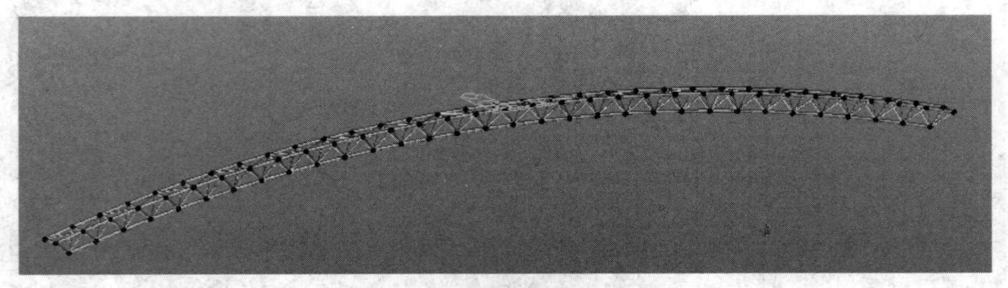

图 9.2-10　建立好的完整的桁架模型

(5)从主菜单中选择“结构”→“检查重复单元”,通过该操作可以删除重复的单元。

9.2.3　建立撑杆和拉索

（1）建立撑杆。利用相对坐标选取 90 号、81 号、69 号和 57 号节点，建立撑杆，撑杆的高度分别为 4.2 m、7.5 m、10.5 m 和 12.0 m，并根据对称性得到另一半撑杆单元。撑杆采用桁架单元，截面为“P 168 × 10”，如图 9.2-11 所示。

（2）建立拉索。索单元的类型为“只受拉 / 钩 / 索单元”，点选“索”并将“初拉力”设为 300 kN。材料“名称”为“cable”，截面“名称”为“D120”，依次建立索单元，如图 9.2-12 所示。

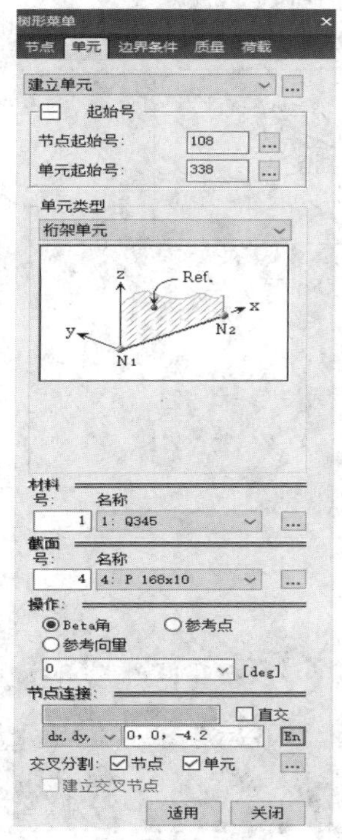

图 9.2-11　设置撑杆单元参数

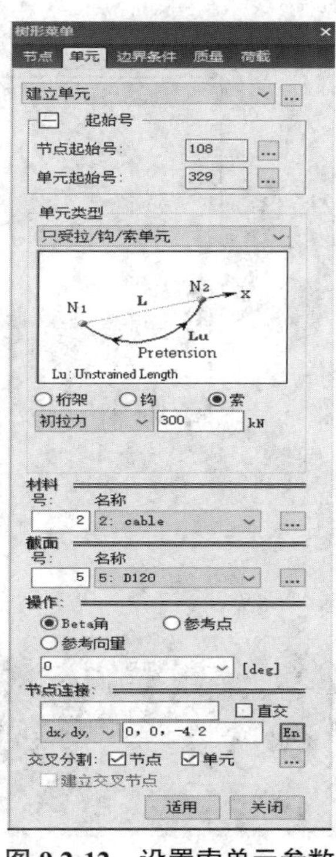

图 9.2-12　设置索单元参数

（3）形成张弦桁架。最终生成的张弦桁架模型如图 9.2-13 所示。

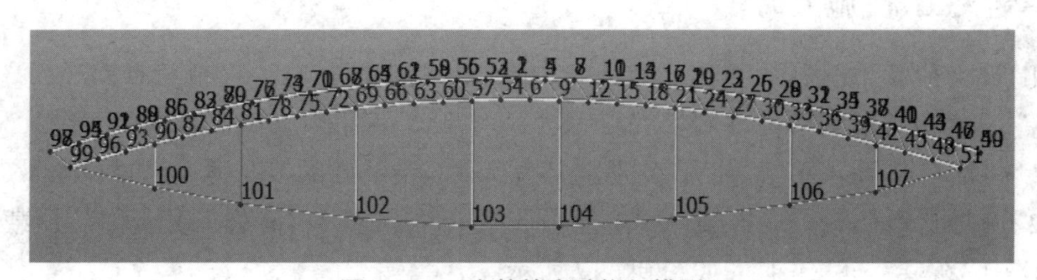

图 9.2-13　完整的张弦桁架模型

9.2.4　设置边界条件

从主菜单中选择“模型”→“边界条件”→“一般支撑”→在“D-ALL”中选择“Dx”“Dy”

和“Dz”→在“R-ALL”中选择“Rx”和“Rz”,选择下弦左端节点 99,施加铰支座约束;然后在“D-ALL”中选择“Dy”和“Dz”→在“R-ALL”中选择“Rx”和“Rz”,选择下弦右端节点 51,施加滑动支座约束。参数设置见图 9.2-14,设置好边界条件的模型如图 9.2-15 所示。

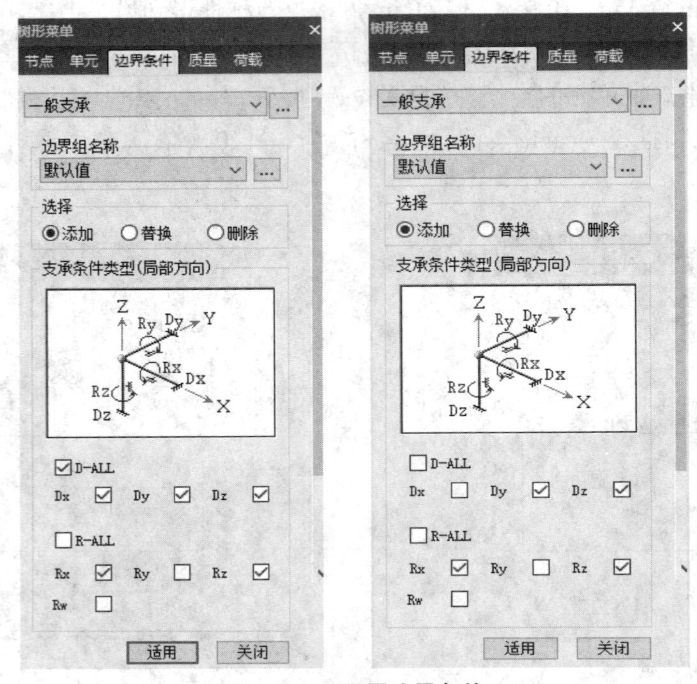

图 9.2-14 设置边界条件

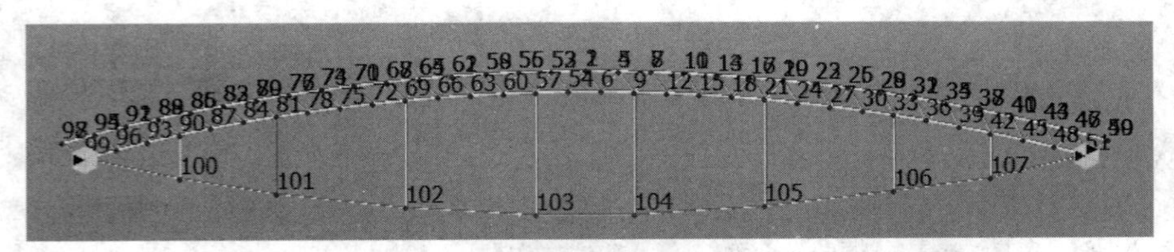

图 9.2-15 设置好边界条件的模型

9.2.5 定义工况,施加荷载

(1)定义荷载工况。从主菜单中选择“荷载”→“荷载类型”→“静力荷载”→“建立荷载工况”→“静力荷载工况”→“名称”:恒载→“类型”:恒荷载(D)→“添加”;“名称”:活载→“类型”:活荷载(L)→“添加”。分别定义恒荷载与活荷载的工况类型,如图 9.2-16 所示。

(2)施加自重荷载。从主菜单中选择“荷载”→“自重”→“荷载工况名称”:恒载→“自重系数”中“Z”:-1→“添加”,如图 9.2-17 所示。

(3)施加节点荷载。从主菜单中选择“荷载”→“节点荷载”→“荷载工况名称”:恒载→“FZ”:-15,在模型中点选上部所有节点,施加恒荷载。同理,“荷载工况名称”:活载→“FZ”:-5,在模型中点选上部所有节点,施加活荷载。施加节点荷载的具体参数如图 9.2-

18 所示，施加完节点荷载的模型如图 9.2-19 所示。

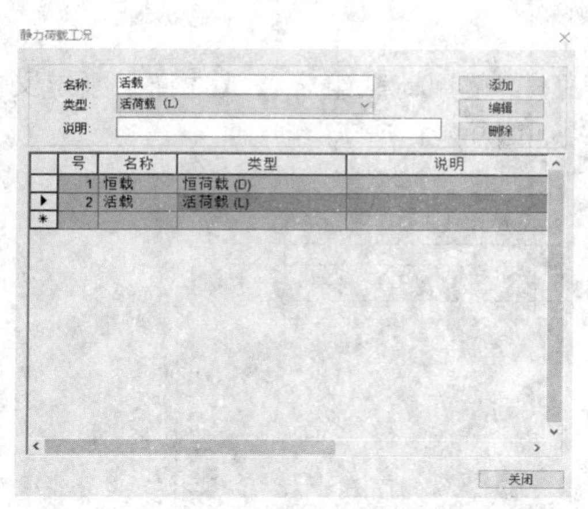

图 9.2-16　定义荷载工况

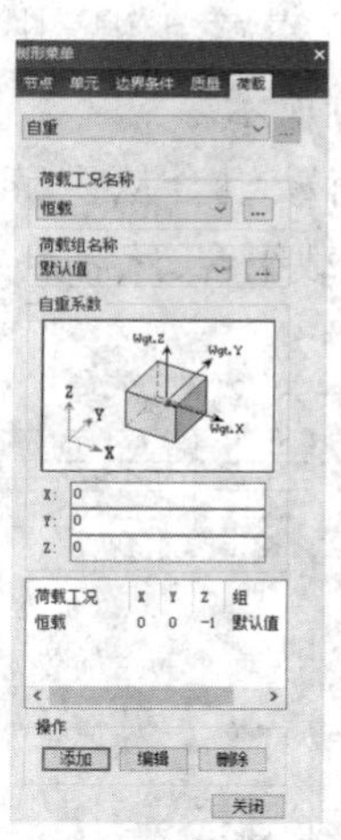

图 9.2-17　施加自重荷载

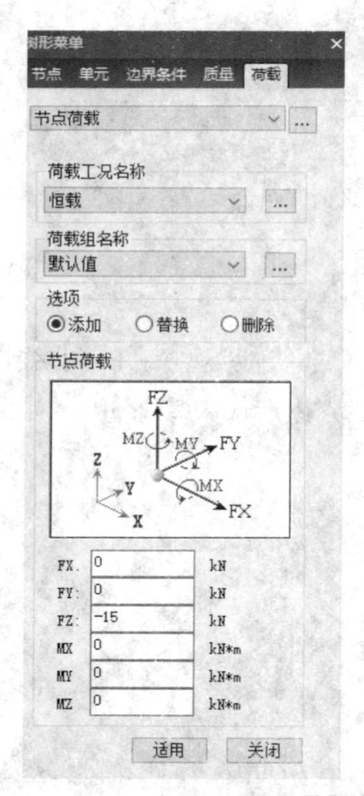

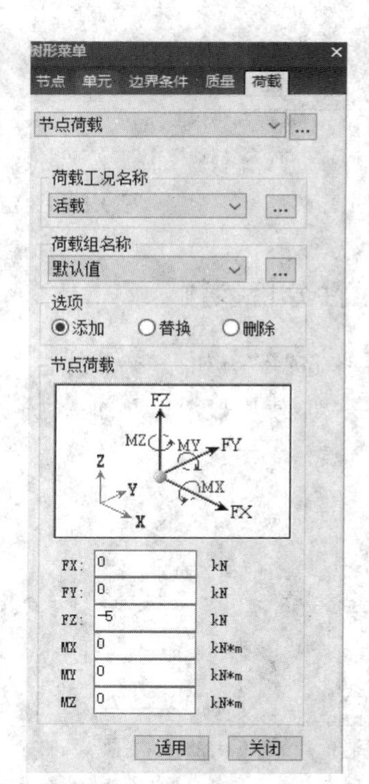

图 9.2-18　施加节点恒活荷载参数

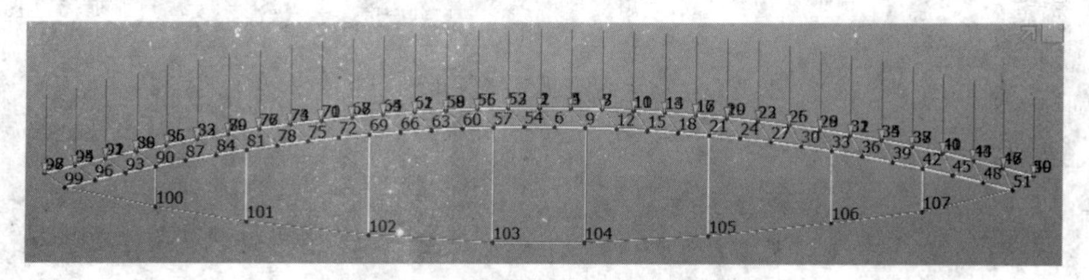

图 9.2-19　施加完节点荷载的模型

（4）定义荷载组合。从主菜单中选择“结果”→“荷载组合”→“名称”为“1.2D+1.4L”→“荷载工况”中“恒载(ST)”“系数”为 1.2000,“活载(ST)”“系数”为 1.4000,如图 9.2-20 所示。

（5）使用荷载组合从主菜单中选择“荷载”→“使用荷载组合”,就选择了刚定义的“1.2D+1.4L”荷载组合,然后点击“钢结构设计”,如图 9.2-21 所示。

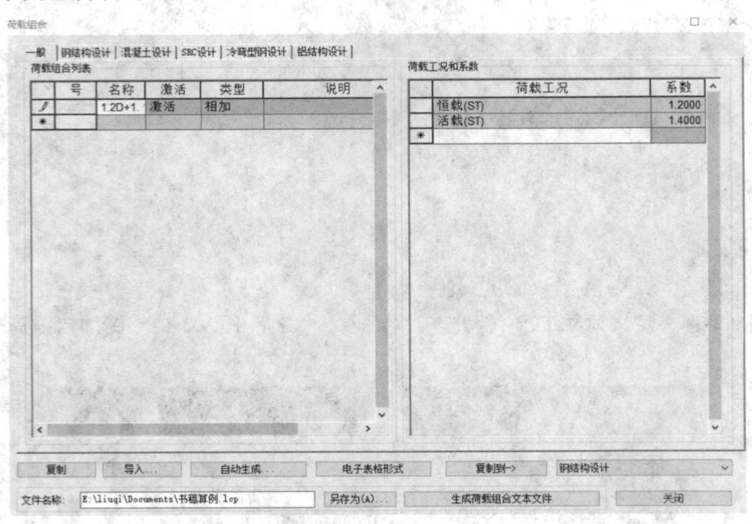

图 9.2-20　定义荷载组合

9.2.6　定义非线性分析参数

（1）从主菜单中选择“分析”→“非线性”→“非线性类型”:几何非线性→“计算方法”:Newton-Raphson→“加载步骤数量”:1→“子步骤内迭代次数”:30→“位移控制”:0.01,如图 9.2-22 所示。

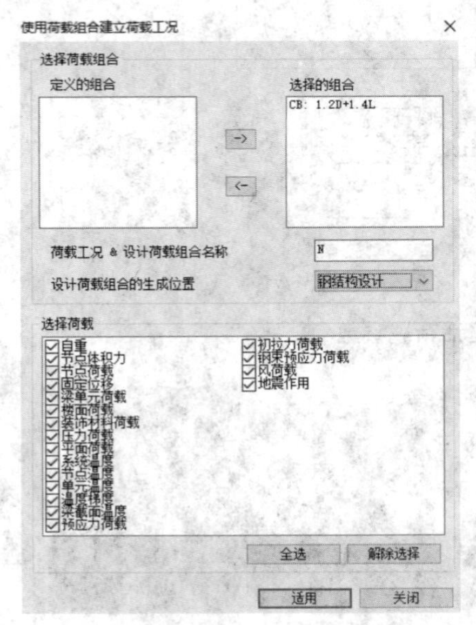

图 9.2-21　使用荷载组合

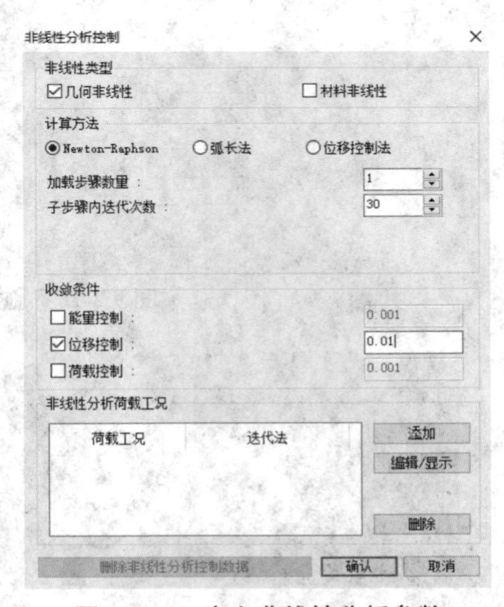

图 9.2-22　定义非线性分析参数

9.2.7　运行分析与查看结果

1)运行分析

(1)修改建筑物控制数据。从主菜单中选择“结构”→“建筑”→“控制数据”→取消勾选“层构件剪力比”，如图 9.2-23 所示。

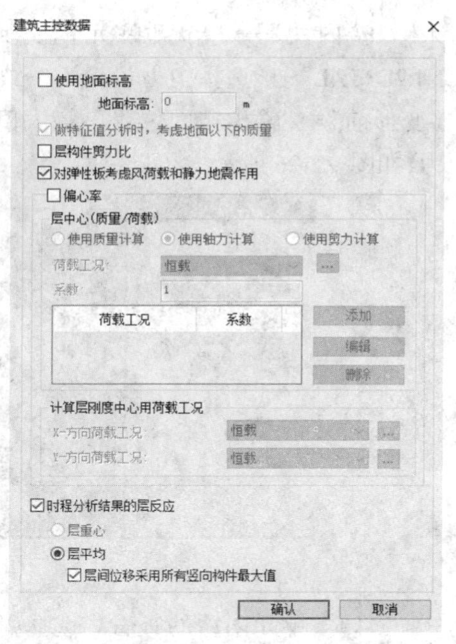

图 9.2-23　取消勾选“层构件剪力比”

(2)从主菜单中选择“分析”→“运行”→“运行分析”。

2)查看结果

使用查看结果功能可查看结构的反力、变形、内力、应力、应变等。

(1)支座反力的查看。选择“结果”→“反力”→“反力”→“荷载工况 / 荷载组合”：“CBS：N1.2D+ 1.4L”→“反力：”FXYZ，如图 9.2-24 所示。

(2)结构位移的查看。选择“结果”→“变形”→“位移等值线”→“荷载工况 / 荷载组合”：“CBS：N1.2D+1.4L”→“位移”：DXYZ →“显示类型”：勾选“等值线”“变形”“数值”“图例”和“变形前”，如图 9.2-25 所示。

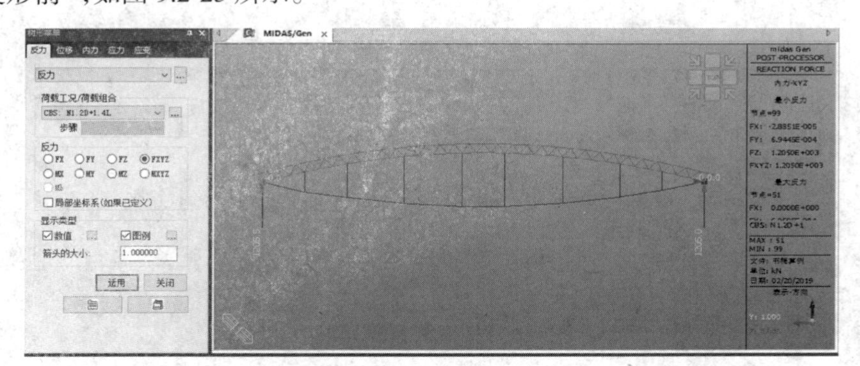

图 9.2-24　查看支座反力

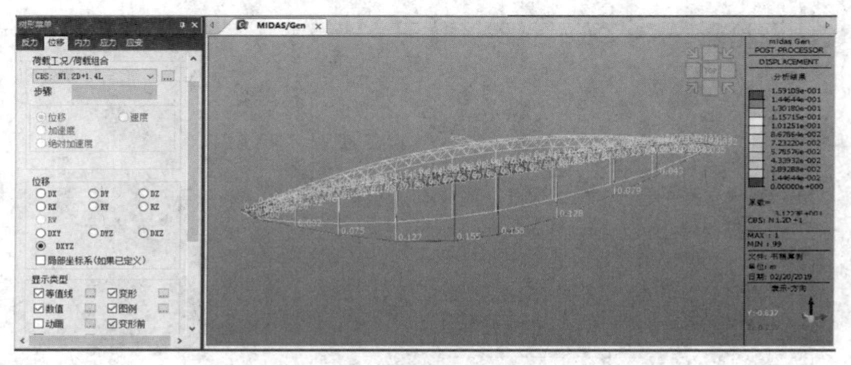

图 9.2-25　查看结构位移

(3)结构内力的查看。使用软件可以查看桁架单元或梁单元的内力。选择“结果”→“内力”→“桁架单元内力或梁单元内力”→“荷载工况/荷载组合”:“CBS: N1.2D+1.4L”→“选择内力”:全部→“显示类型”中:勾选“等值线”“变形”“数值”“图例”和“变形前”→“输出截面位置”:最大值。设置后可以钝化上部桁架,重点得到受压腹杆的内力,如图 9.2-26 所示。

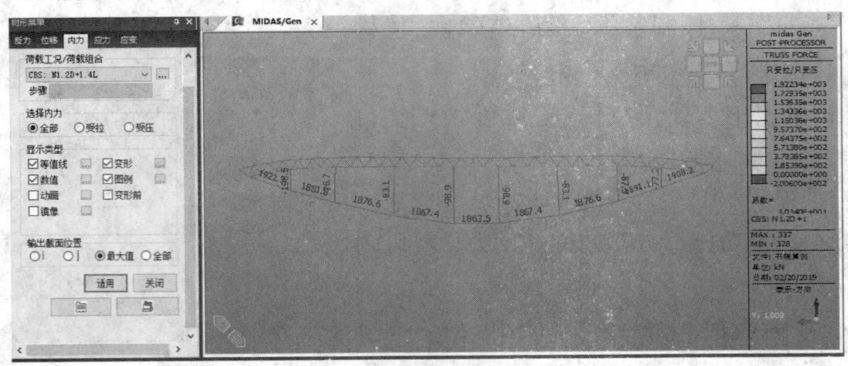

图 9.2-26 查看杆件内力

(4)索单元内力的查看。选择“结果”→“表格”→“结果表格”→“索单元内力”→“内力和信息”→“荷载工况/荷载组合”:“N1.2D+1.4L(ST)”,如图 9.6-27 所示。之后可以查看索单元内力和索单元信息,如图 9.6-28 所示。

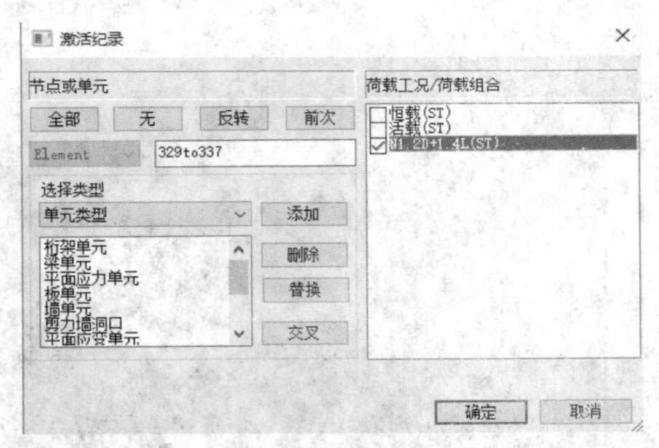

图 9.2-27 查看索单元内力

单元	节点 I	节点 J	荷载	步骤	张力 (kN)	FX (kN)	FY (kN)	FZ (kN)	张力 (kN)	FX (kN)	FY (kN)	FZ (kN)
329	99	100	N1.2D+1.4L	nl_001	1908.1686	-1863.240	0.0009	411.6326	1906.4478	1863.2407	-0.0009	-403.5807
329	99	100	N1.2D+1.4L	nl_最大	1908.1686	-1863.240	0.0009	411.6326	1906.4478	1863.2407	-0.0009	-403.5807
329	99	100	N1.2D+1.4L	nl_最小	1908.1686	-1863.240	0.0009	411.6326	1906.4478	1863.2407	-0.0009	-403.5807
330	100	101	N1.2D+1.4L	nl_001	1891.0569	-1863.287	0.0007	322.8860	1889.6952	1863.2876	-0.0007	-314.8130
330	100	101	N1.2D+1.4L	nl_最大	1891.0569	-1863.287	0.0007	322.8860	1889.6952	1863.2876	-0.0007	-314.8130
330	100	101	N1.2D+1.4L	nl_最小	1891.0569	-1863.287	0.0007	322.8860	1889.8952	1863.2876	-0.0007	-314.3130
331	101	102	N1.2D+1.4L	nl_001	1876.5554	-1863.382	0.0003	221.9577	1875.3097	1863.3826	-0.0003	-211.1672
331	101	102	N1.2D+1.4L	nl_最大	1876.5554	-1863.382	0.0003	221.9577	1875.3097	1863.3826	-0.0003	-211.1672
331	101	102	N1.2D+1.4L	nl_最小	1876.5554	-1863.382	0.0003	221.9577	1875.3097	1863.3826	-0.0003	-211.1672
332	102	103	N1.2D+1.4L	nl_001	1867.3919	-1863.464	-0.0001	121.0489	1866.7220	1863.4644	0.0001	-110.2338
332	102	103	N1.2D+1.4L	nl_最大	1867.3919	-1863.464	-0.0001	121.0489	1866.7220	1863.4644	0.0001	-110.2338
332	102	103	N1.2D+1.4L	nl_最小	1867.3919	-1863.464	-0.0001	121.0489	1866.7220	1863.4644	0.0001	-110.2338
333	103	104	N1.2D+1.4L	nl_001	1863.5066	-1863.502	-0.0003	3.9242	1863.5071	1863.5024	0.0003	4.1578
333	103	104	N1.2D+1.4L	nl_最大	1863.5066	-1863.502	-0.0003	3.9242	1863.5071	1863.5024	0.0003	4.1578
333	103	104	N1.2D+1.4L	nl_最小	1863.5066	-1863.502	-0.0003	3.9242	1863.5071	1863.5024	0.0003	4.1578
334	104	105	N1.2D+1.4L	nl_001	1866.7583	-1863.487	-0.0003	-110.4640	1867.4295	1863.4872	0.0003	121.2790
334	104	105	N1.2D+1.4L	nl_最大	1866.7583	-1863.487	-0.0003	-110.4640	1867.4295	1863.4872	0.0003	121.2790
334	104	105	N1.2D+1.4L	nl_最小	1866.7583	-1863.487	-0.0003	-110.4640	1867.4295	1863.4872	0.0003	121.2790
335	105	106	N1.2D+1.4L	nl_001	1875.3724	-1863.428	-0.0003	-211.3164	1876.6189	1863.4288	0.0003	222.1068
335	105	106	N1.2D+1.4L	nl_最大	1875.3724	-1863.428	-0.0003	-211.3164	1876.6189	1863.4288	0.0003	222.1068
335	105	106	N1.2D+1.4L	nl_最小	1875.3724	-1863.428	-0.0003	-211.3164	1876.6189	1863.4288	0.0003	222.1068
336	106	107	N1.2D+1.4L	nl_001	1880.6569	-1863.410	-0.0003	-254.1093	1881.7593	1863.4105	0.0003	262.1437
336	106	107	N1.2D+1.4L	nl_最大	1880.6569	-1863.410	-0.0003	-254.1093	1881.7593	1863.4105	0.0003	262.1437

索单元内力 / 索单元信息

图 9.2-28 索单元内力结果

9.3　索单元初拉力的确定

9.3.1　索结构形态的划分

结构属于预应力结构，根据不同阶段受力的特点和形态，可将其分为零状态、初始态和荷载态。

（1）零状态，是索单元（拉索）未进行预应力张拉的状态，是构件加工和放样时的状态。拉索经过张拉以后，结构的上弦构件会受到拉索张拉的影响，产生内力和变形，形状也发生改变。这可能导致实际结构不满足设计形状的要求，存在一定的误差。因此，在张弦结构的上弦构件的加工过程中，要认真考虑拉索张拉引起的变形，定义结构的零状态是非常重要的。

（2）初始态，是拉索经过张拉以后，结构构件实际安装后形成的形态，其应严格符合施工图中的结构外形、各构件长度、位置等要素。初始态也被称为结构的预应力态。

（3）荷载态，是结构在正常服役阶段，在各种荷载的作用下，在初始态的基础上产生内力与变形后的平衡状态。

为了确定张弦结构中索单元的初拉力，采用逆迭代法，根据结构对初拉力作用下的位移进行控制。

9.3.2　用逆迭代法确定索单元初拉力

（1）查看结构在拉索初拉力为 300 kN 时的最大位移。从主菜单中选择“结果”→“变形”→“变形形状”→“荷载工况 / 荷载组合”：“CBS：N1.2D+1.4 L”→“位移”：DXYZ →“显示类型”：勾选“数值”和“图例”。结果显示，结构的最大位移在跨中，为 0.155 m，如图 9.3-1 所示。

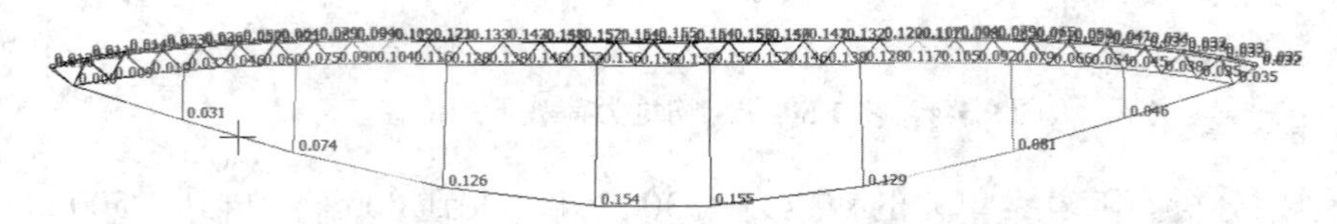

图 9.3-1　在 300 kN 初拉力荷载下的位移变形

（2）将索单元的初拉力调整为 800 kN，查看位移结果。从屏幕右侧的“树形菜单 2”中选择“工作”→“结构”→在“单元”上点鼠标右键→“表格”，得到所有单元的数据。之后修改索单元 329~337 的张力值，由 300 kN 增大至 800 kN，如图 9.3-2 所示。

（3）运行分析，重复步骤（1），查看结构的最大位移。结果显示，最大位移在跨中，为 0.121 m，如图 9.3-3 所示。

（4）将索单元的初拉力修改为 1 500 kN，重复步骤（2）、（3）、（1），查看结构的最大位移，为 0.079 m，如图 9.3-4 所示。

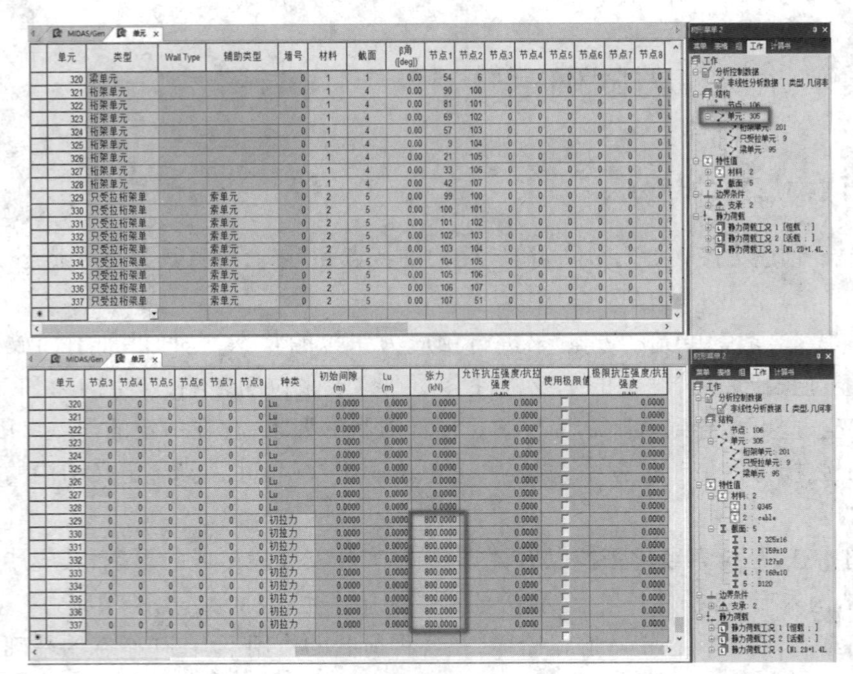

图 9.3-2　通过单元表格修改索单元初拉力

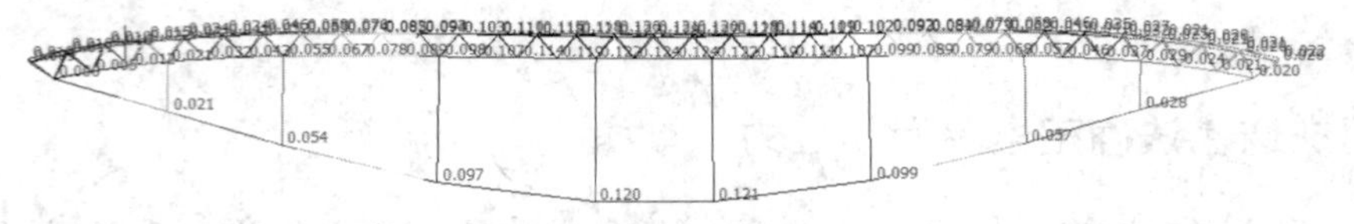

图 9.3-3　在 800 kN 初拉力荷载下的位移变形

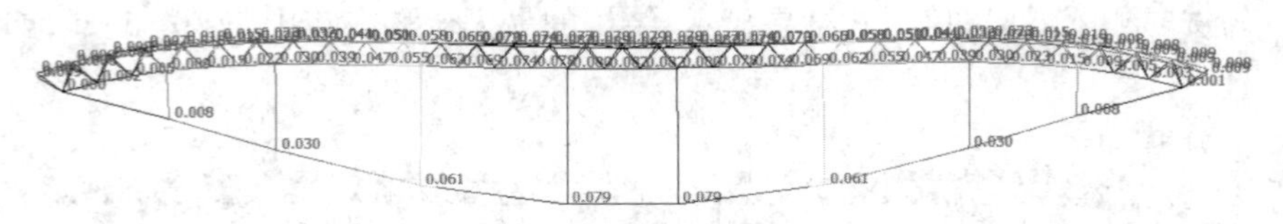

图 9.3-4　在 1 500 kN 初拉力荷载下的位移变形

（5）结果分析。随着索单元的初拉力从 300 kN 增大到 800 kN，再到 1 500 kN，结构的最大位移从 0.155 m 减小至 0.121 m，再到 0.079 m。拉索中的预应力通过受压撑杆使结构产生与施加外荷载作用时相反的位移，从而起到部分抵消由于外荷载产生的位移的作用。索单元中的预应力增大，使结构的最大位移得到控制，逐渐减小。因此可以采用逆迭代法，通过限制结构的最大位移来确定了索单元的初拉力。

9.3.3　索单元预应力的施加

拉索在施加预应力后才能正常使用，MIDAS Gen 软件有 4 种施加预应力的方法。

1）在建立索单元时定义预应力

（1）无应力索长 L_u。通过 L_u 与索单元长度 L 的差值引入预应力。

（2）初拉力。输入沿单元坐标系 x 轴方向的预应力。

（3）水平力。输入沿水平方向的预应力。这种施加预应力的方法有以下特点：用于几何非线性分析时，在线性分析过程中被忽略；对所有荷载工况均会产生影响；在迭代计算时，在初始步就产生刚度，对其他构件也产生影响。通过水平力定义预应力如图 9.3-5 所示。

2）初拉力荷载

从主菜单中选择"荷载"→"荷载类型"→"温度 / 预应力"→"预应力"→"初拉力"，如图 9.3-6 所示。

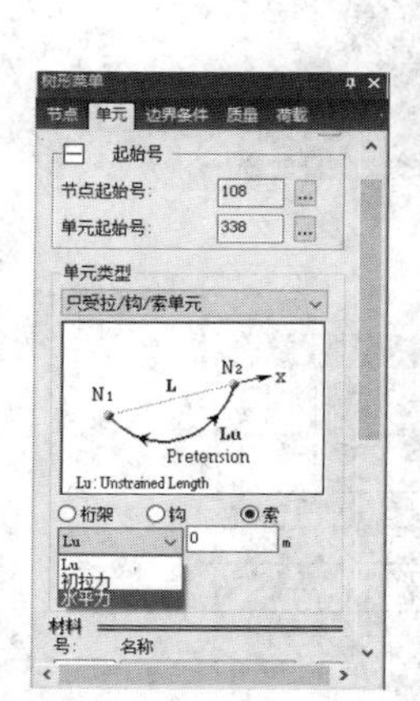

图 9.3-5　通过水平力定义预应力

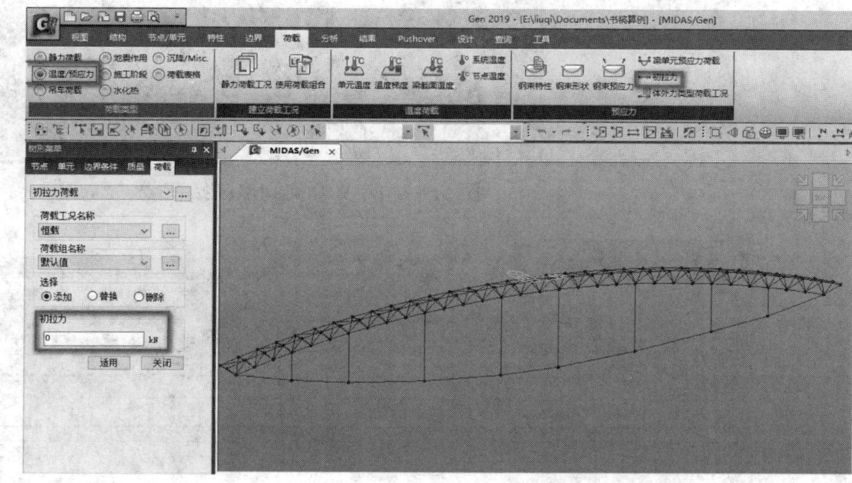

图 9.3-6　定义初拉力荷载

作为一种外荷载，初拉力荷载有以下特性：在索单元中不会产生初始刚度；作用于其他构件均会产生内力和变形；需要定义荷载工况才能使用；适用于线性分析与非线性分析；在施工阶段研究时，可采用定义初拉力荷载的方法达到分批张拉索的目的。

3）几何刚度初始荷载

从主菜单中选择"荷载"→"荷载类型"→"静力荷载"→"初始荷载 / 其他"→"初始荷载"→"大位移"→"几何刚度初始荷载"，如图 9.3-7 所示。

通过定义几何刚度初始荷载施加预应力有以下特点：只产生刚度，对其他构件的内力和位移不产生影响；索单元在此荷载作用下的内力为初始荷载值；对所有分析的荷载工况均有影响；仅适用于结构的非线性分析。

4）初始单元内力

从主菜单中选择"荷载"→"荷载类型"→"静力荷载"→"初始荷载 / 其他"→"初始荷载"→"小位移"→"初始单元内力"（或"初始荷载控制数据"），如图 9.3-8 所示。

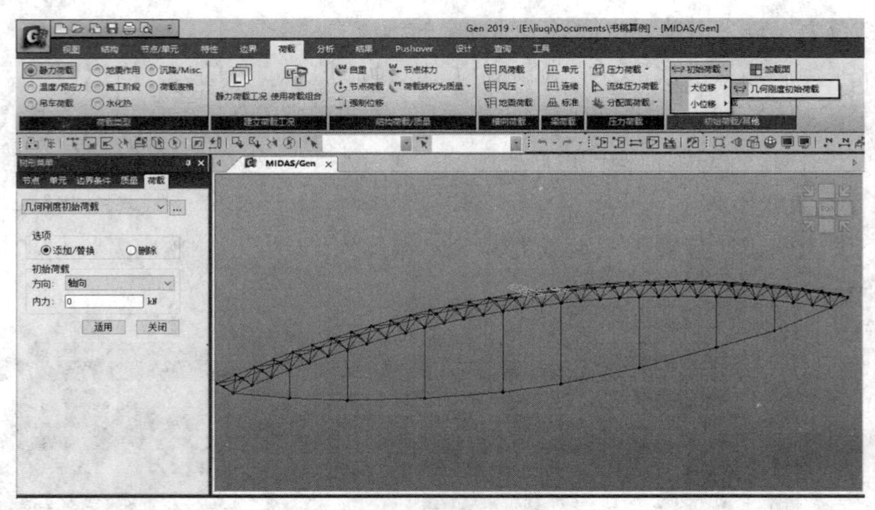

图 9.3-7 定义几何刚度初始荷载

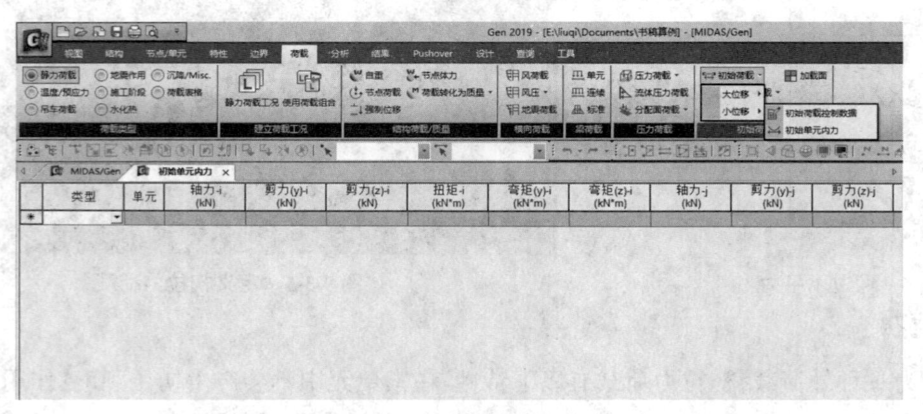

图 9.3-8 定义初始单元内力

通过定义初始单元内力施加索单元预应力有以下特点：对所有荷载工况均产生影响，且产生了索单元的初始刚度；适用于线性分析与动力分析。

9.4 张弦结构反应谱分析

9.4.1 索单元初始单元内力的确定

结构的反应谱分析为线性分析，其中索单元被转化为等效桁架单元进行计算。通过定义初始单元内力为索单元施加预应力，产生刚度，从而进行反应谱分析。

（1）读取索单元内力。从主菜单中选择“结果”→“结果表格”→“索单元内力”→“内力和信息”→“荷载工况 / 荷载组合”：恒载，如图 9.4-1 所示。将索单元内力表格复制至 Excel 中，记录索单元的张力值。

（2）定义索单元的初始单元内力。从主菜单中选择“荷载”→“荷载类型”→“静力荷载”→“初始荷载 / 其他”→“初始荷载”→“小位移”→“初始单元内力”（或“初始荷载控制数据”)，如图 9.4-2 所示。

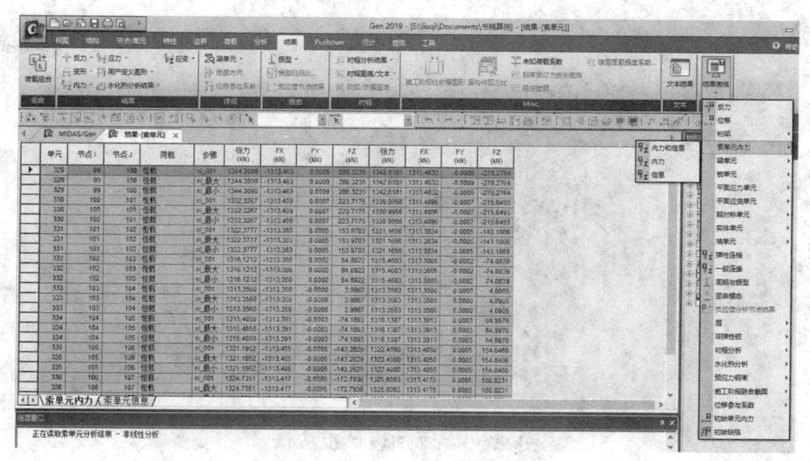

图 9.4-1　读取索单元内力

类型	单元	轴力-i (kN)	剪力(y)-i (kN)	剪力(z)-i (kN)	扭矩-i (kN*m)	弯矩(y)-i (kN*m)	弯矩(z)-i (kN*m)	轴力-j (kN)	剪力(y)-j (kN)	剪力(z)-j (kN)
桁架	329	1.3443e+003	0.0000e+000	0.0000e+000	0.0000e+000	0.0000e+000	0.0000e+000	1.3443e+003	0.0000e+000	0.0000e+000
桁架	330	1.3323e+003	0.0000e+000	0.0000e+000	0.0000e+000	0.0000e+000	0.0000e+000	1.3323e+003	0.0000e+000	0.0000e+000
桁架	331	1.3224e+003	0.0000e+000	0.0000e+000	0.0000e+000	0.0000e+000	0.0000e+000	1.3224e+003	0.0000e+000	0.0000e+000
桁架	332	1.3161e+003	0.0000e+000	0.0000e+000	0.0000e+000	0.0000e+000	0.0000e+000	1.3161e+003	0.0000e+000	0.0000e+000
桁架	333	1.3134e+003	0.0000e+000	0.0000e+000	0.0000e+000	0.0000e+000	0.0000e+000	1.3134e+003	0.0000e+000	0.0000e+000
桁架	334	1.3155e+003	0.0000e+000	0.0000e+000	0.0000e+000	0.0000e+000	0.0000e+000	1.3155e+003	0.0000e+000	0.0000e+000
桁架	335	1.3212e+003	0.0000e+000	0.0000e+000	0.0000e+000	0.0000e+000	0.0000e+000	1.3212e+003	0.0000e+000	0.0000e+000
桁架	336	1.3247e+003	0.0000e+000	0.0000e+000	0.0000e+000	0.0000e+000	0.0000e+000	1.3247e+003	0.0000e+000	0.0000e+000
桁架	337	1.3523e+003	0.0000e+000	0.0000e+000	0.0000e+000	0.0000e+000	0.0000e+000	1.3523e+003	0.0000e+000	0.0000e+000

图 9.4-2　定义索单元的初始单元内力

9.4.2　定义反应谱分析

（1）从主菜单中选择“荷载”→“荷载类型”→“地震作用”→“反应谱数据”→“反应谱函数”→“添加”→“设计反应谱”：China（GB 50011—2010）→“设计地震分组”：2→“地震设防烈度”：8（0.20 g）→“场地类别”：Ⅱ→“阻尼比”：0.02，如图 9.4-3 所示。

（2）定义反应谱荷载工况。从主菜单中选择“荷载”→“荷载类型”→“地震作用”→“反应谱数据”→“反应谱”，分别定义 *X* 方向和 *Y* 方向的地震作用。

对于 *X* 方向。“荷载工况名称”：RX→“方向”：X-Y→“地震作用角度”：0→“系数”：1→“周期折减系数”：0.85→“函数名称（阻尼比）”：勾选“China（GB50011-10）”（表示采用 GB 50011—2010 标准）→“特征值分析控制”→“振型数量”：10→“振型组合类型”：CQC→勾选“考虑振型正负号”，如图 9.4-4 和图 9.4-5 所示。

对于 *Y* 方向。“荷载工况名称”：RY→“方向”：X-Y→“地震作用角度”：90→“系数”：1→“周期折减系数”：0.85→“函数名称（阻尼比）”：勾选“China（GB50011-10）”→“特征值分析控制”→“振型数量”：10→“振型组合类型”：CQC→勾选“考虑振型正负号”，如图 9.4-6 所示。

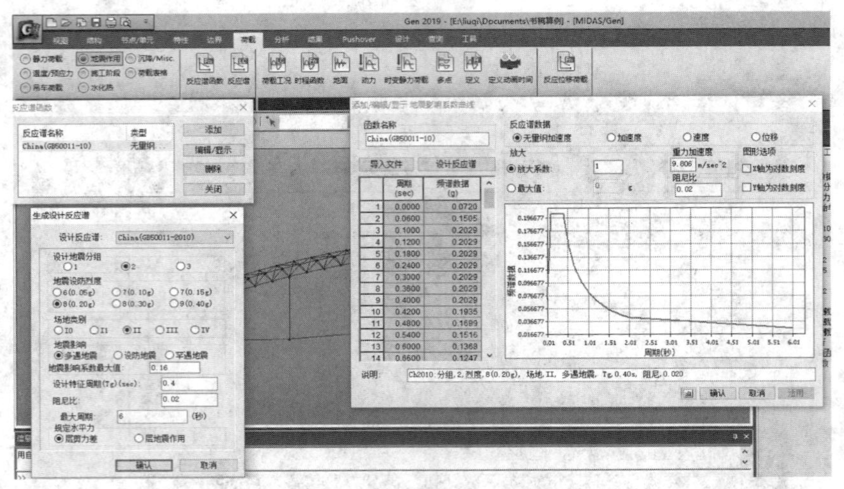

图 9.4-3 添加设计反应谱

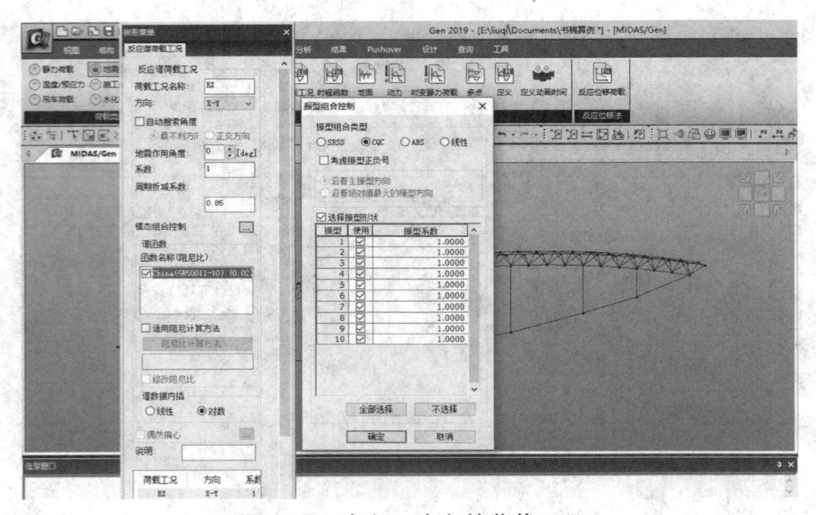

图 9.4-4 定义 X 方向的荷载工况

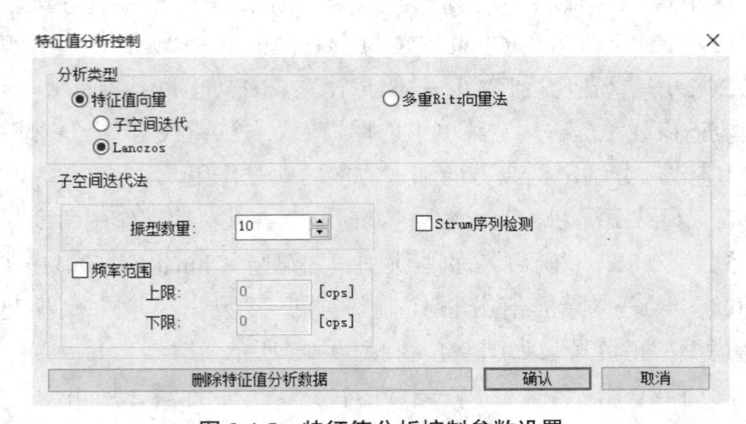

图 9.4-5 特征值分析控制参数设置

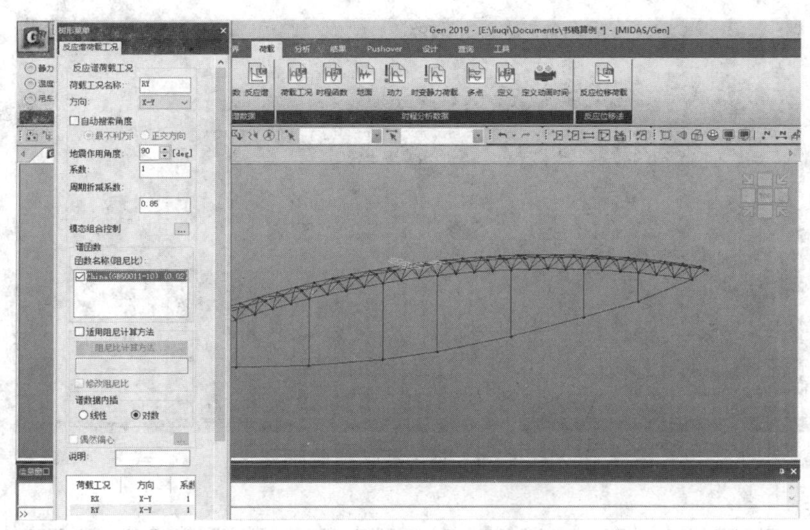

图 9.4-6　定义 *Y* 方向的荷载工况

9.4.3　定义结构类型，将荷载转换为质量

（1）从主菜单中选择“结构”→“类型”→“结构类型”→“结构类型”：3-D→“集中质量”→勾选“将自重转换为质量”→点选“转换为 X，Y”，如图 9.4-7 所示。

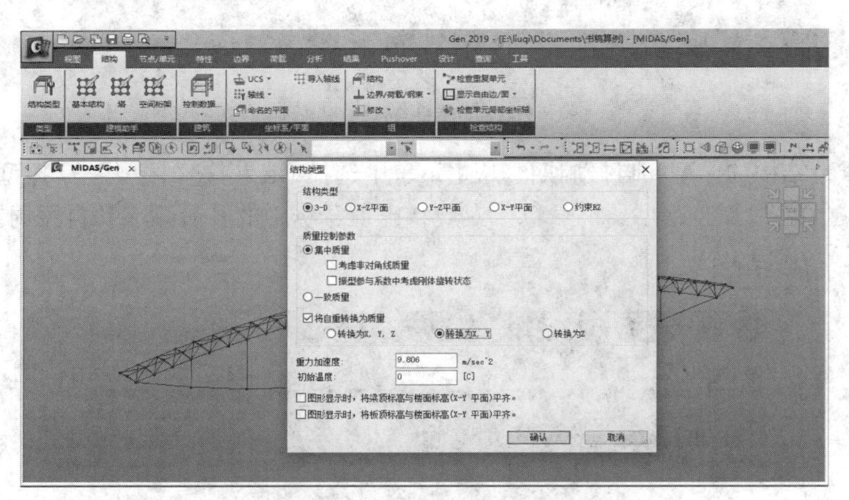

图 9.4-7　定义结构类型，将荷载转换为质量

（2）从主菜单中选择“荷载”→“荷载类型”→“静力荷载”→“将荷载转换成质量”→“荷载工况”：恒载→“组合值系数”：1→“添加”；“荷载工况”：活载→“组合值系数”：0.5→“添加”，如图 9.4-8 所示。

9.4.4　运行分析和结果查看

（1）由于不能同时运行特征值分析与静力非线性分析，因此从树形菜单中删除非线性分析数据，运行分析，如图 9.4-9 所示。

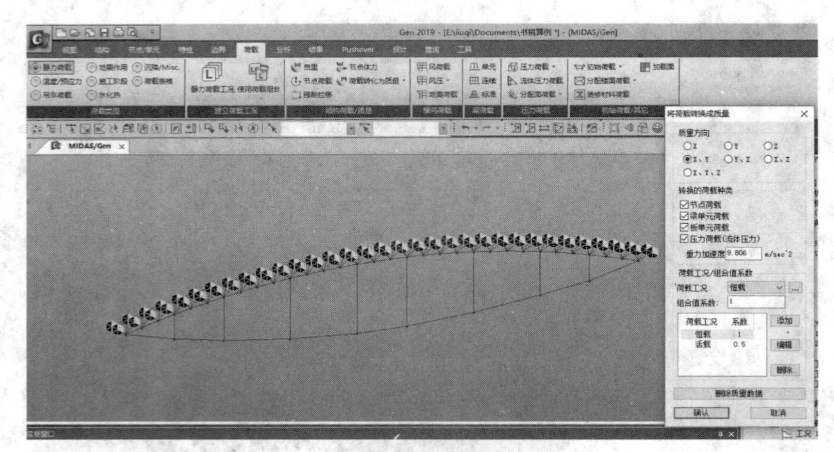

图 9.4-8 将荷载转换成质量

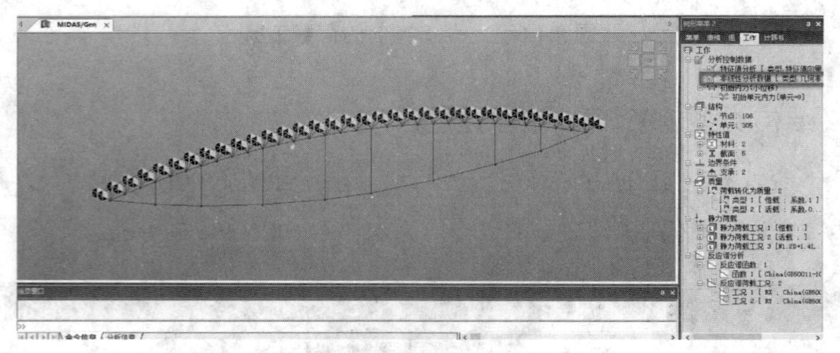

图 9.4-9 删除非线性分析数据

(2)查看结构的振型和自振周期。从主菜单中选择"结果"→"振型"→"振型形状",可以查看结构的各阶振型形状、动画,以及对应特征值分析中的各阶频率和自振周期等参数,如图 9.4-10 与图 9.4-11 所示。

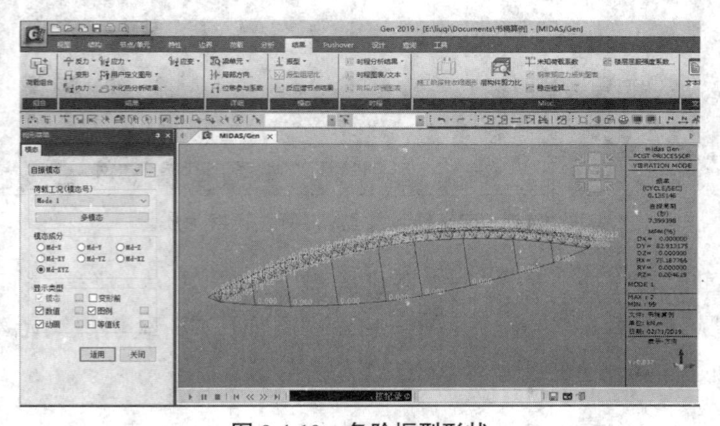

图 9.4-10 各阶振型形状

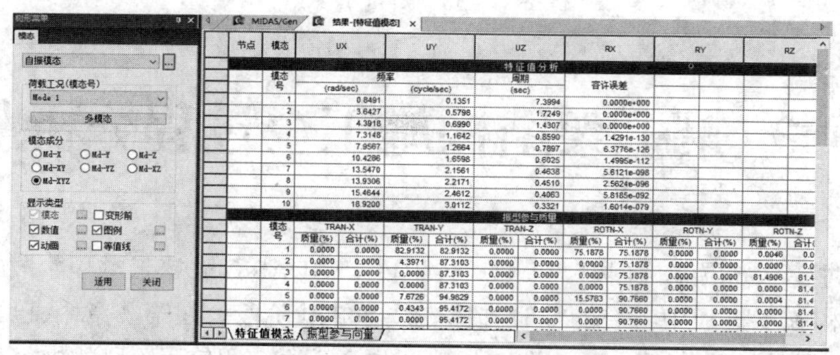

节点	模态	UX	UY	UZ	RX
特征值分析					
	模态号	频率 (rad/sec)	频率 (cycle/sec)	周期 (sec)	容许误差
	1	0.8491	0.1351	7.3994	0.0000e+000
	2	3.6427	0.5798	1.7249	0.0000e+000
	3	4.3918	0.6990	1.4307	0.0000e+000
	4	7.3148	1.1642	0.8590	1.4291e-130
	5	7.9567	1.2664	0.7897	6.3776e-126
	6	10.4286	1.6598	0.6025	1.4995e-112
	7	13.5470	2.1561	0.4638	5.6121e-098
	8	13.9306	2.2171	0.4510	2.5624e-096
	9	15.4644	2.4612	0.4063	5.8185e-092
	10	18.9200	3.0112	0.3321	1.6014e-079

模态号	TRAN-X 质量(%)	TRAN-X 合计(%)	TRAN-Y 质量(%)	TRAN-Y 合计(%)	TRAN-Z 质量(%)	TRAN-Z 合计(%)	ROTN-X 质量(%)	ROTN-X 合计(%)	ROTN-Y 质量(%)	ROTN-Y 合计(%)	ROTN-Z 质量(%)	ROTN-Z 合计
1	0.0000	0.0000	82.9132	82.9132	0.0000	0.0000	75.1878	75.1878	0.0000	0.0000	0.0046	0.0
2	0.0000	0.0000	4.3971	87.3103	0.0000	0.0000	0.0000	75.1878	0.0000	0.0000	0.0000	0.0
3	0.0000	0.0000	0.0000	87.3103	0.0000	0.0000	0.0000	75.1878	0.0000	0.0000	81.4906	81.4
4	0.0000	0.0000	0.0000	87.3103	0.0000	0.0000	0.0000	75.1878	0.0000	0.0000	0.0000	81.4
5	0.0000	0.0000	7.6726	94.9829	0.0000	0.0000	15.5783	90.7660	0.0000	0.0000	0.0004	81.4
6	0.0000	0.0000	0.4343	95.4172	0.0000	0.0000	0.0000	90.7660	0.0000	0.0000	0.0000	81.4
7	0.0000	0.0000	0.0000	95.4172	0.0000	0.0000	0.0000	90.7660	0.0000	0.0000	0.0000	81.4

图 9.4-11　各阶频率和自振周期等参数

第 10 章　钢框架结构施工全过程分析与详解

本章通过建立 6 层悬挑钢框架模型，详细介绍 MIDAS Gen 施工过程阶段的分析，其中包括悬挑结构施工过程中特有的临时支撑安装和卸载阶段。在第 7 章中，已经对 MIDAS Gen 的使用阶段的计算分析进行了详细的叙述，本章不再介绍使用阶段的内容。

10.1　模型信息

结构平面布置图和结构立面布置图如图 10.1-1 至图 10.1-3 所示，临时支撑构造如图 10.1-4 所示。

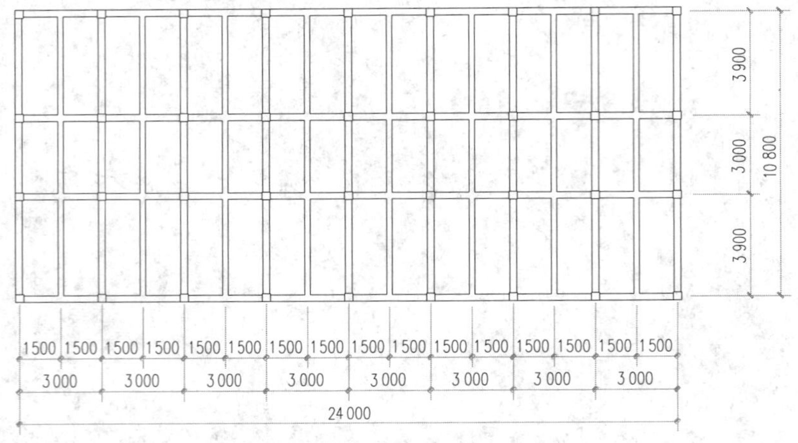

图 10.1-1　第 2 层结构平面图

1）模型的基本数据

（1）轴网尺寸：见图 10.1-1 和图 10.1-2。

（2）柱：钢柱，截面尺寸为 300 mm × 300 mm × 10 mm（外边长 × 外边长 × 壁厚）。

（3）主梁：宽翼缘（HW）H 型钢，截面尺寸为 250 mm × 250 mm × 9 mm × 14 mm（高度 × 宽度 × 腹板厚度 × 翼缘厚度）。

（4）次梁：宽翼缘（HW）H 型钢，截面尺寸为 200 mm × 200 mm × 8 mm × 9 mm。

（5）临时支撑：支撑平台为宽翼缘（HW）H 型钢，截面尺寸为 300 mm × 300 mm × 10 mm × 15 mm。

（6）支撑立杆：钢管，ϕ180 mm × 8 mm。

（7）支撑斜杆：钢管，ϕ102 mm × 6 mm。

（8）楼板厚度：100 mm。

（9）层高：第 1 层为 4.5 m，第 2~6 层为 3.3 m。

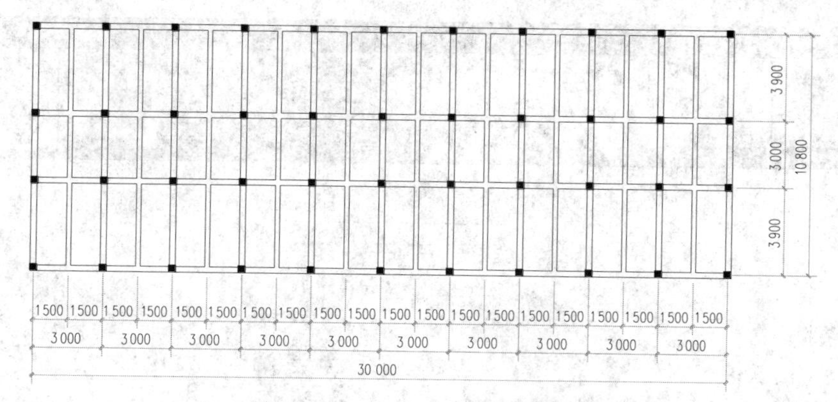

图 10.1-2　第 3~5 层结构平面图

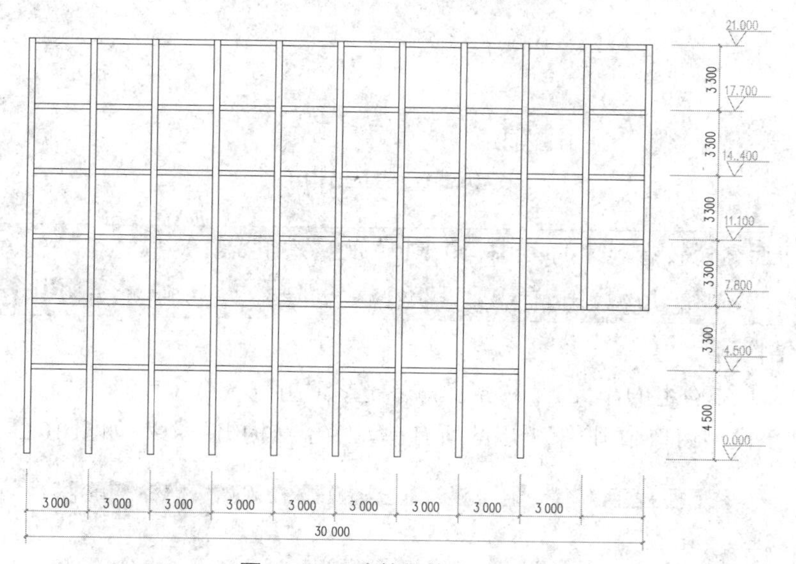

图 10.1-3　建筑结构正立面图

（10）材料：结构梁柱为 Q345；临时支撑为 Q235；混凝土楼板为 C30。

2）荷载工况

（1）施工阶段恒荷载（DC）：自重，软件自动计算。

（2）施工阶段活荷载（LC）：5 kN/mm^2。

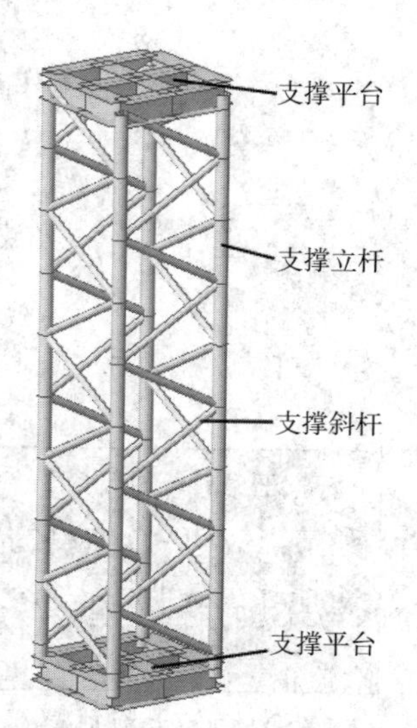

图 10.1-4　临时支撑构造示意

10.2　建立模型（前处理）

10.2.1　结构组

1）定义结构组

从主菜单中选择“结构”→“组”→“结构”→“名称”：CS→“后缀”：1→“添加”，建立结构组“cs1”，然后依次建立各结构组，如图 10.2-1 所示。

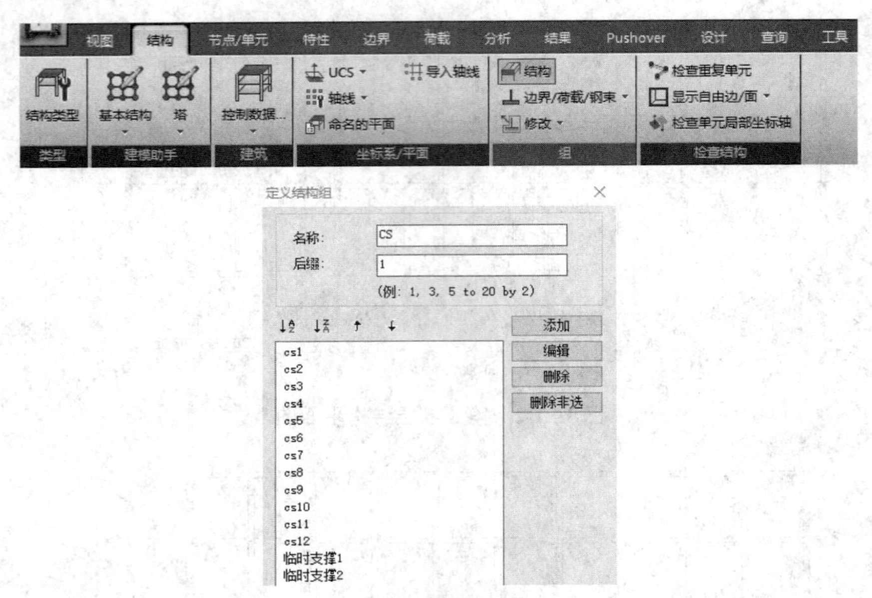

图 10.2-1　建立结构组

注:对于命名比较有规律的,如图 10.2-1 中的结构组"cs1"~"cs12",可以先在"名称"中建立"CS",然后在"后缀"中输入"1to12by1",从而一次建立 12 个结构组。

2)划分结构组

选中要赋予结构组的单元,从树形菜单中选择"组"→"结构组"→"cs1",按住鼠标左键,将其拖动至模型窗口中,将第 1 层的所有单元赋予结构组"cs1",如图 10.2-2 所示。

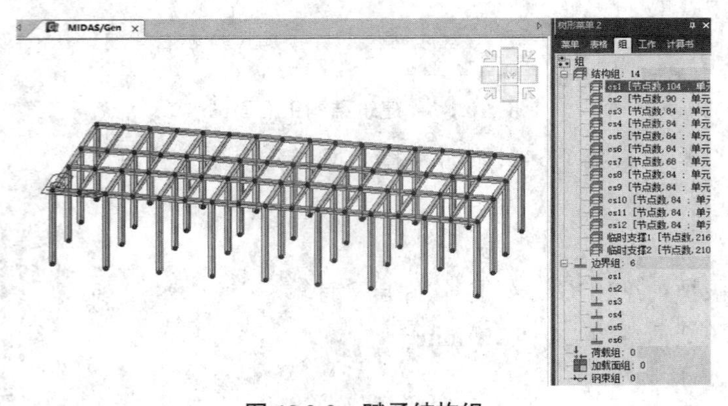

图 10.2-2　赋予结构组

注:此时在树形菜单的"组"中会出现各结构组,可通过各种技巧选择要划分的单元和节点,然后以拖曳的方式进行结构组的划分,其间可使用软件的各项选择功能和选择过滤功能。在划分结构组时,切勿挑选多余的节点,否则会影响后期各阶段位移结果的显示。

3)修改结构组

对于出现问题的结构组,只需要选择树形菜单中的"结构组",将有问题的结构组显示出来,重新选择,然后重新拖曳即可。对于不方便在窗口模型上进行点选的情况,也可直接通过更改 mgt 语言进行修改,详见 10.2.6 节。

10.2.2　边界组

1)定义边界组

从主菜单中选择“结构”→“组”→“边界 / 荷载 / 钢束”→“定义边界组”→“名称”:边界组→“后缀”:1to6by1 →“添加”,如图 10.2-3 所示。

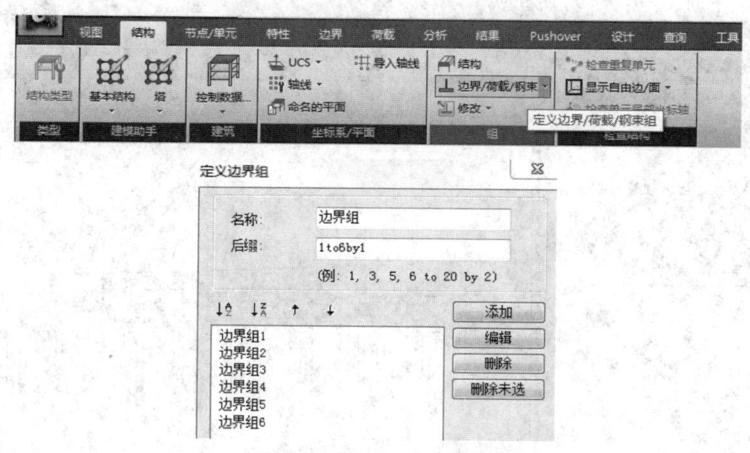

图 10.2-3　定义边界组

2)划分边界组

从主菜单中选择“边界”→“一般支承”→“边界组名称”:边界组 1 → 勾选“D-ALL”→勾选“Rx”“Ry”和“Rz”→在快捷工具栏中选择“平面选择”→“X-Y 平面”→“Z 坐标”: –4500 →“适用”→“关闭”,如图 10.2-4 所示。然后在工作树的“边界条件”菜单中点击“适用”,完成施工阶段柱底点边界条件的设置。

从主菜单中选择“边界”→“释放 / 偏心”→“释放梁端约束”→“边界组名称”:边界组 1 →选择“铰 – 铰”→“适用”→“关闭”,完成第 2 层楼板次梁梁端约束的释放,如图 10.2-5 所示。

从主菜单中选择“边界”→“连接”→“刚性连接”→“边界组名称”:边界组 2 →“刚性连接的自由度”中勾选“DX”“DY”和“DZ”→“适用”→“关闭”,完成临时支撑顶部与结构底部刚性连接的设置,如图 10.2-6 所示。

各边界组的详细设置如下,不再进行截图说明。

边界组 1:第 2 层楼板次梁梁端约束的释放,柱底固结。

边界组 2:第 3 层楼板次梁梁端约束的释放,临时支撑底部固结,支撑与结构刚性连接。

边界组 3:第 4 层楼板次梁梁端约束的释放。

边界组 4:第 5 层楼板次梁梁端约束的释放。

边界组 5:第 6 层楼板次梁梁端约束的释放。

边界组 6:屋面次梁梁端约束的释放。

3)修改边界组

从主菜单中选择“结构”→“组”→“修改”→“修改组”,如图 10.2-7 所示。通过上述操作可实现边界组的复制、移动和删除，对数量较少、较分散的边界条件也可以直接通过更改mgt 语言进行修改，详见 10.2.6 节。

注：建立边界条件与设计阶段的相关步骤基本是相同的，唯一不同的是需要在建立边界条件时指定其所属的边界组。已激活的边界组会在后面的施工阶段一直生效，无须再进行激活操作。刚性连接指强制一些节点（从属节点）的自由度从属于某些节点（主节点）。此处以刚性连接模拟临时支撑与结构的铰接，其中结构节点为主节点，临时支撑节点为从属节点。

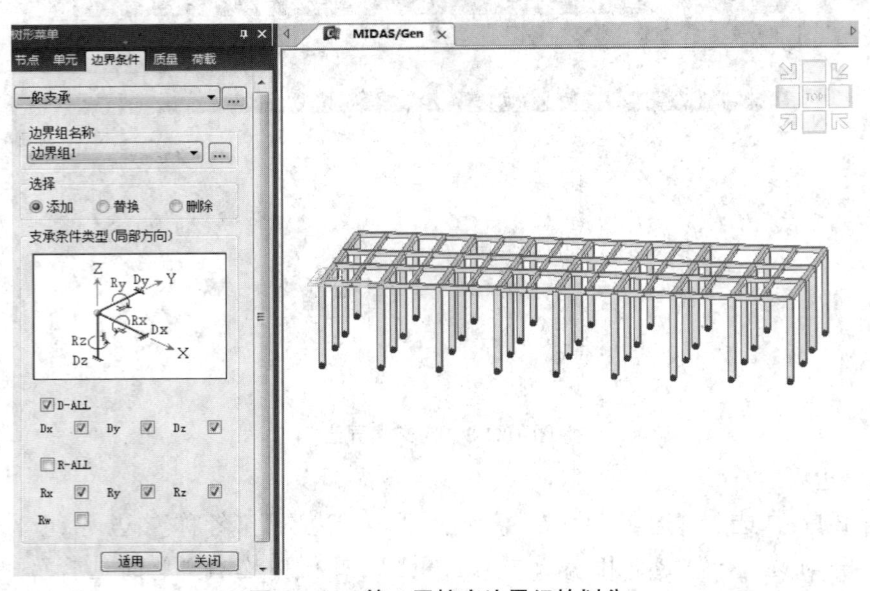

图 10.2-4 第 1 层柱底边界组的划分

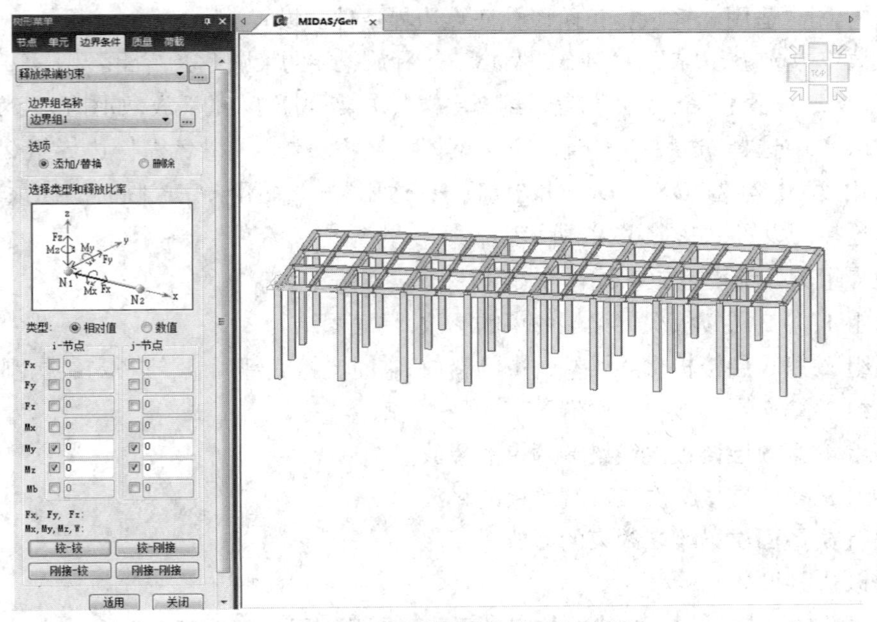

图 10.2-5 第 2 层楼板梁柱边界组的划分

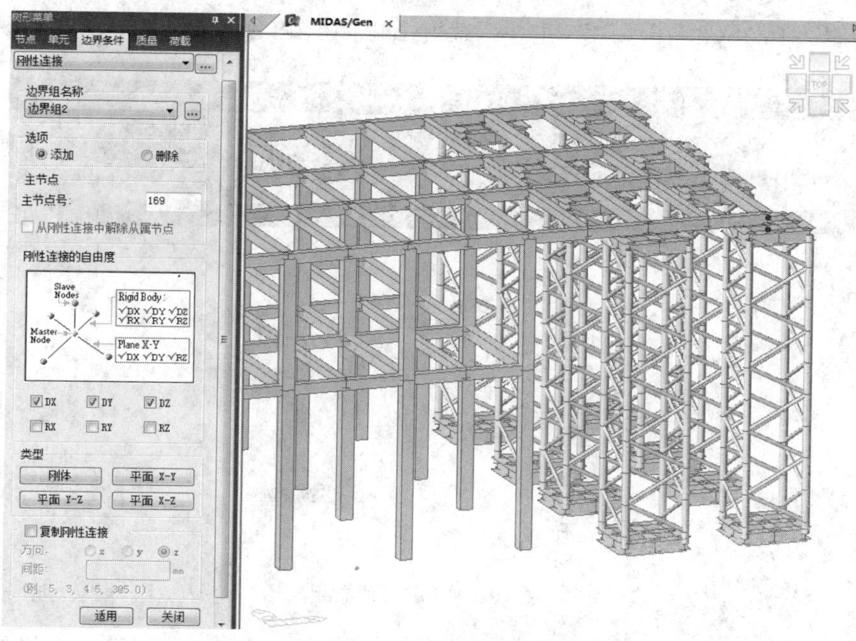

图 10.2-6　临时支撑与结构刚性连接的设置

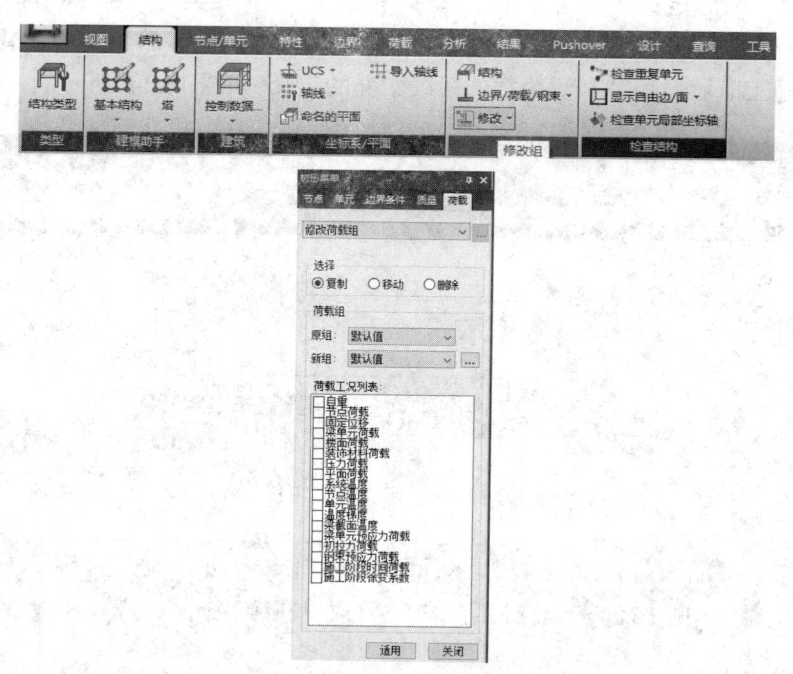

图 10.2-7　修改边界组

10.2.3　荷载组

1)定义荷载组

从主菜单中选择“结构”→“组”→“边界 / 荷载 / 钢束”→“定义荷载组”→“名称”: 荷

载组→“后缀”:1to7by1 →“添加”,建立荷载组,如图 10.2-8 所示。

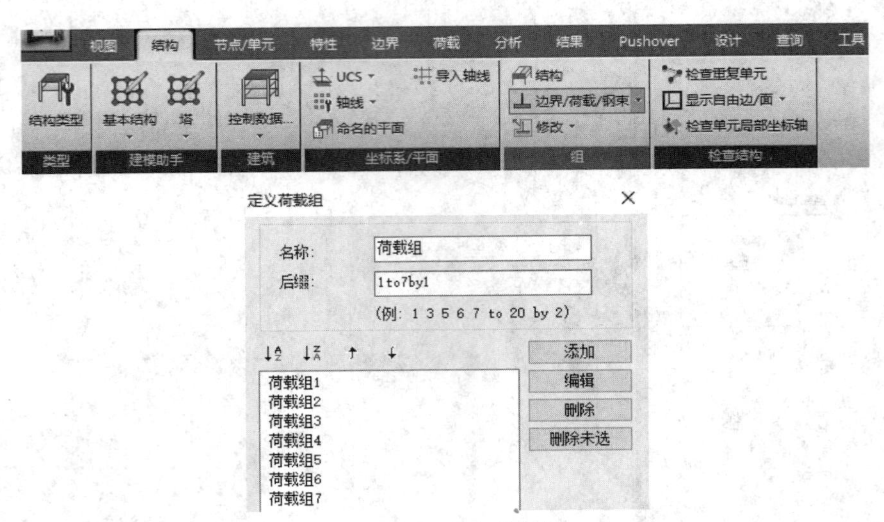

图 10.2-8　定义荷载组

2)划分荷载组

(1)荷载工况的定义。从主菜单中选择“荷载”→“荷载类型”→“静力荷载”→“建立荷载工况”→“静力荷载工况”→“名称”: DC(或 LC)→“类型”:施工阶段荷载(CS)→“添加”,即完成施工阶段恒荷载和活荷载的荷载工况的定义,如图 10.2-9 所示。

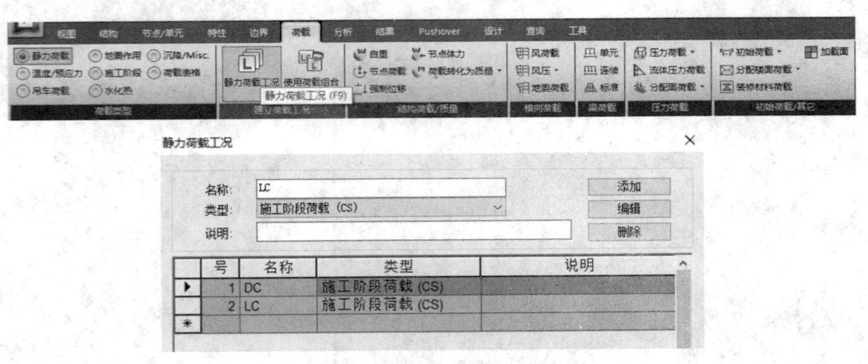

图 10.2-9　定义荷载工况

注:施工阶段的恒荷载用“DC”表示,活荷载用“LC”表示。通过分析设置可以单独将“LC”提取出来,详见 10.2.5 节。施工阶段的荷载只在施工阶段有效,在设计阶段会自动失效。

(2)荷载组的划分。从主菜单中选择“荷载”→“荷载类型”→“静力荷载”→“结构荷载 / 质量”→“自重”→“荷载工况名称”: DC →“荷载组名称”:荷载组 1 →“X”: 0,“Y”: 0,“Z”: –1 →“添加”→“关闭”。通过上述步骤完成施工阶段自重的设置,如图 10.2-10 所示。

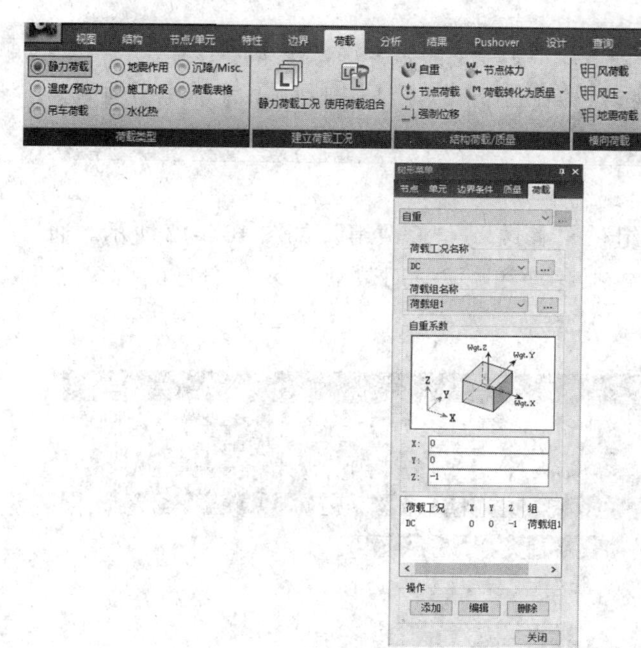

图 10.2-10　划分荷载组

注:在实际的工程当中,为了避免一些复杂的操作,通常采用增大自重系数的方式,以近似模拟节点的自重和施工过程中的活荷载,实际的系数要根据工程实际来确定,常用的系数为 1.05~1.1,即将自重放大 5%~10%。

从主菜单中选择“荷载”→“压力荷载”→“压力荷载”→“荷载工况名称”: LC →“荷载组名称”:荷载组 2 →“荷载”:均布→“P1”: –0.005 →“添加”→“关闭”,如图 10.2-11 所示。通过上述步骤完成第 2 层楼板施工活荷载的添加,然后依次完成各楼层施工活荷载的添加,此处不再详细介绍。

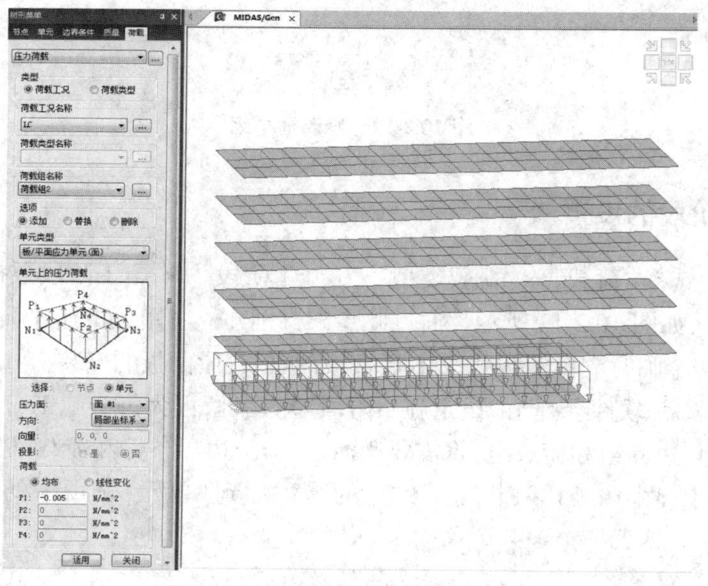

图 10.2-11　楼层施工活荷载的添加

注：施加楼面荷载一般有 2 种常用方式：一是在未建立楼板时直接使用“初始荷载 / 其他”里的“分配楼面荷载”功能；二是在建立楼板之后在楼板上施加压力荷载。第一种方式在前文中已经介绍过，这里主要使用第二种方式施加压力荷载，增加楼面荷载。

3 ）修改荷载组

从主菜单中选择“结构”→“组”→“修改”→“修改组”，如图 10.2-12 所示。通过“修改荷载组”对话框完成对荷载组的复制、移动和删除。对数量较少、较分散的荷载也可以直接通过更改 mgt 语言进行修改，详见 10.2.6 节。

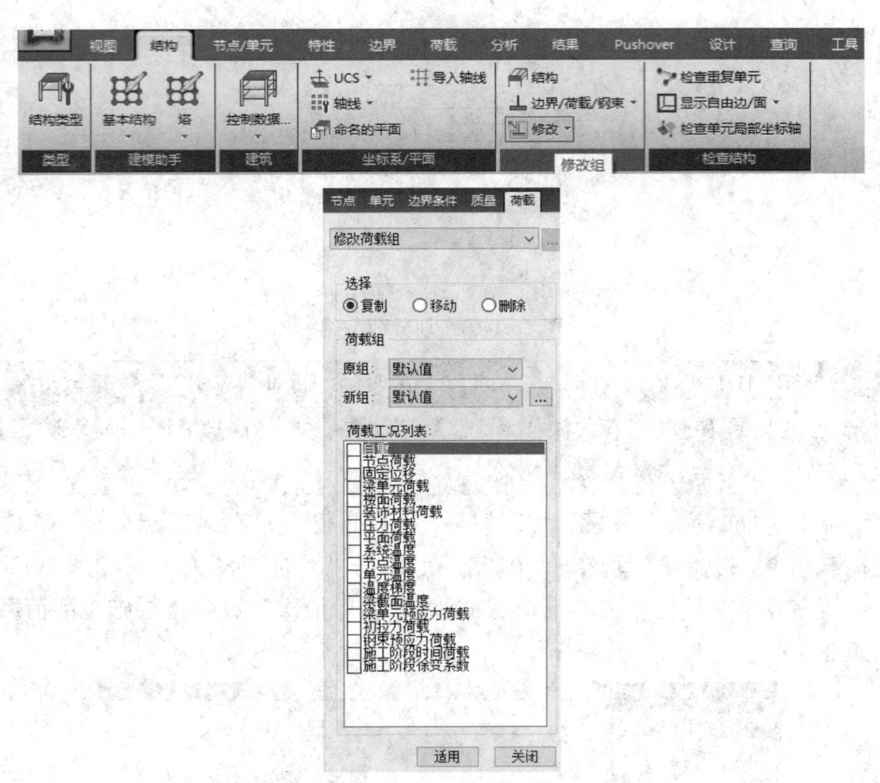

图 10.2-12　修改荷载组

10.2.4　施工阶段的设置

从主菜单中选择“荷载”→“荷载类型”→“施工阶段”→“施工阶段数据”→“定义施工阶段”→“添加”，如图 10.2-13 所示。通过此步骤分别建立各单元的施工阶段，依次是：1~6 层梁柱的安装；2 个临时支撑的卸载；2~6 层楼板的安装；屋面板的安装。

点击“添加”后，软件会弹出“设定施工阶段”对话框，可为每个施工阶段设置需要激活和钝化的结构组、边界组和荷载组，将需要激活的单元、边界条件和荷载添加到“单元”选项卡的“激活”栏中（图 10.2-14），将需要钝化的组添加到“单元”选项卡的“钝化”栏中（图 10.2-15）。

图 10.2-13　施工阶段的定义

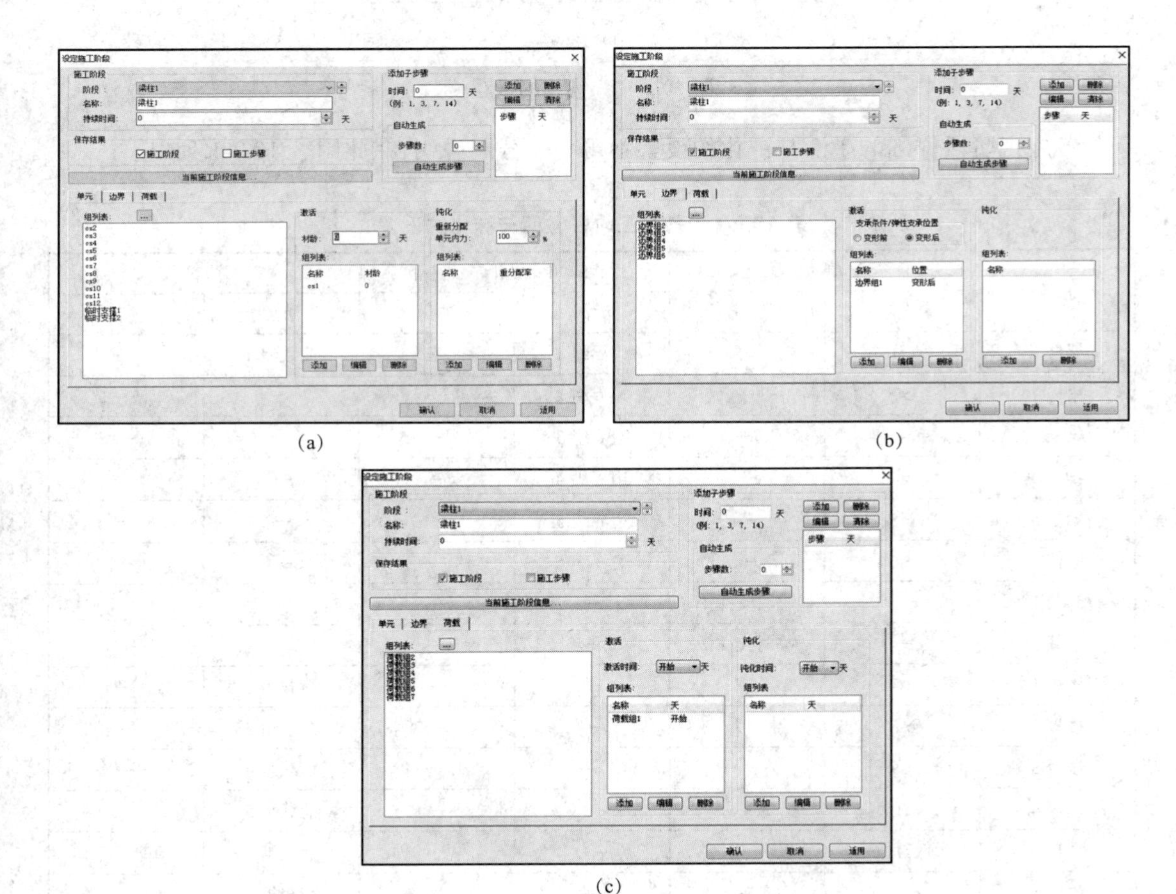

图 10.2-14　梁柱 1 施工步骤设置

(a)结构组的设置　(b)边界组的设置　(c)荷载组的设置

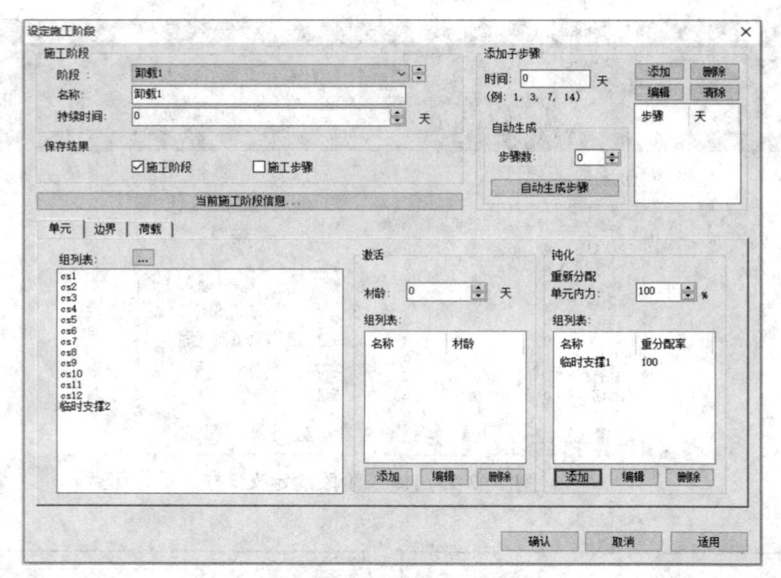

图 10.2-15　钝化的设置

各施工阶段详细的激活与钝化的设置不再一一截图说明，在此用表 10.2-1 列出。

表 10.2-1　各施工阶段激活与钝化的设置

单元名称	单元		边界		荷载	
	激活	钝化	激活	钝化	激活	钝化
梁柱 1	cs1	—	边界组 1	—	荷载组 1	—
梁柱 2	cs2	—	边界组 2	—	—	—
梁柱 3	cs3	—	边界组 3	—	—	—
梁柱 4	cs4	—	边界组 4	—	—	—
梁柱 5	cs5	—	边界组 5	—	—	—
梁柱 6	cs6	—	边界组 6	—	—	—
卸载 1	—	临时支撑 1	—	—	—	—
卸载 2	—	临时支撑 2	—	—	—	—
楼板 1	cs7	—	—	—	荷载组 2	—
楼板 2	cs8	—	—	—	荷载组 3	—
楼板 3	cs9	—	—	—	荷载组 4	—
楼板 4	cs10	—	—	—	荷载组 5	—
楼板 5	cs11	—	—	—	荷载组 6	—
楼板 6	cs12	—	—	—	荷载组 7	—

10.2.5　分析控制数据

从主菜单中选择“分析”→“分析控制”→“施工阶段”，可设置分析控制数据，如图 10.2-

16 所示。

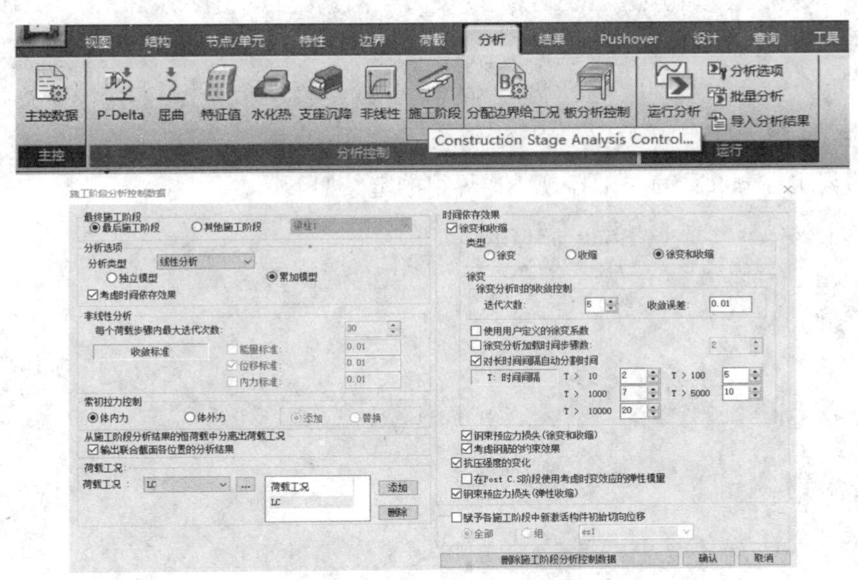

图 10.2-16　设置分析控制数据

注:施工过程中的荷载并不区分恒荷载和活荷载,如需要单独将活荷载提取出来,需要在“荷载工况”栏中添加“LC”荷载工况;如不考虑施工阶段的荷载工况,只需要点击图 10.2-16 中的“删除施工阶段分析控制数据”。

10.2.6　施工过程在 mgt 文件中的体现(选用)

(1)从主菜单中选择“文件”→“导出”→“MIDAS Gen MGT(G)文件”→“保存”。打开文件,即可看到内部的语言,修改完成后,可从主菜单中选择“文件”→“导入”→“MIDAS Gen MGT(G)文件”→选择修改过的文件→“打开”,即可实现通过 mgt 语言进行修改。

(2)结构组在 mgt 语言中的体现。在 mgt 语言栏中,直接增加了一部分用于描述结构组的语句,包括结构组的名称(NAME)、结构组的节点集(NODE_LIST)、结构组中的单元集(ELEM_LIST),详细的语言如下。

```
*GROUP    ; Group
; NAME, NODE_LIST, ELEM_LIST, PLANE_TYPE
cs1, 1to72 81to112, 1to29 31to95 214to222 224to239by3 226to314by22 229to284by11 232 243 244to299by11 247 254 258 259to319by15 263to308by15 269 281 285to318by11 300 303 311 315 340, 0
cs2, 1to36 129to212 34974to35017 36966to37083 37138to37407, 351to444 452 460 468 475to628by51 500to502 510 518to677by53 533 558to569 573to601by7 574to610by12 576to-666by15 579to669by30 583 590to665by15 595 602to662by15 613 616to661by15 625to-670by15 643 654 658 672 674 675 678 680to687 41871to41910 43739to43755 43757 43759to43775 43777 45575to45798 45899to46398, 0
```

```
cs3, 129to172 213to296, 698to791 799 807 815 822to975by51 847to849 857 865to-1024by53 880 905to916 920to948by7 921to957by12 923to1013by15 926to1016by30 930 937to1012by15 942 949to1009by15 960 963to1008by15 972to1017by15 990 1001 1005 1019 1021 1022 1025 1027to1034 1037to1044, 0
```

(3)边界组在 mgt 语言中的体现。边界组的定义如下。

```
*BNDR-GROUP      ; Boundary Group
; NAME, AUTOTYPE
边界组 1, 0
边界组 2, 0
边界组 3, 0
边界组 4, 0
边界组 5, 0
边界组 6, 0
```

建立边界条件时,在边界条件的最后一列添加所属的边界组,如下分别为一般支撑边界条件的设置和释放梁端约束边界条件的设置。

```
*CONSTRAINT      ; Supports
; NODE_LIST, CONST(Dx,Dy,Dz,Rx,Ry,Rz), GROUP
   35014to35017 36971to36974 37016to37019 37025to37028 , 111111, 边界组 2
   37070to37073 37079to37082 37178to37181 37187to37190 , 111111, 边界组 2
   37232to37235 37241to37244 37286to37289 37295to37298 , 111111, 边界组 2
   37340to37343 37349to37352 37394to37397, 111111, 边界组 2
   37to72, 111111, 边界组 1

*FRAME-RLS      ; Beam End Release
; ELEM_LIST, bVALUE, FLAG-i, Fxi, Fyi, Fzi, Mxi, Myi, Mzi          ; 1st line
;                       FLAG-j, Fxj, Fyj, Fzj, Mxj, Myj, Mzj, GROUP ; 2nd line
   214,   NO, 000011, 0, 0, 0, 0, 0, 0
                000011, 0, 0, 0, 0, 0, 0, 边界组 1
   217,   NO, 000011, 0, 0, 0, 0, 0, 0
                000011, 0, 0, 0, 0, 0, 0, 边界组 1
   219,   NO, 000011, 0, 0, 0, 0, 0, 0
                000011, 0, 0, 0, 0, 0, 0, 边界组 1
   221,   NO, 000011, 0, 0, 0, 0, 0, 0
                000011, 0, 0, 0, 0, 0, 0, 边界组 1
   226,   NO, 000011, 0, 0, 0, 0, 0, 0
```

```
            000011, 0, 0, 0, 0, 0, 0, 边界组 1
   229,   NO, 000011, 0, 0, 0, 0, 0, 0
            000011, 0, 0, 0, 0, 0, 0, 边界组 1
```

（4）荷载组在 mgt 语言中的体现。荷载组的定义如下。

```
*LOAD-GROUP      ; Load Group
; NAME
荷载组 1
荷载组 2
荷载组 3
荷载组 4
荷载组 5
荷载组 6
荷载组 7
```

在定义荷载时，语句的最后一列用于指定该荷载所在的荷载组。

```
; *SELFWEIGHT, X, Y, Z, GROUP
*SELFWEIGHT, 0, 0, -1, 荷载组 1
*PRESSURE      ; Pressure Loads
; ELEM_LIST, CMD, ETYP, LTYP, DIR, VX, VY, VZ, bPROJ, PU, P1, P2, P3,
P4, GROUP   ; ETYP=PLATE, LTYP=FACE
; ELEM_LIST, CMD, ETYP, LTYP, iEDGE, DIR, VX, VY, VZ, PU, P1, P2,
GROUP             ; ETYP=PLATE, LTYP=EDGE
; ELEM_LIST, CMD, ETYP, iEDGE, DIR, VX, VY, VZ, PU, P1, P2,
GROUP                        ; ETYP=PLANE
; ELEM_LIST, CMD, ETYP, iFACE, DIR, VX, VY, VZ, bPROJ, PU, P1, P2, P3,
P4, GROUP ; ETYP=SOLID
; [PLATE] : plate, plane stress, wall, [PLANE] : axisymmetric, plane strain
  2780, PRES , PLATE, FACE, LZ, 0, 0, 0, NO, -0.005, 0, 0, 0, 0, 荷载组 2
  2781, PRES , PLATE, FACE, LZ, 0, 0, 0, NO, -0.005, 0, 0, 0, 0, 荷载组 2
  2782, PRES , PLATE, FACE, LZ, 0, 0, 0, NO, -0.005, 0, 0, 0, 0, 荷载组 2
  2783, PRES , PLATE, FACE, LZ, 0, 0, 0, NO, -0.005, 0, 0, 0, 0, 荷载组 2
  2784, PRES , PLATE, FACE, LZ, 0, 0, 0, NO, -0.005, 0, 0, 0, 0, 荷载组 2
  2785, PRES , PLATE, FACE, LZ, 0, 0, 0, NO, -0.005, 0, 0, 0, 0, 荷载组 2
  2786, PRES , PLATE, FACE, LZ, 0, 0, 0, NO, -0.005, 0, 0, 0, 0, 荷载组 2
  2787, PRES , PLATE, FACE, LZ, 0, 0, 0, NO, -0.005, 0, 0, 0, 0, 荷载组 2
  2788, PRES , PLATE, FACE, LZ, 0, 0, 0, NO, -0.005, 0, 0, 0, 0, 荷载组 2
  2789, PRES , PLATE, FACE, LZ, 0, 0, 0, NO, -0.005, 0, 0, 0, 0, 荷载组 2
```

> **注:**施工阶段与设计阶段的不同主要是施工阶段需要指定各节点、单元、边界条件和荷载所属的组,以便于实现在各个施工阶段单元的激活与钝化;在 mgt 语言中,各边界条件等都是按照编号从小到大进行排列,方便进行查找及修改。

10.3 运行分析及结果查看

10.3.1 运行分析

从主菜单中选择"分析"→"运行"→"运行分析",软件即开始分析,或直接点击快捷菜单中的"运行分析" ,如图 10.3-1 所示。

图 10.3-1 运行分析页面

10.3.2 结果查看

从主菜单中选择"荷载"→"荷载类型"→"施工阶段"→"施工阶段数据"→"显示阶段":楼面 6→"结果"→"应力"→"梁单元应力"→"荷载工况 / 荷载组合"选择"CS:合计"→"组合(Normal)":最大值→"显示类型"中勾选"等值线"和"图例"→"适用",如图 10.3-2 所示。通过上述步骤可查看施工阶段梁单元的应力。

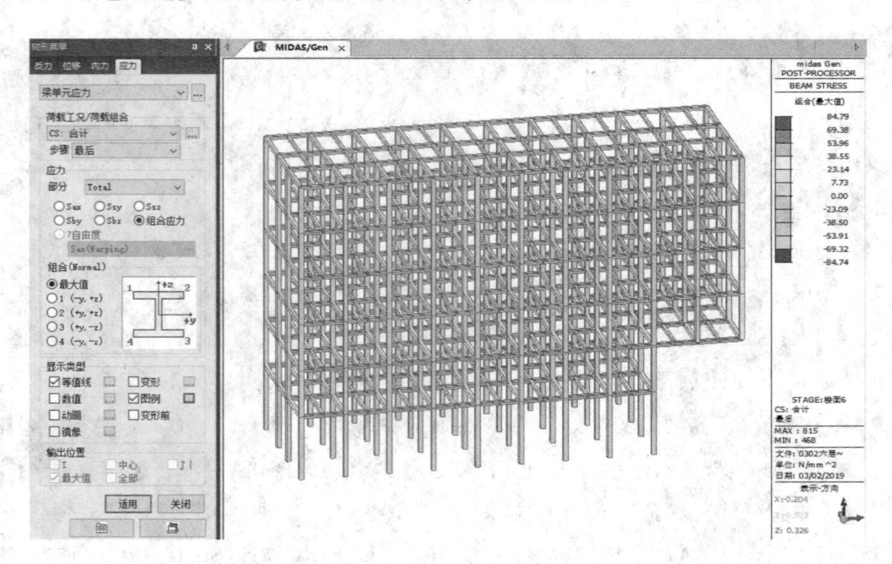

图 10.3-2 楼面 6 的施工阶段梁单元应力图

从主菜单中选择“荷载”→“荷载类型”→“施工阶段”→“施工阶段数据”→“显示阶段”:楼面 6→“结果”→“变形”→“位移等值线”→“荷载工况 / 荷载组合”选择“CS:合计”→“位移”:DZ→“显示类型”中勾选“等值线”和“图例”→“适用”,如图 10.3-3 所示。通过上述步骤可查看施工阶段各节点在 Z 方向的位移。

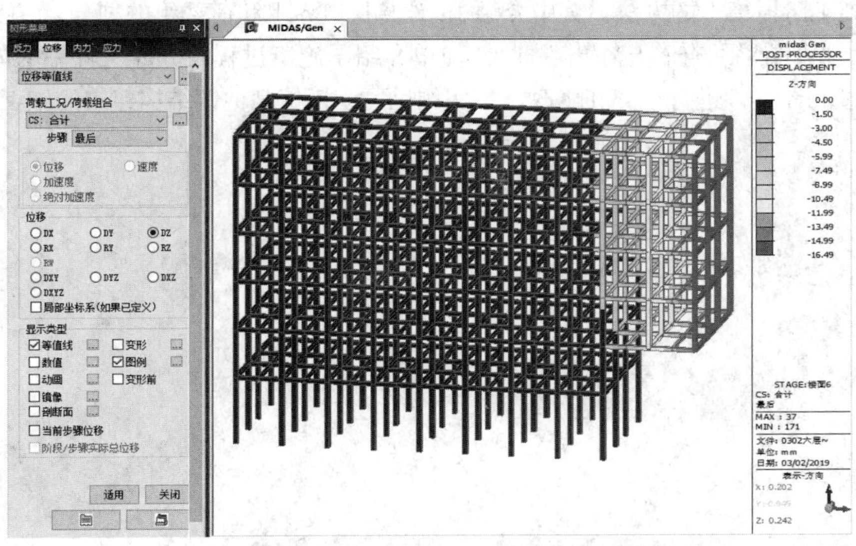

图 10.3-3　楼面 6 的施工阶段 Z 方向的位移等值线

注:查询某个阶段的反力、变形、内力、位移等时,需先将模型调节到这个阶段;施工阶段位移、内力等的查询步骤与使用阶段完全相同;建议将“施工阶段”功能添加到快捷工具栏中,以方便操作,可用鼠标右键点击快捷工具栏,在“用户定义”里添加。

从主菜单中选择“结果”→“表格”→“结果表格”,如图 10.3-4 所示,可在结果表格中选择要输出的内容。以单元应力为例,在表格中输入需要显示应力的单元号、施工阶段的荷载工况和荷载组合、需要输出的施工阶段及单元的位置,可以观察结构应力随施工过程的变化。通过该操作可实现计算结果的快速输出,且数据可输出至表格,实现高效处理。

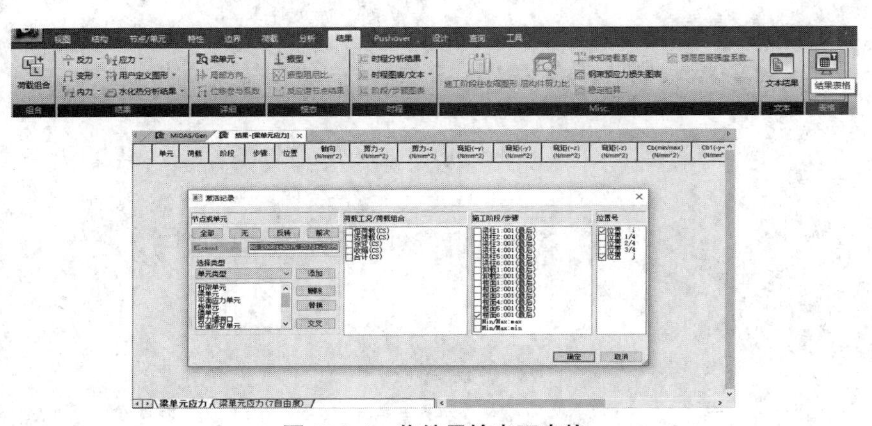

图 10.3-4　将结果输出至表格

10.4 结语

本章通过实例主要介绍了 MIDAS 的施工过程模拟模块，以使读者熟悉使用 MIDAS Gen 进行施工阶段模拟的方法。其中介绍了结构组、边界组和荷载组的划分，各施工参数的设置，以及计算结果的查看与输出。此外，简单介绍了施工过程在 mgt 文件中的体现，以方便读者通过 mgt 文件进行检查和修改。本实例也可为模拟其他钢结构建筑的施工过程提供参考。

第 11 章　框架 – 支撑结构 Pushover 分析与详解

Pushover 是静力弹塑性分析方法，也是非线性静力分析方法。其是在特定前提下使建筑物受单调递增的侧向荷载，以检验建筑物的各构件是否屈服成塑性铰，可以近似分析结构在地震作用下的性能变化情况。本章通过建立一个 20 层的框架 – 支撑结构模型，详细介绍 MIDAS Gen 中 Pushover 分析的步骤和方法。

11.1　模型信息

某办公楼为钢制框架 – 支撑结构，平面尺寸为 25 m × 30 m，*A~F* 轴柱距为 5 m，1~6 轴柱距为 6 m，层高为 3 m，支撑采用人字撑。结构平面布置如图 11.1-1 所示，立面图如图 11.1-2 所示。

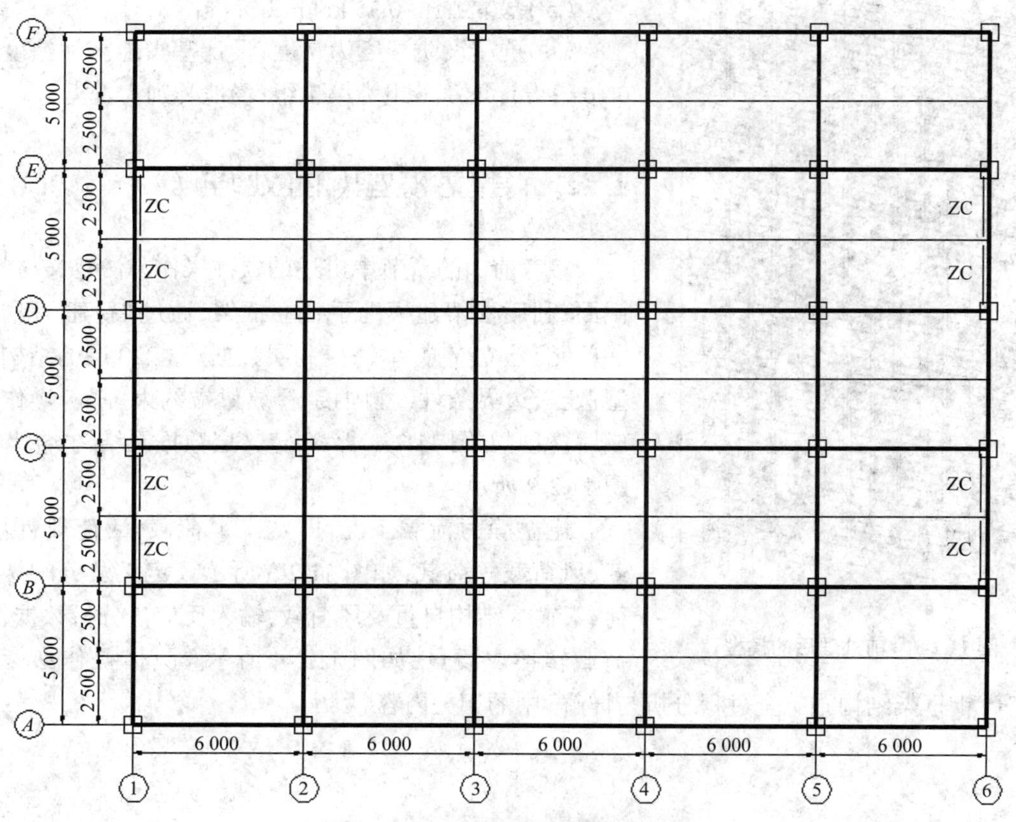

图 11.1-1　结构平面布置图（mm）

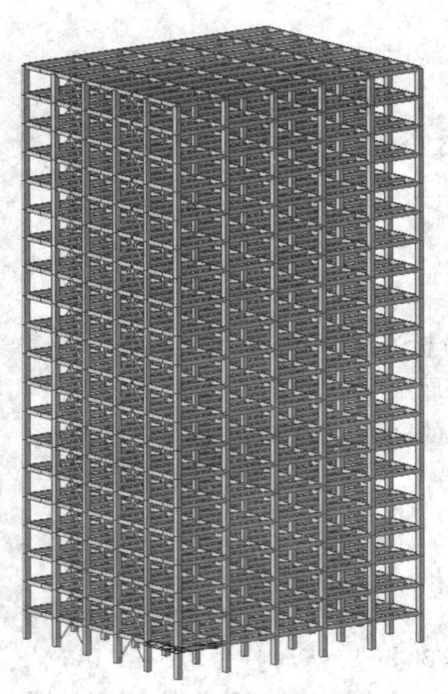

图 11.1-2 结构立面图

1)模型的基本数据

(1)柱：箱形钢柱(B)，截面尺寸为 550 mm × 550 mm × 18 mm(外边长 × 外边长 × 壁厚)。

(2)主梁：H 型钢(H)，截面尺寸为 450 mm × 200 mm × 9 mm × 14 mm(高度 × 宽度 × 腹板厚度 × 翼缘厚度)。

(3)次梁：H 型钢(H)，截面尺寸为 400 mm × 200 mm × 8 mm × 13 mm。

(4)支撑：圆形钢管(P)，截面尺寸为 ϕ140 mm × 8 mm(外径 × 壁厚)。

(5)层高：3 m。

(6)材料：Q345 用于梁、柱；Q235 用于柱间支撑。

2)荷载条件

(1)恒荷载：5.0 kN/m^2。

(2)活荷载：2.0 kN/m^2(楼面)；0.5 kN/m^2(屋面)。

(3)基本风压：0.40 kN/m^2(标准值)。

(4)地面粗糙度为 B 类。

(5)基本雪压：0.35 kN/m^2(标准值)。

(6)抗震设防烈度为 7 度；设计基本地震加速度为 0.10 g；设计地震分组为第 1 组；场地类别为Ⅲ类。

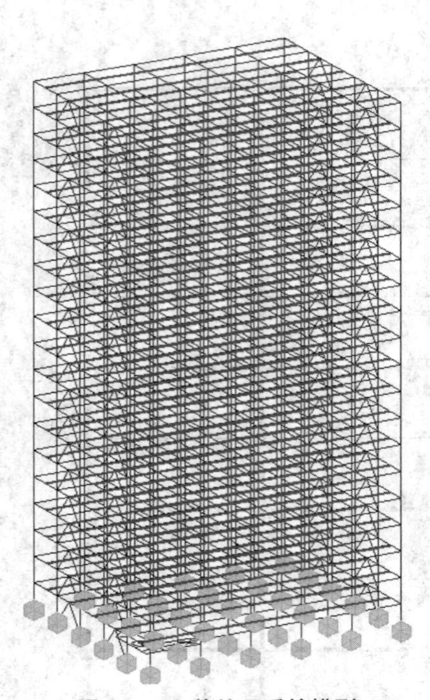

图 11.2-1 前处理后的模型

11.2 建立模型(前处理)

参考前面的章节中讲述的软件操作方法定义材料、截面；利用框架建模助手建立框架，通过“新建”和“扩展单元”建立支撑和柱；复制层数据建立 20 层的结构模型；定义边界条件(柱固接、释放梁端约束等)。操作完成后，模型如图 11.2-1 所示，定义层数据及结构类型，如图 11.2-2 所示。

建立静力荷载工况，即定义恒荷载、活荷载、雪荷载、风荷载等荷载，如图 11.2-3 所示。定义及分配楼面荷载，输入结构自重及风荷载，输入反应谱分析数据，将荷载转换成质量，如图 11.2-4 所示。具体操作参考第 10 章“钢框架结构施工全过程分析与详解”中的相关内容。

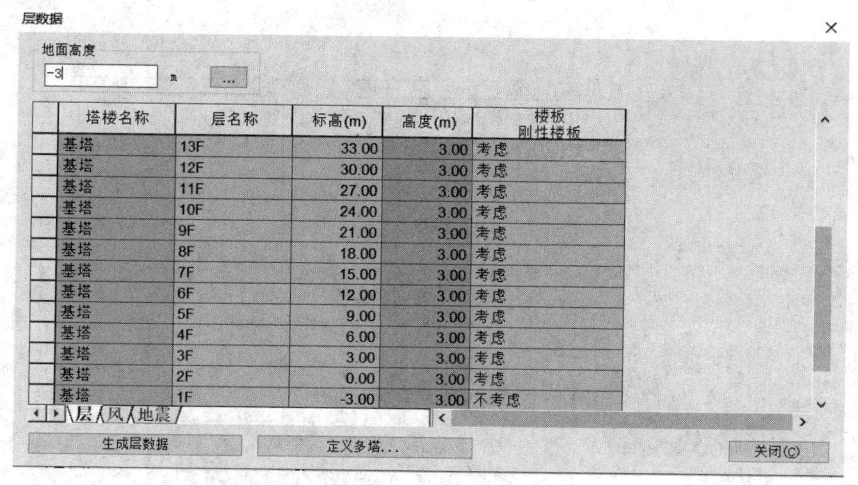

图 11.2-2　定义层数据

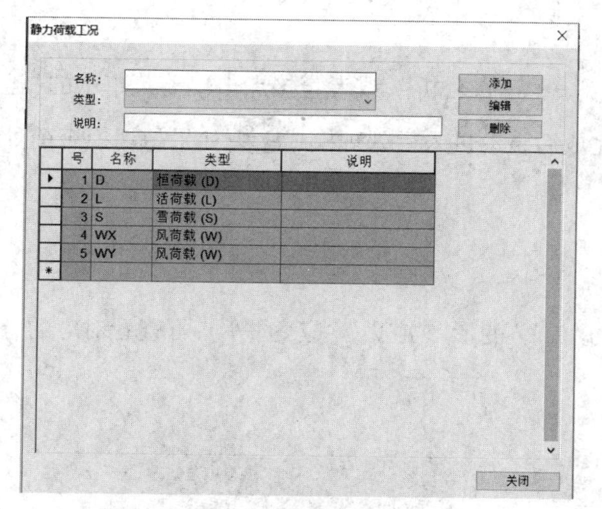

图 11.2-3　定义静力荷载工况

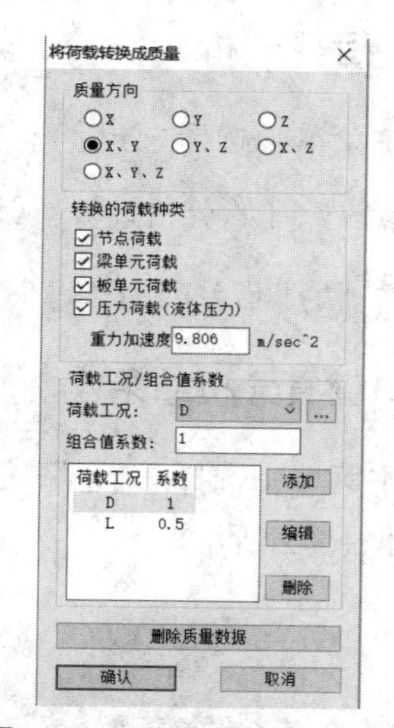

图 11.2-4　将荷载转换成质量

11.3　运行分析及结果查看

11.3.1　生成荷载组合

从主菜单中选择“结果”→“荷载组合”→“钢结构设计”→“自动生成”→“设计规范”：GB50017-03(表示采用 GB 50017—2003 标准)→“确认”，如图 11.3-1 所示。

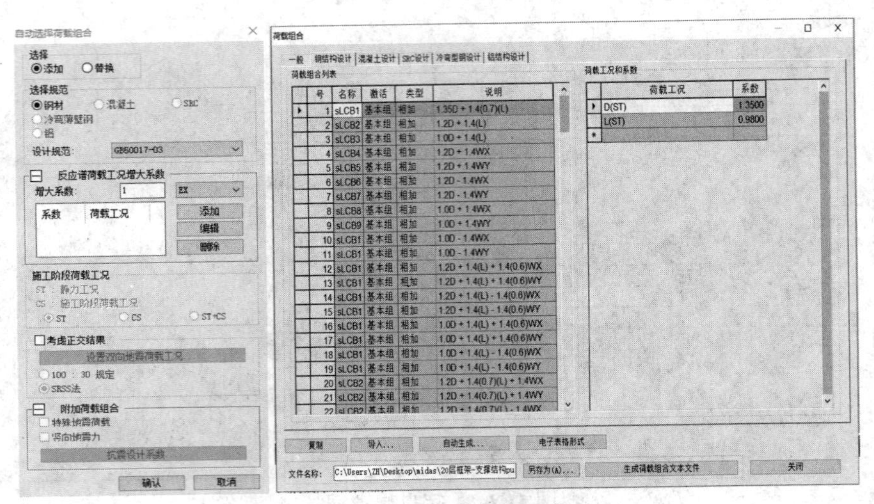

图 11.3-1 生成荷载组合

11.3.2 运行分析

从主菜单中选择“分析”→“运行”→“运行分析”,或者直接点击快捷菜单中的“运行分析”,软件开始分析计算。计算完成后自动进入后处理模式;如果想切换至前处理模式,则点击快捷菜单中的。

11.3.3 查看分析结果

从主菜单中选择“结果”→“反力”(或“变形”“应力”“应变”等),可查看对应的分析结果,如图 11.3-2 所示。

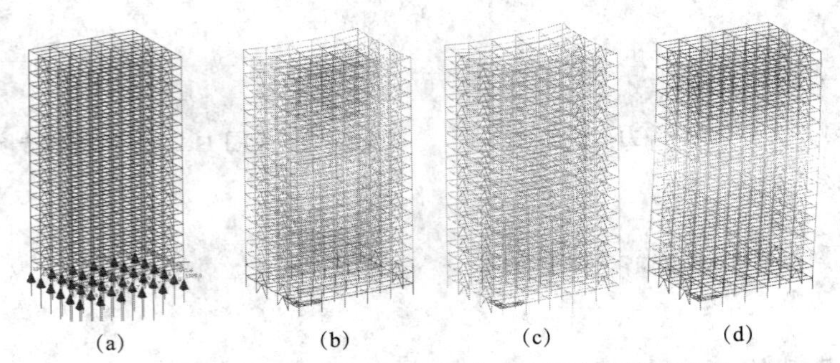

图 11.3-2 查看某工况下的反力、变形、应力及某振型

(a)柱底 Z 向反力图 (b)变形云图 (c)应力云图 (d)振型图

11.4 设计验算

11.4.1 一般设计参数

(1)从主菜单中选择“设计”→“通用”→“一般设计参数”→“定义结构控制参

数”→“定义框架侧移特性”中 X、Y 轴方向的侧移均为“无约束 | 有侧移”→“设计类型”：三维→勾选“由程序自动计算‘计算长度系数’”→“结构类型”：框架结构→“确认”，如图 11.4-1 所示。

（2）从主菜单中选择“设计”→“通用”→“一般设计参数”→“指定构件”→“分配类型”：自动→“选择类型”：根据选择→“适用”，如图 11.4-1 所示。可通过“显示选项”→“设计”→“构件”来检查是否已成功指定构件。

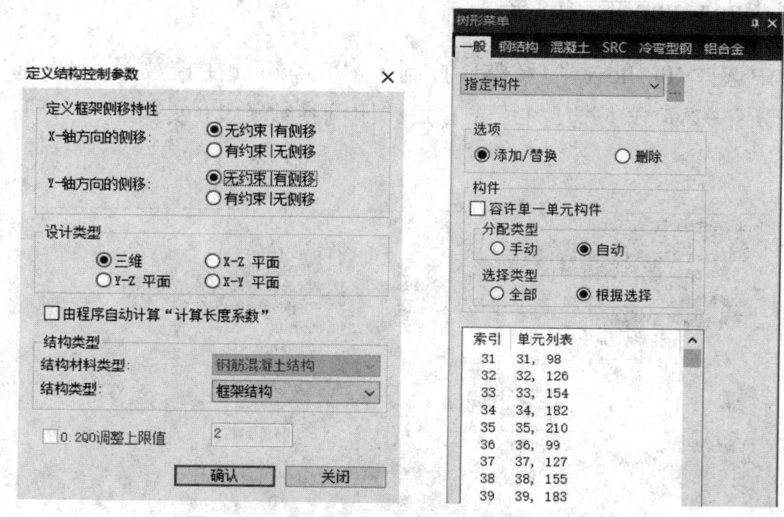

图 11.4-1　定义结构控制参数和指定构件

11.4.2　钢构件设计

（1）选择设计标准。从主菜单中选择“设计”→“钢构件设计”→“设计规范”→“设计标准”：GB50017-03（表示采用 GB 50017—2003 标准）→勾选“考虑抗震”→“抗震等级”：三级（次要的建筑物）→“确认”。

（2）钢构件验算。从主菜单中选择“设计”→“钢构件设计”→“钢构件验算”，软件计算完成后自动弹出截面验算对话框。如图 11.4-2 所示，本例中的构件均满足设计要求。

（3）生成验算结果在图 11.4-2 中勾选要查看的截面特性，点击“图形结果”，软件将以图形的方式输出验算结果；点击“详细结果”，软件将以文本的方式输出详细的截面验算结果。

（4）查看不满足的构件。截面验算对话框→勾选“构件”→点击 >> →点选“不满足”→“连接模型画

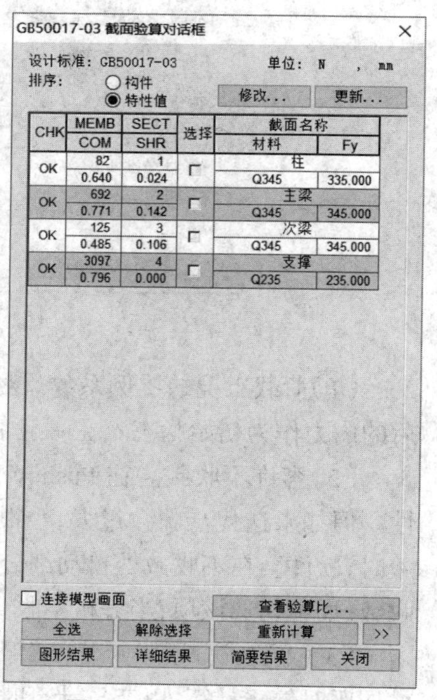

图 11.4-2　截面验算对话框

面”→点击“全选”,在模型窗口中可以看到不满足的构件。

(5)查看构件的验算比。点击“查看验算比”→“排序”:特性→勾选要查看的特性号→在“应力比”中输入要查看的应力比区间,如从 0 到 1→“显示验算比”→“关闭”。

11.5 Pushover 分析

11.5.1 定义 Pushover 主控数据

从主菜单中选择“Pushover”→“整体控制”→“Pushover 主控数据”→点选“考虑初始荷载的非线性分析”→“荷载工况”: D(或 L)→“比例系数”: 1(或 0.5)→“添加”→“确定”,如图 11.5-1 所示。

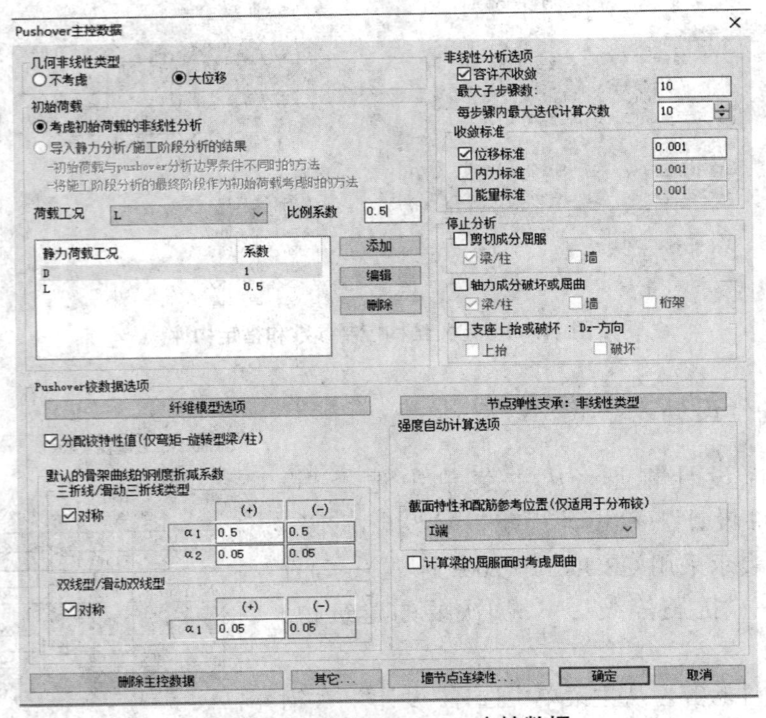

图 11.5-1 定义 Pushover 主控数据

(1)荷载工况的比例系数。对于复杂结构,应进行施工模拟分析,并以施工全过程完成后的内力作为初始状态。在一般情况下,荷载工况选用 D+0.5 L。

(2)容许不收敛。在 Pushover 分析中,通过增加迭代步骤数可改善非线性分析的收敛性。但如果迭代步骤数过大,会很耗时。在图 11.5-1 中,勾选“容许不收敛”,则当迭代不收敛时,软件会在不收敛处自动细分再次迭代计算,因此能在不增加迭代步骤数的前提下实现收敛;如不勾选该项,当分析不收敛时,Pushover 分析会终止。

(3)剪切成分屈服。若在“停止分析”中勾选“剪切成分屈服”,则软件会在结构剪切构件屈服时停止计算,以节省计算时间。在实际分析中,用户可根据情况进行选择。

（4）纤维模型选项。纤维模型的计算精度与截面划分的纤维数目紧密相关。通过“纤维模型选项”合理设置单元的纤维分割数量，可调节计算精度，减小数值积分方法产生的误差。

（5）节点弹性支承：非线性类型。通过该功能，可选择仅考虑弹性支承的线弹性，或选择考虑弹性支承的非线性特性。该功能适用于添加了只受压或只受拉的弹性支承的情况。

（6）墙节点连续性。该功能适用于剪力墙结构，可选择节点约束为铰接或固接来考虑剪力墙在节点处的连续性。

（7）默认的骨架曲线的刚度折减系数。该系数可根据试验等获得的实际参数进行修改，一般保持默认数值不变。

11.5.2　定义 Pushover 荷载工况

从主菜单中选择“Pushover”→“荷载工况”→“名称”：model→“计算步骤数（nstep）”：40→“增量法”：位移控制→“整体控制：平动位移最大值”：1 200→“荷载模式类”：模态→“振型”：1→“比例系数”：1→“添加”→“确定”，如图 11.5-2 所示。按照同样的方法添加 mode2 工况。

“计算步骤数”用于定义达到设定的目标位移（或荷载）的分步数。一般来说，分步越多，每次的增幅越小，最终得到的能力谱曲线越平滑。但是分步越多，所需的计算时间越长，所以取值应由小至大进行试算，选择较合理的数字。

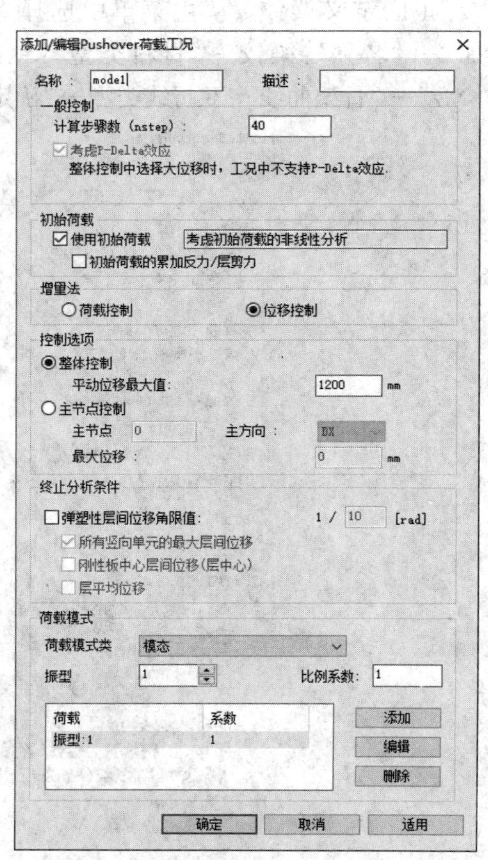

图 11.5-2　添加 / 编辑 Pushover 荷载工况

“荷载控制”即每步增加的侧向荷载是相同的，直至达到设定的预估倒塌荷载；“位移控制”即将设定的目标位移按步数均分，每步增加的侧向荷载可使目标满足该步的位移增量，每步的荷载增量不相同。

“平动位移最大值”的初始值可取结构高度与弹塑性层间位移角限值（查阅 GB 50011—2010 中的表 5.5.5）的乘积。在得到能力谱曲线后，可根据得到的性能点处的位移调整最大位移限值，使需求谱和能力谱曲线产生交点即可。

MIDAS Gen 中提供了 4 类侧向荷载模式，分别为：模态、静力荷载工况、加速度常量、归一化模态 × 质量。

（1）在“模态”模式中可选静力分析得到的所有振型中的任意一项。常用的模态为第 1、2 阶平动振型。对矩形平面结构，其分别对应于 X、Y 轴方向；对主轴与 X、Y 轴成一定角度的结构，如 L 形平面，则其对应于结构平面的主轴、与主轴垂直的方向。采用“模态”分布的荷载进行 Pushover

分析，得到的是地震作用最大方向上的结果，反映了结构最不利方向的抗震性能。

（2）“静力荷载工况”包括所有定义过的静力荷载工况，其中侧向荷载模式可选择 *X* 或 *Y* 轴方向风荷载工况。

（3）在“加速度常量”模式中可选择 *X*、*Y* 或 *Z* 3 个方向，荷载以惯性力的方式施加到每层上，作用力的大小仅与楼层质量有关。如果各标准层质量基本相同，这种模式可看作施加均匀分布的侧向荷载。

（4）在“归一化模态 × 质量”模式中，荷载以归一化模态 × 质量的形式加载，加载方式同（1）。

在进行 Pushover 分析时，很重要的一点就是要确定结构侧向荷载的加载模式，所选模式应既能反映地震作用下结构各层惯性力的分布特征，又能体现地震作用下结构的位移。由于在一种固定的荷载分布方式下，不可能预测结构构件的各种变形情况，因此建议最少用 2 种侧向荷载分布方式进行分析。根据有关文献，对于层数较少的结构，在不同的侧向加载方式下，Pushover 曲线、塑性铰分布、屈服机制、结构层间位移等指标差别不大，薄弱层出现的位置大致相同；当结构的层数较多时，上述结果的差异较大。因此，可先对各种分布方式计算的能力曲线进行分析，然后确定采用何种分布式。

11.5.3 定义 Pushover 铰特性

（1）定义梁铰。从主菜单中选择“Pushover”→“铰特性”→“定义铰特性值”→“添加”→“名称”：梁铰→“材料类型”：钢结构 /SRC（填充）→“成分特性”中勾选“My”和“Mz”→“骨架曲线”：双折线类型→“确定”，如图 11.5-3 所示。

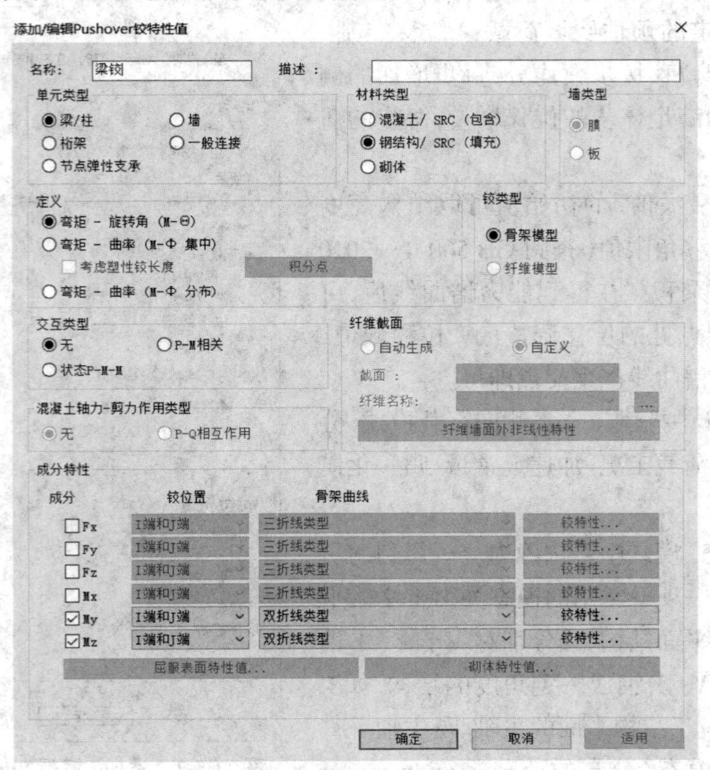

图 11.5-3 定义梁铰

对于成分的选择，梁铰特性勾选“My”和“Mz”；柱铰特性和剪力墙铰特性点选“状态 P-M-M”，勾选“My”和“Mz”；支撑铰特性勾选“Fx”。

对于骨架曲线的选择，钢结构或钢管混凝土结构一般采用由屈服弯矩 M_y 控制，对应 1 个屈服点的双折线模型；钢筋混凝土结构或型钢混凝土结构一般采用由混凝土开裂弯矩 M_{cr} 和结构极限弯矩 M_u 控制，对应 2 个屈服点的三折线模型，如图 11.5-4 所示，其中 k_0 为初始刚度（Initial stiffness）。不同本构关系适用的结构见表 11.5-1。

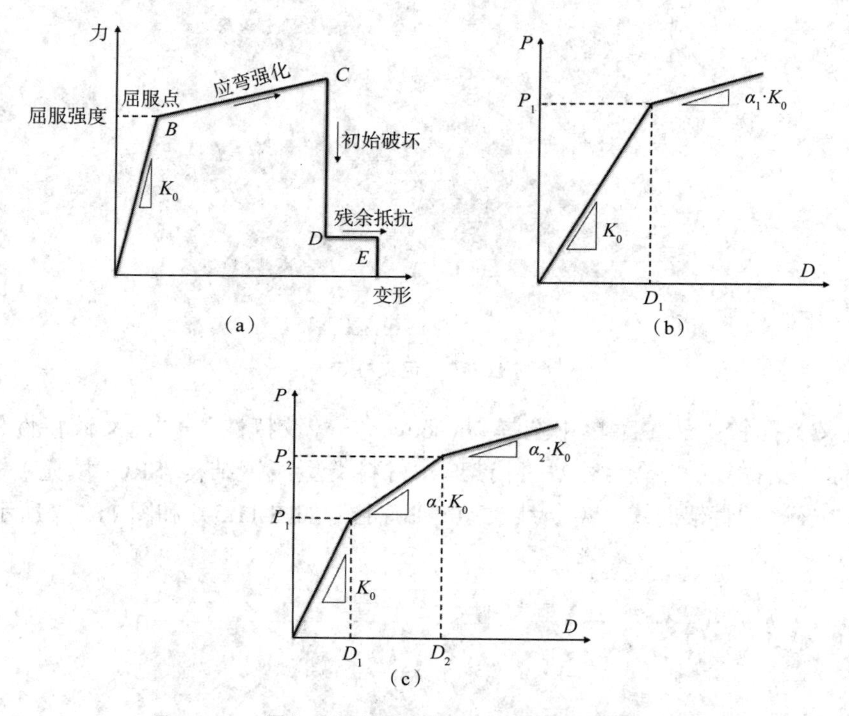

图 11.5-4　骨架曲线的选择（钢结构一般采用双折线）

（a）钢材本构模型　（b）双折线模型　（c）三折线模型

表 11.5-1　结构类型对应的本构关系

本构关系	屈服点	钢筋混凝土 / 型钢混凝土	钢结构 / 钢管混凝土
双折线	P_1	极限弯矩 M_u	屈服弯矩 M_y
三折线	P_1	开裂弯矩 M_{cr}	屈服弯矩 M_y
	P_2	极限弯矩 M_u	极限弯矩 M_u

（2）定义柱铰。从主菜单中选择“Pushover”→“铰特性”→“定义铰特性值”→“添加”→“名称”：柱铰→“材料类型”：钢结构 /SRC（填充）→“交互类型”：状态 P-M-M→“成分特性”中勾选“My”和“Mz”→“骨架曲线”：双折线类型→“确定”，如图 11.5-5 所示。

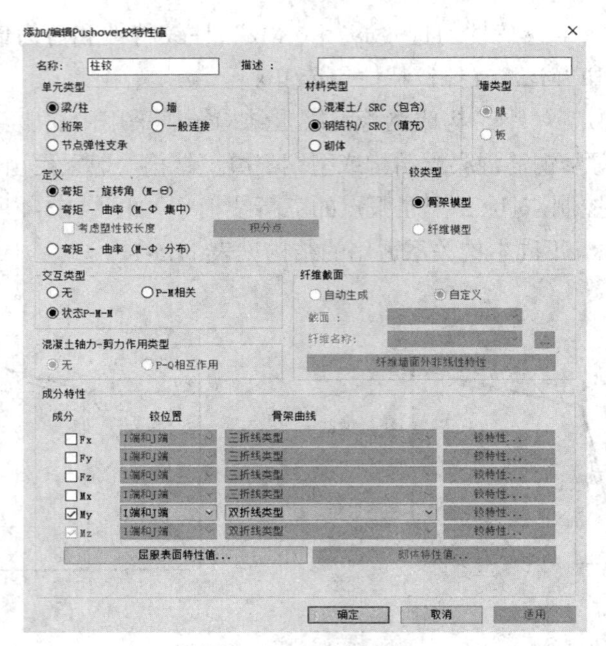

图 11.5-5 定义柱铰

（3）定义支撑铰。从主菜单中选择“Pushover”→“铰特性”→“定义铰特性值”→“添加”→“名称”：支撑铰→“单元类型”：桁架→“材料类型”：钢结构 /SRC（填充）→“成分特性”中勾选“Fx”→“骨架曲线”：双折线类型→“确定”，如图 11.5-6 和图 11.5-7 所示。

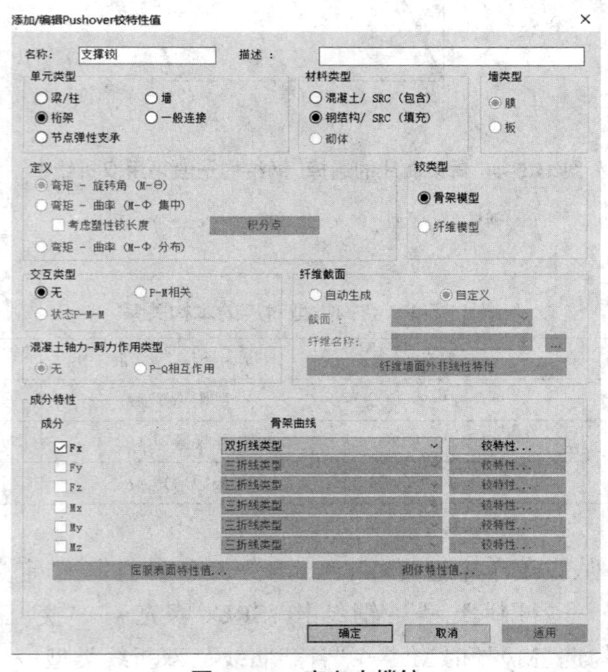

图 11.5-6 定义支撑铰

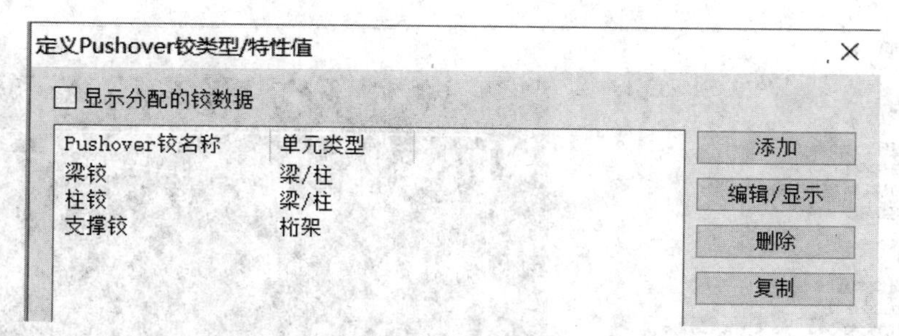

图 11.5-7　定义铰类型

11.5.4　分配塑性铰

从主菜单中选择“Pushover”→“铰特性”→“分配铰特性值”→“单元类型”:梁/柱→在模型窗口中选择所有梁单元→“铰特性值类型”:梁铰→“适用”,如图 11.5-8 所示。以同样的方法分配柱铰和支撑铰,最终效果如图 11.5-9 所示。

11.5.5　运行分析

从主菜单中选择“运行分析”→“运行 Pushover 分析(全部)”,运算完成后会弹出“Pushover 曲线”对话框,如图 11.5-10 所示。其中能力谱和需求谱的交点即为性能点。

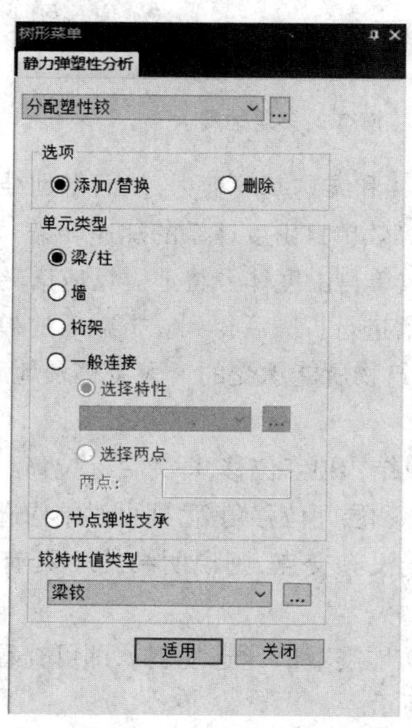

图 11.5-8　分配梁铰

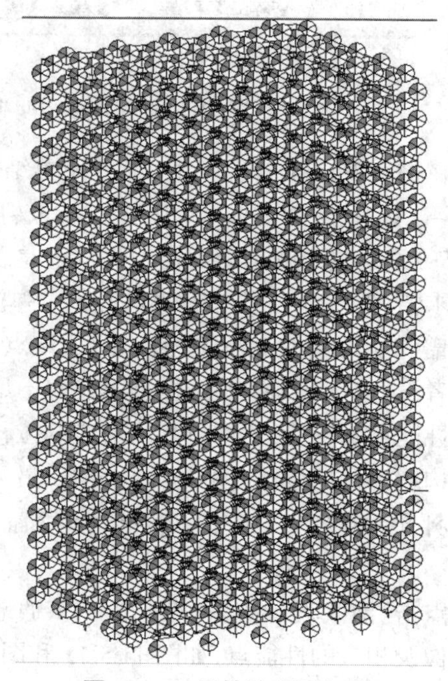

图 11.5-9　塑性铰分配完成

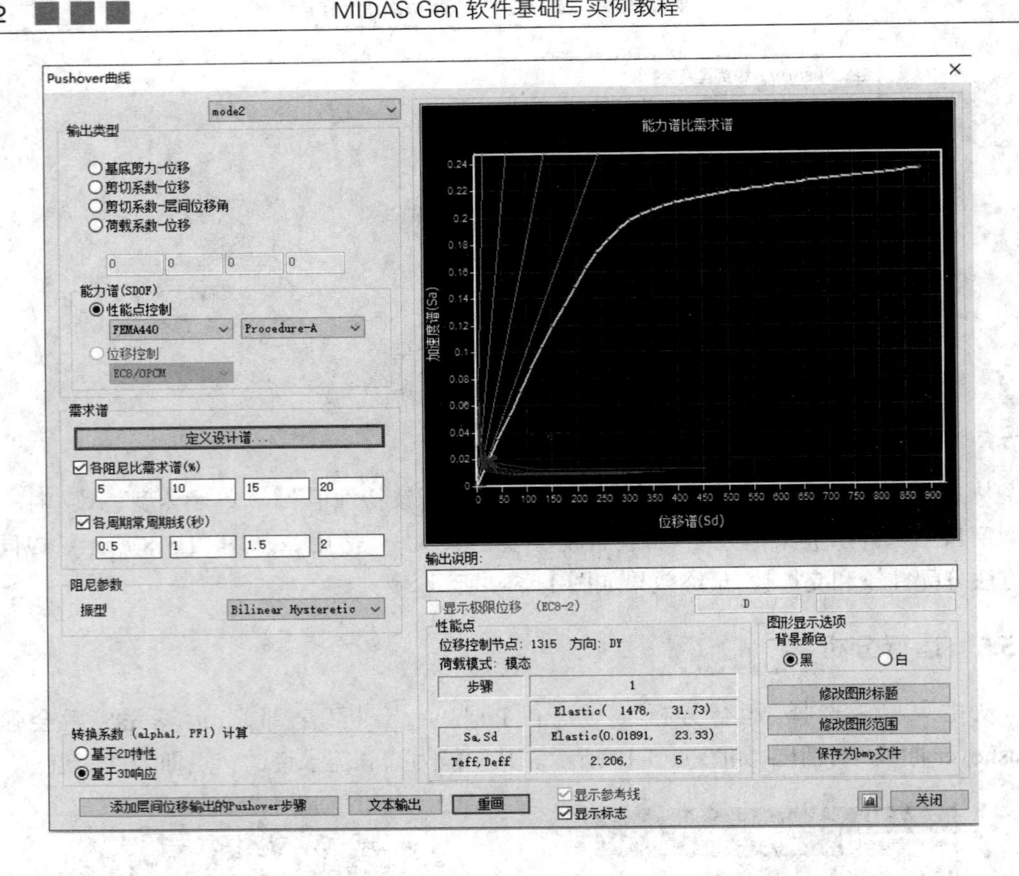

图 11.5-10 “Pushover 曲线”对话框(模态 2:多遇地震)

在进行 Pushover 分析时,能够输出结构顶点位移和结构基底剪力,从而得到结构顶点位移 - 结构基底剪力曲线,由这个谱线转换得到的等效单自由度体系的加速度谱 - 位移谱(S_a-S_d)关系曲线就是能力谱。需求谱是首先由等效单自由度体系将地震反应谱转换成弹性需求谱,然后通过考虑等效阻尼比对弹塑性需求谱进行折减后得到。折减后的弹塑塑性需求谱和能力谱的交点称为性能点,该点代表该建筑物所能承受的最大位移及地震强度。若二者没有交点,则说明结构抗震能力不足。

性能点确定后,软件将其所对应的位移谱转化成结构顶点位移,即为目标位移。通过分析结构达到目标位移时的塑性铰分布、最大顶点位移和层间位移角等,即可对结构进行抗震性能评价,详见 11.5.6 节。若能力谱和需求谱曲线没有交点,则说明结构不具有抗倒塌能力。

点击“定义设计谱”,分别选择“多遇地震”“设防地震”和“罕遇地震”,即可查看对应的谱图像及相应的性能点,如图 11.5-11 和图 11.5-12 所示。

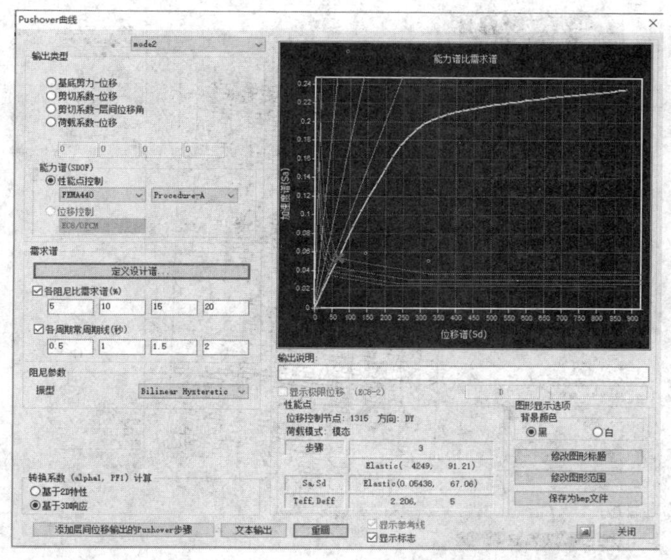

图 11.5-11　“Pushover 曲线”对话框(模态 2:设防地震)

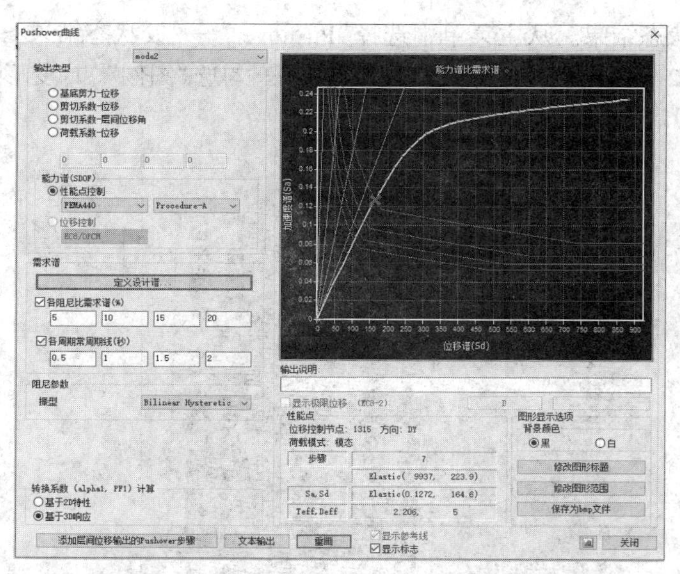

图 11.5-12　“Pushover 曲线”对话框(模态 2:罕遇地震)

11.5.6　查看 Pushover 结果与分析

以 mode2(模态 2)的 Pushover 曲线为例,对结果进行提取分析。如图 11.5-10 至图 11.5-12 所示,在多遇地震和设防地震、罕遇地震下,该结构达到性能点时的步数分别为 Step1、Step3 和 Step7。

(1)查看变形及铰状态。从主菜单中选择“Pushover”→“变形”→“荷载工况/荷载组合”:mode2→“步骤”:P0 Step7→勾选“图例”和“数值”→勾选“Pushover 铰”→点选“单元屈服状态”→“适用”,如图 11.5-13 所示。

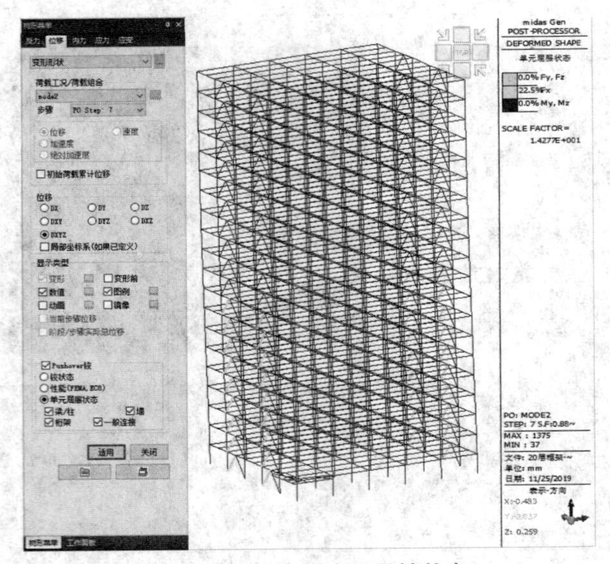

图 11.5-13　查看变形及铰状态

（2）查看铰状态结果。从主菜单中选择“Pushover”→“铰状态结果”→“Pushover 荷载工况名称”：mode2 →“步骤”：7 →点选“屈服状态”→勾选“图例”和“变形”→“适用”，如图 11.5-14 所示。

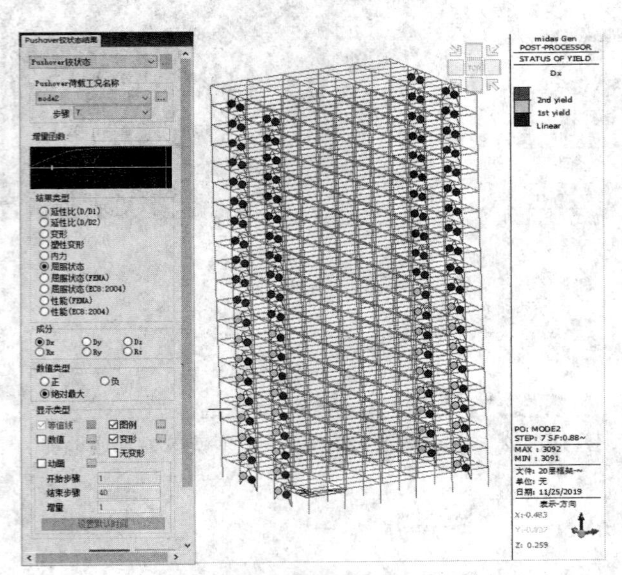

图 11.5-14　查看铰状态结果

通过查看铰状态和铰状态结果，可以看出该结构在达到罕遇地震下的性能点，即最大位移及地震强度时，有 22.5% 的支撑杆件（软件中显示为绿色）达到了屈服状态，其为结构的薄弱环节，可以考虑适当予以加强。

11.5.7　绘制 Pushover 层图形

（1）绘制层 – 层剪力图。从主菜单中选择“Pushover”→“Pushover 层图形”→选择“层剪力”“层间位移”和“层间位移角”→勾选“mode2”“Y 轴方向”“层 – 层剪力”和“Step1，3，7”→“适用”，结果如 11.5-15 所示。

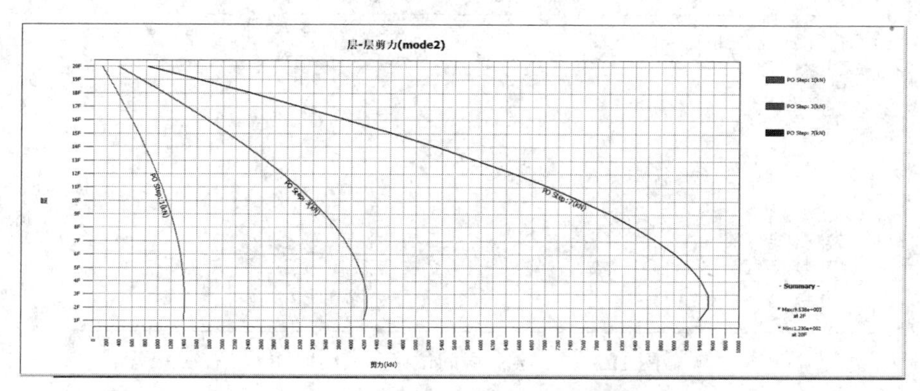

图 11.5-15　层 – 层剪力曲线截图

可以看出，在多遇地震作用下，剪力沿高度分布较均匀；在罕遇地震作用下，剪力差异较大，最大处位于地上第 1 层。

（2）绘制层 – 层间位移图。从主菜单中选择“Pushover”→“Pushover 层图形”→选择“层剪力”“层间位移”和“层间位移角”→勾选“mode2”“Y 轴方向”“层 – 层间位移”和“Step1，3，7”→“适用”，结果如图 11.5-16 所示。

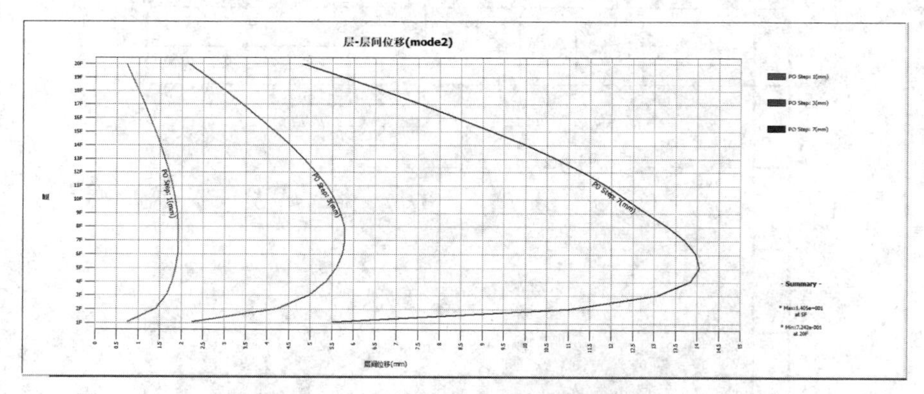

图 11.5-16　层 – 层间位移曲线截图

可以看出，在多遇地震、设防地震作用下，层间位移最大值分别为 1.932 mm 和 5.797 mm，均小于抗震规范中弹性层间位移的限值 10 mm（层高的 1/300），满足设计要求；在罕遇地震作用下，层间位移最大值为 14.05 mm，小于抗震规范中弹塑性层间位移限的值 60 mm（层高的 1/50），满足设计要求。

（3）绘制层 – 层间位移角图。从主菜单中选择“Pushover”→“Pushover 层图形”→选择“层剪力”“层间位移”和“层间位移角”→勾选“mode2”“Y 轴方向”“层 – 层间位移角”和

"Step1，3，7"→"适用"，结果如图 11.5-17 所示。

可以看出，在多遇地震、设防地震作用下，层间位移角最大值分别为 0.000 65 和 0.001 94，均小于抗震规范中弹性层间位移角限值 1/300，满足设计要求；在罕遇地震作用下，层间位移角最大值为 0.004 7，小于抗震规范中弹塑性层间位移角限值 1/50，满足设计要求。

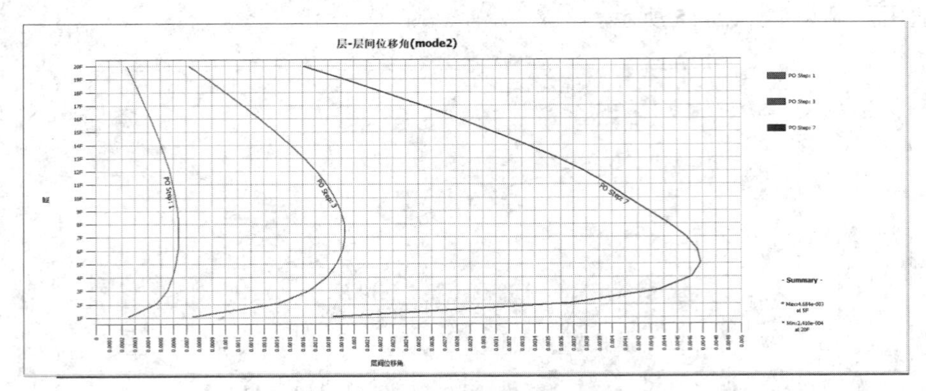

图 11.5-17　层 – 层间位移角曲线截图

11.5.8　输出铰状态表格

从主菜单中选择"Pushover"→"Pushover 铰结果"→"层铰状态"→勾选"mode2"，可输出如图 11.5-18 所示的表格。在其中可以直观地看到每一层、每一步中对应于弹性或屈服状态的单元类型和数量。

MIDAS/Gen　铰状态

荷载工况	步骤	层	单元类型	铰状态序号		
				弹性	第一屈服	第二屈服
mode2	po_0007	8F	梁	484	0	0
			桁架	4	4	0
			墙	-	-	-
			Nlnk	-	-	-
mode2	po_0008	8F	梁	480	4	0
			桁架	4	4	0
			墙	-	-	-
			Nlnk	-	-	-
mode2	po_0009	8F	梁	480	4	0
			桁架	4	4	0
			墙	-	-	-
			Nlnk	-	-	-
mode2	po_0010	8F	梁	480	4	0
			桁架	0	8	0
			墙	-	-	-
			Nlnk	-	-	-
mode2	po_0011	8F	梁	472	12	0
			桁架	0	8	0
			墙	-	-	-
			Nlnk	-	-	-
mode2	po_0012	8F	梁	448	36	0
			桁架	0	8	0
			墙	-	-	-
			Nlnk	-	-	-
mode2	po_0013	8F	梁	432	52	0
			桁架	0	8	0

FEMA类型　**多折线类型**　Eurocode 8 Type

图 11.5-18　铰状态表格

11.6　结语

本章通过实例对框架 – 支撑结构的 Pushover 分析过程进行了详细的演示操作，读者可在掌握基本操作的情况下进行深入研究，将 MIDAS Gen 的弹塑性分析功能应用于实际工程项目的设计过程中。

第 12 章　网壳地震时程分析

时程分析法是对结构的运动微分方程直接进行逐步积分求解的一种动力分析方法。通过时程分析,可得到结构中各个质点随时间变化的位移、速度和加速度,进而计算构件内力和变形的时程变化。通常结构可采用振型分解反应谱法进行抗震验算。对于特别不规则的建筑、甲类建筑和高度超过一定范围的高层建筑,应采用时程分析法进行多遇地震下的补充计算。

本章以单层网壳为例,详细介绍地震时程分析的应用。

12.1　模型信息

本例中的网壳为 K6 凯威特型网壳。其跨度为 60 m,矢高为 10 m,环向布置 15 圈,网格尺寸为 1.5~4.0 m;杆件采用圆钢管,截面尺寸为 ϕ140 mm × 8 mm,材料采用 Q235 钢;节点采用焊接空心球连接。网壳布置形式如图 12.1-1 所示。

(1)荷载:屋面恒荷载取 0.2 kN/m²,活荷载取 0.5 kN/m²。

(2)边界条件:周边固定支座。

(3)抗震设防烈度:7 度(0.1 g)。

(4)场地类别:二类。

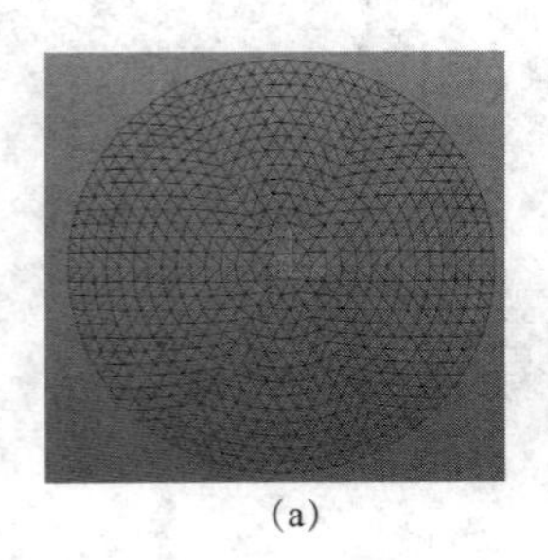

(a)

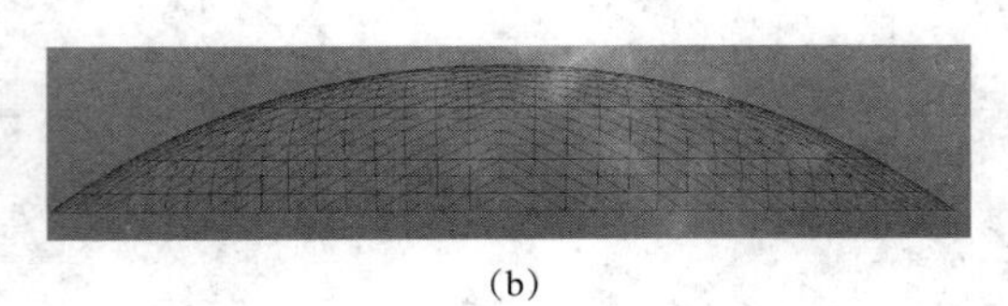

(b)

图 12.1-1　网壳布置形式

(a)俯视图　(b)正视图

《空间网格结构技术规程》(JGJ 7—2010)的 4.4.2 条对网壳结构的抗震分析作出如下规定。

(1)在抗震设防烈度为 7 度的地区,当网壳结构的矢跨比大于或等于 1/5 时,应进行水平抗震验算;当矢跨比小于 1/5 时,应进行竖向和水平抗震验算;

(2)在抗震设防烈度为 8 度和 9 度的地区,应对各种网壳结构进行竖向和水平抗震验算。

本例中的网壳矢跨比为 1/6,因此应同时进行水平和竖向抗震验算。

12.2　建立模型

采用 MIDAS Gen 软件建立模型。

(1)建立几何模型。可采用 3D3S、CAD 等软件建立几何模型并导入 MIDAS;或使用 MIDAS Gen 直接生成模型。

(2)设定操作环境,定义材料属性、构件截面尺寸等。

(3)定义边界条件。

(4)定义荷载工况,施加重力荷载、屋面恒荷载和活荷载。

(5)将荷载及自重转化成质量。

(6)特征值分析。

(7)输入时程数据。

(8)查看时程结果。

由于建立模型的步骤在前面的章节中已经详细叙述过,因此本章对(1)~(4)不做详细介绍,重点介绍时程分析,即(5)~(8)。

12.2.1　将荷载及自重转化成质量

将荷载及自重转化成质量的目的是得到地震分析所需要的重力荷载代表值。

(1)将恒、活荷载转化成质量。从主菜单中选择“结构荷载 / 质量”→“将荷载转化成质量”→“质量方向”中勾选“X、Y、Z”(地震作用方向)→“荷载工况 / 组合值系数”中,恒荷载“DL”取 1,活荷载“LL”取 0.5 →“确定”,如图 12.2-1(a)所示。

(2)将自重转化成质量。从主菜单中选择“结构”→“结构类型” →“结构类型”:3-D →“质量控制参数”:集中质量→勾选“将自重化换为质量”→“转换为 X,Y,Z”→“确定”,如图 12.2-1(b)所示。

对于部分结构,当不考虑竖向地震作用时,横向地震作用占支配地位,通常可以忽略竖直(Z)质量分量,这时的质量方向选择 X 和 Y 方向。

12.2.2　特征值分析

(1)特征值分析控制。从主菜单中选择“分析”→“特征值”→“特征值向量”:Lanczos →“振型数量”:30 →“确认”,如图 12.2-2 所示。对于网壳结构,宜至少取前 25~30 阶振型;对于体型复杂或大跨度空间网格结构,需要取更多阶数的振型。

(2)运行分析。从主菜单中选择“分析”→“运行”→“运行分析”。

(3)查看振型分析结果。从主菜单中选择“结果”→“模态”→“振型”→“振型形状”→“自振模态”→点击→查看振型分析结果,如图 12.2-3 所示。

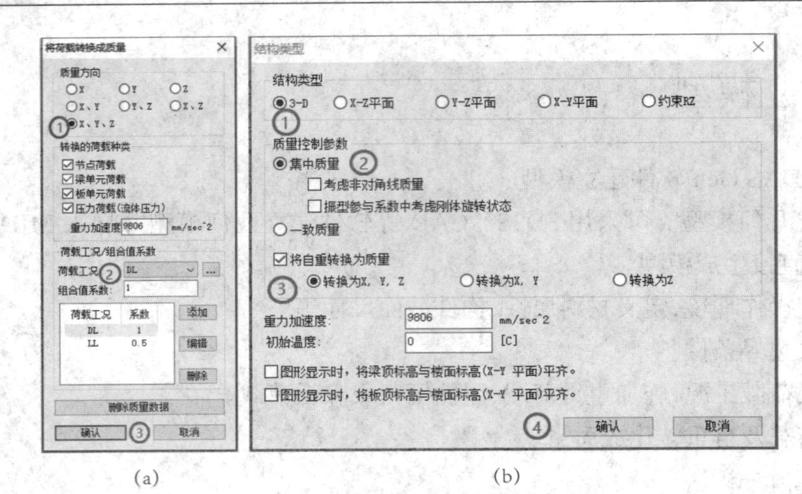

图 12.2-1　将荷载及自重转化成质量

(a)将荷载转化成质量　(b)将自重转化成质量

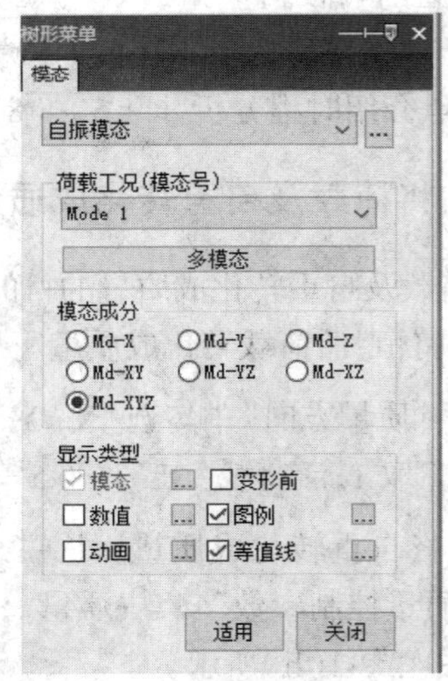

图 12.2-2　特征值分析控制　　**图 12.2-3　查看振型分析结果**

主要查看 2 点：一是各振型参与质量系数之和是否在 90% 以上，二是前两阶模态的周期，在设置时程工况时需要这 2 个数据。第一阶振型如图 12.2-4 所示。周期结果如图 12.2-5 所示。

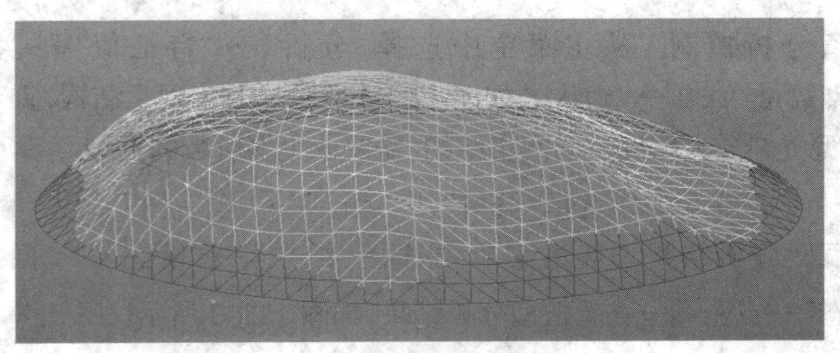

图 12.2-4　第一阶振型

(4)返回前处理。在快捷菜单中选择前处理模式 ，恢复前处理模式，继续完成时程分析数据的设置。

12.2.3　输入时程数据

地震时程数据主要包括：时程荷载工况、时程荷载函数和地面加速度。地震时程分析数据菜单如图 12.2-6 所示。

《建筑抗震设计规范》(GB 50011—2010)规定：采用时程分析法时，应按建筑场地类别和设计地震分组选用实际强震记录和人工模拟的加速度时程曲线，其中强震记录的数量不应少于总数的 2/3。也就是说，通常选取 2 条天然波和 1 条人工波进行时程分析。本例仅对添加天然波的过程进行详细介绍，读者可参照本节中的方法和步骤自行添加其他地震波。

节点	模态	UX	UY	UZ
	模态号	频率		周期
		(rad/sec)	(cycle/sec)	(sec)
	1	50.6091	8.0547	0.1242
	2	50.8834	8.0983	0.1235
	3	61.2141	9.7425	0.1026
	4	61.7970	9.8353	0.1017
	5	64.7885	10.3111	0.0970
	6	66.0337	10.5096	0.0952
	7	66.9986	10.6628	0.0938
	8	68.5058	10.9030	0.0917
	9	69.1830	11.0108	0.0908
	10	69.6496	11.0851	0.0902

图 12.2-5　周期结果

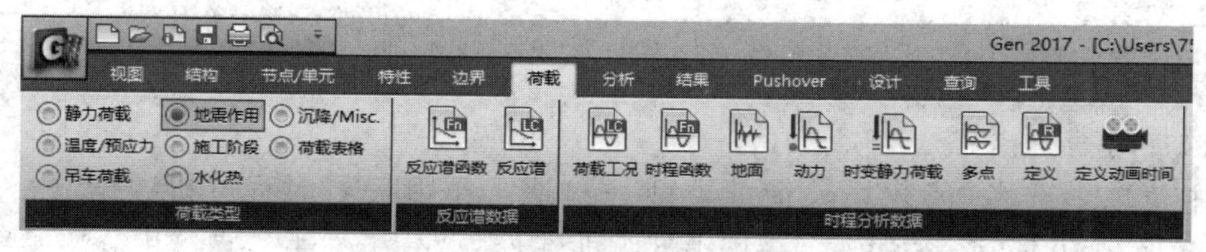

图 12.2-6　地震时程分析数据菜单

1)添加时程函数

从主菜单中选择“荷载”→“荷载类型”→“地震作用”→“时程分析数据”→“时程函数”→“添加时程函数”→“时程函数数据类型”：无量纲加速度→点击“地震波”→选择“1940, EI Centro Site, 270 Deg”(或其他地震波)→“确认”→“最大值”：0.035[参见《建筑抗震设计规范》(GB 50011—2010)中的表 5.1.2-2，“7 度 - 多遇地震”]→“确认”，如图 12.2-7 所示。

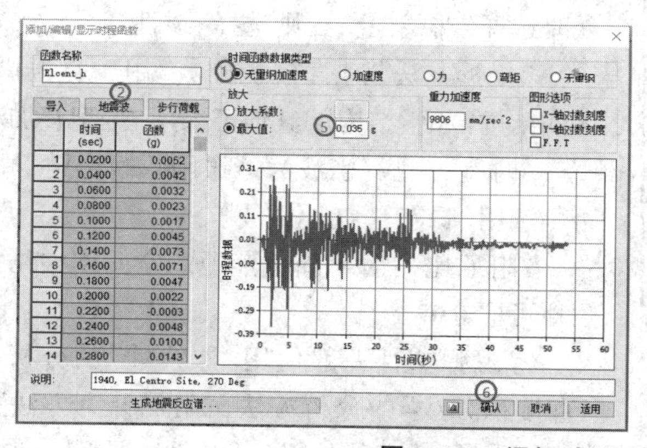

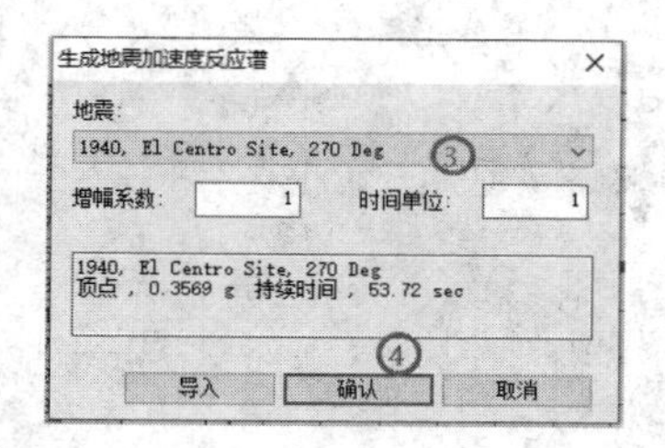

图 12.2-7　添加时程函数

在时程分析中，选择地震波时，要满足地震 3 要素：

(1)频谱特性，根据场地类别和设计地震分组选择；

(2)加速度的有效峰值，根据地震是多遇或者罕遇、抗震设防烈度、设计基本地震加速度确定；

（3）时程曲线的有效持续时间，一般为结构基本周期的 5~10 倍。

《建筑抗震设计规范》（GB 50011—2010）基于概率设计法规定：采用时程分析法时，应按建筑场地类别和设计地震分组选用不少于 2 组的实际强震记录和 1 组人工模拟的加速度时程曲线；地震波的持续时间不宜短于建筑结构基本自振周期的 5 倍和 15 s，地震波的时间间距可取 0.01 s 或 0.02 s；地震加速度记录反应谱特征周期 T_g 与建设场地特征周期相符。时程分析所用地震加速度时程的最大值如表 12.2-1 所示。

表 12.2-1　时程分析所用地震加速度时程的最大值　　单位：cm/s²

地震类型	抗震设防烈度			
	6度	7 度	8 度	9 度
多遇地震	18	35（55）	70（110）	140
罕遇地震	125	220（310）	400（510）	620

注：括号内的数值分别用于设计基本地震加速度为 0.15 *g*（7 度）和 0.30 *g*（8 度）的地区

2）添加时程荷载工况

从主菜单中选择“荷载”→“荷载类型”→“地震作用”→“时程分析数据”→“荷载工况”→“添加”→“名称”：SC1→“分析类型”：非线性→“分析方法”：直接积分法→“时程类型”：瞬态（地震波）→“几何非线性类型”：不考虑→“分析时间”：20→“分析时间步长”：0.01→“输出时间步长（步骤数）”：1→“阻尼计算方法”：质量和刚度因子→“阻尼类型”：从模型阻尼中计算→“因子计算”中“周期”填入 0.124 2 和 0.123 5→“确认”，如图 12.2-8 所示。具体设置按如下考虑。

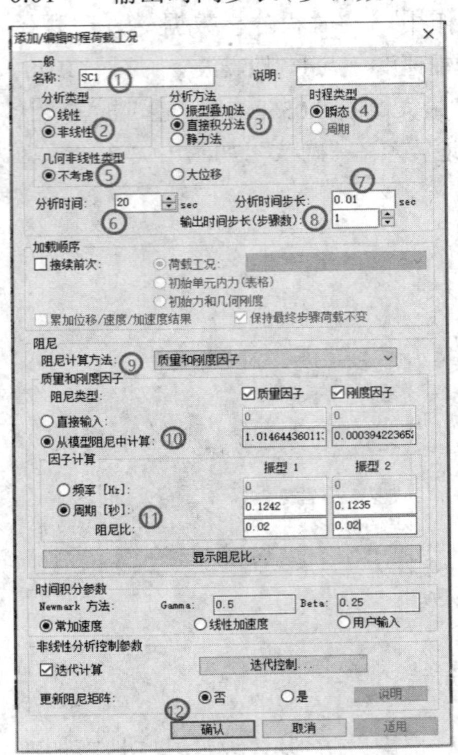

图 12.2-8　添加时程荷载工况

“分析类型”：当有非线性单元或非线性边界单元时选择“非线性”，否则选择“线性”。

“分析方法”：“直接积分法”用于自振周期较大的结构（如索结构），其他可采用“振型叠加法”。

“时程类型”：当波为谐振函数时选用“周期”，否则选用“瞬态”（如地震波）。

“阻尼比”：对于周边落地的空间网格结构，阻尼比可取 0.02。

考虑弹塑性一般使用“非线性”的分析类型，“直接积分法”的分析方法，“阻尼计算方法”一般使用“质量和刚度因子”，可以通过振型 1 和振型 2 的周期来计算“质量和刚度因子”。

3）添加地面加速度

从主菜单中选择“荷载”→“荷载类型”→“地

震作用”→“时程分析数据”→“地面”→“地面加速度”→“时程荷载工况名称”：SC1→“X- 方向时程分析函数”中“函数名称”：Elcent_h(水平地震主方向)→“系数”：1→“到达时间”：0(表示地震波开始作用的时间)→“Y- 方向时程分析函数”中“函数名称”：Elcent_h(水平地震次方向)→“系数”：1→“到达时间”：0→“Z- 方向时程分析函数”中“函数名称”：Elcent_h(竖向地震方向)→“系数”：1→“到达时间”：0→“添加”→“关闭”，如图 12.2-9 所示。

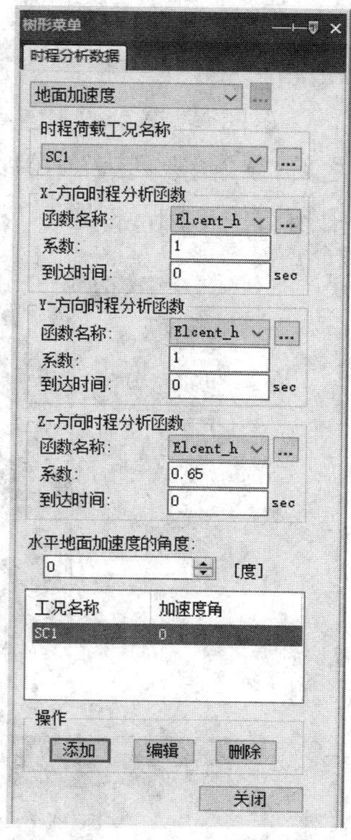

图 12.2-9　添加地面加速度

在地面加速度对话框中，如果只选 *X* 方向时程分析函数，表示只有 *X* 方向有地震波作用；如果 *X*、*Y* 方向都选择了时程分析函数，则表示两个方向均有地震波作用。计算竖向地震和水平地震的共同影响时，需要选择 *X*、*Y*、*Z* 3 个方向。竖向地震影响系数可取水平地震影响系数的 0.65。

“到达时间”表示地震波开始作用的时间。3 个方向地震波的到达时间可以不相同。

“水平地面加速度的角度”表示水平地震加速度作用方向与整体坐标系 *X* 轴的夹角。*X*、*Y* 方向都作用有地震波时，如果输入 0 度，表示 *X* 方向地震波作用于 *X* 方向，*Y* 方向地震波作用于 *Y* 方向；如果输入 90 度，表示 *X* 方向地震波作用于 *Y* 方向，*Y* 方向地震波作用于 *X* 方向；如果输入 30 度，表示 *X* 方向地震波作用于与 *X* 轴成 30 度角的方向，*Y* 方向地震波作用于与 *Y* 轴成 30 度角的方向。

12.3　运行分析及结果查看

1)运行分析

从主菜单中选择“分析”→“运行”→“运行分析”。

2)时程分析结果

从主菜单中选择“结果”→“时程”→“时程分析结果”→“时程位移 / 速度 / 加速度”→“时程荷载工况名称”：SC1→“步骤”：13.5(可查看任意时间的结果，也可点击地震波上的任意位置选取)→“时间函数”：Elcent_h→选择“位移”(也可选择“速度”或“加速度”进行查看)→“成分”：DXYZ(查看总位移)→“显示类型”中勾选“图例”→“适用”，如图 12.3-1 所示。

3)时程图表

从主菜单中选择“结果”→“时程”→“时程图表 / 文本”→“时程图表”→“定义 / 编辑函数”→“定义函数”：图形函数→“位移 / 速度 / 加速度”→“添加新的函数”→“名称”：1 号顶点 DX→“节点号”：1(可以直接输入也可以用鼠标在模型中点选)→“结果类型”：位

移→“参考点”:地面(如果想得出相对位移时程,可选“其他点”)→“成分”:DX→“时程荷载工况”:SC1→“确认”。返回上一级,“函数列表”中已经包括刚刚设置的“1号顶点DX-”→“退回”。重复图12-3-2中的步骤①~⑫,用同样的方法建立顶点Y和Z方向的位移函数。之后,在“函数列表”中勾选“1号顶点DX”“1号顶点DY”和“1号顶点DZ”→点击“从列表中添加”→“图形标题”:1号顶点位移时程(自行输入)→点击“图表”,如图12.3-2所示。

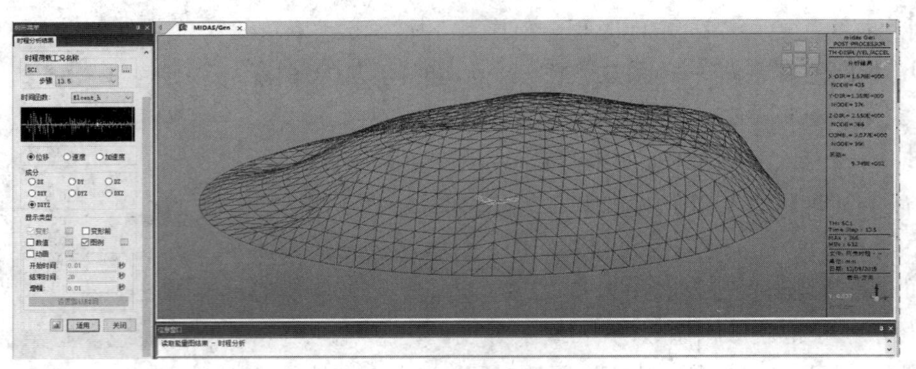

图 12.3-1 时程分析结果

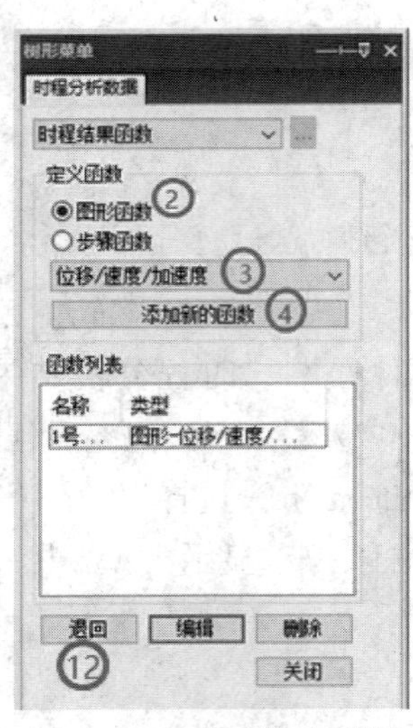

图 12.3-2 查看位移时程

顶点3个方向(X、Y、Z)的位移时程如图12.3-3所示。在图上点击鼠标右键,可对图表的标题、标签、坐标刻度等进行修改,还可将图表数据保存成图形、文本、Excel格式的文件等。

同样可以得到层位移、速度、加速度、内力、应力等分析结果的时程曲线。图 12.3-4 为某节点的加速度时程曲线。

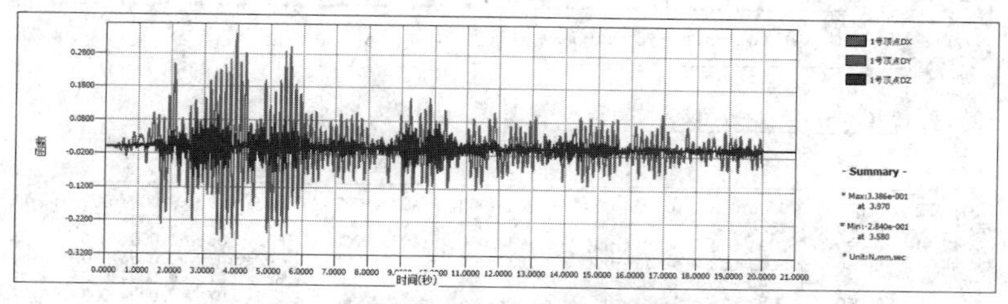

图 12.3-3　网壳顶点的位移时程曲线

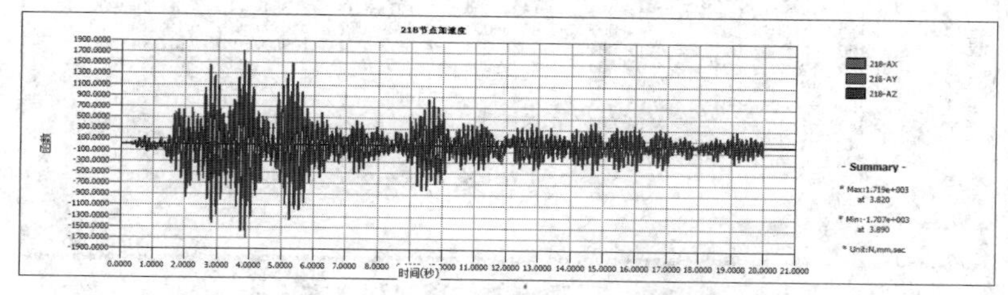

图 12.3-4　某节点的加速度时程曲线

4)时程文本

从主菜单中选择“结果”→“时程”→“时程图表 / 文本”→“时程分析文本”→“节点分析结果”→“选择结果类型”:位移→“选择输出形式”:时间间隔→“输出的时间间隔”:从 0.01 到 20 →“选择节点”中“用户输入”:1,也可用鼠标直接选择节点→“参考点”:地面→“时程荷载工况”:SC1 →“适用”。操作对话框如图 12.3-5 所示,生成的位移时程文本如图 12.3-6 所示。

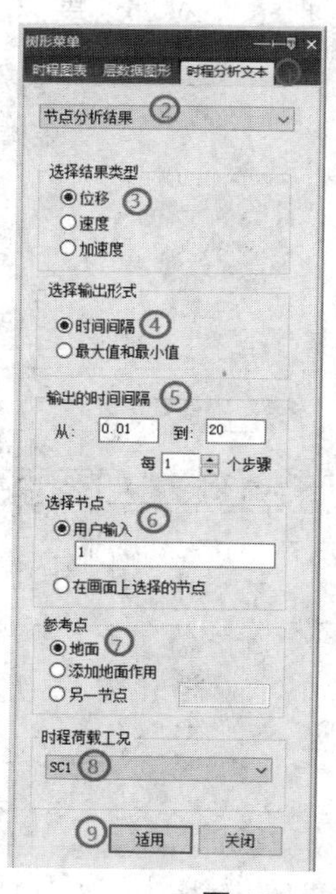

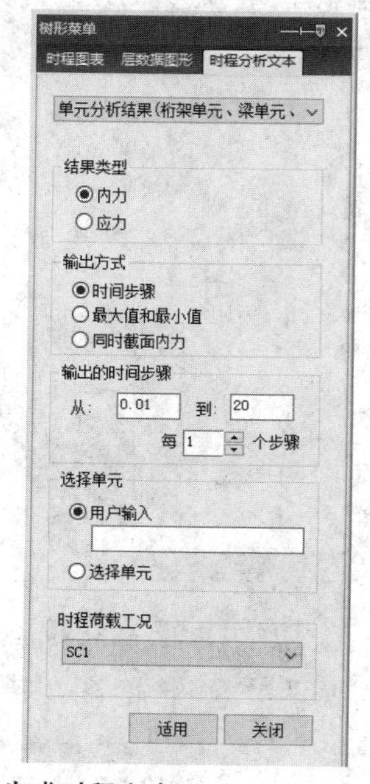

图 12.3-5　生成时程文本

MIDAS/Text Editor - [时程分析结果]

File Edit View Window Help

** midas Gen Time-history Output Data **

节点， 1 位移 时程 单位体系 ..: mm, N, sec

TIME	DX	DY	DZ	RX	RY	RZ
0.010	0.000e+000	0.000e+000	0.000e+000	0.000e+000	0.000e+000	0.000e+000
0.020	-1.132e-004	-9.617e-005	-7.370e-005	-1.410e-009	1.652e-009	0.000e+000
0.030	-5.039e-004	-4.281e-004	-3.194e-004	-1.333e-008	1.563e-008	0.000e+000
0.040	-1.084e-003	-9.211e-004	-6.183e-004	-5.578e-008	6.542e-008	0.000e+000
0.050	-1.634e-003	-1.389e-003	-6.783e-004	-1.380e-007	1.620e-007	0.000e+000
0.060	-2.095e-003	-1.781e-003	-3.655e-004	-2.325e-007	2.729e-007	0.000e+000
0.070	-2.465e-003	-2.095e-003	1.336e-004	-3.002e-007	3.521e-007	0.000e+000
0.080	-2.650e-003	-2.249e-003	5.053e-004	-3.321e-007	3.889e-007	0.000e+000
0.090	-2.557e-003	-2.166e-003	5.489e-004	-3.354e-007	3.923e-007	0.000e+000
0.100	-2.121e-003	-1.794e-003	2.163e-004	-3.127e-007	3.654e-007	0.000e+000
0.110	-1.382e-003	-1.164e-003	-3.607e-004	-2.602e-007	3.039e-007	1.028e-010
0.120	-6.835e-004	-5.681e-004	-8.983e-004	-1.637e-007	1.909e-007	0.000e+000
0.130	-3.504e-004	-2.826e-004	-1.157e-003	-3.395e-008	3.906e-008	0.000e+000
0.140	-3.369e-004	-2.725e-004	-1.070e-003	7.064e-008	-8.284e-008	0.000e+000
0.150	-5.605e-004	-4.678e-004	-6.925e-004	1.038e-007	-1.206e-007	0.000e+000
0.160	-1.077e-003	-9.138e-004	-1.657e-004	6.097e-008	-6.917e-008	0.000e+000
0.170	-1.867e-003	-1.591e-003	2.894e-004	-5.599e-008	6.859e-008	0.000e+000
0.180	-2.782e-003	-2.372e-003	4.752e-004	-2.416e-007	2.856e-007	0.000e+000
0.190	-3.548e-003	-3.026e-003	3.487e-004	-4.554e-007	5.350e-007	0.000e+000
0.200	-3.817e-003	-3.258e-003	3.689e-005	-6.003e-007	7.041e-007	0.000e+000

Ready Ln 0 / 2036 , Col

图 12.3-6 顶点的位移时程文本

在图 12.3-5 中，步骤②可以选择“节点分析结果”或“单元分析结果”，输出单元的内力及应力；步骤③“选择结果类型”可以选择输出“位移”“速度”或“加速度”。

5）结果表格

从主菜单中选择“结果”→“表格”→“结果表格”→“时程分析”→“位移 / 速度 / 加速度”→选择荷载工况→选择节点→“确定”，如图 12.3-7 所示。生成的位移时程表格如图 12.3-8 所示。

在生成的结果表格下方，可以选择查看位移、速度、绝对加速度、相对加速度工作表。

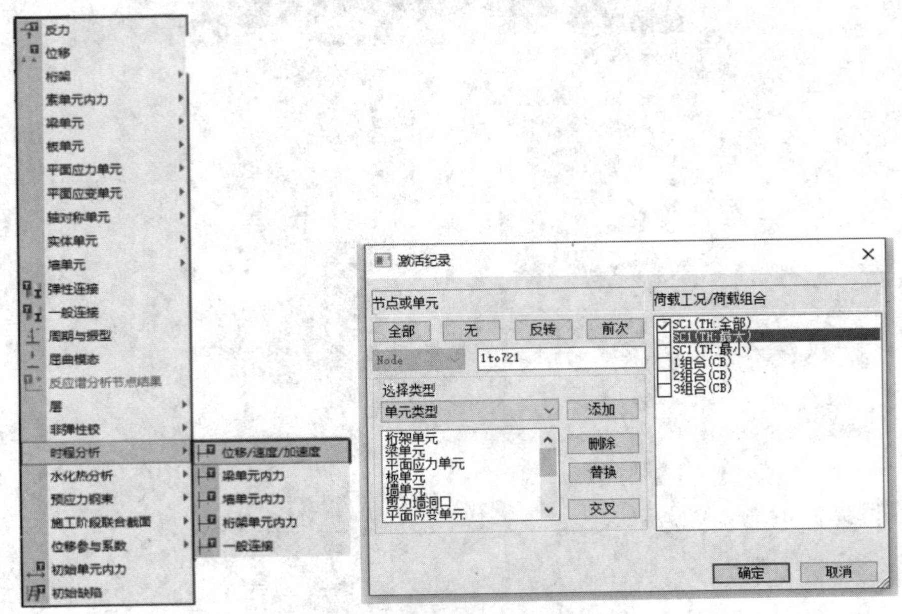

图 12.3-7 生成时程分析表格

MIDAS/Gen　结果-[时程分析(位移/速度/加速度)]

节点	荷载	DX		DY		DZ		RX		RY		RZ	
		DX (mm)	时间/步骤 (秒)	DY (mm)	时间/步骤 (秒)	DZ (mm)	时间/步骤 (秒)	RX ([rad])	时间/步骤 (秒)	RY ([rad])	时间/步骤 (秒)	RZ ([rad])	时间/步骤 (秒)
1	SC1DS_	0.338576	3.9700	0.340888	3.9700	0.095788	3.4300	-0.000099	4.0400	0.000097	5.1200	0.000000	3.5800
2	SC1DS_	0.340939	3.9700	0.339418	3.9700	0.192008	4.0500	-0.000092	4.0400	0.000078	5.4100	-0.000004	4.0400
3	SC1DS_	0.335758	3.9700	0.341670	3.9700	0.129229	5.4600	-0.000093	4.0400	0.000090	5.1200	-0.000005	4.0500
4	SC1DS_	0.340762	3.9700	0.345594	3.9700	-0.288460	5.1200	-0.000085	4.0400	0.000083	4.0500	-0.000001	5.1200
5	SC1DS_	0.342566	3.9700	0.339343	3.9700	-0.225023	5.1200	-0.000093	4.0400	0.000082	4.0500	0.000004	4.0400
6	SC1DS_	0.336560	3.9700	0.340434	3.9700	0.102703	5.5500	-0.000088	5.4100	0.000092	4.0500	0.000005	4.0500
7	SC1DS_	0.340007	3.9700	0.344416	3.9700	0.266134	4.0500	-0.000081	5.4100	0.000078	4.0500	0.000001	4.0500
8	SC1DS_	0.351156	3.9700	0.335725	3.9700	0.310155	4.0500	0.000084	3.9700	0.000068	5.0900	-0.000007	4.0400
9	SC1DS_	0.338836	3.9700	0.336471	3.9700	0.127035	2.5300	-0.000081	4.0400	-0.000071	3.9700	-0.000009	4.0400
10	SC1DS_	0.328693	3.9700	0.343839	3.9700	0.172340	4.8600	0.000077	3.9700	-0.000084	3.9700	0.000009	3.9700
11	SC1DS_	0.335805	3.9700	0.352802	3.9700	0.371046	3.9700	0.000078	3.9700	0.000073	4.0500	-0.000006	4.0500
12	SC1DS_	0.348134	3.9700	0.360820	3.9700	0.475307	3.9700	0.000072	5.4900	-0.000072	3.9700	0.000002	3.9800
13	SC1DS_	0.352768	3.9700	0.347684	3.9700	0.484720	3.9700	0.000079	3.9700	-0.000075	3.9700	0.000003	4.0400
14	SC1DS_	0.354693	3.9700	0.335568	3.9700	0.339984	3.9700	0.000085	3.9700	-0.000069	5.4900	0.000007	4.0400
15	SC1DS_	0.340716	3.9700	0.335398	3.9700	0.141621	4.8600	-0.000076	4.0400	-0.000072	3.9800	0.000009	4.0400
16	SC1DS_	0.330347	3.9700	0.341233	3.9700	0.148295	4.9400	0.000079	3.9700	0.000087	4.0500	-0.000009	3.9700
17	SC1DS_	0.335834	3.9700	0.351219	3.9700	0.331236	4.0400	0.000080	3.9700	0.000073	4.0500	0.000006	4.0500
18	SC1DS_	0.346529	3.9700	0.358254	3.9700	0.436506	4.0500	-0.000081	5.0900	-0.000071	3.9700	0.000002	4.0500
19	SC1DS_	0.350876	3.9700	0.346784	3.9700	0.446283	4.0500	0.000080	3.9700	-0.000075	3.9700	-0.000003	4.0400
20	SC1DS_	0.365056	3.9700	0.328094	3.9700	-0.404102	3.9800	0.000091	3.9700	0.000070	5.0800	0.000012	3.9700
21	SC1DS_	0.345379	3.9700	0.326801	3.9700	-0.228838	3.9800	0.000062	3.9800	0.000052	5.0900	0.000011	3.9800
22	SC1DS_	0.332034	3.9700	0.330348	3.9700	0.091998	2.5300	0.000057	3.9800	-0.000072	3.9700	0.000012	3.9700
23	SC1DS_	0.316192	3.9700	0.344849	3.9700	0.199668	3.9700	0.000077	3.9700	-0.000097	3.9700	0.000016	3.9700
24	SC1DS_	0.324032	3.9700	0.362078	3.9700	0.448861	3.9700	-0.000076	5.2600	-0.000073	3.9700	0.000010	3.9700
25	SC1DS_	0.337452	3.9700	0.372293	3.9700	0.581166	3.9700	-0.000080	5.0800	-0.000052	3.9800	0.000008	3.9800
26	SC1DS_	0.357440	3.9700	0.382143	3.9700	0.654863	3.9700	-0.000076	5.0800	-0.000061	3.9700	0.000004	3.9700
27	SC1DS_	0.367724	3.9700	0.364178	3.9700	0.706347	3.9700	-0.000066	5.0800	0.000082	5.2600	0.000003	4.9200
28	SC1DS_	0.372681	3.9700	0.346675	3.9700	0.646956	3.9700	0.000083	3.9700	0.000080	5.0800	-0.000005	3.9700

位移 / 速度 / 绝对加速度 / 相对加速度

图 12.3-8　位移时程表格

参考文献

[1] 唐晓东，陈辉，郭文达. MIDAS Gen 典型案例操作详解 [M]. 北京：中国建筑工业出版社，2018.

[2] 蒋玉川，傅昶彬，阎慧群. Midas 在结构计算中的应用 [M]. 北京：化学工业出版社，2012.

[3] 王昌兴. MIDAS/Gen 应用实例教程及疑难解答 [M]. 北京：中国建筑工业出版社，2010.

[4] 梁炯丰. MIDAS/gen 结构有限元分析与应用 [M]. 北京：北京理工大学出版社，2016.

[5] 侯晓武. Midas Gen 常见问题解答 [M]. 北京：中国建筑工业出版社，2014.

[6] 陈志华. 张弦结构体系 [M]. 北京：科学出版社，2013.

[7] 陈志华，石永久，罗永峰，等. 大跨度建筑结构原理与设计 [M]. 北京：人民交通出版社，2017.

[8] 陈志华，尹越，刘红波. 建筑钢结构设计 [M]. 天津：天津大学出版社，2019.

[9] 中华人民共和国住房和城乡建设部. 钢结构设计标准：GB 50017—2017[S]. 北京：中国建筑工业出版社，2017.

[10] 中华人民共和国住房和城乡建设部. 混凝土结构设计规范：GB 50010—2010[S]. 北京：中国建筑工业出版社，2010.